# COMPRENDRE LA MECANIQUE

**Jean-Pierre Romagnan**

**Collection dirigée par Fabrice Mortessagne**

EDP SCIENCES

17, avenue du Hoggar
Parc d'activités de Courtabœuf, BP 112
91944 Les Ulis Cedex A, France

*Illustration de couverture* : Trajectoire d'un oscillateur linéaire dans l'espace des phases et dans l'espace réel.

Imprimé en France

**ISBN** : 978-2-7598-0661-4

# REMERCIEMENTS

Je remercie Fabrice Mortessagne, Directeur de collection pour l'enseignement de la Physique, de la confiance qu'il m'a témoignée en me proposant d'écrire un ouvrage de Mécanique à l'usage des étudiants de Licence. Ses encouragements et conseils m'ont largement aidé à mener cette tâche à bien. Qu'il trouve ici l'expression de ma profonde gratitude.

Voilà quelques années, nous avons entrepris avec mon collègue Pierre Coullet, de bâtir un cours de Mécanique avec deux objectifs principaux : substituer l'approche géométrique au formalisme différentiel, et faire une large place à la culture scientifique. Pierre a apporté beaucoup d'enthousiasme et d'idées originales à cette entreprise. Il est bien évident que le présent ouvrage, fruit de cette expérience d'enseignement, lui doit beaucoup.

Nicole Ostrowsky, Michel Le Bellac et Jacques Treiner ont bien voulu relire ce manuscrit et me faire part de leurs remarques et suggestions. Je les en remercie chaleureusement.

L'équipe enseignante est constituée par mes collègues Valérie Doya, Frédéric Hébert, Jean-Marc Gilli et de jeunes enseignants, moniteurs ou ATER, Claire Michel, Charles Poli, Guillaume Huillard, Florence Haudin et Amandine Issautier. Je leur suis reconnaissant d'avoir activement participé à la mise au point de ce cours.

Enfin je ne saurais oublier de remercier Bernard Gay Para pour sa disponibilité et l'assistance informatique efficace qu'il m'a apportée.

# TABLE DES MATIÈRES

# AVANT-PROPOS

Si la Mécanique Newtonienne occupe une place importante dans l'enseignement de Physique dispensé aux étudiants inscrits en première année de Licence, ce n'est pas seulement à cause de son statut de discipline fondatrice de la Physique moderne. La Mécanique doit être enseignée dès la première année parce qu'elle offre la possibilité d'illustrer de façon très concrète des concepts fondamentaux (comme l'utilité des lois de conservation) et des phénomènes très généraux que l'on retrouve dans bien d'autres domaines de la Physique (tels que les oscillations, la résonance, les effets non-linéaires). C'est donc à ce titre un enseignement très formateur pour un futur physicien.

Il faut cependant reconnaître que cet enseignement a longtemps été présenté dans le cadre d'un formalisme mathématique que la majorité des nouveaux bacheliers est aujourd'hui loin de maîtriser complètement. Pour s'adapter à son auditoire, l'enseignant se doit donc de proposer une nouvelle présentation, attractive, moins formelle, mais qui permette néanmoins de dégager les idées physiques essentielles. C'est dans cet esprit que cet ouvrage, fruit d'une expérience d'enseignement de plusieurs années, a été écrit.

Chacun des chapitres débute par une approche qualitative qui permet à l'étudiant d'appréhender à travers des expériences et de nombreux exemples, les idées physiques fondamentales qui sous-tendent les phénomènes observés. La construction graphique de trajectoires ou l'utilisation de l'espace des phases pour décrire les oscillations forcées constituent de bons exemples de cette démarche qui utilise largement les constructions géométriques. Une fois ces notions de base acquises, le lecteur trouvera dans la seconde partie de chacun de ces chapitres une description formelle des phénomènes, ainsi que des compléments qui seront utiles aux étudiants souhaitant préparer des concours. C'est en pensant à eux qu'un chapitre sur la Mécanique des solides et un chapitre sur les Ondes mécaniques ont été ajoutés à ce cours de Mécanique du point matériel.

Chaque chapitre se termine par une série d'exercices et problèmes (accompagnées de solutions détaillées) qui permettront à l'étudiant de vérifier qu'il a bien assimilé les notions essentielles. Enfin dans le chapitre Outils Mathématiques, le lecteur trouvera un rappel des notions mathématiques de base indispensables.

# 1
# CINÉMATIQUE

Étudier un mouvement c'est d'abord le décrire puis en identifier les causes. **La cinématique a pour objet de le décrire**, ce qui revient à répondre à deux questions :

- quelle est la trajectoire du mobile ? Pour la définir il faut être capable de déterminer sa position à chaque instant ;
- comment le mobile parcourt-il cette trajectoire ? Son vecteur vitesse et son vecteur accélération nous le diront.

Position, trajectoire, vitesse et accélération sont des notions fondamentales que nous allons définir en montrant comment elles sont intimement liées.

Mais il faut prendre conscience que la description d'un mouvement ne vaut que pour celui qui l'observe. Il faudra donc soigneusement préciser de quel observateur on va traduire le point de vue, ce qui nous conduira à définir la notion de référentiel.

Nous nous limiterons dans ce chapitre à la cinématique du point matériel, c'est-à-dire à l'étude d'un mobile dont la position sera entièrement définie par les coordonnées d'un point.

## 1.1. Position et trajectoire du mobile

### 1.1.1. Repère

Le mouvement d'un objet n'existe que défini par rapport à un autre objet qui lui sert de référence. Je marche dans une pièce et suis en mouvement par rapport à la chaise que je viens de quitter, mais pas par rapport au livre que je tiens à la main et qui partage mon mouvement. Si dans le langage courant nous omettons quasi systématiquement de préciser cette référence en nous contentant de dire « je roulais à 80 km/h », c'est qu'implicitement nous définissons notre mouvement par rapport à la Terre. Mais la Terre est en mouvement par rapport au Soleil, qui lui-même se déplace par rapport au centre de notre galaxie, qui elle-même se déplace par rapport aux autres galaxies... Comme l'avait bien compris Galilée, **il n'existe pas de mouvement absolu, pas davantage de repos absolu**.

Le mouvement d'un objet n'existe donc que par rapport à un autre objet qui en est privé, et qui lui sert de référence : lorsque je suis le passager d'une voiture, j'ai le même mouvement qu'elle (je partage son mouvement) et pour moi elle est immobile[(1)]. Je ne suis par conséquent pas le bon objet de référence par rapport auquel on peut définir le mouvement de la voiture. Si je veux étudier le mouvement d'un mobile $M$, je dois le faire par rapport à un autre objet qui n'est pas animé du même mouvement que $M$, et c'est cet autre objet que je choisis comme **origine** $O$. La position du mobile $M$ est alors repérée par le vecteur position $\vec{r} = \overrightarrow{OM}$ qu'il est commode de définir par ses coordonnées (figure 1.1).

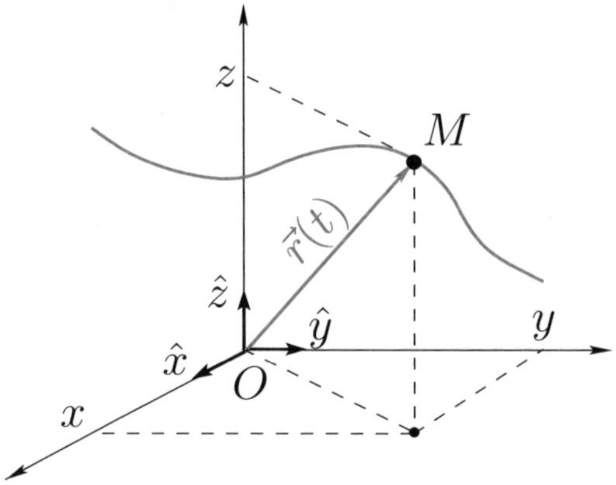


FIGURE 1.1. Vecteur position dans une base cartésienne. L'ensemble des positions du mobile définit sa trajectoire, en vert.

Pour ce faire il faut définir trois vecteurs unitaires[(2)] et orthogonaux entre eux (une **base orthonormée** disent les mathématiciens). Ce choix n'est pas unique.

(1) Passager d'une voiture animée d'un mouvement rectiligne uniforme, si j'ai conscience de son mouvement c'est en regardant à l'extérieur un bâtiment ou un arbre, ou quelque autre objet n'ayant pas le mouvement de la voiture.

(2) Les vecteurs unitaires ont un module égal à un. Nous les noterons avec un accent circonflexe : par exemple $\hat{x}$ est le vecteur unitaire associé à l'axe $x'Ox$.

Celui qui vous est le plus familier est l'ensemble de trois vecteurs unitaires **fixes**, notés $\hat{x}, \hat{y}, \hat{z}$, qui constituent ce que l'on appelle une base cartésienne[(3)]. Le vecteur position $\overrightarrow{r}$ s'écrit alors :

$$\boxed{\vec{r} = x\hat{x} + y\hat{y} + z\hat{z}} \tag{1.1}$$

en notant $x, y$, et $z$ ses trois coordonnées algébriques. L'origine $O$, et la base qui lui est associée, constituent un **repère** qui permet de repérer la position du mobile $M$. L'ensemble de ces positions constitue la **trajectoire** du mobile (en vert sur la figure 1.1).

### 1.1.2. Le temps

La seule connaissance de l'ensemble des positions du mobile (sa trajectoire dans l'espace) ne suffit pas pour décrire son mouvement. Pour déterminer comment le mobile décrit sa trajectoire, il faut aussi connaître à quel instant il occupe une position donnée. La mesure du temps est un problème qui s'avérera délicat en relativité, comme vous le découvrirez plus tard[(4)]. Mais **en mécanique classique le temps est absolu et universel**. Sa mesure ne pose pas de difficultés particulières si l'on dispose d'une mesure de temps appelée horloge. Une horloge utilise un phénomène périodique, depuis les oscillations mécaniques du balancier d'une pendule, en passant par les oscillations électriques du cristal de quartz de votre montre, jusqu'aux horloges atomiques dont la précision relative est de l'ordre de $10^{-14}$, soit une seconde pour trois millions d'années ! Une horloge permet d'associer un temps $t$ à chaque position du mobile tout au long de son mouvement. On définit ainsi le vecteur position $\vec{r}(t)$ et ses coordonnées $x(t), y(t), z(t)$ dans la base choisie. Dès lors on est en mesure de préciser la façon dont le mobile décrit sa trajectoire, ce qui est essentiel, car **à une même trajectoire peuvent correspondre différents mouvements**. Comme vous le savez sans doute déjà, une trajectoire rectiligne peut en effet être parcourue soit à vitesse constante (mouvement rectiligne uniforme), soit avec une vitesse qui varie linéairement en fonction du temps (mouvement rectiligne uniformément varié), soit avec une vitesse qui dépend périodiquement du temps (mouvement rectiligne oscillant, de l'extrémité d'un ressort par exemple)... soit de bien d'autres façons !

[(3)] Dans la partie « Compléments » nous aborderons le cas des vecteurs de base qui ne sont pas fixes.

[(4)] En relativité, l'intervalle de temps séparant deux événements varie d'un référentiel à un autre, ce que le système GPS prend en compte pour atteindre sa précision actuelle.

### 1.1.3. Référentiel

Un **observateur**, muni d'un repère et d'une horloge, définit un **référentiel**. Cet observateur aura une perception du mouvement d'un mobile, mais il est clair qu'un second observateur attaché à un autre référentiel percevra différemment ce même mouvement. Par exemple, un observateur immobile par rapport au Soleil voit les planètes décrire des orbites régulières autour du Soleil. Pour la Terre et Vénus ces orbites sont, comme nous le verrons au chapitre 7, quasi circulaires (figure 1.2a), mais décrites avec des vitesses angulaires différentes : lorsque Vénus effectue un tour complet autour du Soleil, la Terre n'effectue que 0,61 tour. Le point de vue d'un observateur terrestre est tout à fait différent (figure 1.2b) : il est immobile dans le référentiel qui lui est attaché, et c'est le Soleil qui tourne autour de lui. Qui plus est, le mouvement des planètes qu'il observe a perdu sa régularité : d'une part parce que la distance Terre-Vénus varie, d'autre part parce que Vénus paraît revenir sur ses pas lorsqu'elle double la Terre, ce que l'on qualifie de mouvement rétrograde. Ce sont les irrégularités de leurs mouvements observés depuis la Terre, qui ont d'ailleurs valu leur nom aux planètes, planète étant synonyme d'astre errant. Il est donc **essentiel de toujours définir le référentiel dans lequel est décrit le mouvement d'un mobile**. Comment concilier les points de vue de deux observateurs liés respectivement à deux référentiels différents, et passer d'un point de vue à l'autre, est un problème important en Physique. Nous l'aborderons dans ce chapitre et nous y reviendrons au chapitre suivant. Nous avons déjà mentionné qu'en mécanique classique le temps est absolu, ce qui signifie que des observateurs liés à des référentiels différents **mesurent tous le même intervalle de temps entre deux événements**[(5)].

### 1.1.4. Enregistrement d'une trajectoire

Le suivi de la position d'un mobile peut faire appel à des techniques très différentes pouvant aller du radar au GPS pour les objets macroscopiques (de l'avion au piéton), aux chambres à étincelles pour les particules élémentaires. Toutefois dans l'apprentissage de l'étude du mouvement, en salle de travaux pratiques, on utilise habituellement des techniques moins sophistiquées qui ne repèrent pas la position du mobile à tout instant, mais à des intervalles de temps réguliers notés $\Delta t$. Bien évidemment, plus $\Delta t$ sera petitpar rapport à la durée totale du

[(5)] Ce qui ne sera plus le cas dans le cadre de la relativité restreinte et de la relativité générale d'Einstein.

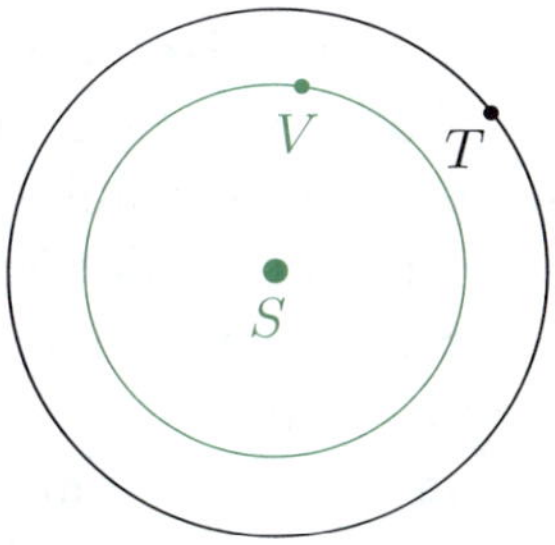


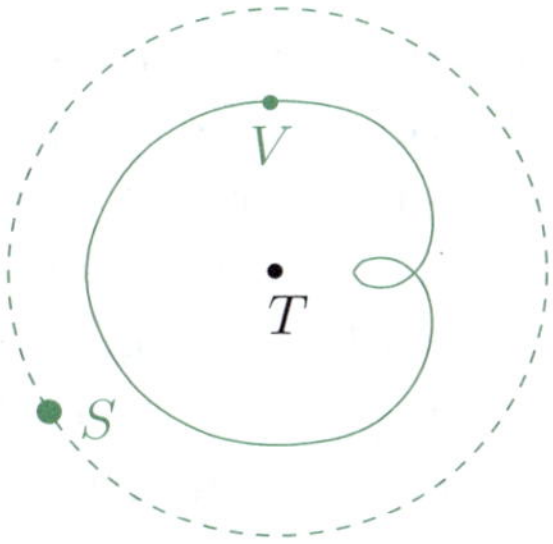


Figure 1.2. (a) Orbites (quasi circulaires) décrites par la planète Vénus et la Terre pour un observateur lié au Soleil. (b) Pour un observateur terrestre, le Soleil décrit une orbite circulaire centrée sur la Terre, mais la trajectoire de Vénus est plus complexe. Notamment Vénus paraît revenir sur ses pas lorsqu'elle double la Terre, c'est le mouvement rétrograde qui a tellement intrigué les observateurs du ciel.

mouvement, plus précisément sera définie sa trajectoire. Selon la technique utilisée pour réaliser ces mesures, $\Delta t$ sera le plus fréquemment :

- soit la période avec laquelle un palet auto-porteur marque sa position sur une table de mécanique ;
- soit la période des très brefs éclairs lumineux qui éclairent le corps en mouvement dans le champ d'un appareil photographique, on parle alors de mouvement stroboscopé.

Sur le document obtenu on choisira une origine $O$ (point quelconque ou position initiale du mobile), et il suffira de définir deux vecteurs de base (nous sommes dans un plan), le plus souvent orthonormés et fixes. On aura ainsi défini le repère utilisé par l'expérimentateur pour décrire le mouvement. Le référentiel lié à cet expérimentateur, généralement immobile dans la salle d'expérience, est appelé **référentiel du laboratoire**.

## 1.2. Comment le mobile parcourt la trajectoire

### 1.2.1. La vitesse

Au cours de son mouvement, le vecteur position du mobile varie. Si l'on repère par $\overrightarrow{OM} = \vec{r}(t)$ et $\overrightarrow{ON} = \vec{r}(t + \Delta t)$ les vecteurs position du mobile aux instants respectifs $t$ et $t + \Delta t$, il apparaît (figure 1.3) que $\vec{r}(t + \Delta t) = \vec{r}(t) + \overrightarrow{\Delta r}$ en notant

$\overrightarrow{MN} = \overrightarrow{\Delta r}$. On définit le rapport $\overrightarrow{\Delta r}/\Delta t$ comme le vecteur **vitesse moyenne** $\overrightarrow{v_m}$ du mobile sur l'intervalle de temps $\Delta t$ (figure 1.3a). Par convention, la notation $\Delta$ est réservée aux variations qui peuvent être petites mais restent finies. C'est le cas de l'enregistrement d'un mouvement réalisé lors d'une manipulation en travaux pratiques : l'intervalle de temps $\Delta t$ entre deux positions consécutives du mobile est petit (par rapport à la durée totale du mouvement) mais fini (de l'ordre du dixième de seconde en général). On peut diminuer $\Delta t$ : alors comme le montrent les figures 1.3b et 1.3c, $\overrightarrow{\Delta r}$ diminue et sa direction tend à se rapprocher de celle de la tangente à la trajectoire au point M (en tirets figure 1.3).

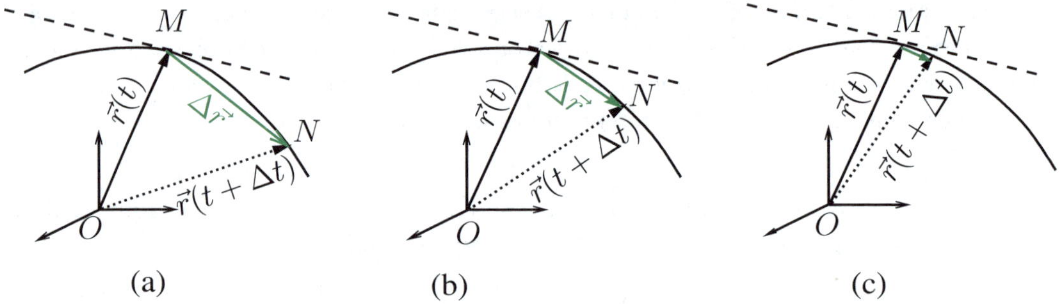


FIGURE 1.3. Variation $\Delta\vec{r}$ du vecteur position d'un mobile pendant l'intervalle de temps $\Delta t$. Au fur et à mesure que $\Delta t$ diminue, la direction du vecteur $\Delta\vec{r}$ se rapproche de la direction de la tangente (en tirets) en M à la trajectoire.

Par la pensée, on peut continuer à diminuer cet intervalle de temps $\Delta t$, jusqu'à le rendre aussi petit que l'on veut : on dit en mathématiques qu'on le fait tendre infinitésimalement vers zéro et on le note alors $dt$. Dans ce cas on ne peut plus continuer à dessiner le vecteur $\overrightarrow{MN}$ (noté alors $\overrightarrow{MN} = \overrightarrow{dr}$), encore moins à mesurer sa longueur, mais l'on peut dire que sa direction va coïncider avec celle de la tangente à la trajectoire en $M$, et que son module va lui aussi tendre vers zéro. Le point important est que lorsque $dt$ tend vers zéro, **le rapport $\overrightarrow{dr}/dt$ tend vers une limite finie**[(6)] qui est, par définition, le vecteur **vitesse instantanée** $\vec{v} = \lim\limits_{dt\to 0}(\overrightarrow{dr}/dt)$ du mobile au temps $t$. En fonction de ce qui précède, **le vecteur vitesse instantanée est toujours tangent à la trajectoire**. Mathématiquement il est défini comme la dérivée par rapport au temps du vecteur position ; il

(6) Tant qu'il n'y a pas de chocs. La trajectoire du mouvement brownien n'est pas dérivable en tout point.

est ainsi noté :

$$\boxed{\vec{v} = \frac{\overrightarrow{dr}}{dt} = \dot{\vec{r}}} \tag{1.2}$$

Cette définition mathématique nous sera fort utile dans les calculs, et conduit à un résultat très simple lorsqu'on utilise trois vecteurs de base **fixes**, puisque leurs dérivées par rapport au temps $\dot{\hat{x}}, \dot{\hat{y}}$ et $\dot{\hat{z}}$ sont nulles. Les coordonnées du vecteur vitesse instantanée sont alors simplement égales aux dérivées par rapport au temps des coordonnées du vecteur position (équation 1.1) soit :

$$\boxed{\vec{v} = \dot{\vec{r}} = \dot{x}\hat{x} + \dot{y}\hat{y} + \dot{z}\hat{z}} \tag{1.3}$$

Donnons quelques exemples simples de mouvement dans une base fixe.

**Mouvement rectiligne suivant un axe $x'Ox$ :**

- mouvement rectiligne uniforme ($v_0$ constante) :
  $\vec{r} = (v_0 t + x_0)\hat{x}$ et $\vec{v} = v_0\hat{x}$
- mouvement rectiligne uniformément varié (accélération $a$ constante) :
  $\vec{r} = (\frac{1}{2}at^2 + v_0 t + x_0)\hat{x}$ et $\vec{v} = (at + v_0)\hat{x}$ .

**Mouvement curviligne :** considérons un mobile $M$ qui décrit une trajectoire circulaire de centre $O$ et de rayon $R$. On note $\theta$ l'angle que fait le vecteur position $\vec{r} = \overrightarrow{OM}$ avec l'horizontale (figure 1.4). Ce vecteur position est défini dans la base cartésienne par :

$$\vec{r}(t) = (R\cos\theta)\hat{x} + (R\sin\theta)\hat{y}. \tag{1.4}$$

En fonction de ce qui précède, le vecteur vitesse instantanée a pour expression :

$$\vec{v}(t) = -(R\dot{\theta}\sin\theta)\hat{x} + (R\dot{\theta}\cos\theta)\hat{y} \tag{1.5}$$

en notant $\dot{\theta} = d\theta/dt$ la vitesse angulaire de rotation de $M$.

Avec cette expression de $\vec{v}(t)$ on retrouve facilement les propriétés du mouvement circulaire :

- $\|\vec{v}\| = R\dot{\theta}$ définit à chaque instant le module de la vitesse linéaire en fonction de la vitesse angulaire(7) ;
- il est facile de vérifier (faites-le !) que le produit scalaire $\vec{r}(t) \cdot \vec{v}(t)$ est nul, ce qui implique que le vecteur vitesse est tangent au cercle.

(7) Le module de la vitesse linéaire a pour dimension $LT^{-1}$ et s'exprime en $\mathrm{ms}^{-1}$ ; la vitesse angulaire a pour dimension $T^{-1}$ et s'exprime en radian $\mathrm{s}^{-1}$

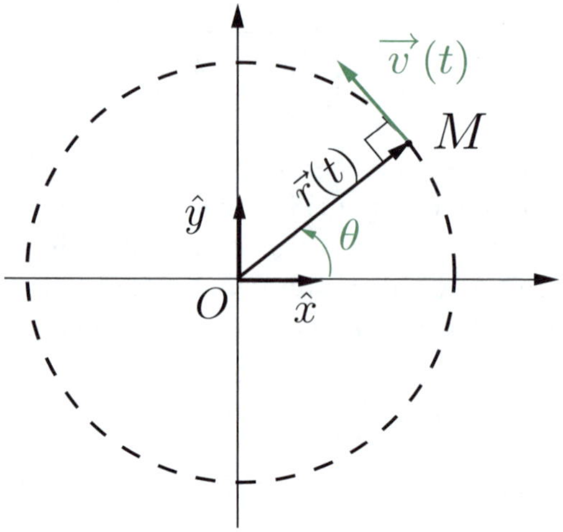


FIGURE 1.4. Trajectoire circulaire de rayon $R$.

Nous savons donc, dans une base fixe, comment définir par le calcul le vecteur vitesse instantanée d'un mobile à partir de son vecteur position. En revanche, jusqu'ici, l'exploitation de l'enregistrement d'une trajectoire paraît plus problématique : la direction du vecteur $\overrightarrow{MN}$, lorsque sa longueur est mesurable, diffère en effet sensiblement (figure 1.3a) de la direction de la tangente à la trajectoire. Est-ce à dire qu'un enregistrement des positions du mobile à des intervalles de temps successifs $\Delta t$ finis, comme celui réalisé en travaux pratiques, ne présente pas d'intérêt pour estimer la vitesse instantanée du mobile à un instant donné ? Non, à condition d'exploiter cet enregistrement correctement. Soit $L$, $M$ et $N$ les positions respectives du mobile aux temps respectifs $t-\Delta t, t$ et $t+\Delta t$ (figure 1.5).

Comme on le montrera au paragraphe 1.2.3 (relations (1.9) et (1.10)), une estimation plus précise de la vitesse instantanée au point $M$, à partir de l'enregistrement expérimental, est $\vec{v} = (\overrightarrow{ON} - \overrightarrow{OL})/2\Delta t = \overrightarrow{LN}/2\Delta t$. Cette expression fournit une bien meilleure estimation de la vitesse moyenne du mobile au point $M$, que $\overrightarrow{LM}/\Delta t$ ou $\overrightarrow{MN}/\Delta t$. On voit d'ailleurs bien sur la figure (1.5) que le vecteur $\overrightarrow{LN}$ est quasiment parallèle à la tangente à la trajectoire tracée en $M$. Dans la pratique, lorsque $\Delta t$ est petit devant la durée du mouvement, on identifie légitimement le vecteur vitesse moyenne, ainsi obtenu à partir d'un enregistrement de la trajectoire, avec le vecteur vitesse instantanée. C'est la raison pour laquelle, dans la suite, pour désigner la vitesse instantanée, nous parlerons simplement du vecteur vitesse.

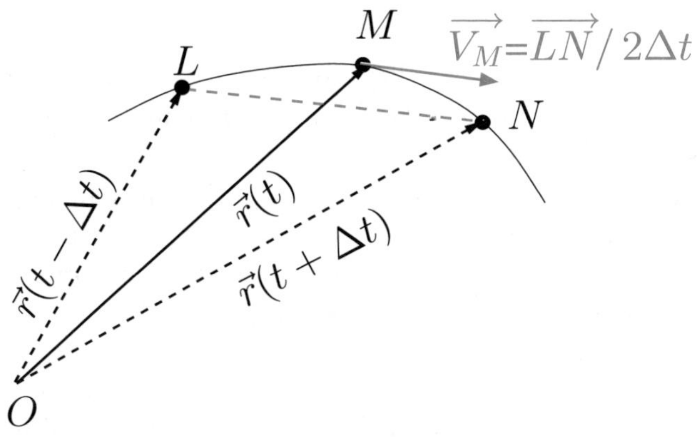


Figure 1.5. Construction du vecteur vitesse au point $M$ à partir de l'enregistrement, à des intervalles de temps réguliers $\Delta t$, de la position du mobile.

### 1.2.2. Utilité de la vitesse

La notion de vitesse nous est familière dès que nous évoquons le mouvement, et nous l'utilisons fréquemment pour le caractériser : vitesse moyenne lors d'un trajet pour comparer la rapidité de différents moyens de déplacement, ou bien vitesse (instantanée) lue sur le tableau de bord du véhicule ou mesurée par un radar de contrôle routier. Mais il est un autre usage de la vitesse auquel nous avons très souvent recours sans en avoir forcément conscience. La vitesse d'un mobile à un instant $t$ permet en effet de prédire sa position à un instant ultérieur $t + \Delta$t, puisque comme nous l'avons vu $\vec{r}(t + \Delta t) \simeq \vec{r}(t) + \vec{v}\Delta t$. Être capable de prévoir, au temps $t$, la position qu'occupera un mobile à un instant ultérieur $t + \Delta t$, est essentiel pour rattraper une balle, traverser une rue sans se faire écraser, ou juger si la voiture que vous allez croiser vous permet de dépasser le véhicule qui vous précède. Par exemple, si un joueur est en mesure de renvoyer une balle de tennis ou de ping-pong, c'est bien parce que sa raquette se trouve là où arrive cette balle. Pour ce faire, le joueur a dû anticiper, c'est-à-dire prévoir à quel endroit arriverait la balle. Il a pu le faire grâce à son système de vision et à son cerveau, qui lui permettent d'évaluer la vitesse de la balle lorsqu'elle quitte la raquette de son adversaire et donc de prévoir en quel point du terrain elle touchera le sol. Vous pouvez imaginer de nombreuses situations où il est important de connaître la vitesse d'un mobile à un instant donné pour être capable de prévoir sa position à un instant ultérieur.

### 1.2.3. L'accélération

À l'exception du mouvement rectiligne uniforme, le vecteur vitesse d'un mobile varie au cours de son mouvement. Par exemple, la chute libre d'un objet, abandonné sans vitesse initiale au-dessus du sol, ne se fait pas à vitesse constante. Galilée, le premier, l'a bien compris et vérifié expérimentalement : durant la chute libre verticale de l'objet, le module de son vecteur vitesse augmente linéairement en fonction du temps, ce qui définit un mouvement uniformément accéléré. Si l'on refait l'expérience, mais cette fois en communiquant à l'objet une vitesse initiale horizontale, sa trajectoire sera parabolique, et dans ce cas ce seront à la fois la direction et le module du vecteur vitesse qui vont varier tout au long de sa chute.

D'une façon générale si l'on définit les vecteurs vitesse d'un mobile à deux instants respectifs $t$ et $t + \Delta t$, il apparaît une variation $\Delta\vec{v}$ du vecteur vitesse. La figure 1.6a illustre le cas d'un mouvement **circulaire uniforme** où $\Delta\vec{v}$ traduit uniquement **le changement de direction du vecteur vitesse**, puisque dans ce cas le module de ce vecteur reste constant.

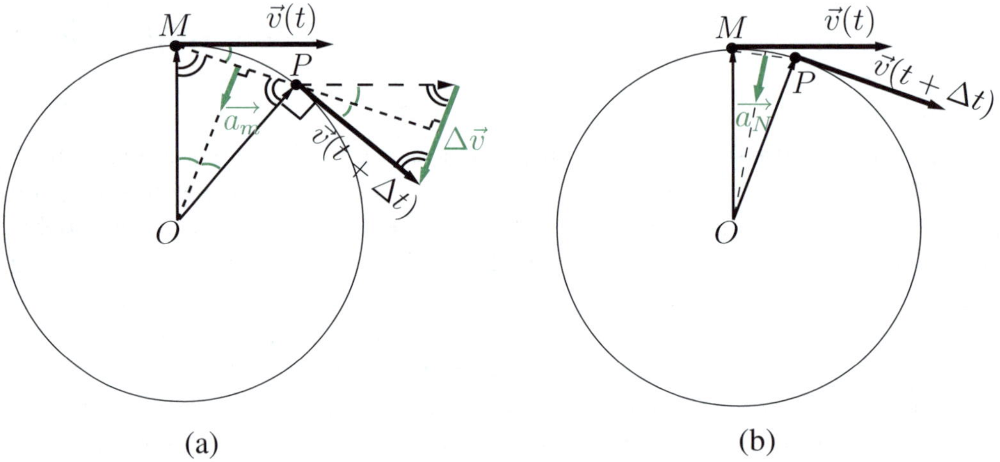


FIGURE 1.6. (a) Mouvement circulaire uniforme : le module du vecteur vitesse reste constant, alors que sa direction change. C'est ce changement de direction que traduit le vecteur accélération moyenne $\vec{a}_m$. (b) Lorsque l'intervalle de temps $\Delta t$ tend vers 0, le point $P$ se rapproche du point $M$ et la direction de l'accélération se confond avec $OM$, c'est l'accélération normale ou centripète $\vec{a}_N$.

On définit l'accélération moyenne durant l'intervalle de temps $\Delta$t par $\vec{a}_m = \Delta\vec{v}/\Delta t$. Ce vecteur est toujours dirigé vers l'intérieur de la trajectoire. Dans notre exemple, une analyse simple des angles sur la figure 1.6a, pensez que deux angles dont les côtés sont perpendiculaires sont égaux, montre que la direction de $\Delta\vec{v}$, donc de $\vec{a}_m$, est perpendiculaire à celle de $\overrightarrow{MP}$. Comme précédemment, nous pouvons par la pensée réduire l'intervalle de temps $\Delta t$ pour le rendre aussi petit que l'on veut. La figure 1.6b montre que, lorsque $\Delta t$ tend vers zéro, le point $P$ se rapproche du point $M$ dont il devient infinitésimalement voisin : la direction du vecteur accélération tend donc vers la direction $OM$. Pour un mouvement circulaire uniforme, le vecteur accélération instantanée $\vec{a}$ est donc radial et dirigé vers le centre du cercle : c'est **l'accélération normale** ou centripète $\overrightarrow{a_N}$ liée **au changement de direction** du vecteur vitesse. Son module $a_N = \| \Delta\vec{v} \| / \Delta t$ est facilement obtenu en remarquant figure 1.6a que le triangle $OMP$ et le triangle de sommet $P$ formé par les vecteurs vitesse ($\vec{v}(t)$, $\vec{v}(t+\Delta t)$ et $\Delta\vec{v}$) sont homothétiques, ce qui permet d'écrire : $\| \Delta\vec{v} \| / MP = v/R$. Si $\Delta t$ est suffisamment petit, on peut identifier la longueur de la corde $MP$ avec la longueur de l'arc de cercle qu'elle sous-tend, et écrire $MP \simeq v\Delta t$. On obtient alors, pour un mouvement circulaire, l'expression du module de l'accélération normale $a_N = v^2/R$.

Lorsque $\Delta t$ devient très petit, on le note alors $dt$, et il n'est bien sûr plus possible de mesurer la variation correspondante $\overrightarrow{dv}$ du vecteur vitesse. Cependant, lorsque $dt$ tend vers zéro, le rapport $\overrightarrow{dv}/dt$ reste fini, et l'on définit le vecteur accélération instantané par : $\vec{a} = \lim_{dt \to 0} (\overrightarrow{dv}/dt)$. Ce vecteur accélération instantanée est donc défini mathématiquement comme la dérivée par rapport au temps du vecteur vitesse :

$$\boxed{\vec{a} = \frac{\overrightarrow{dv}}{dt} = \dot{\vec{v}}} \tag{1.6}$$

Ses coordonnées, lorsque nous utilisons trois vecteurs de base fixes $\hat{x}$, $\hat{y}$, $\hat{z}$, sont donc simplement les dérivées secondes par rapport au temps des coordonnées du vecteur position :

$$\boxed{\vec{a} = \ddot{x}\hat{x} + \ddot{y}\hat{y} + \ddot{z}\hat{z}} \tag{1.7}$$

Revenons sur l'exemple du mouvement circulaire uniforme. À partir de l'équation (1.5), on obtient aisément dans le cas où $\dot{\theta}$ est constant :

$$\vec{a} = -R\dot{\theta}^2 \left(\hat{x}\cos\theta + \hat{y}\sin\theta\right) = -\dot{\theta}^2\vec{r}(t) \tag{1.8}$$

Le module de ce vecteur centripète est égal à $R\dot{\theta}^2$ soit $\|\vec{v}\|^2/\mathrm{R}$, ce que nous avions établi géométriquement sur la figure 1.6.

Comme nous l'avons fait précédemment, nous pouvons nous demander si ce vecteur accélération instantanée peut être estimé à partir d'un enregistrement des positions $L$, $M$ et $N$ du mobile aux temps respectifs $t-\Delta t$, $t$ et $t+\Delta t$. Si $\Delta t$ est suffisamment petit, on peut légitimement écrire les développements de Taylor[8]

[8] Voir « Outils mathématiques », paragraphe 10.2.2.

à l'ordre deux :

$$\vec{r}(t+\Delta t) = \vec{r}(t) + \vec{v}\Delta t + \vec{a}(\Delta t)^2/2 + \mathcal{O}(\Delta t)^3 \tag{1.9}$$

$$\vec{r}(t-\Delta t) = \vec{r}(t) - \vec{v}\Delta t + \vec{a}(\Delta t)^2/2 + \mathcal{O}(\Delta t)^3 \tag{1.10}$$

où $\mathcal{O}(\Delta t)^3$ indique que l'on néglige les termes de l'ordre de $(\Delta t)^3$. En retranchant membre à membre (1.10) de (1.9), on obtient l'expression que nous avons utilisée pour construire le vecteur vitesse au paragraphe 1.2.1. En ajoutant membre à membre (1.9) et (1.10), on obtient :

$$\boxed{\vec{a} = \frac{\vec{r}(t+\Delta t) + \vec{r}(t-\Delta t) - 2\vec{r}(t)}{(\Delta t)^2}} \tag{1.11}$$

soit, avec les notations de la figure (1.5), $\vec{a} = (\overrightarrow{ON} + \overrightarrow{OL} - 2\overrightarrow{OM})/(\Delta t)^2 = (\overrightarrow{ML}+\overrightarrow{MN})/(\Delta t)^2$. Dans le cas du mouvement circulaire uniforme, cette construction nous donne un vecteur accélération qui est bien centripète (ou normal) comme le montre la figure 1.7a. Si le mouvement circulaire est accéléré (figure 1.7b) cette construction nous donne un vecteur accélération qui n'est plus centripète : en effet à l'accélération normale $\overrightarrow{a_N}$ (liée au changement de direction du vecteur vitesse) s'ajoute maintenant l'accélération **tangentielle** $\overrightarrow{a_T}$ (liée au **changement de module** du vecteur vitesse). Lorsque $\Delta t$ est petit devant la durée du mouvement, on identifie le vecteur accélération moyenne ainsi déterminé avec le vecteur accélération instantanée, que nous désignerons donc désormais par vecteur accélération[(9)].

Ajoutons enfin que le vecteur accélération instantanée permet de prédire l'évolution du vecteur vitesse du mobile au cours d'un intervalle de temps $\Delta t$ en écrivant $\vec{v}(t+\Delta t) \simeq \vec{v}(t) + \vec{a}\Delta t$.

**En résumé :**

- Le mouvement d'un corps est décrit par trois grandeurs dépendant du temps : sa position, sa vitesse et son accélération.
- L'ensemble des positions $\vec{r}(t)$ du mobile constitue sa trajectoire.
- Le vecteur vitesse, défini par $\vec{v}(t) = \dot{\vec{r}}$ est tangent en tout point de la trajectoire ; il permet de prédire la variation du vecteur position.
- Le vecteur accélération, défini par $\vec{a}(t) = \dot{\vec{v}}$, est toujours dirigé vers l'intérieur de la trajectoire ; il permet de prédire la variation du vecteur vitesse instantanée.

[(9)] Le module du vecteur accélération a pour dimension $MLT^{-2}$, et s'exprime en $\mathrm{ms}^{-2}$.

– Si le vecteur position est défini dans une base fixe, les coordonnées des vecteurs vitesse et accélération s'obtiennent alors simplement en dérivant par rapport au temps les coordonnées du vecteur position : $\vec{r}(x, y, z)$, $\vec{v}(\dot{x}, \dot{y}, \dot{z})$ et $\vec{a}(\ddot{x}, \ddot{y}, \ddot{z})$.

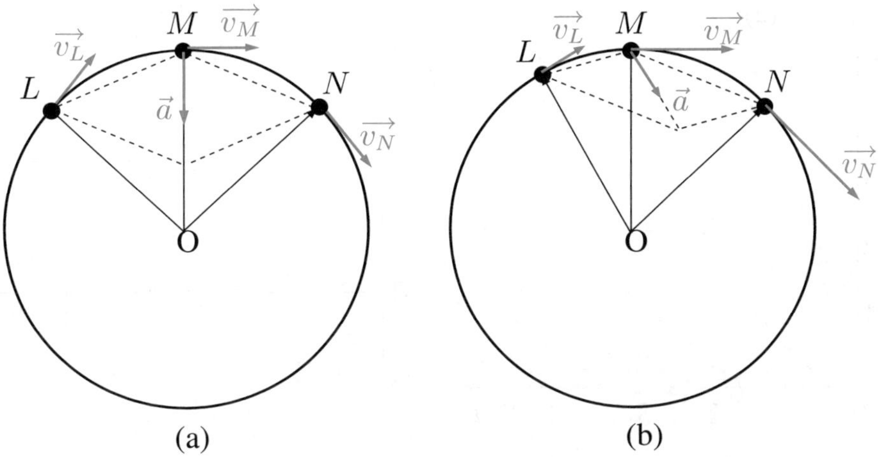


FIGURE 1.7. Construction du vecteur accélération suivant la relation (1.11) : (a) Mouvement circulaire uniforme, le vecteur accélération est centripète. (b) Mouvement circulaire accéléré, le vecteur accélération est oblique : sa composante normale ou centripète traduit le changement de direction du vecteur vitesse, tandis que sa composante tangentielle traduit la variation du module du vecteur vitesse.

## 1.3. Représentations du mouvement

### 1.3.1. Représentation temporelle

On peut dessiner dans l'espace la trajectoire d'un mobile mais cela ne nous dit pas **comment** il la parcourt. Pour le savoir, on représente l'évolution en fonction du temps, de la position, de la vitesse et de l'accélération du mobile. Considérons un mouvement rectiligne : la trajectoire est une droite que nous identifions avec l'axe $x'Ox$. Prenons l'exemple d'un mobile dont la position, définie par l'abscisse $x(t)$, évolue en fonction du temps suivant trois phases, comme le représente la figure 1.8a. La vitesse $v = \dot{x}$, définie comme la dérivée par rapport au temps de la position, est par définition égale au coefficient directeur de la tangente à la courbe[10] représentant $x(t)$. La figure 1.8a illustre cette détermination, aux instants $t = 0$, $t = 1\,\text{s}$ et $t = 4\,\text{s}$ : la vitesse est nulle à $t = 0$ (tangente horizontale en O), et vaut $1\ \text{ms}^{-1}$ aux temps $t = 1\,\text{s}$ et $t = 4\,\text{s}$. Déterminant ainsi à chaque instant

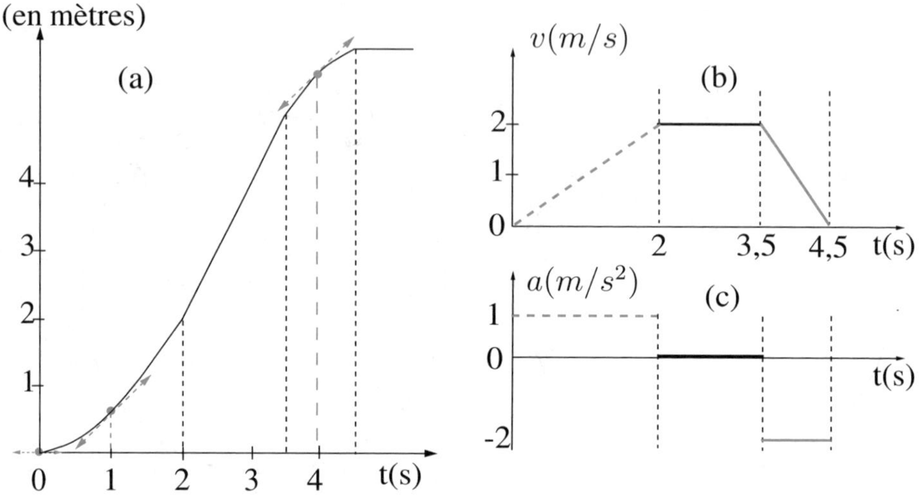


FIGURE 1.8. Représentation d'un mouvement rectiligne. (a) Position $x(t)$ en fonction du temps : en chaque point, la pente de la tangente à cette courbe donne la valeur de la vitesse $v$. (b) Les valeurs de la vitesse $v(t)$ ainsi obtenues montrent que ce mouvement est composé de trois phases dont les accélérations respectives sont représentées sur la figure (c).

la valeur du coefficient directeur de la tangente, on peut représenter figure 1.8b la variation de $v(t)$ en fonction du temps, et constater que ce mouvement comporte trois phases, délimitées par les traits en tirets verticaux : uniformément accéléré entre 0 et 2 s, puis uniforme jusqu'à 3,5 s ensuite uniformément retardé jusqu'à l'arrêt à $t = 4,5\,\text{s}$. Par la même méthode graphique, on obtient la valeur de l'accélération $a = \ddot{x}$ : dans cet exemple simple, il suffit de mesurer la pente de chacun des segments de droite représentant $v(t)$. Pour chacune de ces trois phases, on trouve respectivement $1\ \text{ms}^{-2}$, 0 et $-2\ \text{ms}^{-2}$, comme le représente la figure 1.8c.

Nous avons, dans ce qui précède, utilisé le fait que la vitesse est égale à la dérivée temporelle de la position. Mais on peut inverser la proposition et dire

[10] Insistons bien sur le fait que la courbe représentée sur la figure 1.8a n'est pas la trajectoire ! Ici nous traitons un mouvement rectiligne : la trajectoire est une droite et la vitesse a toujours la direction de l'axe $x'Ox$. Attention la tangente dont on parle ici ne doit pas être confondue avec la tangente à la trajectoire figure 1.5 qui, elle, définit la direction du vecteur vitesse dans l'espace.

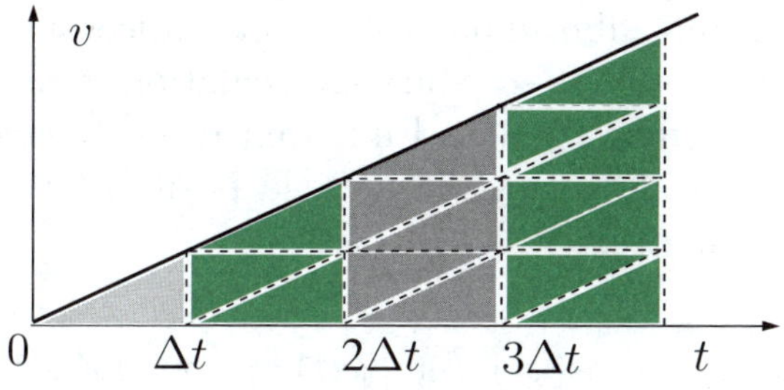


FIGURE 1.9. Mouvement rectiligne uniformément accéléré : la vitesse croît linéairement avec le temps. La distance parcourue par le mobile est représentée par l'aire comprise entre la courbe représentant $v(t)$ (ici la droite) et l'axe horizontal. En comptant les triangles, on constate que les distances parcourues pendant des intervalles de temps égaux successifs croissent suivant les nombres impairs.

que la position est la primitive de la vitesse. De ce fait, si l'on trace la courbe représentant les variations de la vitesse $\dot{x}$ en fonction du temps $t$, l'aire entre cette courbe et l'axe horizontal des temps représente la distance parcourue. Illustrons-le dans le cas du mouvement rectiligne uniformément varié (accélération constante), que vous serez souvent amené à traiter, car c'est celui d'un corps tombant en chute libre. Nous l'avons vu au paragraphe 1.2.1, pour ce mouvement, la vitesse varie **linéairement** avec le temps, comme le représente la figure 1.9. Les distances parcourues par le mobile durant des intervalles de temps $\Delta t$ égaux sont représentées par l'aire comprise entre la droite $v(t)$ et l'axe horizontal : les lignes de construction en trait pointillé font clairement apparaître (comptez le nombre de triangles correspondant à chaque intervalle de temps) que si $d$ est la distance parcourue durant le premier intervalle de temps, $3d$ sera parcourue pendant le second, $5d$ pendant le troisième, $7d$ pendant le quatrième, etc. C'est à partir de cette remarque que Galilée a pu caractériser expérimentalement le mouvement uniformément accéléré.

### 1.3.2. Espace des phases

Il existe une autre représentation du mouvement d'un mobile, différente de la représentation temporelle illustrée au paragraphe précédent. Partant des expressions de $x(t)$ et de $\dot{x}(t)$, on peut **éliminer le temps**, et obtenir la relation qui relie $x$ et $\dot{x}$. Dès lors il est possible de représenter la vitesse du mobile en fonction de sa position : c'est la représentation d'un mouvement dans **l'espace des phases**. Nous allons l'illustrer sur l'exemple du mouvement rectiligne sinusoïdal qui est celui de l'extrémité libre d'un ressort. La trajectoire est une portion de l'axe $x'Ox$ comprise entre $+a$ et $-a$ pour des oscillations d'amplitude $a$ autour de la position d'équilibre $O$ (figure 1.10a). En notant respectivement $T$ et $\omega = 2\pi/T$, la période et la pulsation de ces oscillations, la position et la vitesse du mobile sont respectivement définies par :

$$x(t) = a\cos(\omega t) \quad \text{et} \quad \dot{x}(t) = -a\omega\sin(\omega t) \tag{1.12}$$

On élimine aisément le temps en utilisant la relation $\cos^2(\omega t) + \sin^2(\omega t) = 1$, ce qui donne :

$$\frac{\dot{x}^2}{\omega^2} + x^2 = a^2 \tag{1.13}$$

Cette relation définit la trajectoire dans l'espace des phases. Si l'on porte $\dot{x}/\omega$ en ordonnée et $x$ en abscisse, cette trajectoire est un cercle de rayon $a$, centré sur l'origine (figure 1.10b). Il faut veiller à bien distinguer trajectoire dans l'espace des phases (cercle), et trajectoire dans l'espace réel (portion de l'axe $x'Ox$). Pour éviter toute confusion, il est utile, comme sur la figure 1.10, de mettre en évidence, avec des lettres, les points correspondants sur chacune des trajectoires, et d'indiquer par des flèches le sens des mouvements. Si dans l'espace réel le mobile va du point $A(x = a$ et $\dot{x} = 0)$ au point $C(x = -a$ et $\dot{x} = 0)$ avec une vitesse négative, c'est par le demi-cercle inférieur que l'on ira de $A$ à $C$ dans l'espace des phases. On remarque que les passages par la position d'équilibre, points $B$ et $D$, sont confondus dans l'espace réel mais bien distincts sur la trajectoire dans l'espace des phases. Ce n'est pas le seul intérêt de cette représentation qui nous sera très utile pour étudier les oscillateurs, et avec laquelle vous pourrez commencer à vous familiariser avec les exercices 6 et 7.

## 1.4. Composition des mouvements

Le mouvement d'un mobile peut être complexe mais, bien souvent, cette complexité n'est qu'apparente et **résulte de la composition de deux mouvements qui pris séparément sont chacun très simples**. C'est de leur composition que naît la complexité. Pour décomposer ce mouvement complexe, il faut quelquefois faire intervenir le point de vue de plusieurs observateurs, nous nous limiterons ici à deux. Deux observateurs, nous l'avons vu (paragraphe 1.1.3), cela signifie deux référentiels que nous noterons $(\mathcal{R})$ et $(\mathcal{R}')$.

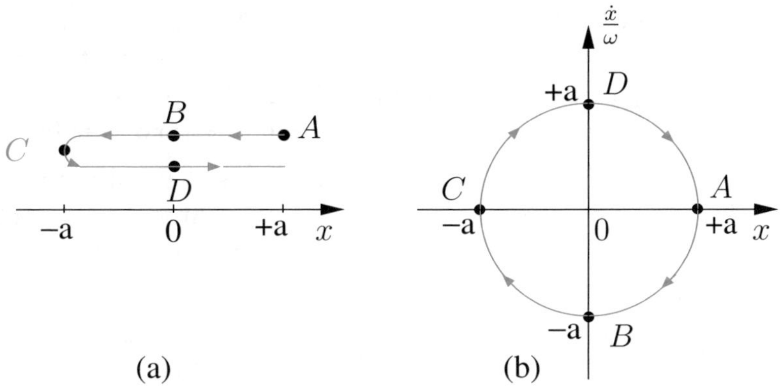


FIGURE 1.10. Mouvement rectiligne oscillant d'amplitude $a$. (a) Trajectoire réelle du mobile au cours d'une oscillation. (b) Trajectoire du mobile dans l'espace des phases : c'est un cercle de rayon $a$. Les points $A, B, C$ et $D$ permettent de visualiser la correspondance entre les trajectoires respectives dans l'espace réel et dans l'espace des phases au cours du mouvement.

### 1.4.1. Référentiels en translation

Nous ne considérerons ici que le cas où $(\mathcal{R}')$ est animé d'un mouvement de translation par rapport à $(\mathcal{R})$[11].

Pour l'observateur lié au référentiel en translation $(\mathcal{R}')$, le mobile $M$ est défini par le vecteur position :

$$\overrightarrow{O'M} = \vec{r'} = x'\hat{x}' + y'\hat{y}' + z'\hat{z}' \tag{1.14}$$

Pour cet observateur, la base $\hat{x}'$, $\hat{y}'$ et $\hat{z}'$ est fixe, et les vecteurs vitesse et accélération de $M$ sont simplement définis par (paragraphes 1.2.1 et 1.3.3) :

$$\vec{v'} = \dot{\vec{r'}} = \dot{x}'\hat{x}' + \dot{y}'\hat{y}' + \dot{z}'\hat{z}' \quad et \quad \vec{a'} = \dot{\vec{v'}} = \ddot{x}'\hat{x}' + \ddot{y}'\hat{y}' + \ddot{z}'\hat{z}' \tag{1.15}$$

Pour l'observateur lié au référentiel fixe $(\mathcal{R})$, le mouvement du mobile sera la composition de son mouvement **dans** $(\mathcal{R}')$, et du mouvement de translation **de** $(\mathcal{R}')$. Il repérera sa position par le vecteur position (figure 1.11b) :

$$\overrightarrow{OM} = \vec{r} = \overrightarrow{OO'} + \vec{r'} \tag{1.16}$$

[11] Le cas où $(\mathcal{R}')$ est animé d'un mouvement de rotation par rapport à $(\mathcal{R})$ sera étudié dans les compléments.

Dans le cas d'une translation, l'observateur lié à $(\mathcal{R})$ voit bien les vecteurs de base $\hat{x}', \hat{y}'$ et $\hat{z}'$ se déplacer (figure 1.11a), mais il est important de réaliser que **ces vecteurs restent pour lui constants** : ils ne changent en effet ni de direction, ni de sens ni de module. Par conséquent, pour l'observateur lié à $(\mathcal{R})$, on a aussi : $\dot{\hat{x}}' = \dot{\hat{y}}' = \dot{\hat{z}}' = 0$. Pour obtenir le vecteur vitesse $\vec{v}$ du mobile dans $(\mathcal{R})$, il suffit de dériver l'équation (1.16) par rapport au temps qui, rappelons-le, en mécanique classique, est le même dans tous les référentiels :

$$\vec{v} = \dot{x}\hat{x} + \dot{y}\hat{y} + \dot{z}\hat{z} = \overrightarrow{\dot{OO'}} + \dot{x}'\hat{x}' + \dot{y}'\hat{y}' + \dot{z}'\hat{z}' \tag{1.17}$$

soit :

$$\boxed{\vec{v} = \vec{V} + \vec{v'}} \tag{1.18}$$

en notant $\vec{V}$ le vecteur vitesse associé au mouvement de translation de $(\mathcal{R}')$ par rapport à $(\mathcal{R})$. Une nouvelle dérivation par rapport au temps donne cette fois la relation entre les accélérations :

$$\vec{a} = \ddot{x}\hat{x} + \ddot{y}\hat{y} + \ddot{z}\hat{z} = \overrightarrow{\ddot{OO'}} + \ddot{x}'\hat{x}' + \ddot{y}'\hat{y}' + \ddot{z}'\hat{z}' \tag{1.19}$$

soit

$$\boxed{\vec{a} = \vec{A} + \vec{a'}} \tag{1.20}$$

en notant $\vec{A}$ le vecteur accélération associé au mouvement de translation de $(\mathcal{R}')$ par rapport à $(\mathcal{R})$.

Mentionnons le cas particulier d'un référentiel $(\mathcal{R}')$ se déplaçant par rapport à $(\mathcal{R})$ suivant un mouvement rectiligne uniforme de vitesse $\overrightarrow{V_0}$, les relations précédentes définissent alors **la transformation de Galilée** :

$$\vec{r} = \overrightarrow{V_0}\, t + \vec{r'}; \quad \vec{v} = \overrightarrow{V_0} + \vec{v'}; \quad \vec{a} = \vec{a'} \tag{1.21}$$

### 1.4.2. Exemple de composition de mouvement : la cycloïde

La cycloïde est la trajectoire décrite par un point situé sur la circonférence d'un cercle vertical de rayon $R$ qui roule sans glissement sur un plan horizontal, la trajectoire de la valve de votre roue de vélo par exemple. Cette trajectoire, à première vue compliquée dans le référentiel fixe $(\mathcal{R})$ (courbe en tirets sur la figure 1.12a), est en fait la composition de deux mouvements simples : le mouvement de rotation du point $M$ autour du centre $C$ du cercle, et le mouvement de translation de $C$. On appelle $(\mathcal{R}')$ le référentiel en translation par rapport à $(\mathcal{R})$ avec la vitesse de translation $\vec{V}$ du point $C$, on dit aussi que le référentiel

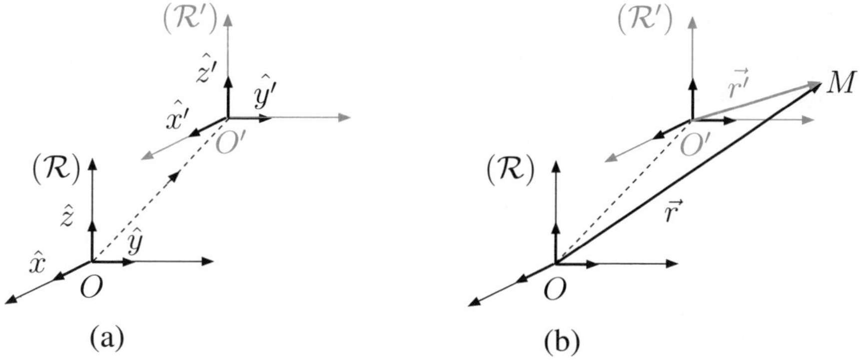


Figure 1.11. Le référentiel $(\mathcal{R}')$ est animé d'un mouvement de translation par rapport à $(R)$. (a) Pour l'observateur lié au référentiel $(\mathcal{R})$, les vecteurs de base du référentiel $(\mathcal{R}')$ se déplacent, mais restent constants en direction, sens et module : leur dérivée par rapport au temps est donc nulle. (b) La position d'un mobile $M$, est repérée respectivement par $\vec{r}$ et $\vec{r'}$ dans chacun de ces référentiels.

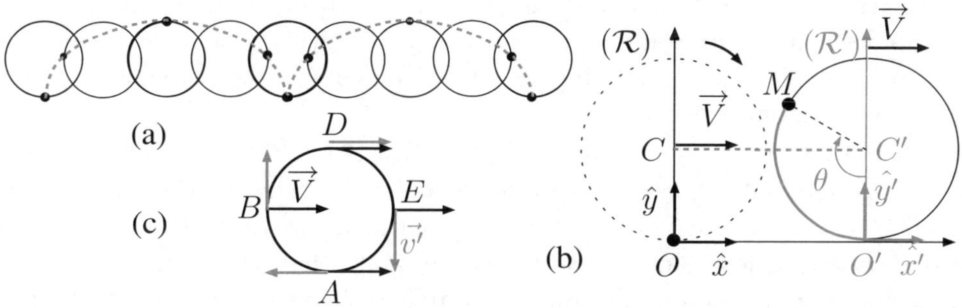


Figure 1.12. (a) La courbe décrite par un point de la circonférence d'un cercle qui roule sans glisser est représentée en tirets verts : c'est la cycloïde. (b) Lorsque le cercle a tourné d'un angle $\theta$, en l'absence de glissement, son centre $C$ s'est déplacé horizontalement de la longueur $CC' = R\theta$. (c) Vecteurs vitesses associés respectivement à la translation $\vec{V}$ (en noir) et à la rotation $\vec{v'}$ (en vert). Au point $A$ de contact avec le sol, la somme de ces deux vecteurs est nulle.

$(\mathcal{R}')$ est celui où le point $C$ est immobile. À l'instant initial ces deux référentiels coïncident, par conséquent $O$, $O'$ et $M$ sont confondus (figure 1.12b).

À un instant ultérieur, le cercle a tourné d'un angle $\theta$ et, comme il tourne sans glissement, son centre $C$, et par conséquent le référentiel $(\mathcal{R}')$, se sont déplacés horizontalement de la distance $OO'$ égale à la longueur de l'arc $O'M$ soit $R\theta$ (en vert sur la figure 1.12b). La position du point $M$ est définie pour l'observateur lié à $(\mathcal{R})$ par le vecteur $\overrightarrow{OM} = \overrightarrow{OO'} + \overrightarrow{O'M}$ soit $\vec{r} = \overrightarrow{OO'} + \vec{r'}$, ce qui s'écrit en fonction des vecteurs de base :

$$x\hat{x} + y\hat{y} = R\theta\hat{x} - R\sin\theta\hat{x'} + R(1-\cos\theta)\hat{y'} \tag{1.22}$$

Les vecteurs de base étant ici identiques ($\hat{x} = \hat{x'}$ et $\hat{y} = \hat{y'}$) on obtient immédiatement les coordonnées du point $M$ dans $(R)$ :

$$x = R(\theta - \sin\theta) \quad \text{et} \quad y = R(1-\cos\theta) \tag{1.23}$$

qui constituent les équations paramétriques de la cycloïde représentée en tirets verts sur la figure 1.12a. Par dérivation par rapport au temps on obtient le vecteur vitesse du point $M$ dans le référentiel $(\mathcal{R})$ :

$$\vec{v} = R\dot{\theta}[\,\hat{x}(1-\cos\theta) + \hat{y}\sin\theta\,] \tag{1.24}$$

On remarque que cette vitesse s'annule[(12)] chaque fois que $\theta$ est égal à un multiple entier de $2\pi$, c'est-à-dire chaque fois que le point $M$ est en contact avec le sol. C'est un résultat important sur lequel nous reviendrons lorsque nous parlerons des forces de frottement. Soulignons qu'il n'a rien d'intuitif : pensez à une voiture de formule 1 sur un circuit, le point de contact de chacun de ses pneus avec le sol a, pour vous, une vitesse nulle !

L'explication physique se trouve facilement à partir de l'équation (1.18). On note $\vec{V}$ le vecteur vitesse associé au mouvement de translation de $C$ : ce vecteur, représenté en noir sur la figure 1.12c, horizontal, de module est égal à $R\dot{\theta}$, est identique pour tous les points du cercle. En revanche, le vecteur vitesse $\vec{v'}$, associé au mouvement de rotation autour de $C$, et représenté en vert sur la figure 1.12c, est tangent au cercle en tout point, et son module est aussi égal à $R\dot{\theta}$. La figure 1.12c représente $\vec{V}$ et $\vec{v'}$ pour quatre points du cercle : il est clair qu'au point $A$ de contact avec le sol, $\vec{v_A} = \vec{V} + \vec{v'_A} = \vec{0}$. Pour tous les autres points sur le cercle $\vec{v}$ est non nul, et c'est au point $B$ que le module de la vitesse est maximum et égal à $2R\dot{\theta}$.

## 1.5. Base polaire

Dans le paragraphe précédent, la cycloïde nous a permis d'illustrer la composition, du mouvement de rotation d'un mobile $M$ dans $(\mathcal{R}')$, et du mouvement rectiligne de $(\mathcal{R}')$ par rapport à $(\mathcal{R})$. Nous allons aborder ici une autre composition de mouvements, celle du mouvement rectiligne d'un mobile $M$ dans $(\mathcal{R}')$,

(12) Ce sont les points de rebroussement de la trajectoire.

et du mouvement de rotation (avec la vitesse angulaire $\dot{\theta}$) de $(\mathcal{R}')$ par rapport à $(\mathcal{R})$. Par exemple vous êtes sur un manège en rotation et, partant du centre, vous marchez en suivant un rayon. Quelle est votre mouvement pour un observateur qui n'est pas sur ce manège ?

Les notations sont ici un peu différentes : le référentiel tournant $(\mathcal{R}')$, comme le montre la figure 1.13a, est muni de deux vecteurs de base notés $\hat{r}$ (radial) et $\hat{\theta}$ (orthoradial). Le mouvement du mobile $M$ est simple dans $(\mathcal{R}')$, car rectiligne : $M$ se déplace suivant la direction radiale définie par $\hat{r}$. Son vecteur position est défini par :

$$\boxed{\overrightarrow{OM} = \vec{r} = r\,\hat{r}} \tag{1.25}$$

en notant $r$ la longueur $OM$[13]. **Pour l'observateur lié à $(\mathcal{R}')$, le vecteur unitaire $\hat{r}$ est fixe**[14] par conséquent $\dot{\hat{r}} = 0$. Les vecteurs vitesse et accélération du mobile $M$ sont donc, pour lui, simplement définis par :

$$\boxed{\vec{v'} = \dot{\vec{r}} = \dot{r}\hat{r} \quad ; \quad \vec{a'} = \dot{\vec{v'}} = \ddot{r}\hat{r}} \tag{1.26}$$

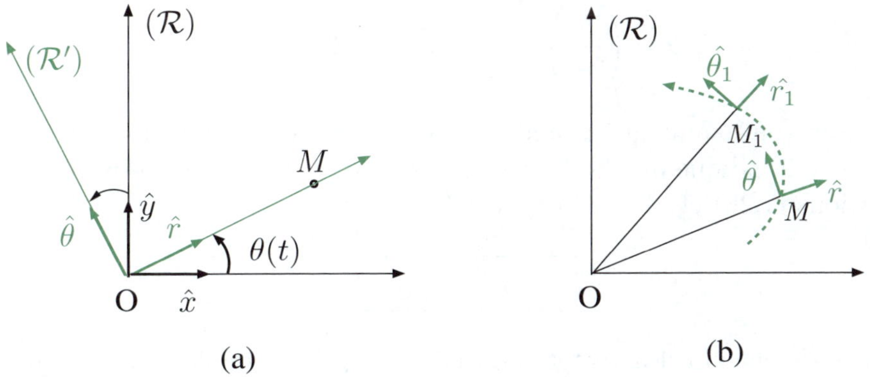


FIGURE 1.13. (a) Le référentiel $(\mathcal{R}')$ est animé d'un mouvement de rotation dans le référentiel $(\mathcal{R})$. Pour l'observateur lié à $(\mathcal{R}')$, le mobile $M$ décrit un mouvement rectiligne. (b) Pour l'observateur lié à $(\mathcal{R})$, les vecteurs de base $\hat{r}$ et $\hat{\theta}$ changent de direction lorsque le mobile passe de $M$ à $M_1$ en décrivant sa trajectoire.

[13] Attention : la lettre $r$ intervient trois fois dans cette expression et il faut bien distinguer le vecteur $\vec{r} = \overrightarrow{OM}$, la coordonnée r égale à la longueur $OM$, et le vecteur unitaire radial $\hat{r}$.

[14] Pour vous en convaincre, placez une règle devant vous. Bien que la Terre tourne sur elle-même avec un vitesse angulaire, faible certes mais réelle, la règle vous paraît immobile car vous tournez avec la Terre : vous vous trouvez dans la situation de l'observateur lié à $(\mathcal{R}')$.

Pour l'observateur lié au référentiel fixe $(\mathcal{R})$, le vecteur position du mobile est aussi $\overrightarrow{OM}$. Cet observateur dispose d'une base fixe $(\hat{x}, \hat{y})$, mais il peut exprimer $\overrightarrow{OM}$ dans une autre base. Ceci nous donne l'occasion de souligner la **différence entre base** (commodité mathématique pour écrire un vecteur) **et référentiel** (point de vue d'un observateur). L'observateur de $(\mathcal{R})$ peut donc aussi choisir d'écrire le vecteur position $\vec{r} = r\,\hat{r}$, seulement **pour lui le vecteur unitaire $\hat{r}$ n'est plus fixe**. La figure 1.13b montre que lorsque le mobile $M$ décrit sa trajectoire, $\hat{r}$ et $\hat{\theta}$ tournent, dans le plan $xOy$, avec la vitesse angulaire $\dot{\theta}$. Pour définir les vecteurs vitesse et accélération, cet observateur doit donc déterminer les expressions des vecteurs $\dot{\hat{r}}$ et $\dot{\hat{\theta}}$ qui **pour lui ne sont plus nuls**. Pour ce faire, exprimons $\hat{r}$ et $\hat{\theta}$ dans la base fixe $(\hat{x}, \hat{y})$ :

$$\hat{r} = \hat{x}\cos\theta + \hat{y}\sin\theta \quad \text{et} \quad \hat{\theta} = -\hat{x}\sin\theta + \hat{y}\cos\theta \tag{1.27}$$

En dérivant, dans $(\mathcal{R})$, ces expressions par rapport au temps, on obtient :

$$\dot{\hat{r}} = \left(\frac{d\hat{r}}{dt}\right)_{(\mathcal{R})} = \dot{\theta}(-\hat{x}\sin\theta + \hat{y}\cos\theta) \tag{1.28}$$

$$\dot{\hat{\theta}} = \left(\frac{d\hat{\theta}}{dt}\right)_{(\mathcal{R})} = -\dot{\theta}(\hat{x}\cos\theta + \hat{y}\sin\theta) \tag{1.29}$$

Pour éviter toute ambiguïté nous avons utilisé ici la notation plus formelle $(d\hat{r}/dt)_{(\mathcal{R})}$ qui indique que la dérivée de $\hat{r}$ est prise dans $(\mathcal{R})$. En utilisant (1.27), les équations (1.28) et (1.29) s'écrivent :

$$\boxed{\dot{\hat{r}} = \dot{\theta}\,\hat{\theta} \quad et \quad \dot{\hat{\theta}} = -\dot{\theta}\,\hat{r}} \tag{1.30}$$

La dérivée de chacun des vecteurs de base s'exprime simplement en fonction de l'autre vecteur de base. On pouvait s'y attendre : le vecteur de base $\hat{r}$ est unitaire, $\hat{r}^2 = 1$, soit en dérivant par rapport au temps $2\hat{r}\dot{\hat{r}} = 0$. Ce produit scalaire nul implique que $\dot{\hat{r}}$ doit être orthogonal à $\hat{r}$ donc colinéaire à $\hat{\theta}$. Le même raisonnement vaut pour $\dot{\hat{\theta}}$.

Pour obtenir les expressions des vecteurs vitesse et accélération du mobile, il suffit à l'observateur lié au référentiel $(\mathcal{R})$ de dériver l'équation (1.25) par rapport au temps en n'oubliant pas de dériver $\hat{r}$ et $\hat{\theta}$ conformément à (1.30). Il obtient ainsi :

$$\boxed{\vec{v} = (\frac{d\vec{r}}{dt})_{(R)} = \dot{r}\hat{r} + r\dot{\theta}\hat{\theta} = v_r\hat{r} + v_\theta\hat{\theta}} \tag{1.31}$$

et :

$$\boxed{\vec{a} = (\frac{d\vec{v}}{dt})_{(R)} = (\ddot{r} - r\dot{\theta}^2)\hat{r} + (2\dot{r}\dot{\theta} + r\ddot{\theta})\hat{\theta} = a_r\hat{r} + a_\theta\hat{\theta}} \qquad (1.32)$$

Ces expressions définissent les coordonnées radiale et orthoradiale des vecteurs vitesse et accélération.

Le cas particulier d'une trajectoire circulaire de centre $O$ et de rayon $R$, correspond à un point $M$ immobile dans $(\mathcal{R}')$ : $r = R$, et par conséquent $\dot{r} = \ddot{r} = 0$. De ce fait les équations (1.25), (1.31), (1.32) deviennent respectivement :

$$\vec{r} = R\hat{r} \quad ; \quad \vec{v} = R\dot{\theta}\hat{\theta} \quad ; \quad \vec{a} = -R\dot{\theta}^2\hat{r} + R\ddot{\theta}\hat{\theta} \qquad (1.33)$$

On retrouve bien les caractéristiques du mouvement circulaire : le vecteur vitesse orthoradial est tangent au cercle et a pour module $R\dot{\theta}$ ; le vecteur accélération a lui deux coordonnées, respectivement centripète $(-R\dot{\theta}^2)$ et tangentielle $(R\ddot{\theta})$.

En comparant les relations (1.20) et (1.32), il apparaît que le mouvement de rotation du référentiel $(\mathcal{R}')$ introduit une plus grande complexité que le mouvement de translation (paragraphe 1.4.1). Pour obtenir une écriture vectorielle analogue à celles des équations (1.18) et (1.20), il faudra faire intervenir un nouveau vecteur, le vecteur vitesse angulaire, comme nous le verrons au paragraphe 1.7.

## 1.6. Compléments sur les trajectoires

### 1.6.1. Rayon de courbure et centre de courbure d'une trajectoire

Considérons une trajectoire curviligne (figure 1.14a). L'élément de trajectoire au voisinage d'un point $M$ peut être assimilé à un arc de cercle de centre $C$ et de rayon $\rho = CM$. Ce cercle est appelé cercle osculateur. Attention : il existe une infinité de cercles tangents à la courbe au point $M$, mais seul le cercle osculateur s'identifie à la courbe au voisinage du point $M$. On définit respectivement $C$ et $\rho$ comme le centre de courbure et le rayon de courbure de la trajectoire au point $M$. La tangente à la trajectoire en $M$ étant aussi tangente au cercle, $CM$ est dirigé suivant la normale à la trajectoire. Bien évidemment ceci est valable en tout point, et comme le montre la figure 1.14a, à un point $M'$ correspondent $C'$ et $\rho' = C'M'$. Le vecteur vitesse, nous l'avons vu, est tangent en tout point à la trajectoire. Il peut donc s'écrire $\vec{v} = v\hat{T}$, si l'on note $\hat{T}$ le vecteur unitaire tangentiel, et $v$ le module $\|\vec{v}\|$ du vecteur vitesse (figure 1.14b). Par dérivation par rapport au temps, on obtient le vecteur accélération :

$$\vec{a} = \dot{v}\,\hat{T} + v\,\dot{\hat{T}} \qquad (1.34)$$

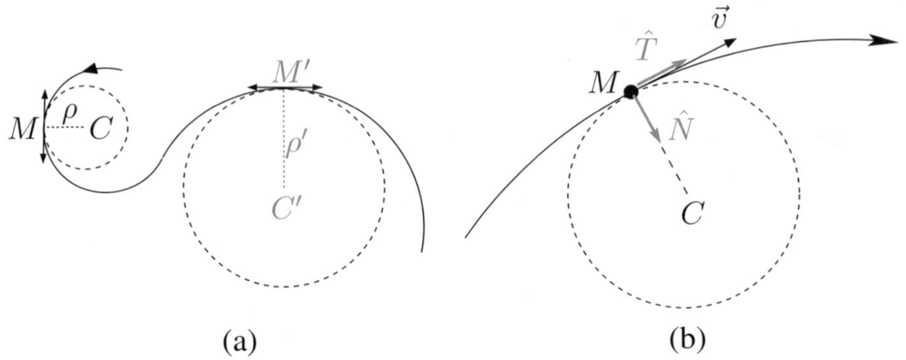


Figure 1.14. (a) L'élément de trajectoire au voisinage d'un point $M$ peut être assimilé à un arc de cercle de centre $C$ et de rayon $\rho$. On associe ainsi à chaque point de la trajectoire un centre de courbure et un rayon de courbure. (b) En tout point de la trajectoire, on définit un vecteur unitaire tangentiel $\hat{T}$, colinéaire au vecteur vitesse, et un vecteur unitaire normal $\hat{N}$, dirigé vers le centre de courbure $C$.

Le premier terme de (1.34) représente la composante tangentielle du vecteur accélération, et définit la coordonnée $a_T = \dot{v}$. **Attention** à ne pas confondre $\dot{v}$, **la dérivée du module** du vecteur vitesse, avec **la dérivée du vecteur** vitesse $\dot{\vec{v}}$ ! Le vecteur $\hat{T}$ étant unitaire, $\hat{T}\dot{\hat{T}} = 0$, ce qui signifie que $\dot{\hat{T}}$ est orthogonal à $\hat{T}$, et par conséquent le second terme de (1.34) représente la composante normale du vecteur accélération. Comme la trajectoire s'identifie, au voisinage de $M$, avec l'arc de cercle de centre $C$ (figure 1.14b), cette composante normale est simplement l'accélération centripète d'un mouvement circulaire de rayon $\rho$, soit :

$$v\,\dot{\hat{T}} = \frac{v^2}{\rho}\hat{N} \tag{1.35}$$

ce qui définit la coordonnée normale de l'accélération $a_N = v^2/\rho$. Le vecteur accélération peut donc s'écrire dans la base mobile ($\hat{T}$, $\hat{N}$), appelée base de Frenet, comme :

$$\boxed{\vec{a} = a_T\,\hat{T} + a_N\hat{N} = \dot{v}\,\hat{T} + \frac{v^2}{\rho}\hat{N}} \tag{1.36}$$

Cette base est orthonormée par conséquent :

$$\vec{a}^2 = a_T^2 + a_N^2 \tag{1.37}$$

Ces relations permettent de déterminer la valeur du rayon de courbure en tout point de la trajectoire. En effet :

$$\rho = \frac{v^2}{a_N} = \frac{v^2}{\sqrt{a^2 - a_T^2}} \tag{1.38}$$

### 1.6.2. Exemple : la cardioïde

La figure 1.15 représente la trajectoire définie dans la base polaire[(15)] par :

$$\vec{r} = r_0(1 + \cos\theta)\,\hat{r} \tag{1.39}$$

Un mobile $M$ parcourt cette trajectoire avec une vitesse angulaire $\dot{\theta}$ constante. Ses vecteurs vitesse et accélération s'obtiennent (paragraphe 1.5.1) en dérivant le vecteur position par rapport au temps, et en n'oubliant pas que la base polaire est mobile (équation 1.30) :

$$\vec{v} = r_0\dot{\theta}[-\hat{r}\sin\theta + \hat{\theta}(1 + \cos\theta)] \quad \text{et} \quad \|\vec{v}\| = 2\,r_0\dot{\theta}\cos(\theta/2) \tag{1.40}$$

$$\vec{a} = -\,r_0\dot{\theta}^2[\hat{r}(1 + 2\cos\theta) + \hat{\theta}(2\sin\theta)] \quad \text{et} \quad \|\vec{a}\| = r_0\dot{\theta}^2\sqrt{5 + 4\cos\theta} \tag{1.41}$$

On note sur la figure 1.15 que les vecteurs unitaires de la base polaire sont bien **distincts** de ceux de la base de Frenet[(16)]. L'angle $\alpha$ entre la direction orthoradiale et la direction tangentielle (figure 1.15) se trouve simplement en écrivant que la coordonnée orthoradiale de la vitesse s'exprime suivant $v_\theta = \|\vec{v}\|\cos\alpha$. Pour la cardioïde, on trouve le résultat très simple[(17)] :

$$\cos\alpha = \cos(\theta/2) \quad \text{soit} \quad \alpha = \theta/2 \tag{1.42}$$

On vérifie ce résultat au point particulier $P$ correspondant à $\theta = \pi/2$. La figure 1.15 représente les vecteurs vitesse et accélération en ce point. Le vecteur vitesse $\vec{v} = r_0\dot{\theta}\,(-\hat{r} + \hat{\theta})$ est dirigé suivant la seconde bissectrice, et l'on vérifie bien qu'il fait un angle $\alpha = 45° = \theta/2$ avec la direction orthoradiale. Le vecteur accélération, qui s'écrit $\vec{a} = r_0\dot{\theta}^2\,(-\hat{r} - 2\hat{\theta})$ est, comme il se doit, dirigé vers l'intérieur de la trajectoire.

---

(15) Un exemple dans une base cartésienne, la trajectoire parabolique, est traité en détail dans l'exercice 8.

(16) C'est uniquement dans le cas d'une trajectoire circulaire que les directions radiale et orthoradiale se confondent respectivement avec les directions normale et tangentielle.

(17) On rappelle la relation : $1 + \cos\theta = 2\cos^2(\theta/2)$.

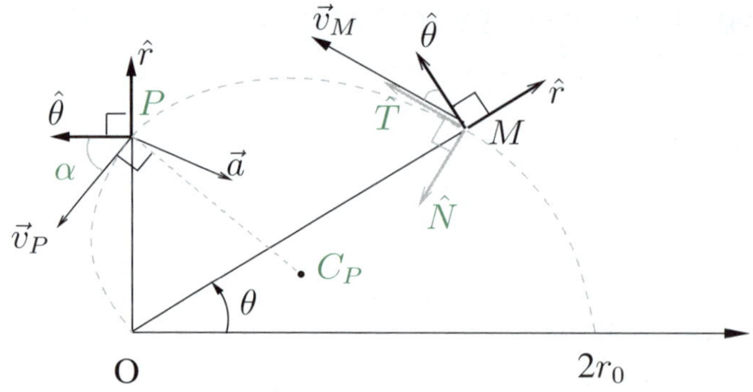


FIGURE 1.15. La cardioïde. La position du mobile $M$ est repérée dans la base polaire $(\hat{r}, \hat{\theta})$, qu'il faut bien distinguer de la base de Frenet représentée en vert. L'angle $\alpha$ que forment les directions orthoradiale et tangentielle est dans ce cas très simplement lié à l'angle polaire $\theta$ (1.42). Le point $P$ correspond à la valeur particulière $\theta = \pi/2$ et $C_P$ est le centre de courbure qui lui est associé.

Il nous reste à déterminer l'expression du rayon de courbure en tout point de cette trajectoire. L'accélération tangentielle (dérivée du module du vecteur vitesse) est définie par $a_T = -r_0\dot{\theta}^2 \sin(\theta/2)$, ce qui, en utilisant (1.41) donne[(18)]

$$a_N = \sqrt{a^2 - a_T^2} = 3\, r_0\dot{\theta}^2 \cos(\theta/2) \tag{1.43}$$

L'expression du rayon de courbure $\rho$ est donc d'après (1.38) :

$$\rho = \frac{v^2}{a_N} = \frac{4}{3} r_0 \cos(\theta/2) \tag{1.44}$$

le rayon de courbure de la trajectoire correspondant au point particulier $P$ ($\theta = \pi/2$) vaut donc $\rho_P = (2\sqrt{2}/3)r_0 \simeq 0{,}94 r_0$. On construit le centre de courbure $C_P$ correspondant au point $P$, en portant suivant la direction normale la longueur $\rho_P = CP$ (figure 1.15).

## 1.7. Compléments sur la composition des mouvements

### 1.7.1. Vecteur vitesse angulaire

Jusqu'ici, chaque fois que nous avons parlé d'un mouvement de rotation, nous ne l'avons défini que par une quantité scalaire, sa vitesse angulaire $\dot{\theta}$. Mais en

(18) Utilisez la relation : $\cos\theta = 1 - 2\sin^2(\theta/2)$.

fait deux autres informations étaient implicitement contenues dans la figure qui illustrait ce mouvement (par exemple figure 1.13a) : la rotation s'effectue dans un plan, donc autour d'un axe perpendiculaire à ce plan, et dans le sens indiqué par la flèche. L'ensemble de ces trois informations, nécessaires à la définition du mouvement de rotation, sont contenues dans le vecteur vitesse angulaire que nous noterons $\vec{\omega}$. Comme le montre la figure 1.16a :

- la direction du vecteur $\vec{\omega}$ est la direction de l'axe autour duquel s'effectue la rotation. Cette direction est donc orthogonale au plan dans lequel s'effectue le mouvement de rotation ;
- le sens du vecteur $\vec{\omega}$ est lié au sens de rotation dans ce plan. Plusieurs méthodes permettent de trouver ce sens : la figure 1.16a illustre la « règle du pouce » en utilisant votre **main droite**. On peut aussi dire que si vous regardez une rotation qui se fait dans le sens opposé à celui des aiguilles d'une montre, le vecteur $\overrightarrow{\omega}$ est orienté vers vous ;
- le module du vecteur $\vec{\omega}$ est la vitesse angulaire $\|\vec{\omega}\| = d\theta/dt = \dot{\theta}$.

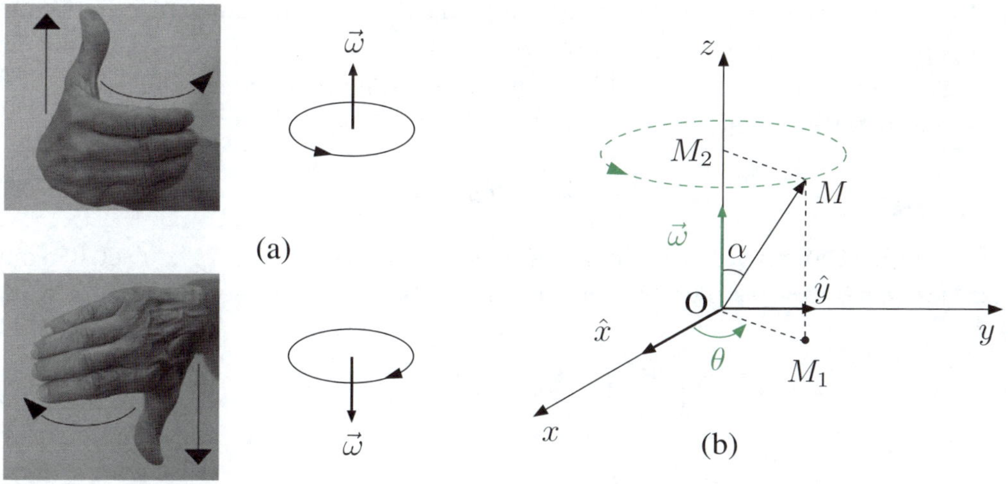


Figure 1.16. (a) Définition du vecteur vitesse angulaire $\vec{\omega}$. (b) Rotation du vecteur $\vec{OM}$ autour de l'axe Oz avec la vitesse angulaire $\dot{\theta}$.

Ce vecteur $\vec{\omega}$ est, comme nous allons le voir, très utile pour décrire la rotation d'un vecteur. Considérons un vecteur $\overrightarrow{OM}$, qui fait un angle $\alpha$ avec l'axe $Oz$, et dont la projection $OM_1$ sur le plan $xOy$ fait un angle $\theta$ avec l'axe $Ox$ (figure 1.16b). Ce vecteur s'écrit :

$$\overrightarrow{OM} = OM[\sin\alpha(\hat{x}\cos\theta + \hat{y}\sin\theta) + \hat{z}\cos\alpha] \tag{1.45}$$

Ce vecteur subit autour de l'axe $Oz$, une rotation définie par le vecteur $\overrightarrow{\omega} = \dot{\theta}\hat{z}$. La dérivée de $\overrightarrow{OM}$ par rapport au temps s'écrit :

$$\dot{\overrightarrow{OM}} = OM \sin\alpha(-\hat{x}\,\dot{\theta}\sin\theta + \hat{y}\,\dot{\theta}\cos\theta) \tag{1.46}$$

puisque l'angle $\alpha$ reste constant au cours de ce mouvement de rotation autour de l'axe $Oz$. On vérifie aisément (faites-le !) que cette expression est égale au produit vectoriel[19] du vecteur $\overrightarrow{\omega}$ par le vecteur $\overrightarrow{OM}$ soit le **résultat important** :

$$\boxed{\dot{\overrightarrow{OM}} = \frac{d(\overrightarrow{OM})}{dt} = \overrightarrow{\omega} \wedge \overrightarrow{OM}} \tag{1.47}$$

### 1.7.2. Référentiel en rotation

Nous généralisons ici la composition des mouvements à trois dimensions : le mouvement d'un mobile $M$ dans un référentiel $(\mathcal{R}')$, et le mouvement de rotation de $(\mathcal{R}')$ par rapport à un référentiel $(\mathcal{R})$ fixe. Par souci de simplicité, on suppose que les origines $O$ et $O'$ coïncident (figure 1.17a). Par conséquent un mobile $M$ est repéré par le vecteur position $\overrightarrow{OM} = \vec{r} = \vec{r'}$.

Dans le référentiel $(\mathcal{R}')$, le mobile $M$ est animé d'un mouvement quelconque[20] et le vecteur position est défini par :

$$\vec{r'} = x'\hat{x}' + y'\hat{y}' + z'\hat{z}' \tag{1.48}$$

Comme pour **l'observateur lié à** $(\mathcal{R}')$, les vecteurs de base $\hat{x}'$, $\hat{y}'$ et $\hat{z}'$ sont **fixes**, les vecteurs vitesse et accélération du mobile sont simplement définis pour lui par[21] :

$$\vec{v'} = \left(\frac{d\vec{r'}}{dt}\right)_{(\mathcal{R}')} = \dot{x}'\hat{x}' + \dot{y}'\hat{y}' + \dot{z}'\hat{z}' \tag{1.49}$$

$$\vec{a'} = \left(\frac{d\vec{v'}}{dt}\right)_{(\mathcal{R}')} = \ddot{x}'\hat{x}' + \ddot{y}'\hat{y}' + \ddot{z}'\hat{z}' \tag{1.50}$$

Le mouvement de rotation du référentiel $(\mathcal{R}')$ autour d'un axe fixe est défini par un vecteur vitesse angulaire $\vec{\omega}$, d'origine $O$ et de direction quelconque. **Pour l'observateur lié au référentiel** $(\mathcal{R})$, **les vecteurs de base $\hat{x}'$, $\hat{y}'$ et $\hat{z}'$ sont**

[19] Voir « Outils Mathématiques », paragraphe 10.3.4.

[20] Pas forcément un mouvement rectiligne comme au paragraphe 1.5.1.

[21] La notation $(\frac{d\vec{r'}}{dt})_{(\mathcal{R}')}$ qui indique que la dérivée de $\vec{r'}$ est prise dans $(\mathcal{R}')$.

**animés du mouvement de rotation** défini par le vecteur $\vec{\omega}$[22]. Par conséquent, pour lui, les dérivées de ces vecteurs de base par rapport au temps ne sont pas nulles, et s'expriment conformément à (1.47) par :

$$\dot{\hat{x}}' = \vec{\omega} \wedge \hat{x}' \quad \dot{\hat{y}}' = \vec{\omega} \wedge \hat{y}' \quad \dot{\hat{z}}' = \vec{\omega} \wedge \hat{z}' \tag{1.51}$$

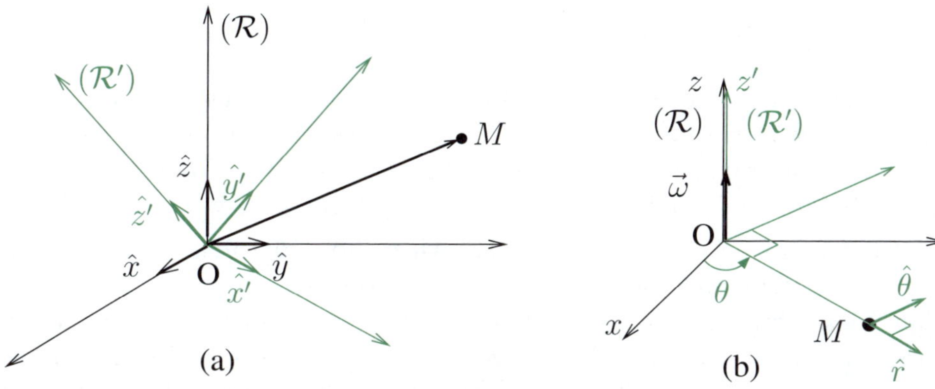


FIGURE 1.17. (a) Le référentiel $(R')$ est animé, dans le référentiel fixe $(R)$, d'un mouvement de rotation défini par le vecteur $\vec{\omega}$. Leurs origines $O$ et $O'$ coïncident. (b) Cas particulier : $Oz$ et $Oz'$ coïncident, et le vecteur $\vec{\omega} = \dot{\theta}\hat{z}$. On retrouve dans ce cas la base polaire.

De ce fait le vecteur vitesse, pour l'observateur de $(\mathcal{R})$, est défini par :

$$\vec{v} = \left(\frac{d\vec{r'}}{dt}\right)_{(\mathcal{R})} = \dot{x}'\hat{x}' + \dot{y}'\hat{y}' + \dot{z}'\hat{z}' + x'(\vec{\omega} \wedge \hat{x}') + y'(\vec{\omega} \wedge \hat{y}') + z'(\vec{\omega} \wedge \hat{z}') \tag{1.52}$$

ce qui, en utilisant (1.48) et (1.49), peut s'écrire plus simplement :

$$\boxed{\vec{v} = \vec{v'} + \vec{\omega} \wedge \vec{r'}} \tag{1.53}$$

Une dérivation par rapport au temps de $\vec{v}$, toujours dans $(\mathcal{R})$, donne le vecteur accélération $\vec{a}$. On procède comme on vient de le faire, pour dériver chacun des deux termes de (1.53). En utilisant (1.49) et (1.51), on obtient sans difficulté :

$$\left(\frac{d\vec{v'}}{dt}\right)_{(\mathcal{R})} = \vec{a'} + \vec{\omega} \wedge \vec{v'} \tag{1.54}$$

(22) C'est une nouvelle occasion de souligner la différence entre base et référentiel.

et avec (1.51) et (1.53) :

$$\left(\frac{d(\vec{\omega} \wedge \vec{r'})}{dt}\right)_{(\mathcal{R})} = \dot{\vec{\omega}} \wedge \vec{r'} + \vec{\omega} \wedge (\vec{v'} + \vec{\omega} \wedge \vec{r'}) \tag{1.55}$$

soit finalement :

$$\boxed{\vec{a} = \vec{a'} + 2\vec{\omega} \wedge \vec{v'} + \vec{\omega} \wedge (\vec{\omega} \wedge \vec{r'}) + \dot{\vec{\omega}} \wedge \vec{r'}} \tag{1.56}$$

Cette expression montre combien la composition de mouvements faisant intervenir un référentiel $(\mathcal{R}')$ en rotation complique les choses par rapport à ce que nous avons vu pour la translation (comparez (1.20) et (1.56)). L'observateur lié au référentiel $(\mathcal{R})$ fixe doit maintenant ajouter trois termes au vecteur accélération $\overrightarrow{a'}$ : le premier terme est appelé **accélération de Coriolis**, les deux termes suivants représentent l'**accélération d'entraînement**.

Il faut mentionner que la base polaire, étudiée en détail au paragraphe 1.5.1, ne représente qu'un cas particulier de référentiel en rotation. C'est le cas où le vecteur vitesse angulaire de $(\mathcal{R}')$ est défini par $\vec{\omega} = \dot{\theta}\hat{z}$ (figure 1.17b). Dans $(\mathcal{R}')$ le mouvement est rectiligne : $\vec{r'} = r\,\hat{r}$, $\vec{v'} = \dot{r}\,\hat{r}$ et $\vec{a'} = \ddot{r}\,\hat{r}$. Vous vérifierez sans difficulté que dans ce cas l'équation (1.56) redonne bien l'expression (1.32).

### 1.7.3. Cas général

Le cas le plus général de composition des mouvements est celui où le référentiel $(\mathcal{R}')$ est animé, comme précédemment, d'un mouvement de rotation défini par le vecteur $\vec{\omega}$, mais cette fois son origine $O'$ n'est plus fixe et se déplace dans le référentiel fixe $(\mathcal{R})$. Dans $(\mathcal{R}')$ les équations (1.48), (1.49) et (1.50) sont toujours valables.

Dans $(\mathcal{R})$ le vecteur position du mobile est défini par :

$$\vec{r} = \overrightarrow{OO'} + \vec{r'} \tag{1.57}$$

Le vecteur vitesse s'écrit :

$$\vec{v} = \left(\frac{d(\vec{r'} + \overrightarrow{OO'})}{dt}\right)_{(\mathcal{R})} = \vec{v'} + \vec{\omega} \wedge \vec{r'} + \overrightarrow{V} \tag{1.58}$$

en notant $\overrightarrow{V}$ le vecteur vitesse de $O'$ par rapport à $(\mathcal{R})$. Une nouvelle dérivation par rapport au temps donne l'expression du vecteur accélération dans $(\mathcal{R})$ :

$$\vec{a} = \left(\frac{d\vec{v}}{dt}\right)_{(\mathcal{R})} = \vec{a'} + 2\vec{\omega} \wedge \vec{v'} + \vec{\omega} \wedge (\vec{\omega} \wedge \vec{r'}) + \dot{\vec{\omega}} \wedge \vec{r'} + \overrightarrow{A} \tag{1.59}$$

en notant $\overrightarrow{A}$ le vecteur accélération de $O'$ par rapport à $(\mathcal{R})$.

Donnons un exemple d'application d'un telle composition de mouvements : un objet, dont le centre de gravité est $O'$, est lancé en tournoyant. Le mouvement d'un point $M$ de cet objet est un mouvement complexe résultant de la composition du déplacement de $O'$ et du mouvement de rotation de ce point $M$ autour de $O'$. Dans le chapitre 5, nous verrons comment la définition du centre de masse nous conduira à une telle composition de mouvements.

## 1.8. Exercices

***Exercice 1.1.*** Un véhicule se déplace sur une route rectiligne horizontale avec une vitesse constante $V_0\hat{x}$. Le conducteur freine jusqu'à l'arrêt complet : cette phase de freinage est assimilée à un mouvement uniformément retardé (vecteur accélération $\vec{a}$) dont la durée est $\tau$. On note $D$ la distance parcourue par le véhicule durant cette phase. On considère les deux cas suivants :
a) $V_0 = 75$ km/h et $\tau = 13\,\text{s}$ ; déterminer $\overrightarrow{a}$ et $D$.
b) $V_0 = 35$ m/s et $D = 295$ m ; déterminer $\overrightarrow{a}$ et $\tau$.

***Exercice 1.2.*** Un objet est lancé verticalement vers le haut, du point de coordonnée $y_0 = 110$ m, avec une vitesse initiale (en m/s) $\overrightarrow{V_0} = 5\hat{y}$. Il est constamment soumis à une accélération (en m/s$^2$) $\vec{a} = -10\hat{y}$.
a) Quelle hauteur maximum atteint-il ?
b) À quel instant $\tau$ et avec quelle vitesse $(v_f)\hat{y}$ passe-t-il en $y = 0$ ?

***Exercice 1.3.*** Un mobile se déplace sur la circonférence d'un cercle de centre $C$ et de rayon $R = 10$ cm : sa vitesse initiale est nulle et son accélération angulaire $\ddot{\theta} = \frac{25}{16}\pi$ rd/s$^2$.
a) Écrire les expressions de $\dot{\theta}(\text{t})$ et de $\theta(\text{t})$.
b) Calculer au temps $t = 0,4\,\text{s}$, les valeurs respectives des modules des vecteurs $\vec{v}$, $\overrightarrow{a_N}$, $\overrightarrow{a_T}$ et $\vec{a}$.
c) Dessiner ce cercle et diviser un quart de ce cercle en 16 secteurs angulaires égaux. Le point $O$ est le début de ce quart de cercle. Placer les points $L$, $M$ et $N$ correspondants aux positions respectives du mobile aux instants $\Delta t$, $2\Delta t$ et $3\Delta t$ dans le cas où $\Delta t = 0,2\,\text{s}$. En utilisant les relations (1.9) et (1.10), déterminer graphiquement les valeurs respectives des modules des vecteurs $\overrightarrow{v}$, $\overrightarrow{a_N}$, $\overrightarrow{a_T}$ et $\vec{a}$. Comparer les valeurs obtenues à celles calculées à la question précédente.

***Exercice 1.4.*** Un référentiel $(\mathcal{R}')$ est animé d'un mouvement de translation uniforme de vitesse $\overrightarrow{V_0}$ dans le référentiel fixe $(\mathcal{R})$. À l'instant initial les origines, respectives $O$ et $O'$ de ces référentiels coïncident.

a) À $t = 0$, l'observateur de $(\mathcal{R}')$ abandonne sans vitesse initiale un objet, dont le vecteur position est défini en fonction du temps dans $(\mathcal{R}')$ par $\vec{r'} = (h - \frac{1}{2}gt^2)\hat{y}'$, en notant $g$ l'accélération de la pesanteur. Quel est le vecteur position $\vec{r}$ du mobile pour l'observateur de $(\mathcal{R})$ ? Définir sa trajectoire.

b) Le référentiel $(\mathcal{R}')$ est maintenant animé d'un mouvement uniformément accéléré (accélération $\vec{A}$) et sa vitesse à l'instant $t = 0$ est toujours $\vec{V_0}$. L'observateur de $(\mathcal{R}')$ abandonne l'objet dans les mêmes conditions qu'à la question précédente. Le vecteur position $\vec{r}$ et la trajectoire de ce mobile ont-ils changé pour l'observateur de $(\mathcal{R})$ ? Définir le vecteur position $\vec{r'}$ du mobile, ainsi que sa trajectoire dans $(\mathcal{R}')$.

***Exercice 1.5.*** Le référentiel $(\mathcal{R}')$, auquel est associée la base $(\hat{r},\ \hat{\theta})$, est animé d'un mouvement de rotation à la vitesse angulaire $\dot{\theta}$, dans le référentiel fixe $(\mathcal{R})$, auquel est associée la base $(\hat{x},\ \hat{y})$. À l'instant $t = 0$ les vecteurs $\hat{r}$ et $\hat{x}$ coïncident. Donner l'expression de l'angle $\theta(\mathrm{t})$ que font ces deux vecteurs en fonction du temps $t$.

a) Dans $(\mathcal{R}')$ un mobile $M$ est animé d'un mouvement rectiligne uniforme défini par : $\vec{r} = v_0 t\,\hat{r}$. Exprimer le vecteur $\vec{r}$ en fonction de $\theta$. Déterminer les expressions des vecteurs vitesse et accélération du mobile pour l'observateur de $(\mathcal{R})$.

b) On donne $v_0 = 5$ cm/s et $\dot{\theta} = \pi$ rd/s. Dessiner la trajectoire décrite par le mobile dans $(\mathcal{R})$ entre 0 et 1 s.

***Exercice 1.6.*** On considère un mobile soumis à un frottement de type visqueux (proportionnel à la vitesse). Lancé depuis l'origine avec une vitesse initiale $v_0\hat{x}$, son vecteur position est défini par $\vec{r} = x\hat{x}$, avec $x = \tau v_0(1\text{-}\exp - t/\tau)$ ; $\tau$ est le temps caractéristique lié à la dissipation de l'énergie mécanique.

a) Trouver les expressions des coordonnées respectives $\dot{x}$ et $\ddot{x}$ de la vitesse et de l'accélération.

b) Exprimer $\dot{x}$ en fonction de $x$, et représenter ce mouvement dans l'espace des phases. On notera respectivement $A$ et $B$ le début et la fin de ce mouvement. Déterminer graphiquement la distance $d$ parcourue par le mobile.

***Exercice 1.7.*** Une balle est abandonnée sans vitesse initiale à une hauteur $h$ au-dessus du sol. Au cours de la chute libre, sa position est repérée par $\vec{r} = x\hat{x}$, avec $x = h - \frac{1}{2}gt^2$.

a) Trouver les expressions des coordonnées respectives des vecteurs vitesse et accélération de cette balle. Exprimer $\dot{x}$ en fonction de $x$, et représenter la trajectoire de la balle dans l'espace des phases pour $h = 20$ cm ; on prendra $g = 10\ \mathrm{ms}^{-2}$. Placer dans cet espace les points $A$ et $B$ correspondant au début et à la fin de ce mouvement, ainsi que le point $C$ représentant la balle juste après son rebond parfaitement élastique sur le sol. Quel est le mouvement de la balle après ce rebond ?

b) Examiner le cas d'un rebond inélastique caractérisé par une perte de un quart de la vitesse.

***Exercice 1.8.*** Dans un référentiel fixe $(\mathcal{R})$, auquel est associé un repère cartésien, le vecteur position d'une bille est défini par $\overrightarrow{OM} = \vec{r} = (v_0 \cos\alpha)t\hat{x} + [(v_0 \sin\alpha)t - \frac{1}{2}gt^2]\hat{y}$.
a) Déterminer l'équation de la trajectoire décrite par la bille et dessiner la. Déterminer les abscisses respectives $x_S$ du sommet de la trajectoire, et $x_P$ du point où la bille retombe au sol.
b) Déterminer les expressions des vecteurs vitesse et accélération, ainsi que de leurs modules respectifs.
c) Déterminer l'expression du module de l'accélération tangentielle. En déduire celle du module de l'accélération normale.
d) En déduire l'expression du rayon de courbure correspondant au sommet $S$ de la trajectoire.
e) Représenter la trajectoire de la bille si $v_0 = 2$ ms$^{-1}$, $\alpha = 60°$ et $g = 10$ ms$^{-2}$.

***Exercice 1.9.*** Le référentiel $(\mathcal{R}')$, auquel est associée la base $(\hat{r}, \hat{\theta})$, est animé d'un mouvement de rotation uniforme à la vitesse angulaire $\dot{\theta}$, dans le référentiel fixe $(\mathcal{R})$, auquel associée la base $(\hat{x}, \hat{y})$. À l'instant $t = 0$, les vecteurs $\hat{r}$ et $\hat{x}$ coïncident.
a) Dans $(\mathcal{R}')$, un mobile $M$ est animé d'un mouvement rectiligne défini par : $\vec{r} = r_0 \exp(-\theta)\hat{r}$. Déterminer l'expression du vecteur vitesse du mobile pour l'observateur de $(\mathcal{R})$. Quel est le module de ce vecteur ? En déduire la valeur de l'angle $\alpha$ que font les vecteurs unitaires $\hat{\theta}$ et $\hat{T}$.
b) Déterminer l'expression du vecteur accélération du mobile pour l'observateur de $(\mathcal{R})$. Quel est son module ?
c) Déterminer la coordonnée tangentielle du vecteur accélération. En déduire sa coordonnée normale.
d) Déterminer l'expression du rayon de courbure $\rho$ de cette trajectoire.
e) Dessiner la trajectoire pour $\theta$ compris entre 0 et $\pi$ dans le cas où $r_0 = 20$ cm. Représenter, au point $P$ défini par $\theta = \pi/2$, le vecteur accélération ainsi que ses coordonnées radiale, orthoradiale, tangentielle et normale (on représentera $r_0\dot{\theta}^2$ par 5 cm). Calculer la valeur du rayon de courbure en ce point et placer le centre de courbure $C_P$.

## 1.9. Réponses aux exercices

**Exercice 1.1.** *On associe l'axe x'Ox à la route, l'origine O étant le point où débute le freinage. Le mouvement est uniformément retardé (le module a de l'accélération est constant) :* $x = -\frac{1}{2}at^2 + V_0 t$, $\dot{x} = -at + V_0$ *et* $\ddot{x} = -a$. *D'où en notant* $\tau$ *la durée de la phase de freinage :* $D = -\frac{1}{2}a\tau^2 + V_0\tau$, $0 = -a\tau + V_0$. *Il suffit de porter les données de l'énoncé dans ces deux équations pour déterminer les valeurs respectives des deux inconnues.*
*a)* $\vec{a} = -1,6\hat{x}$ *et* $D = 135$ *m.*
*b)* $\vec{a} = -2,1\hat{x}$ *et* $\tau = 16,9$ *s.*

**Exercice 1.2.**
*a) La première phase du mouvement est uniformément retardée :* $y = -5t^2 + 5t + 110$ *et* $\dot{y} = -10t + 5$. *Cette première phase se termine lorsque la vitesse s'annule : sa durée est* $t_1 = 0,5$ *s et la hauteur maximum atteinte est 111,25 m.*
*b) La deuxième phase est uniformément accélérée dans le sens négatif :* $y = -5t^2 + 111,25$ *et* $\dot{y} = -10t$. *Elle s'achève lorsque l'objet touche le sol. En résolvant l'équation* $y = 0$ *on trouve la durée de cette deuxième phase* $t_2 = 4,7$ *s ; la vitesse d'arrivée au sol est (en m/s)* $\vec{v_f} = -47,2\hat{y}$. *La durée totale du mouvement est donc* $\tau = 5,2$ *s.*

**Exercice 1.3.**
*a) L'intégration par rapport au temps de* $\ddot{\theta}$ *ne pose aucune difficulté :* $\dot{\theta}(t) = \frac{25}{16}\pi t$ *et* $\theta(t) = \frac{25}{32}\pi t^2$.
*b)* $v = 19,6$ *cm/s ;* $a_N = 38,5$ *cm/s*$^2$ *;* $a_T = 49$ *cm/s*$^2$ *;* $a = 62,4$ *cm/s*$^2$.
*c) Il faut remarquer que* $\frac{25}{32}\pi(0,2)^2 = \pi/32$. *Par construction (figure 1.18a) on obtient* $v = 19$ *cm/s ;* $a = 61$ *cm/s*$^2$ *;* $a_N = 40$ *cm/s*$^2$ *et* $a_T = 43$ *cm/s*$^2$, *valeurs en accord raisonnable avec les valeurs calculées.*

**Exercice 1.4.**
*a)* $\overrightarrow{OM} = \overrightarrow{OO'} + \overrightarrow{O'M}$ *soit* $\vec{r} = V_0 t\hat{x} + (h - \frac{1}{2}gt^2)\hat{y}$ *(pensez que les vecteurs de base sont dans ce cas identiques). Les coordonnées du mobile M dans* $(\mathcal{R})$ *sont* $x = V_0 t$ *et* $y = (h - \frac{1}{2}gt^2)$. *En éliminant le temps, on obtient l'équation de sa trajectoire parabolique* $y = h - \frac{1}{2}g(\frac{x}{V_0})^2$.
*b) Rien n'a changé dans* $(\mathcal{R})$ *puisque la vitesse initiale du mobile est toujours* $\vec{V_0}$ *: la position et la trajectoire (parabole en noir figure 1.18b) sont celles définies en a). Maintenant, le mouvement de* $(\mathcal{R}')$ *étant uniformément accéléré, on écrit* $\vec{r'} = \vec{r} - (V_0 t + \frac{1}{2}At^2)\hat{x} = -\frac{1}{2}At^2\hat{x} + (h - \frac{1}{2}gt^2)\hat{y}$. *Les coordonnées de l'objet dans* $(\mathcal{R}')$ *sont* $x' = -\frac{1}{2}At^2$ *et* $y' = (h - \frac{1}{2}gt^2)$, *soit en éliminant le temps* $y' = h + \frac{g}{A}x'$ *: la trajectoire dans* $(\mathcal{R}')$ *est oblique (en vert figure 1.18a). L'objet touchera le sol au point d'abscisse* $x' = -h\frac{A}{g}$.

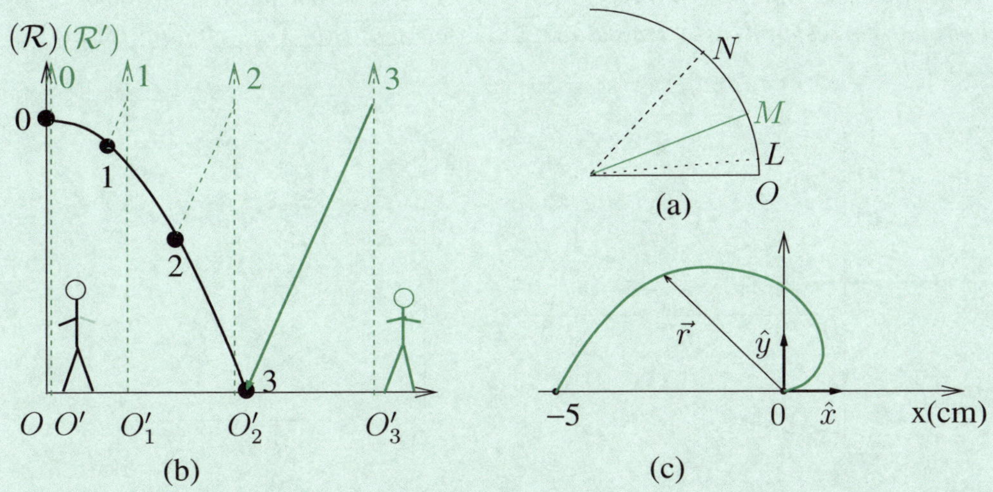


Figure 1.18.

**Exercice 1.5.**

*a)* $\theta(t) = \dot{\theta}t$ *d'où* $\vec{r} = v_0(\theta/\dot{\theta})\hat{r}$. *Dans* $(\mathcal{R})$ : $\vec{v} = v_0\hat{r} + v_0\theta\hat{\theta}$ *et* $\vec{a} = -v_0\theta\dot{\theta}\hat{r} + 2v_0\dot{\theta}\hat{\theta}$.

*b) Dans une direction définie par l'angle* $\theta$ *on porte la longueur* $v_0(\theta/\dot{\theta})$. *On obtient ainsi la figure 1.18c.*

**Exercice 1.6.**

*a)* $\dot{x} = v_0 \exp(-t/\tau)$ *et* $\ddot{x} = -(v_0/\tau)\exp(-t/\tau)$.

*b)* $\dot{x} = -x/\tau + v_0$ *; la trajectoire dans l'espace des phases est donc une droite de pente* $-1/\tau$, *d'ordonnée à l'origine* $v_0$. *Graphiquement* $\dot{x}$ *s'annule pour* $x = d = v_0\tau$.

**Exercice 1.7.**

*a)* $\vec{v} = -gt\hat{x}$ *et* $\vec{a} = -g\hat{x}$ *;* $(\dot{x})^2 = 2g(h - x)$. *La trajectoire dans l'espace des phases est donc une parabole d'axe horizontal : la coordonnée de la vitesse étant négative, c'est la partie correspondant à* $\dot{x}$ *négatif de cette parabole (en trait plein vert sur la figure 1.19a) qui est décrite lors de la chute libre. Dans l'espace des phase, on définit par leurs coordonnées les points* $A(h, 0)$, $B$ $(0, -\sqrt{2gh})$ *et* $C(0, +\sqrt{2gh})$, *car après le rebond élastique* $\vec{v} = (+\sqrt{2gh})\hat{x}$. *Avec cette vitesse initiale en* $x = 0$ *la balle remonte à la hauteur* $h$ *; dans l'espace des phases elle décrit la partie* $CA$ *(en tirets vert) de la parabole correspondant à* $\dot{x}$ *positif.*

*b) Rien de changé pour la phase de chute libre* $AB$. *En revanche le point* $C'(0, \frac{3}{4}\sqrt{2gh})$, *représentant la balle après le rebond inélastique, a changé, de* *ce fait la balle remonte moins haut. Dans l'espace des phases, ce rebond inélastique correspond à la trajectoire $C'A'$ en pointillé vert (figure 1.19a), et $h' = \frac{9}{16}h$.*

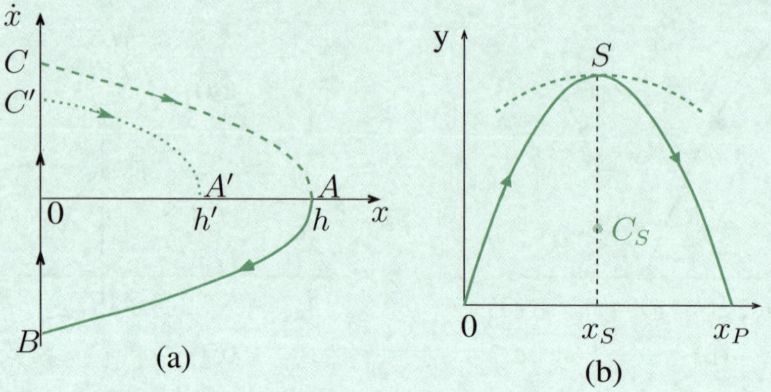


FIGURE 1.19.

**Exercice 1.8.**

*a) En éliminant le temps on obtient $y = -\frac{1}{2}g(\frac{x}{v_0 \cos\alpha})^2 + x\tan\alpha$. C'est l'équation d'une trajectoire parabolique. L'abscisse du sommet $S$ est solution de l'équation $y' = 0$, soit $x_S = \frac{v_0^2}{2g}\sin 2\alpha$. La bille touche le sol en $x_P$ solution de $y = 0$. On trouve $x_P = 2x_S$.*

*b) $\vec{v} = (v_0 \cos\alpha)\,\hat{x} + [(v_0 \sin\alpha) - gt]\,\hat{y}$ et $\vec{a} = -g\hat{y}$. Les modules de ces vecteurs sont définis par : $\|\vec{v}\|^2 = v_0^2 + (gt)^2 - 2v_0(\sin\alpha)gt$ et $\|\vec{a}\| = g$.*

*c) Attention il faut dériver le module du vecteur vitesse : $a_T = \frac{d\|\vec{v}\|}{dt} = \frac{g(gt - v_0 \sin\alpha)}{\|\vec{v}\|}$. D'où $a_N^2 = a^2 - a_T^2$ soit en remplaçant $a_N = \frac{gv_0 \cos\alpha}{\|\vec{v}\|}$.*

*d) Le rayon de courbure est défini par $\rho = \frac{v^2}{a_N} = \frac{\|\vec{v}\|^3}{gv_0 \cos\alpha}$. Au sommet $S$ de la trajectoire, la vitesse est horizontale et $\|\vec{v}\| = v_0 \cos\alpha$. En remplaçant on obtient $\rho_S = \frac{(v_0 \cos\alpha)^2}{g}$.*

*e) La figure 1.19b représente en trait plein vert la trajectoire parabolique décrite par la bille ($x_S = 17{,}3$ cm et $y_S = 15$ cm) ; $C_S$ est le centre de courbure correspondant au sommet $S$, $\rho_S = 10$ cm, et une partie du cercle osculateur est représentée en tirets verts.*

**Exercice 1.9.**

*a) Dans le référentiel $(\mathcal{R})$, les vecteurs de base $\hat{r}$ et $\hat{\theta}$ se déplacent, leurs dérivées par rapport au temps sont donc non nulles, d'où :*
*$\vec{v} = \dot{\vec{r}} = r_0\dot{\theta}\exp(-\theta)(-\hat{r} + \hat{\theta})$ et $\|\vec{v}\| = \sqrt{2}r_0\dot{\theta}\exp(-\theta)$. Par ailleurs la coordonnée orthoradiale de la vitesse est égale à la projection du vecteur vitesse sur*

*la direction orthoradiale :* $v_\theta = \|\vec{v}\|\hat{T}\hat{\theta} = \|\vec{v}\|\cos(\alpha)$, *soit* $\cos\alpha = 1/\sqrt{2}$. *Dans ce cas l'angle entre* $\hat{\theta}$ *et* $\hat{T}$ *est constant :* $\alpha = 45$.
*b) Il faut dériver par rapport au temps le vecteur vitesse :* $\vec{a} = -2r_0\dot{\theta}^2 \exp(-\theta)\hat{\theta}$ *et* $\|\vec{a}\| = 2r_0\dot{\theta}^2 \exp(-\theta)$.
*c) Il faut dériver par rapport au temps le module de la vitesse, et l'on obtient :* $a_T = \frac{d\|\vec{v}\|}{dt} = -\sqrt{2}\, r_0\dot{\theta}^2 \exp(-\theta)$. *D'où* $a_N = \sqrt{a^2 - a_T^2} = \sqrt{2}\, r_0\dot{\theta}^2 \exp(-\theta)$.
*d)* $\rho = \frac{v^2}{a_N} = \sqrt{2}\, r$.
*e) Voir figure (1.20). Pour construire* $C_P$, *il faut porter la distance* $\sqrt{2}\, OP$ *suivant la direction de la normale à la trajectoire au point* $P$.

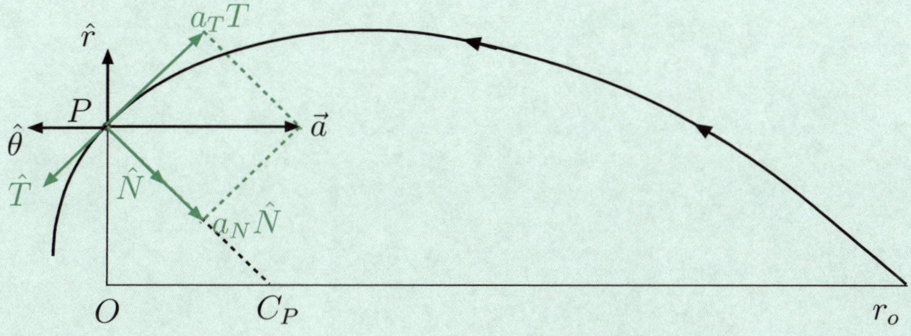


FIGURE 1.20.

# 2
# FORCES ET LOIS DE NEWTON

Dans le précédent chapitre, consacré à la cinématique, nous nous sommes attachés à décrire le mouvement sans nous préoccuper de ses causes. Nous abordons ici la dynamique qui a pour objet d'expliquer le mouvement, c'est-à-dire d'en identifier les causes et d'établir les lois qui le régissent. Quelles sont les causes du mouvement ? Voilà une question que les Grecs anciens se posaient déjà. Il fallut pourtant attendre la fin du XVII$^{e}$ siècle pour que Newton[(1)] apporte[(2)] les bonnes réponses aux questions qu'Aristote se posait vingt siècles auparavant. La vision aristotélicienne du mouvement a fortement, et durablement, marqué la pensée occidentale, aussi nous paraît-il utile de nous y arrêter un instant.

## 2.1. La vision aristotélicienne du mouvement

Aristote (384 à 322 av. J.-C.), philosophe grec, est l'auteur d'un Traité sur les mathématiques, la physique et la théologie. Avant de présenter sa vision du mouvement, il faut évoquer sa vision de l'Univers[(3)], régi par un ordre cosmique, et au centre duquel se trouve la Terre, parfaitement immobile. Cet univers est divisé en deux sphères concentriques.

---

[(1)] Publication en 1686 d'un ouvrage majeur dans l'œuvre de Newton : « Philosophiae naturalis principia mathematica » (Les principes mathématiques de la philosophie naturelle) souvent évoqué sous la dénomination de « Principia ».

[(2)] Provisoirement, serions-nous tentés d'ajouter. La mécanique quantique et la relativité générale l'ont montré.

[(3)] Le lecteur pourra consulter avec profit : MAURY J.P. (2002) Une histoire de la Physique sans les équations. Vuibert, et CASSIDY D., HOLTON G., RUTHERFORD J. (2002) Understanding Physics. Springer.

La sphère céleste, parfaite et immuable, à l'image du mouvement des astres qui la parcourent. C'est le domaine des dieux, rempli par le cinquième élément, la quintessence. La loi athénienne punit de mort quiconque s'intéressera à ce domaine, à la nature des astres ou aux causes de leur mouvement.

La sphère terrestre en revanche est imparfaite et soumise au changement. La Lune délimite ces deux domaines car, les taches (ses cratères) que l'on peut observer à l'œil nu sur sa surface attestent de son imperfection. Tous les changements observés dans le ciel, comètes, étoiles filantes, se produisent donc dans le domaine sublunaire. La sphère terrestre contient quatre éléments, la terre, l'eau, l'air et le feu, superposés en raison de leurs « densités » respectives. Dans cette description, chaque élément comme chaque objet a donc « sa » place. Toutefois l'imperfection de la sphère terrestre fait que les quatre éléments ne sont pas toujours parfaitement séparés, un élément pouvant se trouver piégé à une place qui n'est pas la sienne : dès qu'il le pourra, cet élément rejoindra sa place d'un mouvement qu'Aristote qualifie de **naturel**. Une source qui jaillit de la roche, des bulles de gaz qui montent vers la surface d'un liquide, les fumerolles qui s'échappent d'un cratère ou les flammes qui s'élèvent dans l'air sont autant d'exemples de mouvements naturels permettant à un élément de retrouver **sa** place. **Le mouvement naturel ne nécessite pas de cause pour l'expliquer : c'est un rétablissement de l'ordre de la nature.** Un autre type de mouvement a une cause, c'est le mouvement **forcé ou violent** qui crée le désordre. Par exemple, une pierre lancée en l'air s'élève puis retombe car le mouvement forcé cesse dès que la force qui l'a créé disparaît. Dans cette vision du mouvement basée sur **l'observation** de la nature, le repos est un état absolu qui est la finalité du mouvement avec le retour à l'ordre.

Mais l'observation du mouvement a ses limites : en regardant voleter une plume tandis qu'une bille de plomb tombe sur le sol quasi instantanément, on voit les effets des forces sans forcément identifier celles-ci. Aristote ne perçoit pas l'importance de la force de frottement exercée par l'air, ce qui le conduit à énoncer des lois du mouvement qui sont fausses :

- dans un même milieu, deux corps tombent avec des vitesses proportionnelles à leurs poids ;
- un même corps tombe dans différents milieux avec des vitesses inversement proportionnelles à la densité de ces milieux.

Galilée[(4)] fut le premier à comprendre l'importance de la force de frottement exercée par l'air, et à réaliser que son effet sur la chute d'un corps dépend de la

[(4)] Discours et démonstrations mathématiques concernant deux sciences nouvelles (1638) ouvrage cité et commenté dans :

densité et de la forme de celui-ci : *« l'or, le plus pesant de tous les corps, flotte dans l'air lorsqu'il est transformé en minces feuilles »*. Il comprend que si l'on supprimait totalement les frottements, tous les corps tomberaient avec la même vitesse : *« Un œuf de marbre descend dans l'eau cent fois plus vite qu'un œuf de poule, mais dans l'air la durée de leur chute est quasiment la même »*. De la même manière poursuit Galilée, *« un flocon de laine et un morceau de plomb qui tombent différemment dans l'air, descendraient avec la même vitesse dans le vide »*. Intuition géniale qu'il n'aura pas les moyens de vérifier expérimentalement de son vivant, mais qui s'avérera exacte. La vision aristotélicienne du mouvement, fortement ébranlée par Galilée, s'effondrera définitivement lorsque Newton (38 ans plus tard), unissant mécanique terrestre et mécanique céleste, détruira le cosmos hiérarchisé aristotélicien qui aura prévalu durant vingt siècles.

## 2.2. Quelles sont les causes du mouvement ?

La Mécanique, définie comme la science du mouvement, est le domaine de la Physique qui nous est le plus familier(5) : la nature nous en offre en permanence des exemples (nuages poussés par le vent, vagues qui déferlent, course des astres dans le ciel), nous mêmes sommes très souvent en mouvement et pouvons facilement créer le mouvement. Alors pourquoi la compréhension d'un phénomène aussi familier a-t-elle été aussi longue et difficile ?

Il a fallu fournir des efforts considérables pour ébranler les fondements de la physique aristotélicienne, réaliser l'étroite affinité entre le temps et le mouvement, élaborer les concepts de vitesse et d'accélération, puis tisser les liens entre forces et mouvement. Mais d'abord il fallait identifier ces forces(6) qui jouent un rôle essentiel dans la détermination du mouvement d'un corps. Or ces forces ne se voient pas : quittez des yeux un instant cette page, vous voyez autour de vous une foule d'objets dont vous percevez la forme, la couleur, dont vous pouvez deviner de quels matériaux ils sont faits, mais s'il y a bien une chose que vous ne voyez pas, ce sont les forces qui s'exercent sur ces objets. Vous pouvez objecter que si vous vous saisissez de ces objets et essayez de les soulever, vous pourrez dire s'ils sont légers ou bien lourds. En fait, *via* l'effort musculaire que vous fournirez pour les soulever, vous percevrez **l'effet de la force** que l'on appelle le poids, mais vous

BALIBAR F. (1994) Galilée et Newton lus par Einstein. PUF.
BLAY M. (2002) La science du mouvement de Galilée à Lagrange. Belin.

(5) Les phénomènes électromagnétiques, par exemple, sont beaucoup plus difficiles à appréhender et à produire.

(6) « Toute la difficulté de la philosophie paraît consister à trouver les forces qu'emploie la nature » écrit Newton dans la préface des Principia.

ne verrez pas cette force pour autant. Et c'est bien là que réside une grande partie de la difficulté : **nous ne percevons que les effets des forces**. Soit via l'effort musculaire comme nous venons de l'évoquer, soit en observant les modifications d'un mouvement, car **les forces changent le mouvement**. Considérons les deux exemples de la figure 2.1 qui l'illustrent. Une pierre attachée à une ficelle décrit une trajectoire circulaire jusqu'à ce que la ficelle casse : alors la force de tension qu'elle exerçait sur la pierre disparaît, et le mouvement circulaire cesse. Une bille roule sur un plan horizontal, son mouvement est rectiligne ; dès qu'elle quitte le plan, la réaction qu'exerçait ce plan sur la bille disparaît, et le mouvement devient curviligne (parabolique, vous le savez). C'est donc en observant les changements du mouvement des mobiles qu'il a fallu identifier les forces, ce qui n'est pas chose facile car en général plusieurs forces s'exercent simultanément sur un objet. Pour preuve de cette difficulté, évoquons la force de frottement subie par un palet qui glisse sur un plan, ou la résistance opposée par l'air à la chute libre d'une feuille. Ces forces ont été longtemps ignorées ce qui, nous l'avons vu, a conduit Aristote à penser que la vitesse de chute libre d'un corps était proportionnelle à son poids. Il a fallu attendre le milieu du XVII$^{e}$ siècle pour que Galilée identifie correctement ces forces de frottement et comprenne leur importance. Mais une fois identifiées les forces s'exerçant sur un corps, encore faut-il nouer les liens quantitatifs entre ces forces et le mouvement, c'est-à-dire prédire comment celles-ci vont faire évoluer le vecteur vitesse du mobile au cours du temps. C'est à Newton[(1)] que revint ce mérite en énonçant les trois lois fondamentales qui constituent les bases de la Mécanique classique. Ces lois sont postulées et non démontrées théoriquement, aussi préfère-t-on aujourd'hui les appeler principes : c'est l'expérience, en vérifiant les prédictions qui en découlent, qui leur confère leur validité.

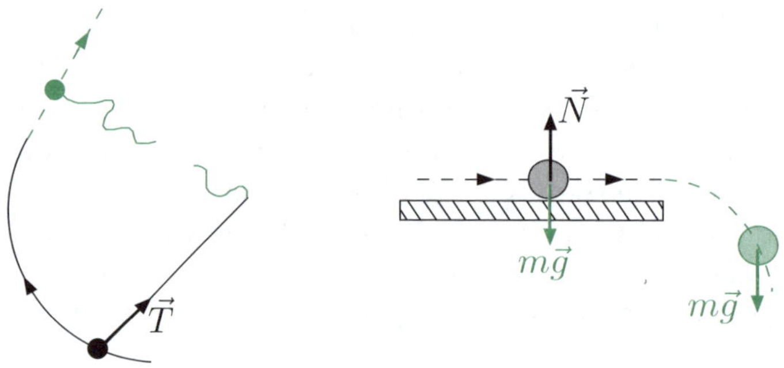


FIGURE 2.1. La force est l'agent qui change le mouvement. La ficelle casse, la force de tension qu'elle exerçait disparaît : le mouvement circulaire cesse. La bille quitte le plan horizontal et la réaction qu'il exerçait sur elle disparaît : le mouvement rectiligne devient curviligne.

## 2.3. Première loi de Newton : principe d'inertie

### 2.3.1. Énoncé

« *Tout corps persévère dans l'état de repos ou de mouvement uniforme en ligne droite dans lequel il se trouve, à moins que quelque force n'agisse sur lui, et ne le contraigne à changer d'état.* »

Traduit dans le langage actuel, cet énoncé nous dit que le vecteur vitesse $\vec{v}$ d'un mobile reste constant tant que la résultante des forces s'exerçant sur lui est nulle ($\vec{F} = \vec{0}$). Cet énoncé est très riche de contenu.

D'abord il indique clairement que **le repos n'est qu'un cas particulier du mouvement rectiligne uniforme**, celui où la vitesse est nulle(7). Intuitivement on serait tenté de distinguer les corps immobiles des corps en mouvement. Ce n'est pas la bonne vision du mouvement nous dit Newton : il faut distinguer les corps dont le vecteur vitesse est constant (éventuellement nul) de ceux dont le vecteur vitesse varie au cours du temps.

Ensuite ce principe affirme qu'un mobile peut se déplacer, avec un vecteur vitesse constant, en l'absence de force... motrice serions-nous tentés d'ajouter, guidés par notre intuition du quotidien où les forces de frottement sont omniprésentes, même si l'on ne les voit pas. Qu'est-ce qui fait qu'un mobile, ayant acquis un vecteur vitesse, va le conserver en l'absence de force : c'est son **inertie**, c'est-à-dire sa masse. Contrairement à ce que pensait Aristote, **aucune force n'est nécessaire pour maintenir un corps en mouvement : c'est pour l'arrêter qu'il en faut une !**.

Le fait que le vecteur vitesse reste constant au cours du temps tant que la force résultante est nulle, implique qu'il n'en sera plus de même lorsque cette force résultante sera différente de zéro : **la force change le mouvement**.

L'expérience valide-t-elle ce principe d'inertie ? Plaçons-nous dans le référentiel terrestre, et pensons à une expérience simple : une bille est attachée à l'extrémité d'un fil. Je tiens l'autre extrémité du fil dans ma main : si je ne tremble pas, le fil est vertical ($\vec{F} = \vec{0}$), et la bille demeure parfaitement immobile (sa vitesse reste constante). Sur Terre, le principe d'inertie est donc vérifié dans le cas particulier d'un corps au repos. Est-ce vrai dans tous les référentiels ? Non, car si je prends maintenant place dans une voiture qui accélère, freine ou change brutalement de direction, même si je reste parfaitement immobile dans la voiture, la bille va bouger c'est-à-dire que son vecteur vitesse se sera mis à varier alors que la résultante des

(7) Soulignons encore qu'il n'y a pas de repos absolu : un mobile au repos pour un observateur pourra paraître en mouvement pour un autre observateur.

forces qui s'exerçait sur elle était nulle : le principe d'inertie n'est plus vérifié ! Le sens profond de la première loi de Newton apparaît ici : elle sous-entend qu'il existe des « cadres » particuliers, appelés **référentiels galiléens ou inertiels dans lesquels le principe d'inertie est vérifié**.

## 2.3.2. Référentiels galiléens ou inertiels

Existe-t-il un référentiel galiléen ? Nous venons de voir que, sur Terre, le cas particulier du principe d'inertie ($\vec{F} = \vec{0}$ et $\vec{v} = \vec{0}$) est satisfait. Pour un corps en mouvement, la condition $\vec{F} = \vec{0}$ est difficile à satisfaire sur Terre, du fait de la pesanteur et des frottements. On peut néanmoins quasiment la réaliser en lançant un palet sur une table de mécanique parfaitement horizontale, équipée d'un système de soufflerie qui réduit très fortement les frottements. En examinant l'enregistrement, on constatera que la trajectoire du palet est rectiligne et qu'il parcourt des distances identiques durant des intervalles de temps égaux. Par conséquent, avec la précision expérimentale d'un tel enregistrement, **le principe d'inertie paraît satisfait sur la Terre que nous considérerons comme un référentiel galiléen**. Pourtant en y regardant de plus près et si nous pouvions laisser le palet poursuivre son mouvement sur une distance beaucoup plus longue, nous pourrions constater que son mouvement n'est pas exactement rectiligne(8). Le référentiel terrestre n'est donc pas parfaitement galiléen(9), même si nous le considérerons comme tel. Répétons qu'**un référentiel est considéré comme galiléen si, à la précision des mesures que l'on y réalise, le principe d'inertie est vérifié, et de ce point de vue le référentiel terrestre est pour nous galiléen**. En revanche si cette même table de mécanique était transportée par un véhicule qui, par rapport à la Terre, freine, accélère ou change de direction, la précision de l'enregistrement serait largement suffisante pour montrer que la trajectoire du palet n'est pas rectiligne uniforme : ce véhicule n'est pas un référentiel galiléen.

Existe-t-il d'autres référentiels galiléens ? Si, comme nous venons de le voir, la définition d'un référentiel galiléen nécessite quelques précautions, il est facile de montrer qu'**à partir d'un référentiel galiléen on peut en définir une infinité d'autres**. En effet, dans un référentiel galiléen $(\mathcal{R})$, si un mobile est soumis à une résultante des forces nulle, son vecteur accélération est nul, $\vec{a} = \vec{0}$. Considérons un référentiel $(\mathcal{R}')$, animé par rapport à $(\mathcal{R})$, d'un mouvement de **translation avec un vecteur vitesse constant $\overrightarrow{V_0}$**. D'après les résultats établis

(8) Nous verrons au paragraphe 2.9 comment se manifeste la rotation de la Terre autour de son axe des pôles.

(9) « Un référentiel inertiel est une fiction utile et je n'ai aucune idée comment on pourrait la réaliser » a écrit Einstein.

au chapitre précédent (équation 1.21), l'accélération de ce mobile dans $(\mathcal{R}')$ sera aussi nulle puisque $\vec{a'} = \vec{a} = \vec{0}$. Le mouvement du mobile est donc également rectiligne uniforme dans $(\mathcal{R}')$ qui est par conséquent lui aussi un référentiel galiléen. Un véhicule roulant sur une route horizontale avec un vecteur vitesse $\overrightarrow{V_0}$ constant est donc, comme la Terre, un référentiel galiléen : si ce véhicule transporte une table de mécanique, l'enregistrement de la trajectoire du palet montrera le même mouvement rectiligne uniforme qu'en salle de travaux pratiques. Bien évidemment ceci est vrai quelle que soit la valeur du module $V_0$ de la vitesse de translation de $(\mathcal{R}')$, c'est donc une infinité de référentiels galiléens que l'on peut associer à $(\mathcal{R})$. Ces référentiels constituent **une classe de référentiels galiléens**, classe dans la mesure où ils sont strictement équivalents, **aucun d'eux ne pouvant revendiquer un statut plus galiléen que les autres.**

## 2.4. Deuxième loi de Newton : principe fondamental de la dynamique

### 2.4.1. Énoncé

*« Les changements qui arrivent dans le mouvement sont proportionnels à la force motrice, et se font dans la ligne droite dans laquelle cette force a été imprimée ».*

Avant d'en donner la formulation actuelle, remarquons que Newton évoque le changement du mouvement sans aucune précision concernant le temps. Il faut cependant bien préciser que la force imprimée[10] n'est pas une force, au sens où nous l'entendons aujourd'hui, mais une impulsion, c'est-à-dire le produit de la force par l'intervalle de temps durant lequel elle s'exerce. Cette deuxième loi paraît donc liée à un modèle discontinu, que l'on peut se représenter comme une succession de chocs. Si l'on note $\Delta t$ la durée de ce choc, cette deuxième loi peut s'écrire : $\vec{F}\Delta t = \Delta(m\vec{v})$.

La formulation actuelle de cette deuxième loi, qui relie la force exercée sur un corps à la modification de son mouvement, se fait en termes différentiels faisant intervenir le vecteur accélération $\vec{a}$ :

« **Dans un référentiel galiléen**, la force résultante $\vec{F}$ exercée sur un corps de masse $m$, lui confère une accélération $\vec{a} = \vec{F}/m$. »

[10] Pour Newton, la force imprimée, « vis impressa », permet à un corps d'acquérir un vecteur vitesse, qu'il conserve après que la force a disparu grâce à la « vis insita », son inertie.

Soit :

$$\boxed{\vec{F} = m\vec{a} = m\frac{d\vec{v}}{dt} = m\frac{d^2\vec{r}}{dt^2}} \tag{2.1}$$

La masse $m$ est définie par Newton comme reliée à la quantité de matière contenue dans le corps, c'est la **masse !inertielle, qui s'oppose au changement du mouvement** c'est-à-dire au changement du vecteur vitesse. Comme le montre la relation (2.1), pour une même force exercée, la variation correspondante du vecteur vitesse est inversement proportionnelle à $m$. Notons toutefois que, lorsque nous voulons connaître la masse d'un corps, nous utilisons une balance, c'est-à-dire que nous mesurons la force gravitationnelle exercée par la Terre sur ce corps : c'est donc sa masse gravitationnelle que nous mesurons ! Voilà qui pourrait bien compliquer les choses, mais heureusement masse inertielle et masse gravitationnelle sont identiques, ce qui est aujourd'hui expérimentalement vérifié avec une précision relative de $10^{-12}$. Cette identité est contenue dans le principe d'équivalence énoncé par Einstein, principe qui est à la base de sa théorie de la relativité générale. Nous ne parlerons donc par la suite que de la masse, sans autre précision.

Il faut souligner que la relation (2.1) n'est valable qu'autant que la masse du corps reste constante au cours du temps, ce qui est vrai dans la plupart des cas que nous aurons à traiter en mécanique classique(11). Lorsque la masse du corps varie au cours du mouvement(12), il est utile de définir une nouvelle grandeur mécanique, la quantité de mouvement $\vec{p} = m\vec{v}$, et le principe fondamental de la dynamique s'écrit alors :

$$\boxed{\vec{F} = \frac{d\vec{p}}{dt}} \tag{2.2}$$

Vous vérifierez aisément que (2.2) se ramène à (2.1) lorsque la masse reste constante au cours du temps.

### 2.4.2. Interactions fondamentales

Le principe fondamental de la dynamique que nous venons de formuler est une définition de la force, dont la dimension est $[\mathrm{F}] = \mathrm{MLT}^{-2}$, et l'unité le Newton. Nous pouvons en effet facilement connaître la masse $m$ d'un corps, obtenir son vecteur accélération $\vec{a}$ en exploitant l'enregistrement de sa trajectoire comme nous l'avons vu au chapitre précédent (relation 1.11), et par conséquent déterminer la force résultante qui s'exerce sur lui. Mais heureusement la deuxième loi de

(11) Avec quelques exceptions comme une fusée qui, dans sa phase de démarrage, peut consommer jusqu'à 10 tonnes de carburant par seconde, et dont la masse ne peut donc être considérée comme constante.

(12) Mais aussi lorsque l'inertie du corps varie avec sa vitesse, comme vous le verrez en relativité.

Newton n'est pas que cela, car dire que le mouvement est modifié par une grandeur appelée la force, elle-même étant définie comme l'agent qui modifie le mouvement, reviendrait à tourner en rond. Ce qui donne toute son importance à la formulation de la deuxième loi de Newton est le fait que l'**on sait identifier l'origine des forces**, qui résultent toujours d'interactions entre objets. Toutes les forces qui s'exercent dans l'univers peuvent être décrites à partir de quatre interactions fondamentales :

- L'interaction gravitationnelle qui se manifeste par la force, toujours attractive, qui s'exerce entre deux masses ; elle s'exerce à longue portée (sa décroissance spatiale est en $1/\mathrm{r}^2$) ; son intensité est faible ; elle est responsable de la pesanteur qui règne sur Terre, du mouvement des planètes et des galaxies.

- L'interaction électromagnétique qui concerne les particules chargées électriquement ; attractive ou répulsive, elle s'exerce aussi à longue portée mais est beaucoup plus intense que l'interaction gravitationnelle ; elle est responsable de la stabilité des structures atomiques et moléculaires.

- L'interaction forte, très intense comme son nom l'indique, elle ne s'exerce qu'à très courte portée ($10^{-15}$m), et assure la cohésion des noyaux.

- L'interaction faible peu intense, s'exerçant elle aussi à très courte portée, permet à un proton de se transformer en neutron. Elle intervient dans le phénomène de radioactivité $\beta$, sans elle le Soleil ne brillerait pas.

Depuis 1983, il est prouvé que interactions électromagnétique et faible sont deux manifestations d'une interaction unique, l'interaction électrofaible(13). La simplification ultime qui serait de rassembler ces quatre interactions en une seule, constitue un des enjeux majeurs de la Physique actuelle.

La mécanique newtonienne ne concerne pas les phénomènes se produisant à l'échelle microscopique(14), aussi pourrait-on penser n'avoir à faire qu'aux deux seules interactions à longue portée : la force gravitationnelle et la force électromagnétique. Pourtant vous connaissez déjà bien plus de deux forces ! En fait, dans la matière, les interactions gravitationnelle et électromagnétique interviennent à travers des phénomènes très complexes que l'on ne peut décrire en détail(15), et que l'on est amené à représenter par des expressions approchées dans un domaine de validité bien défini. Les interactions fondamentales nous apparaissent ainsi

(13)Théorie de Weinberg, Salam et Glashow, vérification expérimentale de Rubbia et Van der Meer.

(14)À l'échelle microscopique c'est la mécanique quantique qu'il faut utiliser.

(15)LeBellac M. (1985) Introduction à la Mécanique. Belin.

sous des déguisements pas toujours faciles à percer. C'est ainsi que la force de réaction normale exercée par le sol sur vos pieds est une manifestation déguisée de l'interaction électromagnétique (force répulsive de Coulomb), et de la mécanique quantique.

Le point essentiel est que **les interactions fondamentales permettent de définir les forces indépendamment du principe fondamental de la dynamique**.

## 2.5. Troisième loi : principe des actions réciproques

**Énoncé** : *« L'action est toujours égale et opposée à la réaction ; c'est-à-dire que les actions de deux corps l'un sur l'autre sont toujours égales, et dans des directions contraires. »* Nous avons, au paragraphe précédent, décrit les interactions fondamentales qui font que lorsque deux corps sont en présence ils exercent l'un sur l'autre des forces d'interaction. La troisième loi de Newton nous dit que ces force ont même direction, même intensité et sont de sens contraires. Si $\overrightarrow{F_{1,2}}$ est la force exercée sur le corps 1 par le corps 2, et $\overrightarrow{F_{2,1}}$ la force exercée sur le corps 2 par le corps 1, alors[16] :

$$\boxed{\overrightarrow{F_{1,2}} = -\overrightarrow{F_{2,1}}} \tag{2.3}$$

Illustrons cette loi avec un exemple que vous rencontrerez fréquemment, un bloc de masse $M$, suspendu verticalement par une corde de masse $m$ (représentée en vert). Faisons l'inventaire complet des forces en présence (figure 2.2a) : le bloc est soumis à son poids $M\vec{g}$ et à la force de tension $\vec{T}$ exercée par la corde. La troisième loi nous dit que le bloc exerce la force $-\vec{T}$ sur la corde dont le poids est $m\vec{g}$. L'extrémité supérieure de la corde est attachée à un support fixe qui exerce sur elle la force de tension $\vec{T'}$, et donc la corde exerce sur ce support fixe la force $-\vec{T'}$. Par souci de clarté, nous avons représenté les forces avec la même couleur que celle du corps sur lequel elles s'exercent. Nous sommes dans le référentiel galiléen terrestre, l'ensemble est immobile, par conséquent les résultantes des forces s'exerçant respectivement sur le bloc et sur la corde doivent être nulles :

$$M\vec{g} + \vec{T} = \vec{0} \qquad \text{et} \qquad -\vec{T} + m\vec{g} + \vec{T'} = \vec{0} \tag{2.4}$$

Dans le cas le plus fréquent, **où l'on néglige la masse $m$ devant $M$**, on obtient $\vec{T'} = \vec{T}$, ce qui nous conduit au schéma simplifié de la figure 2.2b, dans lequel

[16] Pour une force à distance, cette relation suppose une interaction instantanée, incompatible avec la vitesse limite de propagation de toute interaction imposée par la théorie de la relativité. Pour des corps animés d'un vitesse non négligeable devant celle de la lumière, la troisième loi de Newton n'est donc plus valable.

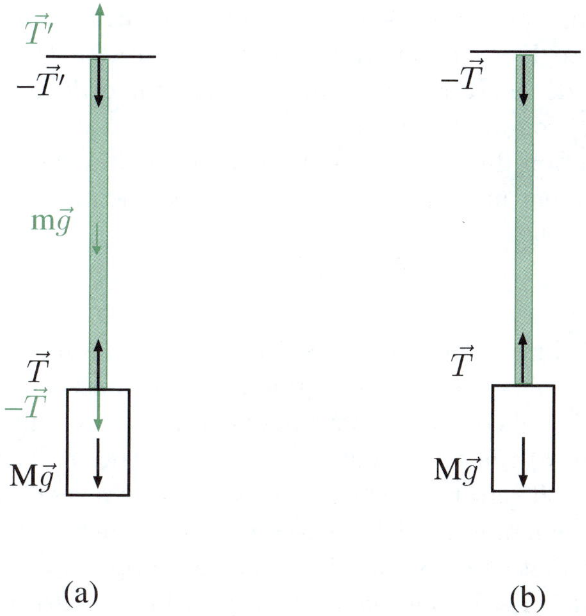


Figure 2.2. (a) Inventaire de toutes les forces en présence. Les forces s'exerçant sur un corps sont dessinées avec la même couleur que ce corps. (b) Dans le cas où la masse m de la corde est négligeable devant la masse M du bloc, on peut ignorer toutes les forces s'exerçant sur la corde, ce qui conduit à ce schéma simplifié.

toutes les forces s'exerçant **sur** la corde ont été volontairement omises. Ce schéma est parfaitement légitime et c'est celui que nous utiliserons, mais en gardant présent à l'esprit que, s'il paraît violer la troisième loi de Newton, c'est parce que toutes les forces ne sont pas représentées.

## 2.6. Quelques exemples de forces

On distingue habituellement les forces résultant d'interaction à distance, et les forces apparaissant par contact.

### 2.6.1. Forces à distance

L'interaction à distance qui nous concerne le plus directement est l'interaction gravitationnelle. Dans un chapitre qui lui est consacré, nous l'étudierons dans sa généralité. Pour l'instant, limitons-nous à sa manifestation la plus simple, et pour nous la plus familière, l'attraction gravitationnelle terrestre. Un corps de masse $m$, placé à la surface de la Terre, est soumis à une force de pesanteur attractive appelée le poids $\vec{P}$, commodément exprimé en fonction de l'accélération $\vec{g}$ de la pesanteur. La direction du vecteur $\vec{g}$ définit la verticale[(17)] au point considéré et, en définissant le vecteur unitaire $\hat{z}$ d'un axe vertical orienté vers le haut, on écrit :

$$\vec{P} = m\vec{g} = -mg\hat{z} \tag{2.5}$$

La valeur usuelle de l'intensité $g$ de l'accélération de la pesanteur est constante[(18)] et égale à 9,81 $\mathrm{ms}^{-2}$. Le fait que le vecteur $\vec{g}$ soit constant rend très simples, dans un référentiel galiléen, les mouvements d'un corps uniquement soumis à son poids (chute libre) : la trajectoire est soit rectiligne (si la vitesse initiale est nulle ou verticale), soit parabolique (dans tous les autres cas). Suivant le principe fondamental de la dynamique (2.1), le vecteur accélération $\vec{a}$ est égal à $\vec{g}$, donc aussi constant. En l'intégrant successivement par rapport au temps, il est facile d'obtenir le vecteur vitesse puis le vecteur position. Montrons-le sur quelques exemples de conditions initiales illustrés sur la figure 2.3.

- a) Si $\vec{v}_0 = -v_0\hat{z}$ et $\vec{r}_0 = x_0\hat{x} + h\hat{z}$, on obtient :
  $\ddot{z} = a_z = -g$, $\dot{z} = -gt - v_0$ et $z = -\frac{1}{2}gt^2 - v_0t + h$, et
  $\ddot{x} = a_x = 0$, $\dot{x} = 0$ et $x = x_0$. Le mouvement est rectiligne uniformément accéléré.

- b) Si $\vec{v}_0 = +v_0\hat{z}$ et $\vec{r}_0 = x_0\hat{x} + h\hat{z}$, on obtient :
  $\ddot{z} = a_z = -g$, $\dot{z} = -gt + v_0$ et $z = -\frac{1}{2}gt^2 + v_0t + h$, et
  $\ddot{x} = a_x = 0$, $\dot{x} = 0$ et $x = x_0$. Le mouvement est rectiligne, uniformément retardé dans la phase ascendante, puis uniformément accéléré en redescendant.

- c) Si $\vec{v}_0 = (v_0 \cos\alpha)\hat{x} + (v_0 \sin\alpha)\hat{z}$ et $\vec{r}_0 = h\hat{z}$, on obtient :
  $\ddot{z} = a_z = -g$, $\dot{z} = -gt + v_0 \sin\alpha$ et $z = -\frac{1}{2}gt^2 + v_0t\sin\alpha + h$
  $\ddot{x} = a_x = 0$, $\dot{x} = v_0\cos\alpha$ et $x = v_0t\cos\alpha$ ; en éliminant le temps, on trouve l'équation de la trajectoire parabolique $z = -\frac{1}{2}g(\frac{x}{v_0 \cos\alpha})^2 + x\tan\alpha + h$

---

(17) Du fait de la rotation de la Terre sur elle-même, la direction de $\vec{g}$ ne passe pas exactement par le centre de la Terre. Voir paragraphe 2.11.

(18) En fait $g$ varie sensiblement en fonction de la latitude du point considéré, mais sa variation relative par rapport à 9,81 reste inférieure à 0,3 % comme on le verra au paragraphe 2.11.

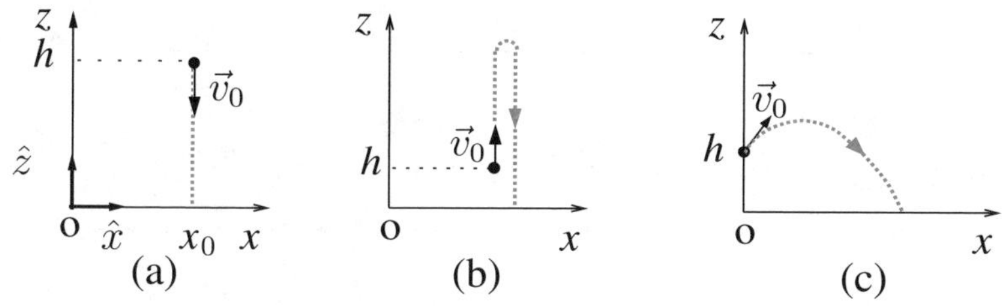


Figure 2.3. Chute libre dans un référentiel galiléen. (a) et (b) La vitesse initiale est verticale, la trajectoire est rectiligne. (c) La vitesse initiale est oblique, la trajectoire est parabolique.

### 2.6.2. Forces de contact

**a) Force élastique :** c'est la force exercée par l'extrémité libre d'un ressort lorsqu'il est déformé. Ce ressort, dont on considère l'autre extrémité fixe, a une longueur au repos $l_0$ (figure 2.4b) et une constante de raideur $k$. Lorsque le ressort est étiré (figure 2.4a), il exerce une force de rappel, proportionnelle à son allongement, qui en fonction de sa longueur $l$ s'écrit : $\vec{F} = -k(l - l_0)\hat{x}$. Précisons que ceci n'est vrai que dans le **régime linéaire** (le seul qui nous concernera), c'est-à-dire lorsque le ressort n'est pas trop étiré. On peut repérer l'extrémité libre du ressort par son abscisse $x$ (positive dans le cas d'un ressort étiré) sur un axe dont l'origine $O$ coïncide avec la position de l'extrémité libre du ressort au repos. Dans ce cas $l = l_0 + x$ et $\vec{F} = -kx\hat{x}$. Si le ressort est comprimé (figure 2.4c), il exerce une force qui s'écrit $\vec{F} = k(l_0 - l)\hat{x}$ ; la longueur $l$ est dans ce cas inférieure à $l_0$, mais l'on a toujours $l = l_0 + x$ puisque maintenant $x$ est négatif. De ce fait on a encore $\vec{F} = -kx\hat{x}$. On peut donc décrire toutes les situations avec les relations :

$$\boxed{||\vec{F}|| = k|(l - l_0)| \quad et \quad \vec{F} = -kx\hat{x}} \tag{2.6}$$

à condition, pour la seconde expression, que l'origine O de l'axe coïncide avec l'extrémité libre du ressort au repos.

**b) Réaction normale :** placé sur un plan horizontal, un objet de masse $m$ peut y être immobile ou glisser. Dans tous les cas il n'a pas de déplacement vertical, ce qui implique (d'après 2.1) que la résultante verticale des forces qui s'exercent sur lui est nulle. Cette condition est satisfaite parce que le plan exerce sur l'objet une force $\vec{N}$, appelée réaction normale, verticale, orientée vers le haut[(19)] (figure 2.5a), et dont le module $||\vec{N}||$ est égal au poids $mg$ de l'objet.

(19) Les forces de contact s'exercent réellement à la surface du plan, mais sur un schéma on pourra, par souci de clarté, placer leur point d'application au centre de gravité de l'objet étudié.

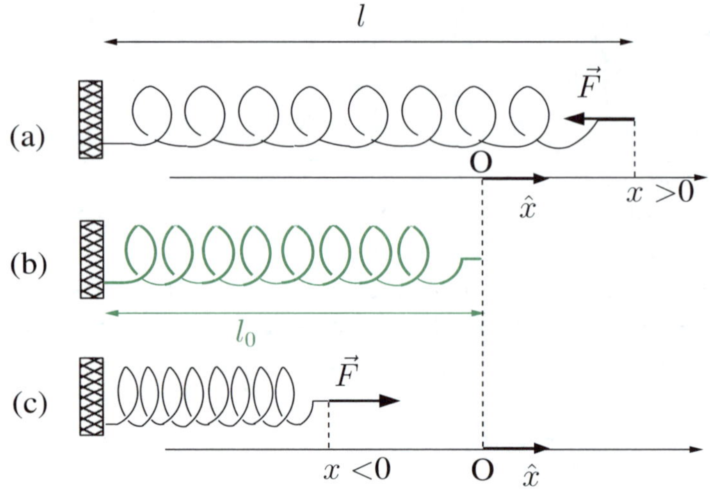


Figure 2.4. (a) Ressort étiré, sa longueur $l = l_0 + x$. (b) Ressort de longueur $l_0$ au repos. Son extrémité libre définit l'origine $O$ de l'axe. (c) Ressort comprimé, sa longueur est toujours définie par $l = l_0 + x$ car dans ce cas x est négatif.

Pour un objet en contact avec une surface inclinée (figure 2.5b), on peut refaire le même raisonnement : l'objet peut glisser le long de cette surface, mais il ne se déplace pas perpendiculairement à elle. Par conséquent pour assurer que la résultante des forces perpendiculaire à la surface inclinée soit nulle, il faut que celle-ci exerce une réaction normale $\vec{N}$, toujours orthogonale à la surface, dirigée vers l'extérieur, mais son module $\|\vec{N}\|$ est dans ce cas égal à $mg\cos\alpha$.

Dans tous les cas, l'existence d'une réaction normale implique que l'objet est au contact de la surface. Il se pourra qu'au cours de son mouvement l'objet quitte cette surface : la condition correspondante s'écrira $\|\vec{N}\| = 0$.

**c) Force de frottement solide-solide :** nous venons de définir une force de contact entre deux solides, normale à leur surface de contact. Il existe une seconde force de contact, cette fois **parallèle à la surface**, c'est la force de frottement solide-solide. C'est elle qui nous permet de marcher et fait que notre véhicule peut rouler.

Les forces de frottement sont une manifestation « déguisée » de l'interaction électromagnétique, *via* des mécanismes dans la complexité desquels nous n'entrerons pas. Disons simplement que la surface des objets courants, qui paraît lisse à l'œil nu et au toucher, est très irrégulière à l'échelle microscopique, faite de creux et de bosses. Lorsque deux solides sont au contact, ils ne se touchent réellement que par leurs bosses : la zone de contact réelle est donc bien inférieure à la zone

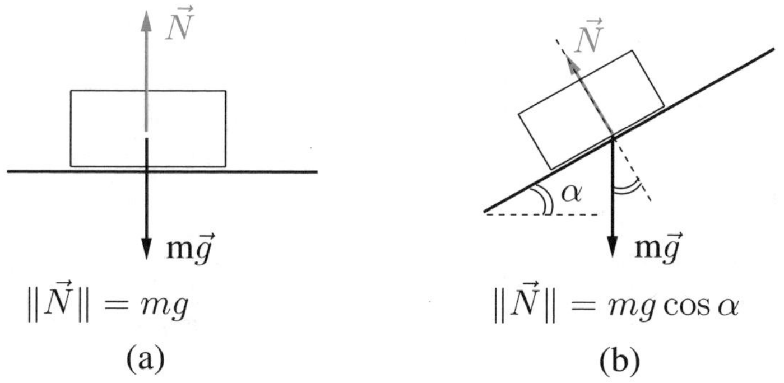


Figure 2.5. Réaction normale $\vec{N}$ exercée sur un objet de masse $m$, (a) par une surface horizontale, (b) par une surface inclinée.

de contact apparente, mais au contact entre deux bosses la force d'adhésion est forte. Ce phénomène complexe est décrit de façon phénoménologique par les lois de Coulomb, en distinguant frottement statique et frottement dynamique.

**Le frottement statique** concerne un corps immobile, par exemple une caisse placée sur un plan horizontal : vous savez bien que si vous exercez une force horizontale faible $\vec{F}$ sur cette caisse, elle ne bougera pas. Une force de frottement horizontale $\vec{f_S}$ est apparue qui s'oppose exactement à la force $\vec{F}$ que vous exercez (figure 2.6a). Mais vous savez aussi que, si vous poussez très fort, la caisse va se mettre à glisser, ce qui signifie qu'au-delà d'un certain seuil, la force de frottement $\vec{f_S}$ ne peut plus s'opposer à $\vec{F}$. L'intensité maximum de la force de frottement statique est définie par :

$$\boxed{\|\vec{f_S}\| \leq \mu_S \|\vec{N}\|} \tag{2.7}$$

en notant $\mu_S$ le coefficient de frottement statique qui dépend des **deux matériaux** en contact (plus les surfaces seront rugueuses et plus $\mu_S$ sera grand). Suivant la condition (2.7) la caisse restera immobile sur un **plan horizontal** tant que $\|\vec{F}\| \leq \mu_S mg$.

Sur un **plan incliné** d'un angle $\alpha$ par rapport à l'horizontale (figure 2.6b), un bloc de masse $m$, restera immobile tant que la somme des forces de contact sera égale à $-m\vec{g}$, c'est-à-dire compensera exactement le poids, ce qui se traduit par :

$$\|\vec{N}\| = mg\cos\alpha \quad \text{et} \quad \|\vec{f_S}\| = mg\sin\alpha \tag{2.8}$$

La condition (2.7) implique que le bloc reste en équilibre tant que l'angle $\alpha$ satisfait la condition : $\tan\alpha \leq \mu_S$.

**Le frottement dynamique** : lorsque la condition d'équilibre n'est plus satisfaite, le corps se met à glisser, et la force de frottement qui s'exerce sur lui est

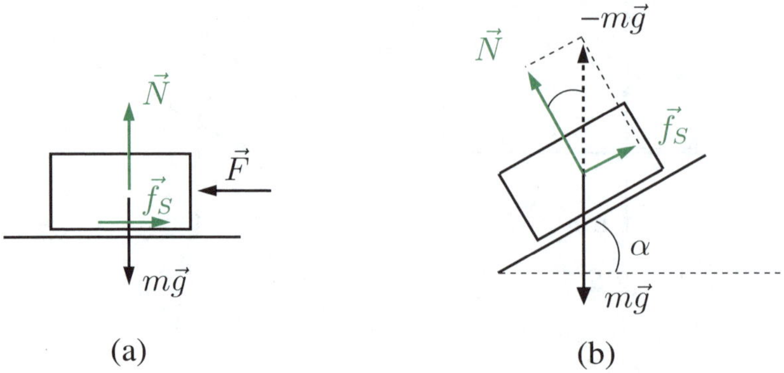


FIGURE 2.6. Bloc de masse m immobile sur (a)un plan horizontal, (b) un plan incliné. Les forces de contact $\vec{N}$ et $\vec{f_S}$ sont représentées en vert.

alors la force de frottement dynamique $\vec{f_d}$. Parallèle au plan, opposée au sens de déplacement, **son intensité est constante** :

$$\boxed{\|\vec{f_d}\| = \mu_d \|\vec{N}\|} \tag{2.9}$$

où cette fois $\mu_d$ représente le coefficient de frottement dynamique qui dépend aussi du couple de matériaux en contact. Mais le point important est que pour deux matériaux donnés, **$\mu_d$ est toujours nettement inférieur à $\mu_S$**. L'intensité de la force de frottement dynamique est par conséquent inférieure à la valeur maximum de la force de frottement statique. C'est ce qui vous explique que lorsque vous poussez une caisse pour la mettre en mouvement, dès qu'elle se met à glisser vous avez l'impression que votre effort est moins intense : effectivement la force de frottement que vous devez vaincre a diminué. C'est la raison pour laquelle votre voiture est équipée d'un système de freinage ABS qui, en contrôlant la pression des mâchoires de frein sur les disques, empêche le blocage des roues. Tant que les roues tournent, la vitesse du point de contact du pneu sur le sol est nulle (paragraphe 1.4.2), c'est donc la force de frottement statique qui intervient. Lorsque la roue se bloque, le point de contact du pneu glisse sur le sol, c'est la force de frottement dynamique qui entre alors en jeu, elle est plus faible et le freinage est donc moins efficace.

**d) Force de frottement solide-fluide :** lorsqu'un solide se déplace dans un fluide, il est soumis à une force de frottement qui dépend de sa vitesse. À faible vitesse (inférieure à 1 $ms^{-1}$ dans l'air), cette force s'écrit :

$$\vec{F} = -\gamma \vec{v} \tag{2.10}$$

le coefficient $\gamma$ dépendant de la viscosité $\eta$ du fluide et de la géométrie du corps solide en mouvement. Par exemple dans le cas d'une sphère de rayon $R$, le coefficient $\gamma = 6\pi\eta R$. Il faut réaliser que ce type de force, proportionnelle à la vitesse, conduit toujours à observer une **vitesse limite** de chute d'un corps. En effet, pour un corps de masse $m$ tombant dans un fluide visqueux, l'équation fondamentale de la dynamique s'écrit vectoriellement, puis projetée sur l'axe vertical $zz'$ orienté positivement vers le bas :

$$m\frac{d\vec{v}}{dt} = m\vec{g} - \gamma\vec{v} \qquad \text{soit} \qquad m\ddot{z} = mg - \gamma\dot{z} \tag{2.11}$$

Deux termes de signes opposés déterminent l'accélération : l'un constant (le poids) l'autre variable puisque dépendant de la vitesse. Le corps abandonné sans vitesse initiale va d'abord accélérer sous l'action de son poids : la vitesse augmente donc jusqu'à ce qu'elle atteigne la valeur qui annule l'accélération. Cette valeur appelée vitesse limite est définie par :

$$\vec{v}_L = \frac{m\vec{g}}{\gamma} \qquad \text{soit} \qquad \dot{z}_L = \frac{mg}{\gamma} \tag{2.12}$$

Le mouvement devient alors rectiligne uniforme avec cette vitesse limite.

Pour de grandes vitesses de déplacement du solide, la force de frottement exercée par le fluide devient proportionnelle au carré de la vitesse. Elle implique toujours l'existence d'une vitesse limite, comme par exemple celle que vous observez en regardant descendre un parachutiste, après qu'il a ouvert son parachute. La surface de celui-ci (qui détermine la valeur de $\gamma$) est calculée pour que cette vitesse limite soit de l'ordre de 10 $\text{ms}^{-1}$.

## 2.7. Construction de Hooke-Newton

Avec le principe fondamental de la dynamique, la détermination du mouvement d'un corps dans un référentiel galiléen paraît simple ! Une fois recensées toutes les forces qui s'exercent sur le mobile, on calcule leur résultante $\vec{F}$ qui définit le vecteur accélération $\vec{a} = \vec{F}/m$. La première intégration de $\vec{a}$ par rapport au temps donne le vecteur vitesse. La seconde donne le vecteur position qui permet de définir la trajectoire. Voilà pour le principe ! En pratique, encore faut-il être capable de trouver ces primitives. On sait le faire dans un certain nombre de cas simples, la chute libre par exemple : on dit alors que l'on a trouvé les expressions analytiques de la vitesse et de la position, comme nous l'avons fait au paragraphe 2.5.1. Mais comment procéder dans les cas où l'on ne sait pas trouver ces primitives ? Aujourd'hui on peut recourir aux méthodes numériques en utilisant l'ordinateur. Mais il y a trois siècles, Hooke et Newton construisaient des trajectoires, solutions de problèmes compliqués, à partir de considérations géométriques, suivant une méthode fondée sur la composition des mouvements.

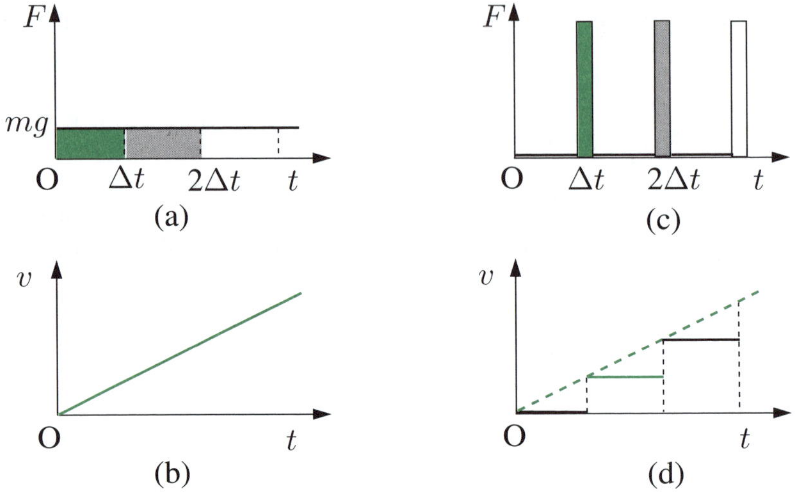


FIGURE 2.7. Chute libre sans vitesse initiale. (a) La seule force qui s'exerce est le poids $mg$. (b) La vitesse croît linéairement avec le temps. (c) Discrétisation du mouvement : la force n'agit que très brièvement à des intervalles de temps réguliers $\Delta t$. (d) La vitesse, constante lorsque la force « dort », subit un saut chaque fois que la force se « réveille ».

Cette méthode, qui repose sur la discrétisation du mouvement, est bien dans l'esprit de la vision impulsionnelle qui ressort de l'énoncé de la deuxième loi. Qu'est-ce que la discrétisation qui est à la base de tout calcul numérique ? Illustrons-la avec l'exemple simple de la chute libre sans vitesse initiale. Dans la réalité, la seule force qui s'exerce sur le mobile durant toute la durée de la chute est son poids $mg$ (figure 2.7a), et au cours de ce mouvement uniformément accéléré, la vitesse croît linéairement avec le temps (figure 2.7b). Discrétiser la force revient à remplacer son action continue par un modèle impulsionnel : **la force n'agit que très brièvement, à des intervalles de temps réguliers $\Delta t$** (figure 2.7c), ce que nous pouvons assimiler à une succession de chocs très brefs. Le point essentiel est que la force en agissant brièvement[20], **produit la même variation de vitesse que la force réelle pendant $\Delta t$**[21]. Dans cette description,

[20] « Impulsu unico sed magno », un coup unique mais grand, écrit Newton.

[21] Comme $dv = Fdt/m$, cela signifie les surfaces de même couleur sur les figures 2.7a et c doivent être égales.

la vitesse varie par sauts (figure 2.7d), mais au terme de chaque saut reprend par conséquent la valeur de la vitesse réelle à cet instant. Entre les sauts, la force est nulle, la vitesse constante et le mouvement rectiligne uniforme : la trajectoire ainsi construite sera donc une ligne brisée. Le mobile accomplit son mouvement pas à pas, par changements de direction et de module de vitesse successifs[22]. Illustrons cette méthode avec quelques exemples.

***Exemple 1* (chute libre d'un corps).** Une masse ponctuelle est abandonnée au point $A$ situé à une hauteur $h$ au-dessus du sol, avec une vitesse initiale $\vec{v_0}$ horizontale.

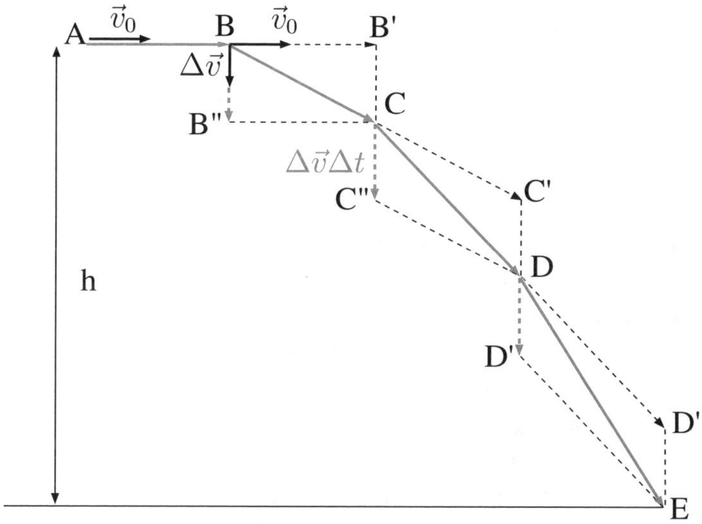


Figure 2.8. Chute libre avec une vitesse initiale horizontale. Construction de la trajectoire (en vert) par la méthode de Hooke-Newton. Chaque fois que la force se « réveille » elle produit une variation de vitesse $\Delta\vec{v} = \vec{g}\Delta t$ identique en chaque point ; le déplacement correspondant $\Delta\vec{v}\Delta t$ est représenté en tirets verts.

Lors du premier intervalle de temps $\Delta t$, la force « dort », et le mobile se déplace, du fait de sa vitesse initiale, de $\vec{v_0}\Delta t = \overrightarrow{AB}$. Arrivé en $B$, la force se « réveille » et *agit par un seul coup mais assez puissant pour obliger le mobile à se détourner de la droite $BB'$*. Ce réveil produit une variation de vitesse $\Delta\vec{v}$ : dans notre exemple $\vec{a} = \vec{g}$, par conséquent le vecteur $\Delta\vec{v}$ est égal à $\vec{g}\Delta t$, vertical et dirigé

[22]Comme le souligne Françoise Balibar (29), cette causalité différentielle, locale et instantanée s'oppose à la causalité globale aristotélicienne.

vers le sol. La trajectoire au-delà de $B$ est par conséquent la composition[(23)] de deux mouvements : le mouvement inertiel, qui seul amènerait le mobile en $B'$ défini par $\overrightarrow{BB'} = \overrightarrow{AB}$, et le mouvement dû au « réveil » de la force, qui seul amènerait le mobile en $B''$ défini par $\overrightarrow{BB''} = \Delta\vec{v}\Delta t$ (représenté en tirets verts sur la figure 2.8). Après $2\Delta t$ le mobile sera donc au point $C$ défini par $\overrightarrow{BC} = \overrightarrow{BB'} + \overrightarrow{BB''}$. Au point $C$, on répète la même construction comme l'illustre la figure 2.8. Cette méthode permet ainsi de construire la trajectoire (en vert). Bien évidemment, la ligne brisée obtenue s'approchera d'autant plus de la trajectoire parabolique exacte que l'on choisira un intervalle de temps $\Delta t$ petit devant la durée totale du mouvement.

***Exemple 2* (mouvement sous l'action d'une force centrale).** Le mouvement d'un corps sous l'action d'une force centrale[(24)] de module constant s'inscrit dans un contexte historique que nous ne pouvons manquer d'évoquer[(25)]. Dans la seconde partie du XVII$^{e}$ siècle, Robert Hooke (1635-1703) avait acquis une remarquable intuition du mouvement des planètes à travers ses observations, soit de la trajectoire décrite par une bille se déplaçant sur un cône renversé (figure 2.9a), soit de la courbe que dessine sur le sol l'ombre d'un pendule lancé avec une vitesse latérale. Dans chacune de ces situations, la masse est soumise à une force attractive dirigée vers un point fixe appelé « centre », en l'occurrence le sommet du cône, ou la projection sur le sol du point de fixation du pendule. Observant que, dans chacune de ces situations, la masse tout au long de son mouvement curviligne évite constamment de passer par ce « centre », Hooke avait bien perçu l'analogie entre ces trajectoires et le mouvement des planètes. Il écrivait en 1666 : *« L'infléchissement d'un mouvement direct en une courbe peut résulter de la présence d'un corps qui tend à l'attirer continuellement. Si l'on suppose l'existence d'un tel principe, il semble que l'on puisse expliquer tous les phénomènes planétaires par le principe commun de la mécanique des mouvements. »* Il fit part de ses idées à Newton dans une lettre datée du 26 novembre 1679. Une correspondance s'établit entre eux et le 13 décembre Newton joignit à l'une de ses lettres le dessin de la trajectoire d'un corps soumis à une force centrale (toujours dirigée vers un point fixe $O$) de module constant. Newton construisit cette trajectoire en discrétisant le mouvement comme nous allons le faire ici.

La trajectoire est représentée vue de dessus sur la figure 2.9b. La bille est lancée du point $A$ avec une vitesse $\vec{v_0}$ dont la direction ne passe pas par O. Durant

[(23)] « Sous l'action de forces conjointes, un corps décrit la diagonale du parallélogramme, dans le même temps qu'il mettrait à décrire ses côtés, si elles agissaient séparément. » (Principia).

[(24)] Toujours dirigée vers un point fixe $O$.

[(25)] Article de P. Coullet IRH (http ://irh.unice.fr).

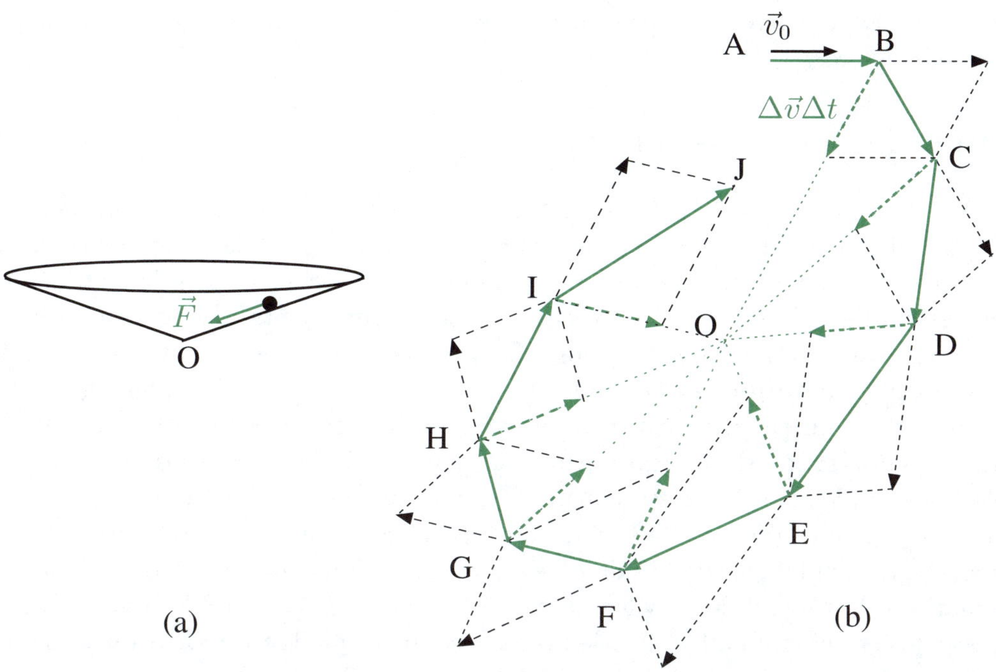


Figure 2.9. (a) Mouvement d'une bille lancée sur un cône renversé de sommet O. (b) La bille est soumise à une force d'intensité constante, toujours dirigée vers O (centrale). La trajectoire (en vert) ne se referme pas sur elle-même : c'est une ellipse qui tourne dans son plan.

le premier intervalle de temps, la bille se déplace de $A$ à $B$, et $\overrightarrow{AB} = \vec{v_0}\Delta t$. Au point $B$, la force en se « réveillant » produit une variation de vitesse : $\Delta\vec{v}$ est dirigé vers O et le déplacement correspondant $\Delta\vec{v}\Delta t$ est représenté en tirets verts. La composition des mouvements permet de construire le point $C$ où l'on répète l'opération. En chaque point, le vecteur $\Delta\vec{v}\Delta t$ est dirigé vers O (la force est centrale) et a même module (intensité de la force constante). La trajectoire ainsi obtenue est représentée en vert sur la figure 2.9b. Par souci de clarté, la construction est arrêtée au point $J$, mais il apparaît que cette trajectoire ne se referme pas sur elle-même. Vous pouvez continuer la construction pour vous en convaincre. La trajectoire est une ellipse dont le grand axe tourne dans le plan, on dit qu'elle précesse.

Hooke reconnaît la trajectoire qu'il a souvent observée en faisant rouler une boule sur la surface d'un cône renversé. Il demande alors à Newton de dessiner la trajectoire d'un corps soumis à une force centrale dont le module est inversement proportionnel au carré de sa distance au centre d'attraction. Newton ne répondra plus à ces lettres.

## 2.8. Invariance galiléenne

Après avoir énoncé le principe d'inertie, nous avons aussitôt pris conscience qu'il n'était pas vérifié dans tous les référentiels : il n'est valide que pour la classe des référentiels galiléens. On peut se demander s'il n'est pas possible de différencier ces référentiels galiléens en y étudiant les mouvements d'objets matériels : la réponse est catégoriquement non. Le point essentiel est qu'**aucune expérience de mécanique, entièrement réalisée dans un référentiel galiléen** (figure 2.10a), **ne permet à un observateur de détecter le mouvement de son référentiel, et d'en déterminer la vitesse**. La vie à bord d'un avion qui vole horizontalement à vitesse constante est la même que sur Terre : vous vous déplacez sans plus d'effort, la surface du liquide contenu dans votre verre est horizontale, et les mesures de la durée de chute libre d'un objet ou de la période des oscillations d'un pendule ne vous donneront aucune indication sur la valeur de la vitesse de cet avion. Galilée(26) a le premier compris que **les lois fondamentales de la dynamique sont identiques dans tout référentiel galiléen**. En 1905, ce **principe de relativité galiléenne** a été étendu par Einstein et Poincaré à toute la physique : dans le cadre de la théorie de la relativité restreinte, les lois fondamentales de la mécanique et de l'électromagnétisme sont invariantes par changement de référentiel galiléen.

Justifions ce que nous venons d'affirmer. Soit $(\mathcal{R})$ un référentiel galiléen : dans ce référentiel, un objet de masse $m$, soumis à une force résultante $\overrightarrow{F}$, possède une accélération $\vec{a} = \overrightarrow{F}/m$. Considérons un second référentiel $(\mathcal{R}')$, animé par rapport à $(\mathcal{R})$ d'un mouvement de **translation uniforme** avec le vecteur vitesse $\overrightarrow{V_0}$. La transformation de Galilée (équation 1.21) nous dit que dans $(\mathcal{R}')$, ce même objet possédera une accélération $\vec{a'} = \vec{a}$. L'observateur lié à $(\mathcal{R}')$ écrit donc :

$$m\vec{a'} = m\vec{a} = \overrightarrow{F} \tag{2.13}$$

et, **avec les mêmes conditions initiales, observe exactement le même mouvement** que l'observateur de $(\mathcal{R})$ (figure 2.10a).
Attention de ne pas confondre :

– **deux** expériences identiques (mêmes conditions initiales) qui, réalisées dans $(\mathcal{R})$ et dans $(\mathcal{R}')$, donneront les mêmes résultats (figure 2.10a) ;

(26) « Dialogues sur les deux plus grands systèmes du monde », 1632.

– **une** expérience, réalisée par exemple dans $(\mathcal{R}')$, qui sera décrite différemment par l'observateur de $(\mathcal{R})$, bien que pour chacun de ces observateurs l'accélération du mobile soit identique $(\vec{g})$. La différence de leurs points de vue (figure 2.10b) tient à ce que la vitesse initiale de l'objet n'est pas la même : vitesse initiale nulle dans $(\mathcal{R}')$, et égale à $\overrightarrow{V}_0$ dans $(\mathcal{R})$.

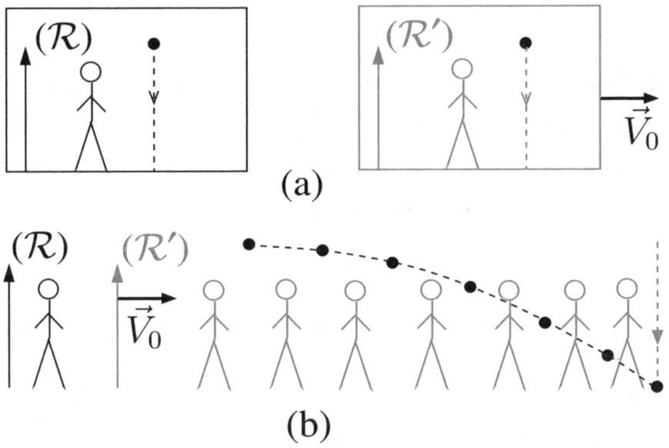


FIGURE 2.10. $(\mathcal{R})$ et $(\mathcal{R}')$ sont deux référentiels galiléens. (a) La même expérience, chute libre sans vitesse initiale, est strictement identique pour chacun des observateurs. (b) Une chute libre (en tirets verts) sans vitesse initiale dans $(\mathcal{R}')$, est décrite comme une chute libre avec la vitesse initiale horizontale $\vec{V_0}$ par l'observateur de $(\mathcal{R})$ qui voit une trajectoire parabolique (en tirets noirs).

## 2.9. Les référentiels non inertiels en translation

Vous êtes debout dans un bus. Tant qu'il roule en ligne droite à vitesse constante, pas de problème : même si vous ne vous tenez pas, vous gardez votre équilibre sans difficulté. Mais si le bus vient à freiner brusquement, vous voilà projeté vers l'avant, et s'il prend un virage vous vous sentez poussé vers l'extérieur. Quelles sont donc ces forces qui apparaissent brutalement ? C'est ce que nous allons découvrir en distinguant référentiel en translation (présent paragraphe) et référentiel en rotation (paragraphe suivant). Avant de décrire formellement le phénomène, il est utile de comprendre qualitativement ce qui arrive, par exemple, au passager assis sur le siège avant d'une voiture qui freine brutalement. Pourquoi, s'il n'a pas bouclé sa ceinture de sécurité, se trouve-t-il projeté dans le pare-brise ? Juste avant le freinage, voiture et passager sont animés, dans le référentiel terrestre, de la même vitesse $\vec{v}_0$ (figure 2.11b) : le passager est immobile dans la voiture. Considérons une phase de freinage uniformément retardée : le module de la vitesse du véhicule décroît linéairement de $v_0$ à $v_1$ pendant la durée $\tau$ du freinage (figure 2.11a). Le siège est fixé rigidement au véhicule : au niveau de ses fixations s'exerce une force qui lui communique la même décélération que la voiture. En revanche, si l'on néglige les forces de frottement entre le siège et le passager[(27)], ce dernier, suivant le principe d'inertie, continue dans le référentiel terrestre galiléen à avancer avec la vitesse $v_0$ (figure 2.11a). Durant la phase de freinage, le véhicule a donc avancé[(28)] de $(v_0+v_1)\tau/2$ tandis que le passager s'est déplacé de $v_0\tau$. Dans le référentiel non galiléen de la voiture, le passager s'est par conséquent déplacé vers l'avant (figure 2.9b) de $(v_0 - v_1)\tau/2$. Pour $(v_0 - v_1) = 10$ ms$^{-1}$ et $\tau = 1$ s, ce déplacement est de 5 mètres, soit cinq fois supérieur à la distance qui vous sépare du pare-brise. Attachez votre ceinture de sécurité !

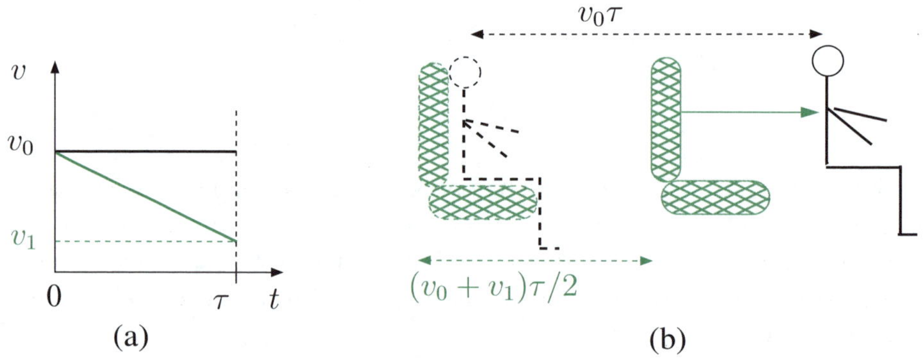


FIGURE 2.11. Freinage brutal d'un véhicule. (a) La vitesse du véhicule (en vert) décroît linéairement, alors que le passager conserve sa vitesse (en noir). (b) Immobile dans le véhicule avant le début du freinage, le passager est projeté vers l'avant.

### 2.9.1. Expression de la force d'inertie

La description que nous venons de faire est celle d'un observateur qui, lié au référentiel terrestre galiléen, voit la voiture et son passager se déplacer. L'autre point de vue est celui du passager, immobile dans la voiture, et qui ressent au cours du freinage une force qui le propulse vers l'avant. Comment peut-il l'expliquer

(27) Dans le cas d'un freinage brutal, ces forces sont effectivement faibles, c'est bien pourquoi la ceinture de sécurité est nécessaire !

(28) Souvenez-vous que la distance parcourue est donnée par l'aire comprise entre la courbe $v(t)$ et l'axe des temps.

dans le référentiel non galiléen de la voiture ? C'est ce que nous allons voir plus formellement.

Soit $(\mathcal{R})$ un référentiel galiléen, et $(\mathcal{R}')$ un référentiel animé par rapport à $(\mathcal{R})$ d'un mouvement de **translation non uniforme** caractérisé par un vecteur accélération $\overrightarrow{A}$. Un objet de masse $m$ soumis à une force résultante $\overrightarrow{F}$ possède dans $(\mathcal{R})$ un vecteur accélération $\vec{a} = \overrightarrow{F}/m$. Suivant la relation (1.21), ce même objet aura pour l'observateur de $(\mathcal{R}')$ un vecteur accélération $\vec{a'} = \vec{a} - \overrightarrow{A}$. Cet observateur écrira donc :

$$m\vec{a'} = m\vec{a} - m\overrightarrow{A} = \overrightarrow{F} - m\overrightarrow{A} \tag{2.14}$$

Pour définir l'accélération $\vec{a'}$ du mobile, l'observateur de $(\mathcal{R}')$ doit prendre en compte, la résultante des forces d'interaction $\overrightarrow{F}$, et une force supplémentaire :

$$\boxed{\vec{f_i} = -m\overrightarrow{A}} \tag{2.15}$$

appelée **force d'inertie ou pseudo-force** ou encore force fictive. Cette force d'inertie n'a rien à voir avec les interactions fondamentales. Elle n'existe que dans le référentiel $(\mathcal{R}')$ où son effet est bien réel, alors que la résultante $\overrightarrow{F}$ des forces d'interaction est la même dans tous les référentiels.

Prenons l'exemple d'une masse $m$, suspendue par un fil[(29)] dans un véhicule animé d'un mouvement rectiligne d'accélération $\overrightarrow{A}$. On note $(\mathcal{R}')$ le référentiel lié au véhicule et $(\mathcal{R})$ le référentiel galiléen terrestre. Il est toujours instructif de comparer les points de vue des deux observateurs.

Pour l'observateur de $(\mathcal{R})$, la masse $m$, solidaire du véhicule, possède aussi l'accélération $\overrightarrow{A}$, et est soumise à deux forces liées aux interactions fondamentales, le poids $m\vec{g}$ et la tension du fil $\overrightarrow{T}$. Par conséquent pour lui : $m\vec{g} + \overrightarrow{T} = m\overrightarrow{A}$.

Pour l'observateur de $(\mathcal{R}')$ lié au véhicule, la masse $m$ est immobile : elle est pour lui aussi soumise à son poids et à la tension du fil, mais $(\mathcal{R}')$ étant un référentiel non inertiel, conformément à (2.15) cet observateur doit prendre en compte la force d'inertie $\vec{f_i} = -m\overrightarrow{A}$ et écrit : $m\vec{g} + \overrightarrow{T} - m\overrightarrow{A} = \vec{0}$. Les deux points de vue sont complètement différents, mais les relations obtenues sont strictement identiques. Remarquons qu'en mesurant l'angle $\theta$ que le fil fait avec la verticale, l'observateur de $(\mathcal{R}')$ connaît son accélération puisque $\tan\theta = A/g$.

**En résumé :**
Lorsqu'un référentiel $(\mathcal{R}')$ est animé d'un mouvement rectiligne avec une accélération $\overrightarrow{A}$ par rapport à un référentiel inertiel, l'observateur de $(\mathcal{R}')$ doit, pour

(29) Un dispositif approprié empêche le fil d'osciller.

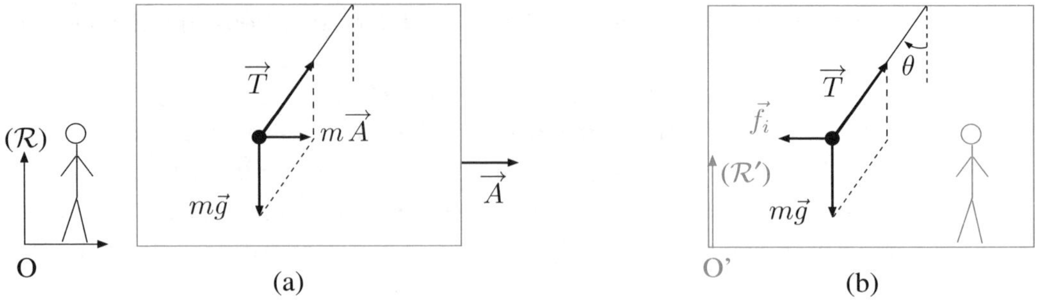


FIGURE 2.12. Masse $m$ suspendue dans un véhicule animé d'un mouvement rectiligne d'accélération $\vec{A}$. (a) Point de vue de l'observateur lié au référentiel galiléen terrestre $(\mathcal{R})$ : la masse m solidaire du véhicule possède aussi l'accélération $\vec{A}$. (b) Point de vue de l'observateur lié au référentiel non galiléen $(\mathcal{R}')$ lié au véhicule : la masse est immobile, et la force d'inertie $\vec{f_i}$ doit être prise en compte.

décrire le mouvement d'un objet de masse $m$, prendre en compte les forces d'interaction **et la force d'inertie** $-m\overrightarrow{A}$. Un objet soumis à une résultante des forces d'interaction nulle possédera donc dans $(\mathcal{R}')$ l'accélération $-\vec{A}$. Le référentiel $(\mathcal{R}')$ n'est donc pas un référentiel d'inertie.

### 2.9.2. Cas particulier d'un référentiel en chute libre

Imaginons une cabine d'ascenseur au sommet d'un gratte-ciel. Brusquement le câble qui la soutient casse, et la cabine tombe en chute libre avec une accélération $\vec{A} = \vec{g}$. Pour un observateur inertiel, toutes les personnes et objets situés à l'intérieur de la cabine sont soumis à la gravité, et tombent avec la même accélération $\vec{g}$ que la cabine. L'observateur qui se trouve dans le référentiel $(\mathcal{R}')$ lié à la cabine doit, conformément à (2.15), prendre en compte la force d'inertie $-m\vec{A}$ qui s'exerce sur tout corps de masse $m$ situé dans la cabine. Mais dans le cas particulier d'une cabine en chute libre, $-m\vec{A} = -m\vec{g}$, c'est-à-dire que la force d'inertie est exactement opposée au poids[30] : le mouvement de chute libre annule le champ de gravitation dans la cabine. Dans cet état d'apesanteur, si l'observateur de $(\mathcal{R}')$ lâche sans vitesse initiale un objet qu'il tenait à la main, cet objet demeurera immobile ; s'il le lâche avec une vitesse initiale, cet objet sera animé d'un mouvement rectiligne uniforme. **L'ascenseur en chute libre est un référentiel d'inertie dont il faut souligner le caractère local**. Ce référentiel est en effet limité dans l'espace : un objet en mouvement uniforme finira par heurter les parois de la cabine ; il est aussi limité dans le temps car sa durée est celle de la

[30] À cause, rappelons-le, de l'identité entre masse pesante et masse inerte.

chute libre de la cabine. **Or, en physique classique, un référentiel inertiel n'est limité ni dans l'espace ni dans le temps**.

Cette exemple souligne le rôle particulier joué par la force de gravitation. Durant la phase de chute libre, l'observateur intérieur n'a aucun moyen de savoir si la cabine est immobile et le champ de gravitation a disparu comme par enchantement, ou bien si la cabine est en chute libre. En revanche il pourrait parfaitement vérifier la présence d'un champ électromagnétique.

## 2.10. Les référentiels non inertiels en rotation

### 2.10.1. Une intuition de forces peu familières

Un observateur, lié à un référentiel non inertiel animé d'un mouvement de rotation par rapport à un référentiel galiléen, doit lui aussi prendre en compte une force d'inertie pour décrire le mouvement d'un mobile. Celle-ci est beaucoup plus complexe que dans le cas d'un référentiel non inertiel en translation : comme nous allons le voir, elle comprend trois termes. L'une de ses composantes vous est familière : c'est la force centrifuge, celle qui vous pousse vers l'extérieur lorsque votre voiture prend un virage. Pour un observateur terrestre, c'est encore une manifestation du principe d'inertie. Lorsque le véhicule change de direction, ce principe nous dit (en considérant les forces de frottement entre le siège et le passager comme négligeables) que le passager poursuit son mouvement rectiligne : dans le référentiel de la voiture, il ressent donc une poussée qui le déporte vers l'extérieur du virage. C'est cette même force centrifuge qui dans un virage, nous le verrons, vous fait incliner votre deux-roues par rapport à la verticale.

Les deux autres composantes de la force inertielle à prendre en compte dans les référentiels en rotation nous sont beaucoup moins familières, voire totalement étrangères. Aussi, avant d'établir leurs expressions formelles, est-il utile d'en acquérir une intuition.

À cette fin considérons une station spatiale qui a la forme d'un tore de centre O, de rayon intérieur $R$ et de rayon extérieur $R + h$. La figure 2.13a en donne une représentation schématique qui ne respecte pas les échelles. Supposons que cette station se trouve en orbite stable au voisinage d'une planète. Dans cette station, tout corps est en apesanteur : vous avez souvent vu des images d'astronautes flottant en apesanteur dans une station spatiale. Or l'apesanteur est un des problèmes majeurs posés par la conquête spatiale. Outre qu'elle oblige à repenser les gestes les plus simples, elle est à l'origine d'effets physiologiques importants lors des longs séjours spatiaux. Comment recréer dans l'espace une gravité analogue à celle régnant sur la Terre ? En faisant tourner la station sur elle-même, comme vous l'avez peut-être vu dans les films de science-fiction. Animons donc cette station spatiale d'un mouvement de rotation uniforme à la vitesse angulaire $\dot{\theta}$ autour de l'axe passant par O et perpendiculaire à son plan. Voyons quel est l'effet de ce mouvement de rotation pour un passager de la station. À un instant que nous définirons comme initial, dans **le référentiel ($\mathcal{R}'$) de la station**, le passager est immobile, debout sur le sol en $B$, et une balle placée en $A$, à une hauteur h au-dessus de lui, est abandonnée sans vitesse initiale (figure 2.13a).

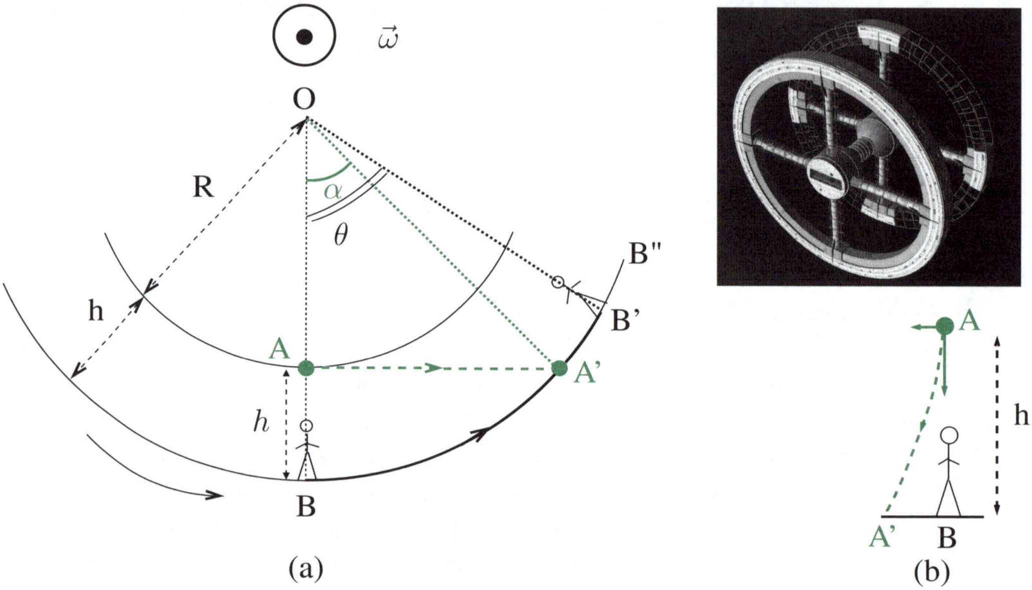


FIGURE 2.13. Station spatiale en rotation. (a) Le schéma ne respecte pas les échelles. Point de vue d'un observateur immobile dans le système solaire : la balle est animée d'un mouvement rectiligne uniforme et le passager tourne avec la station. (b) Point de vue du passager de la station : la balle tombe et touche le sol derrière lui.

Quel est le point de vue d'un observateur immobile dans le système solaire, **lié à un référentiel galiléen ($\mathcal{R}$)** ? Il voit la station tourner autour de son axe avec la vitesse angulaire $\dot{\theta}$. La balle possède donc pour lui une vitesse initiale horizontale de module $R\dot{\theta}$. Considérons pour simplifier que l'influence de la planète est faible. Pour l'observateur de ($\mathcal{R}$), le mouvement de la balle est rectiligne uniforme jusqu'à ce qu'elle touche le sol en $A'$ : la trajectoire $AA'$ est représentée en tirets verts sur la figure 2.13a. En appelant $\tau$ la durée de ce mouvement, $AA' = R\dot{\theta}\tau$. Le point $A'$ est repéré par l'angle $\alpha$ défini par $sin\alpha = R\dot{\theta}\tau/(R+h)$ soit $\alpha \simeq \dot{\theta}\tau(1 - h/R)$. L'angle $\alpha$ est donc inférieur à l'angle $\theta = \dot{\theta}\tau$ dont, toujours du point de vue de l'observateur de $(\mathcal{R})$, le passager solidaire de la station a tourné pendant la durée $\tau$ du trajet $AA'$ (figure 2.13a). Le point $A'$ où la balle touche le sol est donc situé derrière la position $B'$ du passager au temps $\tau$.

Quel est le point de vue du **passager dans le référentiel tournant $(\mathcal{R}')$** ? Immobile dans la station spatiale, il voit la balle tomber suivant la trajectoire représentée en tirets verts sur la figure 2.13b. L'effet de la rotation de son référentiel est à l'origine de trois forces :

- la balle **tombe**, par conséquent il existe une accélération verticale : le mouvement de rotation de la station a donc **créé**[(31)] **une gravité**, que ressent le passager solidaire du plancher de la station. C'est la manifestation de la force centrifuge que nous avons déjà évoquée ;

- la balle est déviée vers l'arrière : le mouvement de rotation de la station engendre donc une **deuxième force sur la balle en mouvement**. Horizontale cette fois, elle se traduit par une accélération horizontale ici dirigée vers la gauche ;

- enfin, nous avons considéré que le mouvement de rotation de la station spatiale était uniforme. S'il avait été par exemple accéléré, le passager aurait tourné d'un angle plus grand que $\dot{\theta}\tau$, et se serait trouvé en B″ à l'instant $\tau$ de l'arrivée de la balle en $A'$ (figure 2.13a). La déviation vers la gauche aurait donc été plus importante : **une troisième force**, ici horizontale, dépend donc de **l'accélération angulaire** du référentiel en rotation.

### 2.10.2. Expressions formelles des forces d'inertie

Voyons le problème plus formellement. Un référentiel $(\mathcal{R}')$ est animé d'un mouvement de rotation, défini par le vecteur vitesse angulaire $\vec{\omega}$, dans le référentiel galiléen $(\mathcal{R})$. Nous avons établi dans le paragraphe 1.6.2 que les accélérations respectives d'un mobile dans chacun de ces référentiels étaient définies par :

$$\vec{a'} = \vec{a} - 2\vec{\omega} \wedge \vec{v'} - \vec{\omega} \wedge (\vec{\omega} \wedge \vec{r}) - \dot{\vec{\omega}} \wedge \vec{r} \tag{2.16}$$

L'observateur de $(\mathcal{R}')$ écrira donc :

$$m\vec{a'} = m\vec{a} \underbrace{-2m\vec{\omega} \wedge \vec{v'}} \underbrace{-m\vec{\omega} \wedge (\vec{\omega} \wedge \vec{r}) - m\dot{\vec{\omega}} \wedge \vec{r}} \tag{2.17}$$

soit :

$$\boxed{m\vec{a'} = \vec{F} + \vec{f_{ic}} + \vec{f_{ie}}} \tag{2.18}$$

(31) Souvenez-vous que dans la station un objet n'est soumis à aucune force gravitationnelle.

À la résultante $\vec{F}$ des forces d'interaction il devra ajouter une force d'inertie qui comprend trois termes. Le premier, lié à la vitesse de déplacement du mobile dans $(\mathcal{R}')$, définit la force de Coriolis $\vec{f}_{ic}$ qui ne nous est pas familière : c'est elle qui dans la station spatiale dévie la balle vers l'arrière. Les deux termes suivants définissent la force d'entraînement $\vec{f}_{ie}$ : le terme s'exprimant comme un double produit vectoriel est le terme centrifuge (familier celui-là), celui qui créé la gravité dans la station et fait tomber la balle ; le second qui dépend de l'accélération angulaire $\dot{\vec{\omega}}$ peut, nous l'avons vu, influencer la déviation horizontale de la balle. Nous allons illustrer ces différentes composantes sur des exemples simples.

### 2.10.3. Exemple

**Mouvement circulaire uniforme.**
Un cycliste prend un virage assimilé à un arc de cercle de rayon $R$, avec un vecteur vitesse de module $v$ constant. Dans le référentiel galiléen terrestre $(\mathcal{R})$, trois forces d'interaction s'exercent sur lui : le poids total $m\vec{g}$ qui s'applique en son centre de gravité $G$, la réaction normale $\vec{N}$ et la force de frottement[32] $\vec{f}$, qui elles s'exercent aux points de contact des pneus avec la route. Décrivant un mouvement circulaire uniforme, ce cycliste possède une accélération normale ou centripète $\vec{a}_N$ (figure 2.14a). Le principe fondamental de la dynamique s'écrit donc dans $(\mathcal{R})$ :

$$m\vec{a}_N = m\vec{g} + \vec{N} + \vec{f} \tag{2.19}$$

soit en projetant sur les directions horizontales et verticales :

$$\frac{mv^2}{R} = \|\vec{f}\| \quad et \quad mg = \|\vec{N}\| \tag{2.20}$$

Plaçons-nous maintenant du point de vue du cycliste, c'est-à-dire dans le référentiel tournant $(\mathcal{R}')$ où il est immobile ($\vec{a'} = \vec{0}$). A ce référentiel est associé un vecteur vitesse angulaire $\vec{\omega}$ (figure 2.14b) défini par $\|\vec{\omega}\| = \dot{\theta} = v/R$. Comme dans cet exemple $\vec{v'} = \vec{0}$ et $\dot{\vec{\omega}} = \vec{0}$, la force d'inertie qui doit être prise en compte dans $(\mathcal{R}')$ se réduit ici au seul terme centrifuge de la force d'entraînement $\vec{f}_{ie}$ représentée sur la figure 2.14b. Dans $(\mathcal{R}')$ le cycliste **immobile** écrit :

$$\vec{0} = m\vec{g} + \vec{N} + \vec{f} + \vec{f}_{ie} \tag{2.21}$$

Là encore, les deux points de vue sont complètement différents, mais les relations (2.19) et (2.21) sont parfaitement identiques. En effet, en appliquant les

[32] Il existe une autre force de frottement, perpendiculaire au plan de la figure, mais elle n'intervient pas ici.

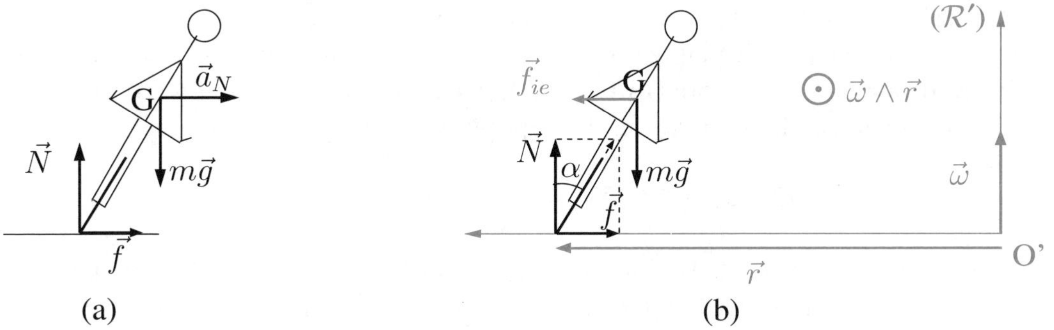


FIGURE 2.14. Cycliste qui prend un virage à vitesse constante. (a) Point de vue de l'observateur galiléen : le cycliste qui décrit une trajectoire circulaire de rayon $R$ possède une accélération centripète. (b) Point de vue du cycliste immobile dans le référentiel tournant $(\mathcal{R}')$ : la force d'inertie se réduit au terme centrifuge de la force d'entraînement.

règles du produit vectoriel (pensez que $\|\vec{r}\| = R$), on obtient $\|\vec{f}_{ie}\| = mR\dot{\theta}^2 = mv^2/R$. Par conséquent $\vec{f}_{ie} = -m\vec{a}_N$, (2.21) est donc identique à (2.19).

Pourquoi le cycliste doit-il incliner son vélo par rapport à la verticale ? C'est une question de stabilité que nous ne pourrons traiter complètement qu'au chapitre 8. Disons simplement pour l'instant que, si l'on ignore le mouvement de rotation des roues, cette condition de stabilité est satisfaite, lorsque la direction de la force de réaction totale exercée par le sol $(\vec{N} + \vec{f})$ passe par le centre de gravité $G$ (figure 2.14b). Le cycliste doit donc incliner sa machine d'un angle $\alpha$ par rapport à la verticale, défini par : $\tan\alpha = \|\vec{f}\|/\|\vec{N}\| = R\dot{\theta}^2/g$.

## 2.11. Complément : effets de la rotation terrestre

### 2.11.1. Champ de pesanteur terrestre

Nous considérons la Terre comme une sphère homogène de centre $O$ et de rayon $R_T$. Un observateur immobile dans le système solaire la voit faire un tour sur elle-même en 24 h, ce qui correspond à un vecteur vitesse angulaire $\vec{\omega}$ de module 7,27.10$^{-5}$ rd.s$^{-1}$. Pour cet observateur, le champ de gravitation terrestre se traduit, pour tout corps placé à la surface de la Terre, par une accélération[33] $\vec{a} = \vec{g}_0$ dirigée vers $O$. C'est ce qu'illustre la figure 2.15a en un point $M$ repéré par

[33] La Terre n'étant ni parfaitement sphérique ni parfaitement homogène, le module du vecteur $\vec{g}_0$ varie de 9,81 m/s$^{-2}$ à l'équateur à 9,83 m/s$^{-2}$ au pôle.

sa latitude $\lambda$. Mais les observateurs que nous sommes, liés au référentiel tournant terrestre, doivent prendre en compte la force d'inertie qui, pour un corps **immobile et puisque $\vec{\omega}$ est constant**, se réduit au seul terme centrifuge de la force d'entraînement $\vec{f_{ie}}$. L'accélération de la pesanteur sera donc pour nous :

$$\vec{a'} = \vec{a} - \vec{\omega} \wedge (\vec{\omega} \wedge \vec{r}) \quad \text{soit} \quad \vec{g} = \vec{g}_0 - \vec{\omega} \wedge (\vec{\omega} \wedge \overrightarrow{OM}) \tag{2.22}$$

où l'on a remplacé $\vec{r}$ par $\overrightarrow{OM}$. La direction d'un fil à plomb ne passe donc pas par le point $O$. Elle en est en fait très peu écartée car la figure 2.15 ne respecte pas les échelles.

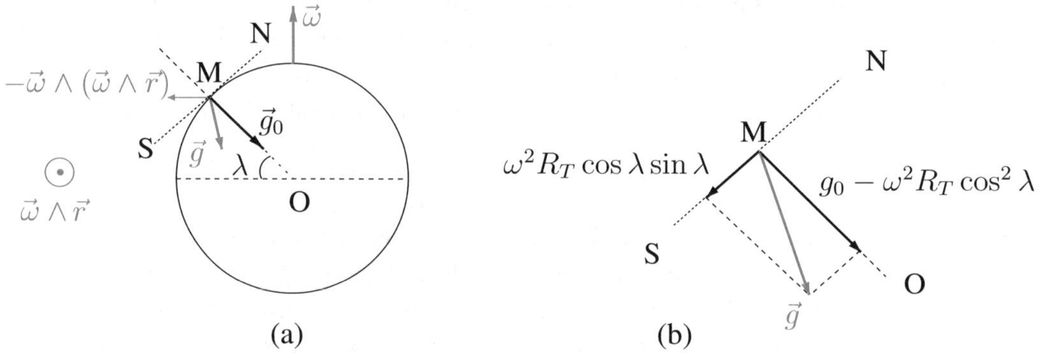


FIGURE 2.15. Effet de la rotation terrestre sur le champ de pesanteur. La figure ne respecte pas les échelles. Un point $M$ à la surface de la Terre est repéré par sa latitude $\lambda$. La direction nord-sud est dessinée en trait pointillé noir. L'accélération de la pesanteur $\vec{g}$ (en vert) que nous mesurons est affectée par l'accélération centrifuge.

Faisons un calcul d'ordre de grandeur des effets de la rotation terrestre. Les règles du produit vectoriel permettent d'obtenir simplement $\|\vec{\omega} \wedge (\vec{\omega} \wedge \overrightarrow{OM}\| = \omega^2 R_T \cos\lambda$ et l'accélération de la pesanteur $\vec{g}$ que nous mesurons est définie sur la figure 2.15b. Son module est donné par :

$$g = \sqrt{(g_0 - \omega^2 R_T \cos^2\lambda)^2 + (\omega^2 R_T \cos\lambda \sin\lambda)^2} \tag{2.23}$$

Le terme $\omega^2 R_T$ valant 0,034 ms$^{-2}$, on peut légitimement négliger le terme en $\omega^4 R_T^2$. De ce fait on obtient : $g \simeq g_0 - \omega^2 R_T \cos^2\lambda$. L'écart entre les valeurs de l'accélération de la pesanteur mesurées respectivement au pôle Nord ($\lambda = 90°$) et à l'équateur ($\lambda = 0$) est donc théoriquement[34] égal à 0,034 ms$^{-2}$. Comparé à 9,81 ms$^{-2}$, cet écart représente une variation relative de 0,34 %.

[34] L'écart mesuré est de 0,052 ms$^{-2}$ car la Terre n'est pas parfaitement sphérique.

Notre référentiel terrestre est un référentiel tournant, mais tant que la précision relative des mesures expérimentales que nous y réalisons est de l'ordre de $10^{-2}$, nous pouvons continuer à le considérer comme un référentiel galiléen. La composante de $\vec{g}$ suivant la direction nord-sud (en noir sur la figure 2.15) laisse prévoir une déviation $d_S$ vers le sud pour un corps en chute libre. Pour une hauteur de chute $h$, l'application numérique montre que $d_S/h$ est inférieur à $10^{-4}$, ce qui nous conduira dans la suite à négliger cette déviation vers le sud.

### 2.11.2. Force de Coriolis : déviation vers l'est

Jusqu'ici nous n'avons considéré que des corps immobiles dans le référentiel tournant. La composante $-2m\vec{\omega}\wedge\vec{v'}$ de la force d'inertie, appelée force de Coriolis, était donc nulle. Nous allons ici examiner son influence sur le mouvement dans le référentiel terrestre, et pour commencer la **déviation vers l'est des trajectoires de chute libre**.

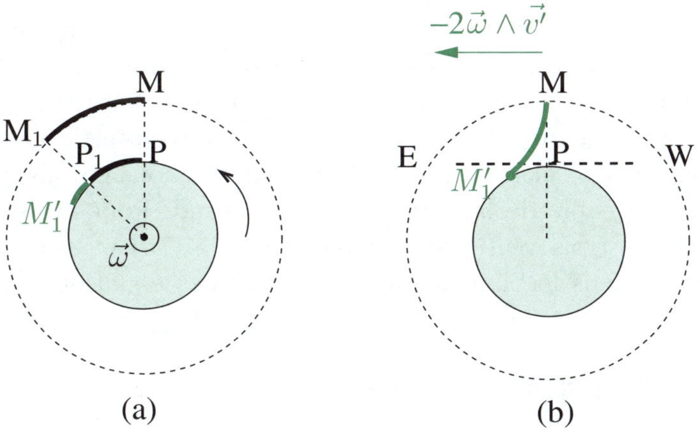


Figure 2.16. Déviation vers l'est d'un corps en chute libre. La figure ne respecte pas l'échelle. (a) Un observateur immobile placé au-dessus du pôle Nord voit la Terre en rotation autour de son axe des pôles. (b). L'observateur terrestre P, situé à l'équateur, voit le corps toucher le sol en $M'_1$.

Commençons par une approche qualitative du phénomène. Imaginons un observateur terrestre $P$ à l'équateur, et un objet $M$ immobile à une hauteur $h$ au-dessus de lui. En **l'absence du mouvement de rotation de la Terre** sur elle-même, ce corps, abandonné à lui-même, chuterait suivant la droite $MP$. Si $h$ est petit devant le rayon de la Terre (attention, la figure 2.16 ne respecte pas l'échelle !) la durée de cette chute est $\tau = (2h/g)^{\frac{1}{2}}$. Mais un observateur fixe dans le système solaire, placé au-dessus du pôle Nord (représentation de la figure 2.16a), voit la Terre tourner autour de son axe des pôles avec la vitesse angulaire $\dot{\theta} = \|\vec{\omega}\|$. Pour lui, au bout du temps $\tau$, le point $P$ s'est déplacé en $P_1$. Par ailleurs, toujours de son point de vue, l'objet initialement immobile au-dessus de $P$, est aussi animé de ce mouvement de rotation avec la même vitesse angulaire. **En l'absence d'attraction gravitationnelle**, durant le même intervalle de temps $\tau$, $M$ se serait déplacé en $M_1$. Les arcs de cercle $MM_1$ et $PP_1$, bien que correspondant au même angle $\dot{\theta}\tau$, ne sont pas égaux : leur différence $P_1M_1'$ (en vert figure 2.16a) est égale à $h\dot{\theta}\tau$. Le mouvement réel de l'objet est **la composition des deux mouvements**, chute libre et rotation. L'observateur terrestre $P$, immobile dans le référentiel tournant, voit donc l'objet toucher le sol en $M_1'$, c'est-à-dire que la chute libre s'accompagne pour lui d'une déviation vers l'est, comme le prévoit l'accélération de Coriolis (figure 2.16b). Cette déviation $h\dot{\theta}\tau = h^{\frac{3}{2}}\dot{\theta}(\frac{2}{g})^{\frac{1}{2}}$ est faible : de l'ordre de 3 cm pour une hauteur de chute de 100 m ! Nous pouvons continuer à considérer le référentiel terrestre comme galiléen.

Étudions maintenant formellement ce mouvement de chute libre. Un point O′ de la surface de la Terre est repéré par sa latitude $\lambda$. Un corps est abandonné sans vitesse initiale en un point $M$ de la verticale passant par O′ (figure 2.17a). L'observateur terrestre doit prendre en compte la force centrifuge et la force de Coriolis. Nous avons vu au paragraphe 2.10.1 que la force centrifuge modifie sensiblement la valeur de l'accélération de la pesanteur que nous notons $g$, et provoque une déviation négligeable de la trajectoire vers le sud. Pour évaluer la force de Coriolis, définissons trois vecteurs de base (figure 2.17b) et remarquons que le vecteur $\vec{\omega}$ se situe dans le plan défini par $\hat{y}$ et $\hat{z}$. Les équations du mouvement s'écrivent :

$$\ddot{x} = -2\dot{\theta}\dot{z}\cos\lambda + 2\dot{\theta}\dot{y}\sin\lambda \quad \ddot{y} = -2\dot{\theta}\dot{x}\sin\lambda \quad \ddot{z} = -g + 2\dot{\theta}\dot{x}\cos\lambda \tag{2.24}$$

En négligeant les termes en $\dot{x}$ et $\dot{y}$, on intègre facilement par rapport au temps les équations précédentes :

$$z = -\frac{1}{2}gt^2 + h \quad \text{et} \quad x = \frac{1}{3}\dot{\theta}gt^3\cos\lambda \tag{2.25}$$

où $h$ représente l'altitude initiale. En éliminant le temps, on trouve l'équation de la trajectoire (représentée en tirets verts figure 2.17b) $z = h - \frac{1}{2}x^{\frac{2}{3}}g^{\frac{1}{3}}(\frac{3}{\dot{\theta}\cos\lambda})^{\frac{2}{3}}$. On obtient ainsi la déviation vers l'est $X_E = \frac{1}{3}\dot{\theta}(\cos\lambda)(2h)^{\frac{3}{2}}g^{-\frac{1}{2}}$ [35].

[35] Le calcul exact confirme, au facteur 2/3 près, le résultat obtenu par la composition des mouvements.

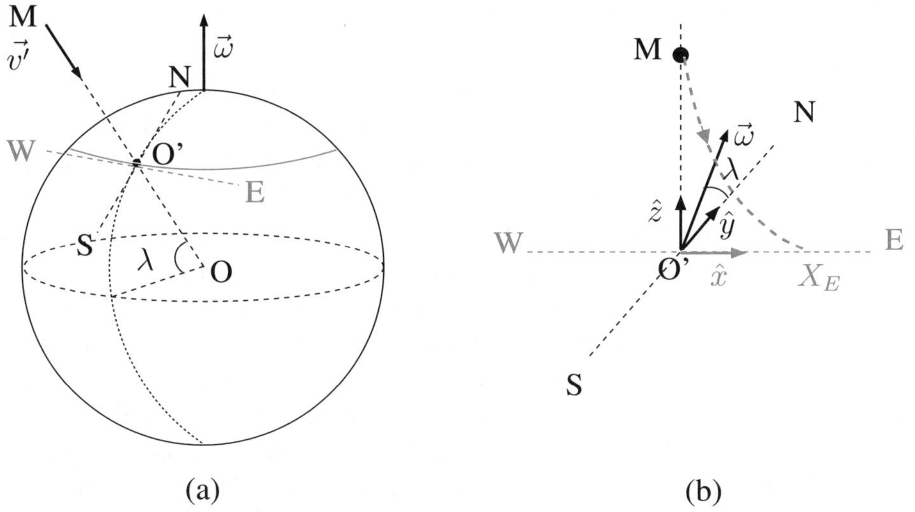


Figure 2.17. Déviation vers l'Est dans le référentiel tournant terrestre. (a) Un objet est abandonné sans vitesse initiale en un point de la verticale passant par le point O′, repéré par sa latitude $\lambda$. (b) Du fait de la force de Coriolis, la trajectoire de chute libre n'est pas exactement rectiligne. Représentée en tirets verts, elle montre une déviation vers l'Est (très exagérée sur la figure).

Maintenant que nous avons établi les expressions de chacune des composantes de la force d'inertie, revenons brièvement sur la station spatiale (paragraphe 2.10.1) pour calculer quelques ordres de grandeur. La gravité créée par la rotation se traduit par une accélération verticale de module égal à l'accélération centrifuge $R\dot{\theta}^2$. Une station de 500 m de rayon devrait donc tourner à la vitesse angulaire de un tour par minute pour créer une accélération verticale égale à 5 ms$^{-2}$. Avec une telle vitesse angulaire (de l'ordre de 0,1 rd/s) très supérieure à celle de la Terre (7$10^{-5}$ rd/s), l'accélération de Coriolis (horizontale), dont l'effet sur Terre est nous l'avons vu négligeable, serait parfaitement observable : pour une hauteur de chute $h$ égale à 3 mètres, la déviation $BA'$ serait égale à 20 cm (paragraphe 2.10.2). Vivre en apesanteur ou s'accommoder de la force de Coriolis, les futurs colonisateurs de l'espace devront choisir !

### 2.11.3. Pendule de Foucault

Une manifestation spectaculaire de la rotation de la Terre sur elle même est fournie par **le pendule de Foucault**.

Chacun a pu observer les oscillations d'un pendule dans un plan. À cause de l'amortissement, elles ne durent au plus que quelques dizaines de secondes, un intervalle de temps beaucoup trop court pour que les effets de la rotation terrestre soient visibles. En suspendant une masse de 28 kg à l'extrémité d'un fil de 67 m, Léon Foucault(36) put faire osciller son pendule pendant 6 heures, ce qui lui permit d'observer que le plan d'oscillation tournait, à raison de 11° par heure.

L'explication qualitative de ce phénomène est simple. Du fait de la grande longueur du fil, l'amplitude des oscillations est très faible (inférieure à 2°) : on peut négliger le déplacement vertical de la masse et ne considérer que son déplacement horizontal représenté, très schématiquement, sur la (figure 2.18). La masse est lâchée au point $A$ avec une vitesse $\vec{v}'$. Le vecteur $\vec{\omega}$ représente la composante verticale de la vitesse angulaire associée à la rotation terrestre. En $A$ l'accélération de Coriolis (trait en tirets) est dirigée vers l'est. Le point $A'$ n'est donc pas diamétralement opposé à $A$. Lorsque le pendule repart de $A'$, l'accélération de Coriolis (toujours représentée en tirets) est maintenant dirigée vers l'Ouest, et le pendule arrive en $B$. La construction poursuivie sur la figure 2.18 montre que le plan d'oscillation du pendule tourne dans le sens indiqué par la flèche(37). Cette expérience à elle seule prouve que la Terre est un référentiel tournant. La faible valeur de la vitesse angulaire mesurée (11° par heure) explique pourquoi cette rotation, imperceptible pour un mouvement dont la durée est de l'ordre de la minute, est longtemps passée inaperçue.

Voyons une approche plus formelle. L'amplitude des oscillations, nous l'avons vu est faible (inférieure à 2°), on peut par conséquent négliger le déplacement vertical de la masse $m$ devant son déplacement latéral. On est donc amené à étudier le mouvement de la projection $M$ de la masse $m$ dans le plan $xOy$ tangent à la surface de la Terre. Deux forces résultant d'interaction s'exercent sur $m$ : son poids $m\vec{g}$ et la force $\vec{T}$ de tension du fil. La projection de ces forces sur le plan horizontal se réduit à la force $\vec{F}$, de module $\|\vec{F}\| = \|\vec{T}\| \sin\alpha \simeq mg \tan\alpha$. On note $r$ la distance $OM$, et pour de très faibles valeurs de $\alpha$ (ce que ne représente pas la figure 2.19a), on peut légitimement écrire $\|\vec{F}\| \simeq mgr/l$, soit encore $\vec{F} \simeq -mg\vec{r}/l$.

Comme précédemment, l'observateur terrestre doit prendre en compte les forces d'inertie. Il traduit l'effet de la force centrifuge en utilisant l'accélération de la pesanteur corrigée $g$ (paragraphe 2.10.1). Pour évaluer la force de Coriolis, on remarque que le vecteur vitesse angulaire $\vec{\omega}$ associé à la rotation terrestre appartient, comme nous l'avons vu précédemment (figure 2.17), au plan $yOz$, et fait avec $Oy$ un angle $\lambda$ (latitude du lieu de l'expérience). L'axe $Oz$ représente tou-

(36) L'expérience fut réalisée sous la coupole du Panthéon en 1852.

(37) Dans l'hémisphère sud, ce sens de rotation s'inverse.

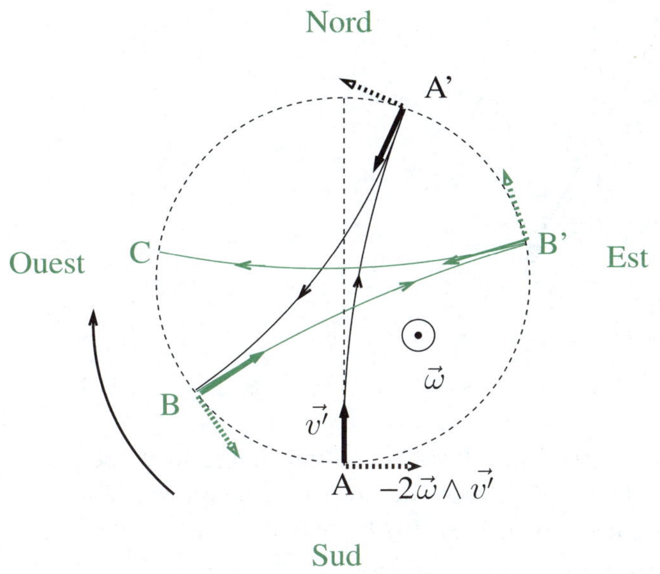


Figure 2.18. Pendule de Foucault. La figure représente très schématiquement la trace de la masse sur le sol. La masse est abandonnée sans vitesse initiale au point A. En chaque point le vecteur vitesse est représenté en trait plein, et l'accélération de Coriolis en tirets. Le plan d'oscillation tourne dans le sens indiqué par la flèche noire.

jours la direction de la verticale au point de la surface terrestre où l'on fait osciller le pendule. On définit donc le vecteur vitesse angulaire par $\vec{\omega}(0, \dot{\theta}\cos\lambda, \dot{\theta}\sin\lambda)$, en notant $\dot{\theta} = \|\vec{\omega}\|$. En ayant présent à l'esprit que $\dot{z} = 0$, on trouve sans difficulté l'expression de la force de Coriolis. Prenant en compte les forces d'inertie, l'observateur terrestre décrit les oscillations de $m$ par :

$$\ddot{x} = -\omega_0^2 x + 2\dot{\theta}\dot{y}\sin\lambda \quad et \quad \ddot{y} = -\omega_0^2 y - 2\dot{\theta}\dot{x}\sin\lambda \tag{2.26}$$

avec $\omega_0^2 = g/l$. Pour résoudre ce système d'équations différentielles couplées, on définit la variable complexe $u = x + iy$ qui satisfait l'équation :

$$\ddot{u} + 2i\dot{\theta}\dot{u}\sin\lambda + \omega_0^2 u = 0 \tag{2.27}$$

La recherche de solutions de la forme $u = u_0 e^{i\beta t}$ donne :

$$\beta = -\dot{\theta}\sin\lambda \pm \sqrt{(\dot{\theta}\sin\lambda)^2 + \omega_0^2} = -\Omega \pm \omega_1 \tag{2.28}$$

soit :

$$u = e^{-i\Omega t}(Ae^{i\omega_1 t} + Be^{-i\omega_1 t}) \tag{2.29}$$

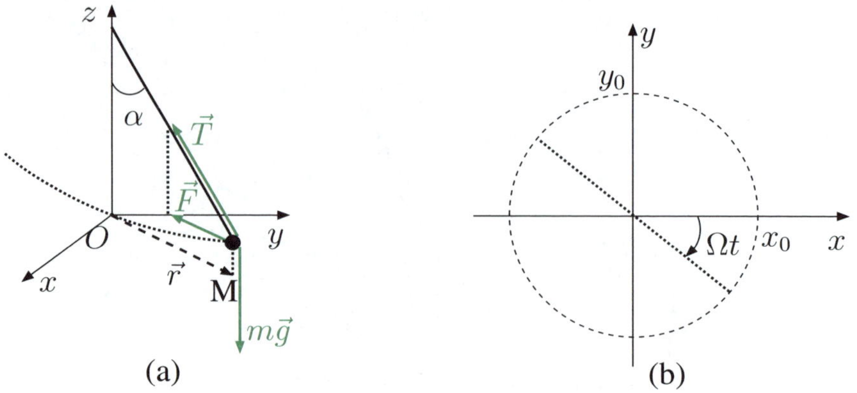


FIGURE 2.19. Pendule de Foucault. (a) La grande longueur du pendule fait que le déplacement vertical de m est négligeable devant son déplacement latéral. On étudie donc le mouvement de M dans le plan $xOy$. (b) Le plan d'oscillation du pendule tourne avec la vitesse angulaire $\Omega$.

Supposons que le pendule soit abandonné sans vitesse initiale au point de coordonnées $(x_0, 0)$. En remarquant que $\Omega$ (de l'ordre de $10^{-4}s^{-1}$) est tout à fait négligeable devant $\omega_1$ (de l'ordre de $0{,}4\,\text{s}^{-1}$), on obtient :

$$A = B = x_0/2 \; ; \quad x = x_0 \cos \omega_1 t \cos \Omega t \quad \text{et} \quad y = -x_0 \cos \omega_1 t \sin \Omega t \qquad (2.30)$$

Les expressions de $x$ et $y$ définissent un mouvement rectiligne oscillant d'amplitude $x_0$ et de pulsation $\omega_1$, dont la direction tourne dans le plan avec la vitesse angulaire $\Omega$ (figure 2.19b) : c'est la vitesse angulaire avec laquelle tourne le plan d'oscillation du pendule. La latitude de Paris étant de 48°51', $\Omega = 11,3°/\text{heure}$, valeur mesurée par Foucault.

## 2.12. Exercices

***Exercice 2.1.*** Un bloc de masse $M$, placé sur un plan horizontal, est attaché à un fil inextensible passant sur une poulie de masse négligeable. À l'autre extrémité de ce fil est attachée une masse $M'$ (figure 2.20a). On note respectivement $\mu_s$ et $\mu_d$ les coefficients de frottement statique et dynamique entre le plan horizontal et le bloc de masse $m$.

a) Pour quelles valeurs du rapport $M'/M$ l'ensemble est-il immobile ?

b) Lorsque le rapport $M/M'$ ne satisfait pas la condition a), déterminer le module de l'accélération de l'ensemble ainsi que la tension du fil.

***Exercice 2.2.*** Deux masses $M$ et $M'$ sont suspendues verticalement par un fil inextensible passant sur une poulie de masse négligeable. La poulie est attachée par son centre à une tige rigide (figure 2.20b).
a) La poulie est bloquée. Quelles sont les tensions respectives des deux brins de fil ? Quel est le module de la force exercée $\vec{F_0}$ par la tige ?
b) La poulie peut tourner librement et $M'$ est supérieure à $M$. Quelle est l'accélération de l'ensemble ? Quelles sont les tensions respectives des deux brins de fil ? Quel est le module de la force $\vec{F}$ exercée par la tige ?

***Exercice 2.3.*** Un skieur s'élance sur une piste de ski assimilable à un plan incliné d'un angle de 30° par rapport à l'horizontale.
a) Il parcourt les 200 m de cette piste en 10 s. Quelle est la valeur du coefficient de frottement dynamique $\mu_d$ entre la neige et les skis ($g = 10$ ms$^{-2}$) ? Quelle est la vitesse $v_f$ du skieur au bas de la pente ?
b) Au bas de la pente, la piste est horizontale. Le skieur se laisse glisser. Quelle est la durée $\tau$ de son mouvement ? Quelle distance $L$ aura-t-il parcouru ?

***Exercice 2.4.*** Une bille de masse $m$ est attachée à l'extrémité d'un fil de longueur $l$, dont la position est repérée par l'angle $\theta$ qu'il fait avec la verticale. On note $v(\theta)$ le module de la vitesse de la bille correspondant à une position $\theta$.
a) Quelle est le module de la force de tension $\vec{T}(\theta)$.
b) Que se passe-t-il lorsque $\theta$ est supérieur à $\pi/2$ ? Préciser pour quelles valeurs $v(\theta)$ de la vitesse le fil reste tendu. Examiner le cas particulier du passage par la verticale ($\theta = \pi$).

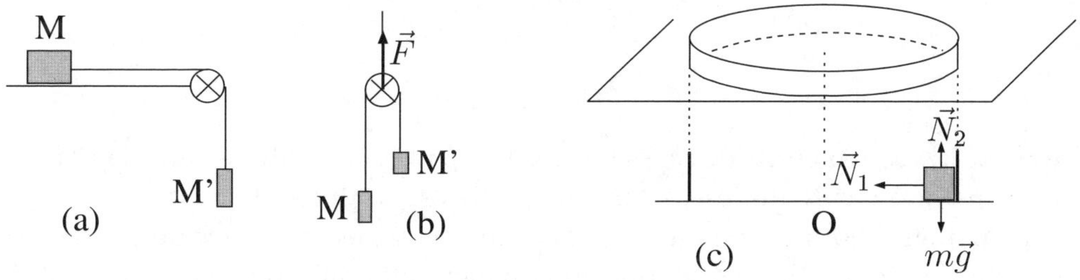


FIGURE 2.20.

***Exercice 2.5.*** Un anneau de rayon $R$ est placé sur un plan horizontal (figure 2.20c). Un palet de masse $m$ est lancé avec un vecteur vitesse de module $v_0$, dont la direction est tangentielle à la paroi intérieure de cet anneau (vue en coupe, figure 2.20 c). On note respectivement $\vec{N_1}$ et $\vec{N_2}$ les forces de réaction normale exercées sur ce palet par la paroi intérieure de l'anneau et par le plan horizontal.

a) Trouver les expressions de $\|\vec{N}_1\|$ et de $\|\vec{N}_2\|$ en fonction de $m, g$ et $\|\vec{v}\|$ module de la vitesse de l'anneau.
b) On ne considère que le frottement solide entre la palet et le plan, et l'on note $\mu_d$ le coefficient de frottement dynamique correspondant. Trouver la dépendance de $v$ en fonction du temps. À quel instant $\tau$ la vitesse du palet est-elle égale à $v_0/10$ ?
c) On ne considère maintenant que le frottement solide entre le palet et la paroi intérieure de l'anneau, et l'on note toujours $\mu_d$ le coefficient de frottement dynamique. Trouver la dépendance de $v$ en fonction du temps. À quel instant $\tau'$ la vitesse du palet est-elle égale à $v_0/10$ ?

***Exercice 2.6.*** Un bloc de masse $M_1$ est placé sur un plan horizontal sur lequel il peut glisser sans aucun frottement. Un bloc de masse $M_2$ est placé sur ce bloc de masse $M_1$ (figure 2.21a), et l'on note $\mu_s$ le coefficient de frottement statique entre les deux blocs.
a) Une force $\vec{F}$ horizontale est appliquée sur le bloc de masse $M_1$. Pour quelles valeurs de son module $F$ les deux blocs restent-ils solidaires ?
b) La force $\vec{F}$ horizontale est maintenant appliquée sur le bloc de masse $M_2$. Pour quelles valeurs de son module $F$ les deux blocs restent-ils solidaires ?

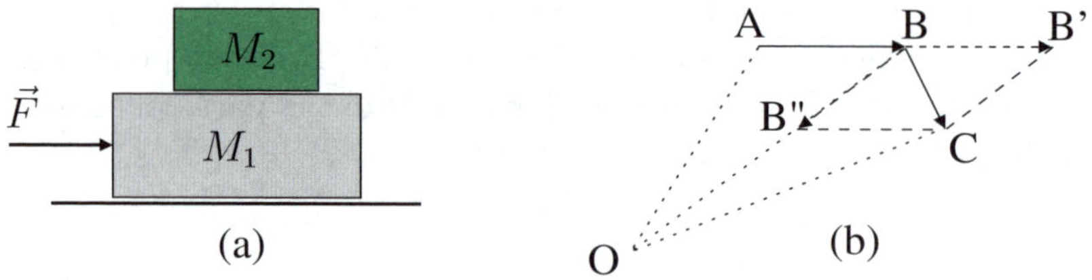


FIGURE 2.21.

***Exercice 2.7.*** a) Un corps de masse $m$ est lancé avec une vitesse initiale horizontale à une hauteur $h$ au-dessus du sol. Quelle est sa durée de chute $\tau$ ?
b) Au paragraphe 2.6 nous avons construit sa trajectoire parabolique par la méthode de Hooke-Newton : lors du premier intervalle de temps le déplacement vertical est nul, lors du second il est égal à $g(\Delta t)^2$, lors du troisième il vaut $2g(\Delta t)^2$, etc. Si l'on discrétise ce mouvement de chute libre avec $n$ pas de temps ($\Delta t = \tau/n$), quel est le déplacement vertical $H$ du corps à l'issue de ces pas de temps ?
c) Combien faut-il de pas de temps pour que $(h - H)/h \leq 5\ \%$ ?

***Exercice 2.8.*** La figure 2.21b représente les deux premiers pas de temps de la trajectoire d'un corps soumis à une force centrale (toujours dirigée vers $O$). Lors du premier pas de temps, le corps parcours $\overrightarrow{AB}$. Lors du deuxième pas de temps, il faut composer deux mouvements : son inertie conduirait le corps en $B'$

tel que $\overrightarrow{BB'} = \overrightarrow{AB}$, mais le réveil de la force produit le déplacement $\overrightarrow{BB''}$. Le corps se trouve donc en $C$.
a) Montrer que les surfaces des triangles $OAB$ et $OBC$ sont identiques, ce qui signifie que le vecteur position balaie une même surface durant chaque intervalle de temps : loi des aires énoncée par Kepler.
b) Dans le cas d'un pendule faiblement écarté de la verticale, on étudie la trajectoire de l'ombre de la masse $m$ sur le sol. Montrer que la masse $m$ est soumise à une force horizontale dont l'intensité est proportionnelle à la distance $r$ qui la sépare de la verticale.
Pour obtenir la trajectoire de l'ombre de la masse $m$ sur le sol, il faut poursuivre la construction de la figure 2.21b. Montrer que pour obtenir le point $C''$ il suffit de tracer $B''C''$ parallèle à $BC$. Continuer ensuite la construction. Quelle différence observez-vous par rapport à la trajectoire effectuée sous l'action d'une force centrale d'intensité constante (figure 2.8) ?

***Exercice 2.9.*** Un bloc de masse $m$ est placé sur un plan incliné d'un angle $\alpha$ par rapport à l'horizontale. On note $\mu_s$ le coefficient de frottement statique entre le bloc et le plan incliné.
a) Le plan incliné est immobile. Pour quelles valeurs de l'angle $\alpha$ le bloc est-il en équilibre ?
b) On se place dans le cas où $\mu_s < \tan\alpha < 1/\mu_s$. Le plan incliné est animé d'un mouvement rectiligne uniformément accéléré (figure 2.22a) et l'on note $\vec{A}$ son accélération. Pour quelles valeurs de $\|\vec{A}\|$ le bloc est-il en équilibre ? On distinguera deux cas : $\|\vec{A}\| \leq g\tan\alpha$ et $\|\vec{A}\| \geq g\tan\alpha$.

***Exercice 2.10.*** Dans le référentiel galiléen du laboratoire, un disque de rayon $R$ est animé d'un mouvement de rotation uniforme défini par le vecteur vitesse angulaire $\vec{\omega}$, et une bille de masse $m$ est immobile, suspendue à l'extrémité d'un fil vertical (figure 2.22b). Un observateur, lié au référentiel tournant du disque, voit le disque immobile, et la bille animée d'un mouvement circulaire uniforme, dans le sens opposé au sens de rotation du disque (figure 2.22c). Définir les forces d'inertie à prendre en compte dans le référentiel tournant. Vérifier que dans ce référentiel le mouvement circulaire de la bille respecte bien le principe fondamental de la dynamique.

***Exercice 2.11.*** Un tube à essai contient des particules sphériques de rayon $r = 1$ $\mu$m et de masse volumique $\rho = 1300$ kg/m$^3$, en suspension dans un liquide de masse volumique $\rho_0 = 1000$ kg/m$^3$ et dont le coefficient de viscosité $\eta = 10^{-3}$ en unité MKS. Lorsqu'une particule se déplace dans ce liquide avec une vitesse de module $v$, elle est soumise à une force de frottement de type visqueux dont le module $f = 6\pi\eta vr$.

a) Lorsque le tube est placé en position verticale, les particules tombent sous l'action de la pesanteur. Montrer qu'elles atteignent une vitesse limite dont vous calculerez la valeur. Estimer le temps de sédimentation pour une hauteur du liquide dans le tube égale à 3 cm, en supposant que la vitesse limite est atteinte instantanément.
b) Pour réduire le temps de sédimentation, on place le tube dans une ultracentrifugeuse. Le tube, alors horizontal, est fixé à l'extrémité d'un bras de longueur $L = 30$ cm, solidaire d'un axe vertical qui tourne à la vitesse angulaire $\dot{\theta} = 5000$ tours/minute. En vous plaçant dans le référentiel tournant lié au bras de l'ultracentrifugeuse, calculer l'accélération centrifuge subie par les particules. En déduire leur vitesse limite et estimer le nouveau temps de sédimentation.
c) Quel est l'effet de la force de Coriolis ?

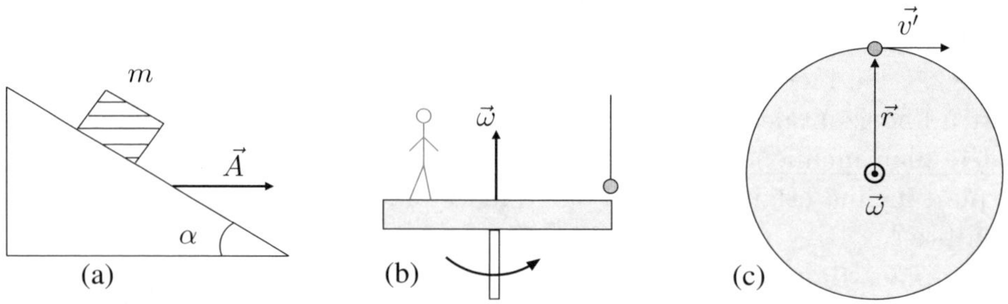


FIGURE 2.22.

***Exercice 2.12.*** Un anneau de masse $m$ peut coulisser sans frottement sur une tige horizontale. Que se passe-t-il si la tige se met à tourner ? C'est la réponse qu'il faut trouver en se plaçant successivement dans le référentiel $(\mathcal{R}')$ lié à la tige en rotation, puis dans le référentiel inertiel terrestre $(\mathcal{R})$. Les figures 2.23a et 2.23b représentent le dispositif vu respectivement de profil et par-dessus. La tige, sur laquelle l'anneau est bloqué à la distance $r_0$ de $O$, est animée d'un mouvement de rotation uniforme défini par le vecteur $\vec{\omega}$. À l'intant initial, on libère l'anneau.
a) Définir et dessiner les forces d'inertie que l'observateur de $(\mathcal{R}')$ doit prendre en compte. Trouver l'expression du vecteur accélération $\vec{a'}$ de l'anneau. En déduire l'expression de $r(t)$.
b) L'observateur de $(\mathcal{R})$ ne prend en compte que les forces d'interaction, toutes orthogonales à la tige. L'explication du mouvement de l'anneau est pour lui moins évidente. Utiliser la discrétisation du mouvement, et dessiner les positions respectives de la tige et de l'anneau à l'état initial et au premier pas de temps $\Delta t$. Expliquer comment apparaît dans $(\mathcal{R})$ la composant radiale de la vitesse de l'anneau.

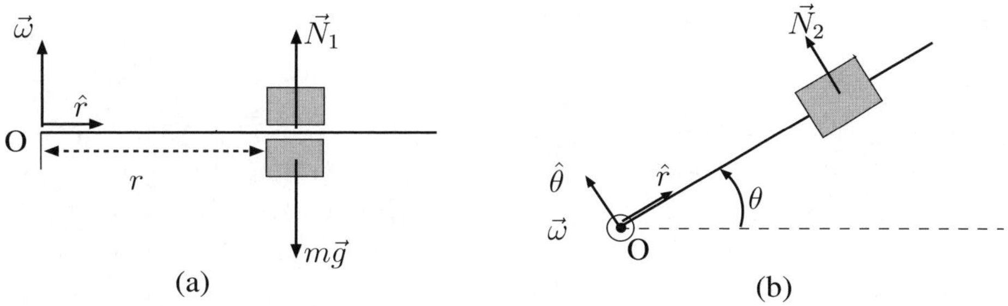


FIGURE 2.23. (a) Vue de profil : un anneau coulisse librement sur une tige horizontale en rotation. (b) Tige vue de dessus.

## 2.13. Réponses aux exercices

**Exercice 2.1.**

*a) La condition d'équilibre s'écrit (figure 2.24a) :* $\vec{f} + \vec{T} + \vec{N} + M\vec{g} = \vec{0}$ *et* $\vec{T'} + M'\vec{g} = \vec{0}$. *Après projection sur les directions horizontales et verticales on obtient :* $\|\vec{f}\| = \|\vec{T}\|$, $\|\vec{N}\| = M\|\vec{g}\|$ *et* $\|\vec{T'}\| = M'\|\vec{g}\|$. *À l'équilibre la poulie est immobile, par conséquent* $\|\vec{T}\| = \|\vec{T'}\|$. *La condition* $\|\vec{f}\| \leq \mu_s\|\vec{N}\|$ *se traduit par la relation* $M'g \leq \mu_s Mg$ *soit* $M'/M \leq \mu_s$.

*b) Lorsque l'équilibre est rompu, les blocs sont animés d'un mouvement rectiligne accéléré. La deuxième loi de Newton s'écrit :* $\vec{f} + \vec{T} + \vec{N} + M\vec{g} = M\vec{a}$ *et* $\vec{T'} + M'\vec{g} = M'\vec{a'}$. *Le fil étant inextensible, les vecteurs accélération ont même module* $\|\vec{a}\| = \|\vec{a'}\|$ *; la masse de la poulie étant négligeable les modules des tensions du fil sont égaux* $\|\vec{T}\|=\|\vec{T'}\|$. *Après projection on obtient donc :* $\|\vec{a}\| = \|\vec{g}\|(M' - \mu_d M)/(M + M')$ *et* $\|\vec{T}\| = (\mu_d + 1)MM'\|\vec{g}\|/(M + M')$.

**Exercice 2.2.**

*a) Si la poulie est bloquée, les masses sont immobiles :* $\vec{T} + M\vec{g} = \vec{0}$ *et* $\vec{T'} + M'\vec{g} = \vec{0}$. *Par ailleurs au niveau de la poulie* $\vec{F_0} = \vec{T} + \vec{T'} = -(M + M')\vec{g}$ *soit après projection sur la verticale* $\|\vec{F_0}\| = (M + M')\|\vec{g}\|$.

*b) Lorsque l'équilibre est rompu, les masses sont animées d'un mouvement rectiligne uniformément varié :* $\vec{T} + M\vec{g} = M\vec{a}$ *et* $\vec{T'} + M'\vec{g} = M'\vec{a'}$. *Comme dans l'exercice précédent, le fil étant inextensible* $\|\vec{a}\| = \|\vec{a'}\|$ *; la masse de la poulie étant négligeable, les modules des tensions du fil sont égales* $\|\vec{T}\| = \|\vec{T'}\|$. *Après projection sur la verticale, on trouve sans difficulté :* $\|\vec{a}\| = \|\vec{g}\|(M' - M)/(M' + M)$ *;* $\|\vec{T}\| = \|\vec{T'}\| = 2MM'\|\vec{g}\|/(M + M')$ *;* $\|\vec{F}\| = 4gMM'/(M + M')$ *et comme* $4MM' < (M + M')^2$, *on trouve que* $\|\vec{F}\| < \|\vec{F_0}\|$.

**Exercice 2.3.**

*a) Le mouvement rectiligne est uniformément accéléré. La distance parcourue en fonction du temps est définie par (figure 2.24b)* $x = \frac{1}{2}a_x t^2$. *Avec les données de l'énoncé, on trouve* $a_x = 4$ *ms*$^{-2}$. *La deuxième loi de Newton s'écrit* $\vec{f} + \vec{N} + M\vec{g} = M\vec{a}$. *Après projection sur les axes* $x'x$ *et* $y'y$, *on obtient* $a_x = \|\vec{g}\|(\sin\alpha - \mu_d\cos\alpha)$ *d'où* $\mu_d = 0{,}115$. *Au bas de la pente, la vitesse du skieur a pour valeur* $v_f = 40$ *ms*$^{-1}$.

*b) Sur la partie horizontale de la piste, sous l'effet de la force de frottement, le mouvement du skieur est uniformément retardé :* $a_x = -\mu_d g$ *donc* $v_x = -\mu_d g t + v_f$. *Le skieur s'immobilise au temps* $\tau = v_f/\mu_d g = 34{,}6$ *s après avoir parcouru la distance* $L = -\frac{1}{2}\mu_d g\tau^2 + v_f\tau$ *soit 692 m.*

**Exercice 2.4.**
*a) La bille décrit une trajectoire circulaire de rayon $l$, par conséquent $\|\vec{T}\|$-$mg\cos\theta = mv^2(\theta)/l$ ; d'où $T(\theta) = mg\cos\theta + mv^2(\theta)/l$.*
*b) Tant que $\theta$ est inférieur à $\pi/2$, $T(\theta)$ est toujours positif et le fil reste tendu. En revanche lorsque $\theta$ devient supérieur à $\pi/2$, $\cos\theta$ est négatif; le fil reste tendu tant que $T(\theta)$ est positif, c'est-à-dire tant que $v^2(\theta) > -gl\cos\theta$. Le fil restera tendu au passage par $\theta = \pi$ si $v^2(\pi) > gl$.*

**Exercice 2.5.**
*a) On se place dans le référentiel galiléen terrestre $(\mathcal{R})$. Le palet décrit un mouvement circulaire et son vecteur position s'écrit dans la base polaire : $\vec{r} = R\hat{r}$. La deuxième loi de Newton s'exprime sous la forme :*
*$-N_1\hat{r} - f\hat{\theta} + (N_2 - mg)\hat{z} = m(-R\dot{\theta}^2\hat{r} + R\ddot{\theta}\hat{\theta})$, soit $N_1 = mR\dot{\theta}^2$, $-f = mR\ddot{\theta}$ et $N_2 = mg$.*
*b) Dans ce cas le module de la force de frottement s'écrit $f = \mu_d mg$. L'intégration par rapport au temps ne pose pas de difficulté et l'on trouve : $\dot{\theta} = \dot{\theta}_0 - \mu_d gt/R$. La vitesse aura diminué de 90 % au temps $\tau = 0{,}9\,R\dot{\theta}_0/\mu_d g$.*
*c) Dans ce cas, c'est le module de la réaction $\vec{N}_1$ qui détermine le module de la force de frottement : $f = \mu_d mR\dot{\theta}^2$. La diminution de la vitesse angulaire est décrite par l'équation : $-\mu_d\dot{\theta}^2 = \ddot{\theta}$. En intégrant cette relation par rapport au temps, on obtient : $1/\dot{\theta} - 1/\dot{\theta}_0 = \mu_d t$ et $\tau' = 9/\dot{\theta}_0\mu_d$.*

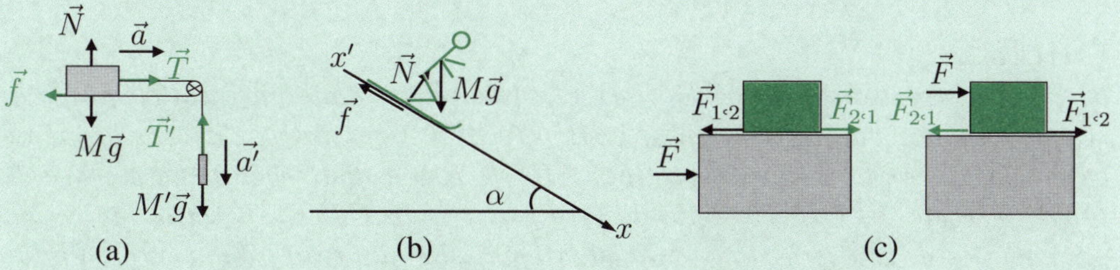


FIGURE 2.24.

**Exercice 2.6.**
*a) Conformément à la troisième loi de Newton, à la surface de contact entre les deux blocs s'exercent deux forces de frottement opposées. Le bloc 2 a tendance à glisser vers la gauche par rapport au bloc 1 : par conséquent la force $\vec{F}_{2,1}$ exercée sur le bloc 2 par le bloc 1 a le même sens que celui de $\vec{F}$ (figure 2.24c). La force $\vec{F}_{1,2}$ exercée sur le bloc 1 par le bloc 2 a donc un sens opposé à celui de $\vec{F}$. Si les blocs sont solidaires, ils ont la même accélération*

*de module* $\|\vec{a}\|$ *et l'on a donc après projection sur la direction horizontale :* $\|\vec{F}\| - \|\vec{F}_{1,2}\| = M_1\|\vec{a}\|$ *et* $\|\vec{F}_{2,1}\| = M_2\|\vec{a}\|$*, d'où* $\|\vec{a}\| = \|\vec{F}\|/(M_1 + M_2)$ *et* $\|\vec{F}_{1,2}\| = \|\vec{F}_{2,1}\| = M_2\|\vec{F}\|/(M_1 + M_2)$*. Les deux blocs resteront solidaires tant que* $\|\vec{F}_{1,2}\| \leq \mu_s M_2 g$*, soit* $\|\vec{F}\| \leq \mu_s(M_1 + M_2)g$.
*b) Dans ce cas le bloc 2 a tendance à glisser vers la droite par rapport au bloc 1. La force* $\vec{F}_{2,1}$ *exercée sur le bloc 2 par le bloc 1 a un sens opposé à celui de* $\vec{F}$ *(figure 2.24c). Le même raisonnement que précédemment conduit aux résultats :* $\|\vec{a}\| = \|\vec{F}\|/(M_1 + M_2)$, $\|\vec{F}_{1,2}\| = M_1\|\vec{a}\|$*, d'où* $\|\vec{F}\| \leq gM_2(M_1 + M_2)/M_1$.

**Exercice 2.7.**
*a) Le mouvement de chute libre est uniformément accéléré :* $\ddot{z} = -g$, $\dot{z} = -gt$ *et* $z = -\frac{1}{2}gt^2 + h$*. D'où le temps de chute* $\tau = (2h/g)^{\frac{1}{2}}$.
*b) Lorsque l'on discrétise le mouvement, au nième pas de temps le déplacement vertical du mobile est* $(n-1)g(\Delta t)^2$ *(pensez qu'au premier pas de temps le corps reste immobile puisqu'il n'y a pas de vitesse initiale !). Au bout de n pas de temps le déplacement vertical du mouvement discrétisé est* $H = g(\Delta t)^2[1+2+3\ldots (n-1)]$*, soit en sommant les termes de la progression arithmétique* $H = g(\Delta t)^2 n(n-1)/2$*. En remplaçant* $(\Delta t)^2$ *par* $(\tau/n)^2$*, on trouve* $H = h(n-1)/n$.
*c) L'expression précédente montre que H est d'autant plus voisin de h que n est grand. Plus l'intervalle de temps* $\Delta t$ *est petit devant la durée du mouvement, et plus la trajectoire discrétisée sera proche de la trajectoire réelle. La condition* $(h - H)/h \leq 5$ % *est réalisée pour* $n \geq 20$.

**Exercice 2.8.**
*a) Par construction* $\overrightarrow{AB} = \overrightarrow{BB'} = \overrightarrow{B''C}$*.* $ABCB''$ *est donc un parallélogramme, ce qui implique que les triangles* $ABB''$ *et* $BB''C$ *sont égaux ; ils ont la même base* $BB''$*, leurs hauteurs respectives AI et CJ sont donc égales. La surface de OAB est égale à* $\frac{1}{2}OB.AI$*; celle de OBC vaut* $\frac{1}{2}OB.CJ$*. En fonction de ce qui précède, ces deux expressions sont identiques. Pendant un même intervalle de temps, le vecteur position a balayé des aires identiques. Remarquez que nous n'avons rien supposé sur la forme de cette force centrale.*
*b) Si l'angle* $\theta$ *entre le pendule et la verticale est faible, le module de la force de tension exercée par le fil est pratiquement égal à mg (voir l'exercice 4). Sa projection horizontale* $F_h \simeq mg\theta$ *soit, en notant L la longueur du pendule et r la distance entre la masse m et la verticale,* $F_h \simeq mgr/L$*. On se trouve donc en présence d'une force centrale dont l'intensité est proportionnelle à r.*
*En traçant* $B''C''$ *parallèle à BC on définit deux triangles homothétiques OBC et* $OB''C''$*, d'où* $BB''/OB = CC''/OC$*. Le déplacement radial dû au réveil de la force est donc proportionnel à la distance. La trajectoire ainsi construite est*

*une ellipse qui se referme sur elle-même ; à la différence de la trajectoire effectuée sous l'action d'une force centrale d'intensité constante, elle ne précesse pas (son grand axe reste fixe).*

**Exercice 2.9.**
*a) La condition d'équilibre s'écrit :* $\vec{f} + \vec{N} + m\vec{g} = \vec{0}$. *Après projection, on obtient :* $\|\vec{N}\| = mg\cos\alpha$, *et* $\|\vec{f}\| = mg\sin\alpha$. *La condition* $\|\vec{f}\| \leq \mu_s\|\vec{N}\|$ *s'écrit :* $\tan\alpha \leq \mu_s$.
*b) On peut se placer :*

- *soit dans le référentiel galiléen terrestre où la masse m possède l'accélération* $\vec{A}$ *et écrire :* $\vec{N} + \vec{f} + m\vec{g} = m\vec{A}$,

- *soit dans le référentiel non inertiel lié au plan incliné où la masse m est immobile et prendre en compte la force d'inertie :* $\vec{N} + \vec{f} + m\vec{g} - m\vec{A} = \vec{0}$.

*Ces relations vectorielles sont identiques. Il faut les projeter suivant les directions respectivement parallèle et perpendiculaire au plan incliné. Si* $\|\vec{A}\| \leq g\tan\alpha$, *la force de frottement est dirigée vers le haut et l'on obtient* $g\frac{(\tan\alpha-\mu_s)}{(1+\mu_s\tan\alpha)} \leq \|\vec{A}\| \leq g\tan\alpha$. *Dans le cas où* $\|\vec{A}\| \geq g\tan\alpha$, *la force de frottement est dirigée vers le bas du plan incliné et l'on obtient :* $g\tan\alpha \leq \|\vec{A}\| \leq g\frac{(\tan\alpha+\mu_s)}{(1-\mu_s\tan\alpha)}$.

**Exercice 2.10.** *L'observateur lié au disque voit la masse m animée d'un mouvement circulaire de rayon R avec la vitesse angulaire constante* $-\dot{\theta}$. *Il doit par conséquent prendre en compte deux forces d'inertie. La force de Coriolis* $\vec{f}_{ic} = -2m\vec{\omega} \wedge \vec{v'}$, *centripète et dont le module est égal à* $2mR\dot{\theta}^2$, *en notant* $\dot{\theta}=\|\vec{\omega}\|$. *La force d'entraînement* $\vec{f}_{ie} = -m\vec{\omega} \wedge (\vec{\omega} \wedge \vec{r})$, *centrifuge et dont le module est égal à* $mR\dot{\theta}^2$. *La résultante de toutes les forces d'inertie et d'interaction s'exerçant sur la bille s'écrit* $\vec{f}_{ic}+\vec{f}_{ie}+m\vec{g}+\vec{T}$. *C'est une force centripète de module* $mR\dot{\theta}^2$, *correspondant bien à un mouvement circulaire uniforme de rayon R avec la vitesse angulaire* $\dot{\theta}$. *Suivant la verticale, on retrouve que la tension du fil est égale au poids.*

**Exercice 2.11.**
*a) En projetant l'équation fondamentale de la dynamique sur un axe vertical orienté positivement vers le bas, on obtient :* $mdv/dt = \frac{4}{3}\pi r^3(\rho-\rho_0)g - 6\pi\eta vr$. *La vitesse limite* $v_l = 2r^2(\rho-\rho_0)g/9\eta$ *soit* $v_l = 6{,}6.10^{-7}ms^{-1}$. *Le temps de sédimentation est de l'ordre de 12 heures.*

*b) Les particules sont soumises à une accélération centrifuge* $a_e = L\dot{\theta}^2 = 8{,}2.10^4$ ms$^{-2}$. *En remplaçant* $g$ *par* $a_e$ *dans l'expression trouvée à la question précédente, on obtient la nouvelle valeur de la vitesse limite : 5,4 mms*$^{-1}$. *Le temps de sédimentation est donc maintenant de quelques secondes.*
*c) Le module de l'accélération de Coriolis est beaucoup plus faible :* $a_c = 5{,}6$ *ms*$^{-2}$ *et entraîne un déplacement négligeable des particules (de l'ordre de 2 μm), perpendiculairement à l'axe du tube.*

**Exercice 2.12.**

*a) Notre expérience de la force centrifuge dans les référentiels en rotation nous conduit à penser que l'anneau va se mettre en mouvement et s'éloigner de l'axe de rotation. C'est la bonne réponse, et effectivement, c'est dans le référentiel* $(\mathcal{R}')$ *lié à la tige en rotation que ce problème est simple. Dans ce référentiel, la position de l'anneau est repérée par* $\vec{r} = r\hat{r}$ *(figure 2.25a). Pour l'observateur lié à* $(\mathcal{R}')$*, le vecteur* $\hat{r}$ *est constant donc* $\vec{v'} = \dot{r}\hat{r}$ *et* $\vec{a'} = \ddot{r}\hat{r}$. *Les forces d'interaction sont le poids* $m\vec{g}$*, et les réactions* $\vec{N}_1$ *et* $\vec{N}_2$ *de la tige. La tige étant animée, dans le référentiel galiléen* $(\mathcal{R})$*, d'un mouvement de rotation uniforme défini par le vecteur vitesse angulaire* $\vec{\omega} \doteq \dot{\theta}\hat{z}$*, la force d'inertie qui doit être prise en compte dans* $(\mathcal{R}')$ *comprend deux composantes définies suivant (2.17) : la force centrifuge* $\vec{f}_{ie} = mr\dot{\theta}^2\hat{r}$ *et la force de Coriolis* $\vec{f}_{ic} = -2m\dot{r}\dot{\theta}\hat{\theta}$. *Toutes ces forces sont dessinées sur la figure 2.25 qui représente le dispositif vu de profil (a) et vu de dessus (b).*

*Le principe fondamental de la dynamique s'écrit pour l'observateur lié à* $(\mathcal{R}')$ *:*

$$m\vec{a'} = m\vec{g} + \vec{N}_1 + \vec{N}_2 + \vec{f}_{ie} + \vec{f}_{ic} \tag{2.31}$$

*En décomposant cette équation sur la base* $(\hat{r}, \hat{\theta}, \hat{z})$*, on obtient :*

$$\ddot{r} = r\dot{\theta}^2 \quad , \quad 0 = N_2 - 2m\dot{r}\dot{\theta} \quad , \quad 0 = N_1 - mg \tag{2.32}$$

*La résolution de la première équation donne* $r(t) = Ae^{-\dot{\theta}t} + Be^{\dot{\theta}t}$. *Si à l'instant initial l'anneau est immobile dans* $(\mathcal{R}')$*, à la distance* $r_0$ *du point* $O$*, on trouve :*

$$A = B = r_0/2 \qquad \text{et} \qquad r(t) = r_0 \cosh(\dot{\theta}t) \tag{2.33}$$

*Cette dernière expression décrit le mouvement rectiligne accéléré de l'anneau sur la tige.*

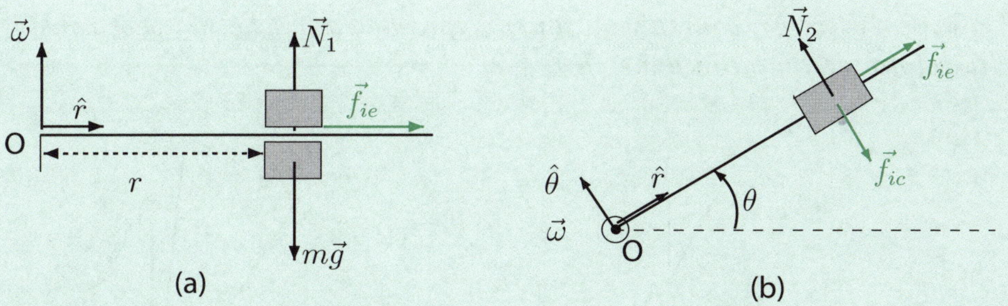


Figure 2.25. (a) Vue de profil : un anneau coulisse librement sur une tige horizontale en rotation. (b) Tige vue de dessus.

*b) Tout est donc clair dans le référentiel tournant où la force centrifuge explique simplement le mouvement de l'anneau. En revanche, pour un observateur lié à un référentiel inertiel $(\mathcal{R})$, l'explication du mouvement paraît plus difficile à trouver. Cet observateur voit la tige tourner avec la vitesse angulaire $\dot{\theta}$, et l'anneau soumis* ***aux seules forces d'interaction*** $m\vec{g}, \vec{N}_1, \vec{N}_2$ *(en noir sur la figure 2.25). Or ces forces sont toutes* ***perpendiculaires à la tige****. Alors pourquoi l'anneau se met-il en mouvement le long de la tige ? Un dispositif permet de maintenir l'anneau immobile au point $A_0$ sur la tige animée d'un mouvement de rotation uniforme, jusqu'à l'instant initial où la tige occupe la position représentée en trait plein noir sur la figure (2.26a). L'anneau est alors libéré, et à cet instant son vecteur vitesse orthoradial $\vec{V}_0$ a pour module $V_0 = \dot{\theta}\,(OA_0)$. Pour comprendre son mouvement, discrétisons-le comme nous l'avons fait au paragraphe 2.6. Pendant un intervalle de temps $\Delta t$, la tige tourne d'un angle $\Delta\theta$, et comme les forces « dorment », le mouvement de l'anneau est rectiligne uniforme de $A_0$ à $A_1$. En $A_1$ la composante orthoradiale de la vitesse doit prendre la valeur $V_{\theta 1} = \dot{\theta}(OA_1)$ imposée par la rotation de la tige. La figure 2.26a montre la construction de $V_{\theta 1}\hat{\theta}$ en utilisant deux triangles homothétiques, puisque $V_0/OA_0 = V_{\theta 1}/OA_1$. Il est clair que $V_{\theta 1}$ est supérieur à la projection de $\vec{V}_0$ sur la direction orthoradiale en $A_1$. C'est le « réveil » en $A_1$ de la force de réaction $\vec{N}_2$ qui va générer la variation nécessaire $(\Delta V)\hat{\theta}$ de la coordonnée orthoradiale de la vitesse (en vert sur la figure 2.26b). Mais, suivant la direction radiale, la projection de $\vec{V}_0$ est $V_{r1}\hat{r}$, composante qui n'est pas affectée par le « réveil » des forces puisque toutes sont perpendiculaires à cette direction. C'est cette composante radiale de la vitesse qui fait que l'anneau va glisser le long de la tige et s'éloigner de $O$ : le mouvement de l'anneau le long de la tige apparaît comme une conséquence de l'inertie, cette tendance d'un objet à continuer sur sa lancée, et à conserver sa vitesse. Bien sûr le vecteur vitesse résultant en $A_1$ est défini à partir de ces deux coordonnées par*

$\vec{V}_1 = V_{\theta 1}\hat{\theta} + V_{r1}\hat{r}$. *En poursuivant ainsi de proche en proche, on peut construire la trajectoire de l'anneau dans* $(\mathcal{R})$.

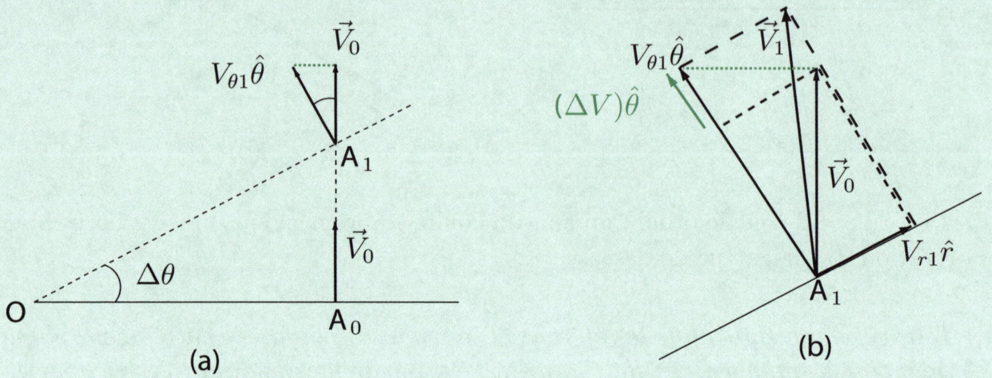


FIGURE 2.26. Mouvement discrétisé de l'anneau, vu de dessus. (a) Mouvement rectiligne uniforme de l'anneau pendant que la tige tourne. (b) La réaction de la tige modifie la seule coordonnée orthoradiale de la vitesse.

# 3

# ÉNERGIE MÉCANIQUE

## 3.1. Introduction

Nous avons présenté au chapitre précédent les trois principes qui fondent l'approche newtonienne de la mécanique, approche dans laquelle la force joue un rôle central en qualité d'agent qui change le mouvement. Connaissant la résultante des forces qui s'exercent sur un mobile, ainsi que sa position et sa vitesse initiales, il suffit de résoudre l'équation différentielle du second ordre, forme moderne du principe fondamental de la dynamique, pour obtenir l'expression de sa position en fonction du temps. En théorie, l'étude du mouvement paraît donc simple. Dans la pratique, la résolution de ces équations différentielles n'est pas toujours aisée, et c'est là que réside, nous l'avons déjà souligné, la principale difficulté de cette approche.

Il s'avère que la résolution de ces équations différentielles peut être grandement simplifiée en faisant intervenir des grandeurs qui se conservent, c'est-à-dire dont la valeur demeure constante au cours du temps. D'une façon générale, les lois de conservation permettent d'abaisser le degré des équations différentielles et de réduire le nombre des variables. Nous le verrons lors de l'étude du mouvement d'un corps sous l'action d'une force centrale[(1)].

Quelles sont les grandeurs qui se conservent en mécanique ? Ce sont l'énergie $E$, la quantité de mouvement $\vec{P}$ et le moment angulaire $\vec{J}$. À ce stade vous pouvez légitimement vous interroger : pourquoi choisir trois grandeurs, plutôt que deux ou quatre, et pourquoi précisément $E$, $\vec{P}$ et $\vec{J}$. Une réponse rigoureusement justifiée

[(1)] La conservation de l'énergie et du moment angulaire permet de réduire un système de trois équations différentielles du deuxième ordre à deux équations différentielles du premier ordre.

nécessiterait un développement dépassant largement le cadre de cet ouvrage. Il nous paraît néanmoins indispensable de donner quelques idées simples qui vous seront utiles à la bonne compréhension de ce qui suit. C'est Amalie Noether (1882-1935) qui a formulé le principe suivant lequel à chaque symétrie continue correspond une loi de conservation.

Considérons un système isolé de toute influence extérieure :

– **les lois et les constantes physiques ne dépendent pas du choix de l'origine spatiale**. L'espace vide est le même partout : les valeurs de la vitesse de la lumière et de la constante gravitationnelle, par exemple, sont indépendantes du lieu où l'on effectue leur mesure. On dit que l'Univers possède une symétrie de translation spatiale. Noether a montré qu'à cette symétrie correspond la loi de conservation de la quantité de mouvement. L'**homogénéité de l'espace vide** entraîne la **conservation de la quantité de mouvement** ;

– **les lois et les constantes physiques ne dépendent pas de la direction considérée** dans l'espace : le mouvement d'un satellite continue à être régi par les mêmes lois alors qu'il change de direction. Dans un espace isotrope les lois de la nature sont invariantes par rotation. À cette symétrie correspond la conservation du moment angulaire. L'**espace vide est isotrope**, ce qui implique la **conservation du moment angulaire** ;

– **les lois et les constantes physiques ne dépendent pas de l'origine du temps**. Une même expérience donne aujourd'hui les mêmes résultats que ceux obtenus dans le passé et ceux qui seront obtenus dans le futur. On dit que le **temps est homogène**, ce qui entraîne la **conservation de l'énergie**.

Le temps est homogène, l'espace vide est homogène et isotrope, voilà pourquoi les trois quantités $E$, $\vec{P}$ et $\vec{J}$, se conservent et jouent un rôle prépondérant dans la description d'un ensemble de corps que nous appellerons un système. Si le système est isolé (soumis à aucune force extérieure) $E$, $\vec{P}$[2] et $\vec{J}$ resteront constants au cours du temps quels que soient les changements se produisant à l'intérieur du système.

[2] Nous verrons que la conservation de la quantité de mouvement d'un système isolé découle de la troisième loi de Newton.

## 3.2. Énergie

Ce chapitre est consacré à l'énergie mécanique qui n'est qu'une des formes de l'énergie sur laquelle nous nous arrêtons un instant. Le concept d'énergie est relativement récent, il ne date que d'un siècle et demi. C'est une quantité scalaire (un nombre), que l'on peut associer à tout système et qui est fonction des différents paramètres caractérisant celui-ci : vitesse, position, température... Sa propriété essentielle est de rester constante au cours du temps lorsque le système est isolé. Mais le fait qu'elle reste constante n'implique pas que rien ne se passe, au contraire. **L'énergie existe sous de multiples formes** : mécanique, chimique, thermique, acoustique pour n'en citer que quelques-unes. Les processus intervenant à l'intérieur du système isolé vont produire des échanges entre les différentes formes de l'énergie. Considérons par exemple le système constitué par la Terre et un athlète lanceur de poids. Lors de la phase de poussée, l'énergie chimique (liée au métabolisme) contenue dans le corps de l'athlète se transforme en énergie mécanique de la boule de fonte. Lorsque celle-ci touche le sol et s'immobilise, son énergie mécanique disparaît et se transforme en énergie acoustique (vous entendez le bruit de l'impact), en énergie de déformation du sol et en énergie thermique. Au terme de tous ces échanges entre les différentes formes de l'énergie, l'énergie totale du système isolé Terre-athlète-poids est restée constante.

Ces transferts d'énergie nous amènent à étudier l'un des agents responsables du passage d'une forme d'énergie à une autre : le travail.

## 3.3. Le travail

Le travail, nous l'avons dit, représente la quantité d'énergie qui passe d'une forme à une autre : c'est donc une quantité scalaire (un nombre algébrique). En Physique, **le déplacement du point d'application d'une force s'accompagne de la production d'un travail**. Le travail élémentaire $dW$ associé au déplacement $\overrightarrow{dl}$ d'une force $\vec{F}$ est défini comme le produit scalaire de ces deux vecteurs :

$$\boxed{dW = \vec{F}.\overrightarrow{dl} = \|\vec{F}\|.\|\overrightarrow{dl}\|.\cos(\vec{F},\overrightarrow{dl})} \tag{3.1}$$

Le travail a pour dimension $[W] = ML^2T^{-2}$, et s'exprime en Joules.

Lorsque la force se déplace du point $A$ au point $B$ en suivant un chemin quelconque, le travail correspondant est la somme des travaux élémentaires définis entre ces deux points. Dans le cas le plus général, le module et la direction du vecteur $\vec{F}$ varient d'un point à l'autre de ce chemin (figure 3.1a), et le travail s'exprime sous la forme d'une intégrale le long de ce chemin :

$$\boxed{W = \int_{(AB)} \vec{F}.\overrightarrow{dl}} \tag{3.2}$$

Dans bien des situations que nous aurons à traiter, le calcul de cette intégrale est simple, notamment si le chemin est rectiligne et les forces constantes au cours du déplacement. Illustrons-le sur quelques exemples dans le référentiel galiléen terrestre.

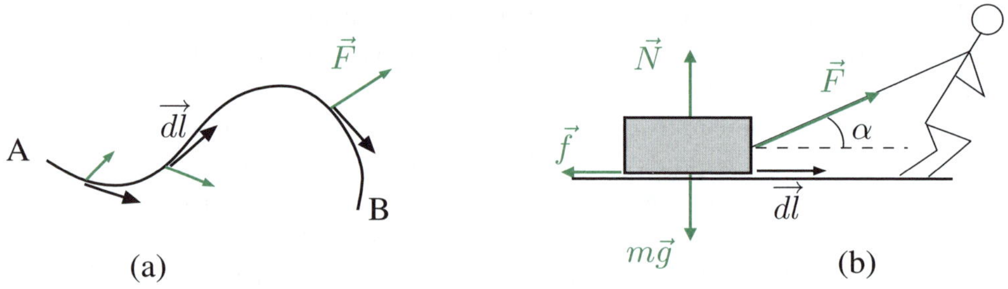


FIGURE 3.1. (a) Cas général : le vecteur force (en vert) varie le long du chemin AB. (b) Exemple d'une caisse tirée sur un plan horizontal : les vecteurs forces restent constants au cours du déplacement.

***Exemple 1*** **(représenté par la figure 3.1b).** Une caisse est déplacée d'une distance $l$ sur un plan horizontal. Les forces s'exerçant sur elle sont la réaction normale du sol $\vec{N}$, la force de frottement solide $\vec{f}$, le poids $m\vec{g}$, et la force de traction $\vec{F}$ dont la direction fait un angle $\alpha$ avec l'horizontale. En utilisant la définition (3.1) du travail élémentaire, il apparaît que les travaux de $\vec{N}$ et de $m\vec{g}$ sont nuls. Le travail de $\vec{f}$ est négatif ($\cos(180°) = -1$), on dit qu'il est résistant. Le travail de $\vec{F}$ est positif, on le qualifie de moteur. Soit finalement :

$$dW = (\|\overrightarrow{F}\| \cos\alpha - \|\overrightarrow{f}\|)\|\overrightarrow{dl}\|. \tag{3.3}$$

L'expression entre parenthèse reste constante tout au long du déplacement, et peut par conséquent être sortie de l'intégrale (3.2). L'expression du travail total est donc simplement :

$$W = (\|\overrightarrow{F}\| \cos\alpha - \|\overrightarrow{f}\|)L. \tag{3.4}$$

Le travail d'une force, nous venons de le voir, peut être nul si le déplacement est orthogonal à la direction de cette force. Cela signifie que lorsque vous marchez sur un trottoir horizontal, une lourde valise à la main, du point de vue de la physique vous ne fournissez aucun travail. Pourtant votre sensation de fatigue est bien réelle ! C'est parce que les muscles de votre bras sont contractés, et leurs fibres musculaires passent leur temps à se contracter et à se détendre, mais à un rythme si élevé que vous n'en n'avez pas conscience. Il n'en reste pas moins que ces mouvements de va-et-vient des fibres musculaires constituent des déplacements bien réels auxquels correspond un travail physique, celui qui cause votre sensation de fatigue.

***Exemple* 2 (travail du poids).** Un corps de masse $m$, lâché en un point $A$ d'ordonnée $y_1$, tombe verticalement (figure 3.2a) jusqu'au point $B$ d'ordonnée $y_2$. Le travail du poids est dans ce cas facile à calculer car les vecteurs $\vec{g}$ et $\overrightarrow{dl}$ sont parallèles sur tout le chemin $AB$, donc : $dW = m\vec{g}.\overrightarrow{dl} = mg.dl$. L'intégration sur le chemin $AB$ est immédiate : $W = mg\ AB = mg(y_1 - y_2)$.

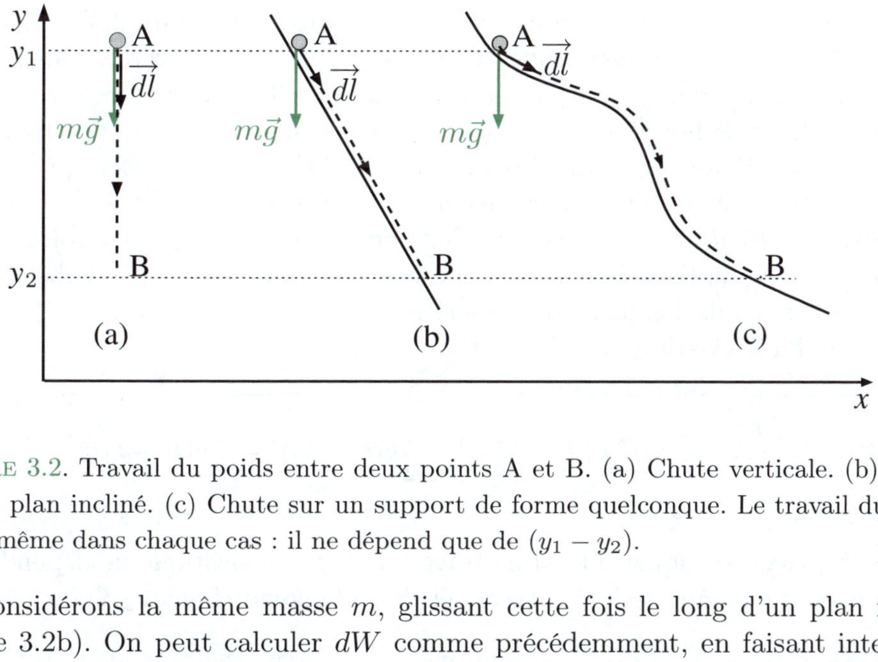


Figure 3.2. Travail du poids entre deux points A et B. (a) Chute verticale. (b) Chute sur un plan incliné. (c) Chute sur un support de forme quelconque. Le travail du poids est le même dans chaque cas : il ne dépend que de $(y_1 - y_2)$.

Considérons la même masse $m$, glissant cette fois le long d'un plan incliné (figure 3.2b). On peut calculer $dW$ comme précédemment, en faisant intervenir l'angle que fait le plan incliné avec l'horizontale. Mais on peut aussi utiliser l'expression du produit scalaire en fonction des coordonnées des vecteurs $\vec{g}$ $(0, -g)$ et $\overrightarrow{dl}$ $(dx, dy)$ : $dW = 0 - mg.dy$ soit :

$$W = -\int_{y_1}^{y_2} mg.dy = mg(y_1 - y_2) \tag{3.5}$$

c'est-à-dire le même résultat que pour une chute verticale. Dans le cas où la masse $m$ glisse sur un support de forme quelconque (figure 3.2c), cette fois l'angle entre les vecteurs $m\vec{g}$ et $\overrightarrow{dl}$ varie tout au long du trajet $AB$, mais en exprimant le produit scalaire à l'aide des coordonnées, on retrouve le même résultat $W = mg(y_1 - y_2)$.

Nous pouvons donc conclure que **le travail du poids entre deux points ne dépend que de la dénivellation entre ces deux points, et pas du chemin suivi** pour aller de l'un à l'autre.

Dans le cas d'une chute, le travail du poids est moteur ($W > 0$), c'est-à-dire que le mouvement se fait spontanément. Vous vérifierez sans difficulté que si la masse $m$ se déplace de $B$ vers $A$, le travail du poids est résistant ($W < 0$) : dans ce cas $m$ ne se déplacera pas spontanément de $B$ en $A$ ; il faudra qu'une force extérieure fournisse le travail $-W$ pour réaliser ce déplacement.

***Exemple 3* (travail de la force élastique exercée par un ressort de constante de raideur $k$ et de longueur au repos $l_0$).** Lorsque le ressort est au repos, son extrémité libre coïncide avec l'origine $O$ de l'axe horizontal (figure 3.3b). Lorsqu'il est étiré (figure 3.3a) ou comprimé (figure 3.3c), le ressort exerce une force de rappel dont nous avons vu au paragraphe 2.6.2 qu'elle s'écrit $\vec{F} = -k(l - l_0)\hat{x}$. Avec notre choix de l'origine $O$, $l = l_0 + x$, en notant $x$ l'abscisse de l'extrémité libre du ressort ; la force de rappel peut donc aussi s'écrire $\vec{F} = -kx\hat{x}$ ; il est clair que cette force varie au cours du déplacement. Le travail élémentaire de cette force s'écrit $dW = -kx.dx$. Par conséquent, lorsque l'extrémité libre se déplace d'une position repérée par l'abscisse $x_1$ à une autre position repérée par l'abscisse $x_2$, c'est-à-dire lorsque la longueur du ressort passe de $l_1 = l_0 + x_1$ à $l_2 = l_0 + x_2$, le travail de la force élastique est donné par :

$$\boxed{W = -\int_{x_1}^{x_2} kx.dx = \frac{1}{2}kx_1^2 - \frac{1}{2}kx_2^2 = \frac{1}{2}k(l_1 - l_0)^2 - \frac{1}{2}k(l_2 - l_0)^2} \tag{3.6}$$

Pour un déplacement longitudinal, le travail de la force élastique ne dépend donc que de la longueur initiale $l_1$ du ressort et de sa longueur finale $l_2$.

Le travail de la force élastique est-il modifié si l'extrémité libre du ressort se déplace dans le plan ? Considérons par exemple le déplacement de l'extrémité libre du ressort du point $A$ au point $E$ (figure 3.4), déplacement qui fait varier la longueur du ressort de $l_1 = l_0 + x_1$ à $l_2 = l_0 + x_2$. Ce déplacement peut être décomposé en une succession d'arcs de cercle (en tirets noirs), et de déplacements longitudinaux (en tirets verts). Par souci de clarté la figure ne représente que quatre déplacements. Le travail de la force élastique est nul lorsque l'extrémité du

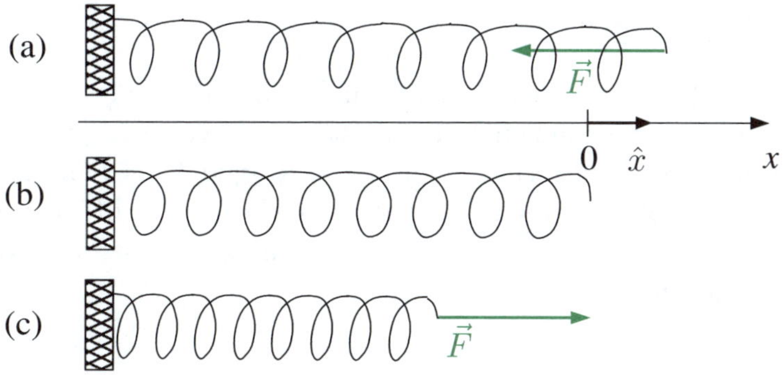


Figure 3.3. Ressort étiré (a), au repos (b) et comprimé (c).

ressort se déplace le long d'un arc de cercle ($AB$ ou $CD$), car la force de rappel est orthogonale à ces déplacements. Le travail correspondant aux déplacements longitudinaux ($BC$ ou $DE$) s'exprime suivant l'expression (3.6). Notons $l_1$, $l_c$ et $l_2$ les longueurs respectives du ressort aux points $A, C$ et $E$. Le travail de la force élastique lorsque l'extrémité libre du ressort passe du point A au point E est donc :

$$W = 0 + [\frac{1}{2}k(l_1 - l_0)^2 - \frac{1}{2}k(l_c - l_0)^2] + 0 + [\frac{1}{2}k(l_c - l_0)^2 - \frac{1}{2}k(l_2 - l_0)^2] \quad (3.7)$$

Nous retrouvons le même résultat que pour un déplacement longitudinal (3.6). Par conséquent **le travail de la force élastique ne dépend que de la longueur initiale du ressort et de sa longueur finale, et pas du chemin suivi par son extrémité libre**.

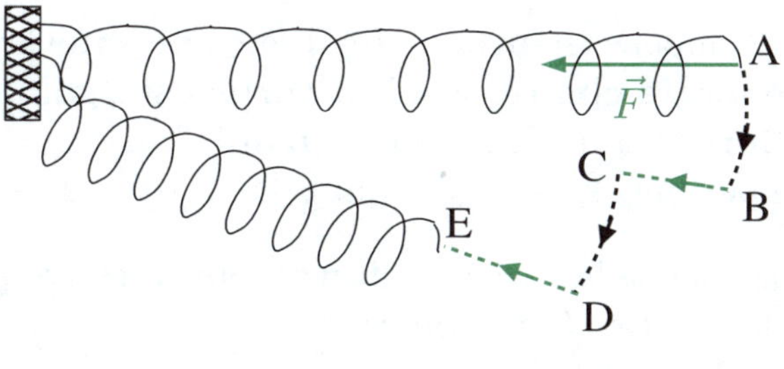


Figure 3.4. Déplacement dans le plan de l'extrémité libre d'un ressort. Le déplacement de A à E peut être décomposé en une succession d'arcs de cercle (AB et CD) et de déplacements longitudinaux (BC et DE).

## 3.4. L'énergie mécanique

Dans le cadre de l'étude des mouvements, nous allons plus particulièrement nous intéresser à une forme de l'énergie qui est l'énergie mécanique $E_m$. Cette dernière se manifeste sous deux formes, l'énergie cinétique $E_c$ et l'énergie potentielle $E_P$. Dans ce paragraphe, **nous nous plaçons dans un référentiel galiléen** (terrestre par exemple)[(3)], et ne considérons donc que des forces d'interaction (définies au paragraphe 2.3.2).

### 3.4.1. L'énergie cinétique

L'énergie cinétique est la forme de l'énergie mécanique associée au mouvement. Une masse $m$ animée d'une vitesse $\vec{v}$ possède une énergie cinétique :

$$\boxed{E_c = \frac{1}{2}m\vec{v}^{\,2}} \tag{3.8}$$

Comment cette masse $m$ a-t-elle acquis cette énergie cinétique ? Nous l'avons vu, c'est le travail qui transforme une forme d'énergie en une autre. Notons $\vec{F}$ la résultante des forces s'exerçant sur le corps de masse $m$. Son travail élémentaire (3.1) s'écrit $dW = \vec{F}.\overrightarrow{dl}$. Or $\overrightarrow{dl} = \vec{v}dt$ et la deuxième loi de Newton nous dit que $\vec{F}dt = m.d\vec{v}$. Par conséquent $dW = m.\vec{v}d\vec{v} = d(\frac{1}{2}m\vec{v}^2)$. Le travail entre un état initial (indicé $i$) et un état final (indicé $f$) s'obtient par intégration de cette dernière relation :

$$\boxed{W = \int_i^f m\,\vec{v}\,d\vec{v} = \frac{1}{2}m\overrightarrow{v_f}^2 - \frac{1}{2}m\overrightarrow{v_i}^2 = E_{cf} - E_{ci}} \tag{3.9}$$

Ce résultat essentiel, appelé **théorème de l'énergie cinétique**, exprime que **la variation de l'énergie cinétique d'un corps est égale au travail de la résultante $\vec{F}$ des forces qui s'exercent sur lui**.

Il nous paraît important de souligner que :

- $\vec{F}dt$ est responsable de la variation du **vecteur vitesse**, puisque d'après la deuxième loi de Newton $\vec{F}dt = md\vec{v}$ ;
- $\vec{F}.d\vec{l}$ est responsable de la variation du **module du vecteur vitesse**, car $\vec{F}.d\vec{l} = d(\frac{1}{2}m\vec{v}^2) = \frac{1}{2}m\,d(\|\vec{v}\|^2)$.

[(3)] Les référentiels non inertiels seront abordés dans les compléments au paragraphe 3.6.

Le mouvement **circulaire uniforme** l'illustre bien :

- $d\vec{v} \neq \vec{0}$ car le vecteur vitesse change constamment de direction sous l'action de la force centripète ;
- $d\|\vec{v}\| = 0$ et $\|\vec{v}\|$ reste constant, car le travail de cette force centripète (orthogonale au déplacement) est nul.

### 3.4.2. L'énergie potentielle

L'énergie cinétique n'est pas la seule forme de l'énergie mécanique. En effet une bille, tenue immobile dans votre main au-dessus du sol, a une énergie cinétique nulle. Il en est de même si cette bille est placée contre l'extrémité libre d'un ressort horizontal maintenu comprimé ($l < l_0$). Mais il suffit que vous ouvriez la main ou que vous libériez le ressort, pour que cette bille se mette en mouvement et acquière de l'énergie cinétique. Ceci signifie que dans chacune de ces deux situations, alors que la bille est immobile, de l'énergie mécanique « pré-existe » sous une autre forme. Cette énergie mécanique « emmagasinée » s'appelle l'énergie potentielle.

**L'énergie potentielle de pesanteur** est celle que l'on associe à une masse $m$ dont la position est repérée par son ordonnée $y$ sur un axe vertical orienté positivement vers le haut[(4)]. Elle est définie par :

$$\boxed{E_p = mgy} \qquad (3.10)$$

**L'énergie potentielle élastique** est celle que l'on associe à un ressort déformé, comprimé ou étiré, dont la longueur $l$ est différente de sa longueur au repos $l_0$. En fonction de la constante de raideur $k$, elle s'écrit :

$$\boxed{E_p = \frac{1}{2}k(l - l_0)^2} \qquad (3.11)$$

Il est essentiel de remarquer que le **travail du poids** (3.5) et le **travail de la force élastique** (3.6) s'expriment chacun très simplement comme la différence entre l'énergie potentielle initiale et l'énergie potentielle finale :

$$\boxed{W = E_{pi} - E_{pf}} \qquad (3.12)$$

Seule la variation d'énergie potentielle est reliée à une grandeur mesurable, c'est pourquoi l'énergie potentielle est définie à une constante près. Existe-t-il d'autres forces auxquelles on peut associer une énergie potentielle ? Oui, mais elles ne nous concernent pas encore, et pour l'instant les énergies potentielles de pesanteur et élastique nous suffisent.

---

[(4)] Si l'axe vertical est orienté positivement vers le bas $E_p(y) = -mgy$.

### 3.4.3. Énergie mécanique et forces conservatives

Le fait qu'une énergie potentielle leur soit associée[(5)] confère un statut particulier au poids et à la force élastique. Considérons le mouvement d'un corps de masse $m$ dans le cas où seuls le poids et/ou la force élastique travaillent. Le théorème de l'énergie cinétique (3.9) et la définition du travail (3.12) permettent d'écrire :

$$E_{cf} - E_{ci} = E_{pi} - E_{pf} \tag{3.13}$$

ce qui montre que **le poids et la force élastique sont des forces dont le travail transforme l'énergie cinétique en énergie potentielle et inversement**. En outre, en définissant **l'énergie mécanique $E_m$ comme la somme de l'énergie cinétique et de l'énergie potentielle**, la relation précédente s'écrit :

$$\boxed{E_{cf} + E_{pf} = E_{ci} + E_{pi} \quad \text{soit} \quad E_{mf} = E_{mi}} \tag{3.14}$$

ce qui exprime qu'en la seule présence du poids et de la force élastique l'énergie mécanique reste constante, c'est-à-dire se conserve. C'est pourquoi **le poids et la force élastique sont appelés des forces conservatives**.

Écrivons, pour les exemples illustrés par la figure 3.5, le théorème de l'énergie cinétique puis la conservation de l'énergie mécanique[(6)] :

– chute libre d'une masse $m$ abandonnée à une hauteur $h$ sans vitesse initiale (on néglige les frottements de l'air). Au point d'ordonnée y sa vitesse est $\dot{y}$ :

$$mg(h - y) = \frac{1}{2}m\dot{y}^2 \quad \text{soit} \quad mgh = mgy + \frac{1}{2}m\dot{y}^2 \tag{3.15}$$

L'énergie potentielle de pesanteur se transforme intégralement en énergie cinétique, ce qui conserve l'énergie mécanique ;

– masse $m$ lancée verticalement au point d'ordonnée $y_0$ avec une vitesse $\overrightarrow{v_0}$ (toujours en négligeant les frottements de l'air).

$$-mg(y - y_0) = \frac{1}{2}m\dot{y}^2 - \frac{1}{2}m\overrightarrow{v_0}^2 \quad \text{soit} \quad mgy_0 + \frac{1}{2}m\overrightarrow{v_0}^2 = mgy + \frac{1}{2}m\dot{y}^2 \tag{3.16}$$

La diminution de l'énergie cinétique correspond exactement à l'accroissement de l'énergie potentielle de pesanteur, et l'énergie mécanique demeure constante ;

---

(5) Formellement on traduit la relation entre la force et l'énergie potentielle qui lui est associée en faisant intervenir le gradient : $\vec{F} = -\vec{\nabla} E_p$. Voir « Outils mathématiques », paragraphe 10.1.4

(6) Remarquez que la conservation de l'énergie mécanique se traduit par une équation différentielle du premier ordre.

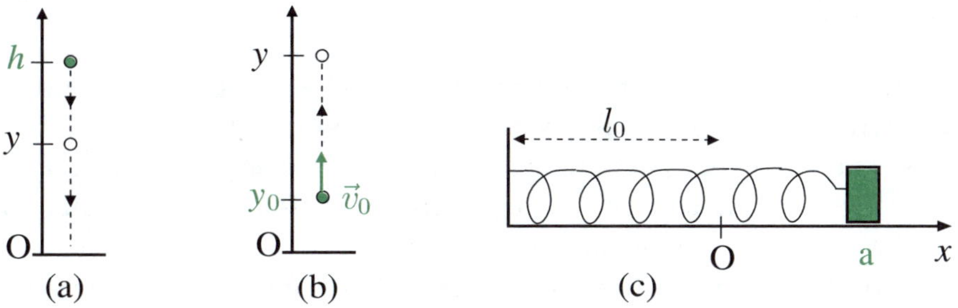


FIGURE 3.5. Exemples de mouvement sous l'action de forces conservatives. Leur travail transforme l'énergie cinétique en énergie potentielle et inversement. L'énergie mécanique demeure constante au cours du temps. Les conditions initiales sont représentées en vert.

- masse $m$ attachée à l'extrémité libre d'un ressort horizontal de constante de raideur $k$ (on néglige tout frottement). La masse est abandonnée sans vitesse initiale au point d'abscisse $a$. Lorsqu'elle passe au point d'abscisse $x$ sa vitesse est $\dot{x}$. Le travail du poids est nul, comme celui de la réaction normale.

$$\frac{1}{2}ka^2 - \frac{1}{2}kx^2 = \frac{1}{2}m\dot{x}^2 \quad \text{soit} \quad \frac{1}{2}ka^2 = \frac{1}{2}kx^2 + \frac{1}{2}m\dot{x}^2 \tag{3.17}$$

Dans ce cas c'est l'énergie potentielle élastique qui diminue au profit de l'énergie cinétique, l'énergie mécanique restant constante.

Ces trois exemples illustrent l'utilité des lois de conservation que nous avons évoquée au paragraphe 3.1. Du fait de la conservation de l'énergie mécanique, le degré des équations différentielles est abaissé : ce sont des équations différentielles du premier ordre.

En résumé, il faut bien savoir que :

- **le travail d'une force conservative est indépendant du chemin suivi ; il est égal à la différence entre l'énergie potentielle initiale et l'énergie potentielle finale ;**

- **le travail d'une force conservative transforme l'énergie potentielle en énergie cinétique et inversement, de telle sorte que l'énergie mécanique demeure constante au cours du temps.**

### 3.4.4. Forces non conservatives

Bien sûr, pour décrire le mouvement des mobiles, nous aurons à prendre en compte des forces autres que le poids et la force élastique. Certaines de ces forces ne sont pas conservatives[7], ce qui signifie qu'aucune énergie potentielle ne peut leur être associée, et que leur travail dépendra explicitement du chemin suivi, et pas seulement des points de départ et d'arrivée.

La force de frottement solide est un exemple de force non conservative. Un bloc de masse $m$ placé sur un plan horizontal est soumis, lorsqu'on le déplace, à une force de frottement solide dont le module constant vaut $\mu_d mg$. La figure 3.6 représente trois trajets reliant $A$ à $B$. Le travail de la force de frottement vaut $-\mu_d mgL$ pour le trajet noir, $-\frac{1}{2}\mu_d mg\pi L$ pour le trajet vert, et $-\mu_d mg(L+2l)$ pour le trajet en tirets verts. Enfin si l'on déplace le bloc de $A$ vers $B$ en suivant le trajet noir puis on le ramène à son point de départ $A$ en suivant le même trajet en sens inverse, le travail global de la force de frottement vaut $-2\mu_d mgL$. Le bloc est revenu à son point de départ mais la force de frottement s'est toujours opposée au déplacement.

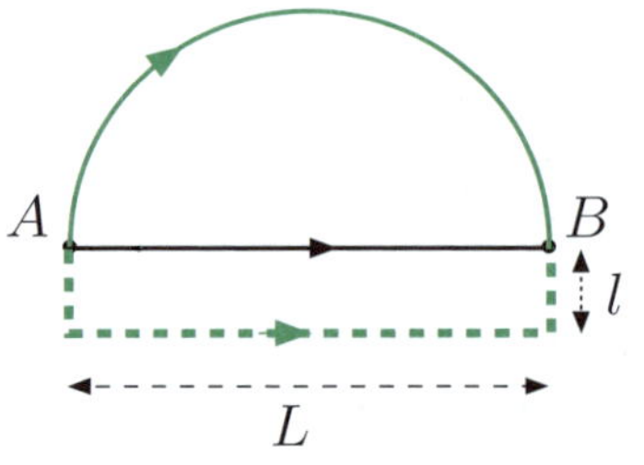


FIGURE 3.6. Sur un plan horizontal (vu de dessus) deux points A et B sont séparés par la distance $L$. Le travail de la force de frottement solide qui s'exerce sur un bloc dépend du chemin suivi pour aller de A à B.

### 3.4.5. Transformations de l'énergie mécanique

Considérons un corps de masse $m$ en mouvement sous l'action de forces de natures différentes. Notons $\vec{F}_c$ la résultante des forces conservatives à laquelle est associée l'énergie potentielle $E_p$, et $\vec{F}_{nc}$ la résultante des forces non conservatives, dont le travail sera exprimé par l'expression générale (3.2). Le théorème de

[7] On peut s'étonner de cette affirmation. En fait ces forces non conservatives sont des forces phénoménologiques, moyen commode de rendre compte d'interactions microscopiques très complexes.

l'énergie cinétique (3.9) s'écrit :

$$E_{cf} - E_{ci} = E_{pi} - E_{pf} + \int_i^f \overrightarrow{F_{nc}}.\,\overrightarrow{dl} \quad \text{soit} \quad \boxed{E_{mf} - E_{mi} = \int_i^f \overrightarrow{F_{nc}}.\overrightarrow{dl}} \tag{3.18}$$

**L'énergie mécanique n'est plus constante : sa variation est égale au travail de la résultante des forces non conservatives.** Ce dernier est par conséquent l'agent qui transforme l'énergie mécanique en une autre forme de l'énergie ou inversement, une autre forme de l'énergie en énergie mécanique.

Lorsque vous pédalez à vélo ou conduisez un engin à moteur, vous transformez de l'énergie chimique (celle de votre organisme ou celle du carburant) en énergie mécanique, et en énergie thermique (vous transpirez !). En revanche lorsque vous freinez, vous transformez de l'énergie mécanique en énergie thermique. Le travail des forces de frottement aussi est résistant, et transforme l'énergie mécanique en énergie thermique, c'est ce qui explique que tous les mouvements que vous pouvez créer cessent rapidement.

***Exemple*** **(un plan incliné d'un angle $\alpha$ par rapport à l'horizontale, est prolongé par un plan horizontal).** Un palet de masse $m$ est abandonné sans vitesse initiale sur le plan incliné, à une hauteur $h$ au-dessus du plan horizontal. On note $\mu_d$ le coefficient de frottement dynamique entre le palet et la surface des plans. Quelle distance $l$ le palet parcourt-il sur le plan horizontal avant de s'immobiliser ?

La vitesse initiale et la vitesse finale étant nulles, le théorème de l'énergie cinétique s'écrit : $0 - 0 = W$. Il faut recenser les forces en présence et exprimer leurs travaux :

– la réaction normale ne travaille pas ;

– le poids travaille lorsque le palet glisse sur le plan incliné ; son travail est égal à la différence des énergies potentielles initiale et finale soit $mgh$ ;

– la force de frottement $\vec{f}$ a toujours un sens opposé à celui du déplacement donc $\vec{f}.\vec{dl} = -\|\vec{f}\|.\|\vec{dl}\|$. Sur le plan incliné, le travail de la force de frottement est égal à $-(\mu_d mg\cos\alpha).(h/\sin\alpha)$ ; sur le plan horizontal, le travail de la force de frottement est égal à $-(\mu_d mgl)$.

D'où la relation $0 = mgh - (\mu_d mg\cos\alpha).(h/\sin\alpha) - (\mu_d mgl)$ qui définit la distance cherchée $l = h(1/\mu_d - 1/\tan\alpha)$. En ce point le palet s'immobilise car le travail de la force de frottement dynamique a transformé toute l'énergie mécanique en énergie thermique.

Remarquons qu'il est très facile de transformer de l'énergie mécanique en énergie thermique (nous venons de le voir) ; il est en revanche plus difficile de transformer de l'énergie thermique en énergie mécanique : il faut un moteur thermique pour y parvenir. Cela tient à ce que l'énergie cinétique est une énergie « ordonnée » : tous les atomes du palet en mouvement ont le même vecteur vitesse, celui du palet. En revanche l'énergie thermique est qualifiée de « désordonnée », comme l'est le mouvement d'agitation thermique des atomes. Notre expérience du quotidien nous enseigne qu'il est facile de passer de l'ordre au désordre, et plus difficile de faire l'inverse. C'est la même chose pour les processus physiques, vous le verrez en thermodynamique.

### 3.4.6. La puissance

La puissance d'une force est définie comme le travail qu'elle effectue par unité de temps :

$$\boxed{P = \frac{dW}{dt} = \frac{\vec{F}.\vec{dl}}{dt} = \vec{F}.\vec{v}} \tag{3.19}$$

Pour illustrer la notion de puissance, pensez à des étages que vous montez à pied. Pour ce faire vous devez fournir un travail musculaire opposé au travail résistant de votre poids. Suivant que vous monterez les marches lentement ou en courant, vos muscles fourniront ce travail pendant un intervalle de temps long ou bref : la puissance musculaire correspondante sera faible ou grande.

La puissance a pour dimension $[P] = ML^2T^{-3}$ et s'exprime en Watts. Toutefois la puissance des moteurs s'exprime en « chevaux ». Un cheval vapeur est la puissance correspondant à une masse de 75 kg qui s'élève verticalement à la vitesse de 1 m/s, soit d'après la définition à 736 Watts.

## 3.5. Diagramme d'énergie

Dans ce paragraphe, nous nous plaçons dans **un référentiel galiléen**, et considérons des **mouvements à un degré de liberté** ce qui signifie que la position du mobile est repérée par **une variable**. C'est le cas d'un mobile se déplaçant :

- soit sur un axe, et repéré par son abscisse $x$ ;

- soit sur un cercle, et repéré par un angle $\theta$ ;

- soit sur une courbe, et repéré par son abscisse curviligne $s$.

Nous supposons en outre que ce mobile n'est **soumis qu'à des forces conservatives**[8] :

- on peut donc lui associer une énergie potentielle $E_p$ qui dépend de la variable position ;
- son énergie mécanique $E_m$ reste constante au cours du temps.

Lorsque ces conditions sont remplies, la représentation graphique de l'énergie potentielle permet, comme nous allons l'illustrer, de déterminer très simplement les caractéristiques essentielles du mouvement sans résoudre d'équation.

### 3.5.1. Nature du mouvement

Considérons un mobile de masse $m$ se déplaçant sur un axe $x'Ox$ sous l'action de forces conservatives auxquelles on associe l'énergie potentielle $E_p(x)$. Son énergie mécanique est définie par $E_m = E_c(x) + E_p(x)$ soit $E_c(x) = E_m - E_p(x)$. Or, par définition, l'énergie cinétique est positive ou nulle. Par conséquent le mouvement n'est possible que sur les portions de l'axe correspondant aux valeurs de la variable $x$ qui satisfont la condition :

$$\boxed{E_m \geq E_p(x)} \tag{3.20}$$

Considérons l'exemple d'énergie potentielle représenté sur la figure (3.7).

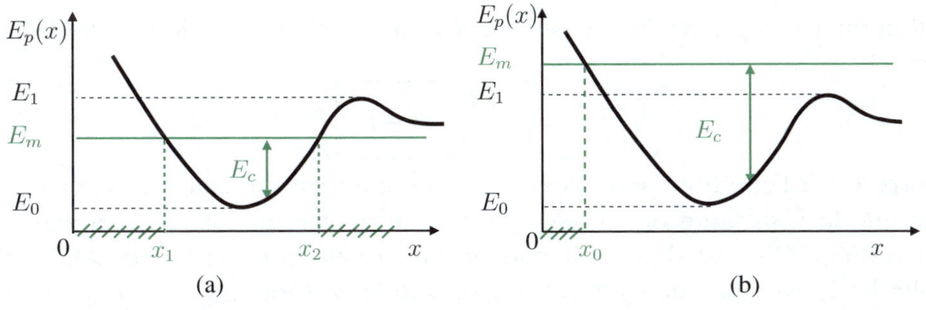


FIGURE 3.7. Mouvement à un degré de liberté. L'énergie potentielle $E_p(x)$ est représentée en noir, l'énergie mécanique $E_m$ et l'énergie cinétique en vert. Le mouvement n'est possible que sur les portions de l'axe où la condition $E_m \geq E_p(x)$ est satisfaite. Les portions de l'axe interdites sont hachurées en vert dans chacun des cas. (a) $E_0 \leq E_m \leq E_1$, mouvement périodique ; (b) $E_m \geq E_1$, mouvement libre jusqu'à l'infini.

[8] Et aussi à des réactions normales qui, nous l'avons vu, ne travaillent pas.

Il apparaît que :

- si $E_m < E_0$, la condition (3.20) n'est jamais satisfaite : le mouvement est impossible ;
- si $E_0 \leq E_m \leq E_1$, le mouvement n'est possible que sur la portion de l'axe définie par $x_1 \leq x \leq x_2$, le mobile est dans un état lié ; comme le montre la figure 3.7a, $x_1$ et $x_2$ sont définis par $E_m = E_p(x_1) = E_p(x_2)$. En ces points, il est clair que l'énergie cinétique (flèche verte) s'annule. Partant de $x_1$, le mobile accélère, puis ralentit jusqu'à s'arrêter en $x_2$. Il repart alors dans l'autre sens : son mouvement est périodique ;
- si $E_m \geq E_1$, figure 3.7b, le mobile peut décrire l'axe depuis $x_0$, défini par $E_m{=}E_p(x_0)$, jusqu'à l'infini ; le mobile est dans un état libre.

Le diagramme d'énergie potentielle permet ainsi de caractériser rapidement la nature du mouvement d'un mobile, en fonction de la valeur de son énergie mécanique fixée, rappelons-le, par les conditions initiales.

### 3.5.2. Positions d'équilibre

Dans le cas d'un mouvement à un degré de liberté (nous continuons à appeler $x$ la variable), le travail de la résultante des forces conservatives $\vec{F}$ s'exerçant sur le mobile s'écrit :

$$dW = \vec{F}.\vec{dl} = F_x dx = E_p(x) - E_p(x + dx) \tag{3.21}$$

ce qui permet d'exprimer la coordonnée $F_x$ en fonction de la dérivée de l'énergie potentielle :

$$\boxed{F_x = -\frac{dE_p}{dx} = -E'_p} \tag{3.22}$$

Un corps est à l'équilibre si sa vitesse et son accélération sont nulles, ce qui implique que la résultante des forces qui s'exercent sur lui soit égale à zéro. Une position d'équilibre est de ce fait définie par la valeur $x_e$ de la variable $x$, pour laquelle la dérivée de l'énergie potentielle s'annule. Graphiquement une dérivée nulle correspond à une tangente horizontale, c'est-à-dire à un extremum (maximum ou minimum) de la courbe $E_p(x)$, comme le montre la figure 3.8. Une fois déterminée la position d'équilibre, il nous reste à en préciser la nature : stable ou instable. Dans le cas où la courbe $E_p(x)$ présente une concavité tournée vers le haut[9] (figure 3.8a), l'extremum est un minimum. Que se passe-t-il si le mobile est écarté de la position d'équilibre $x_e$ ? Au point d'abscisse $x_1$ la dérivée

[9] Dans ce cas la dérivée première $E'_p$ croît uniformément de moins l'infini à plus l'infini : la dérivée seconde $d^2E_p/dx^2 > 0$ est par conséquent positive.

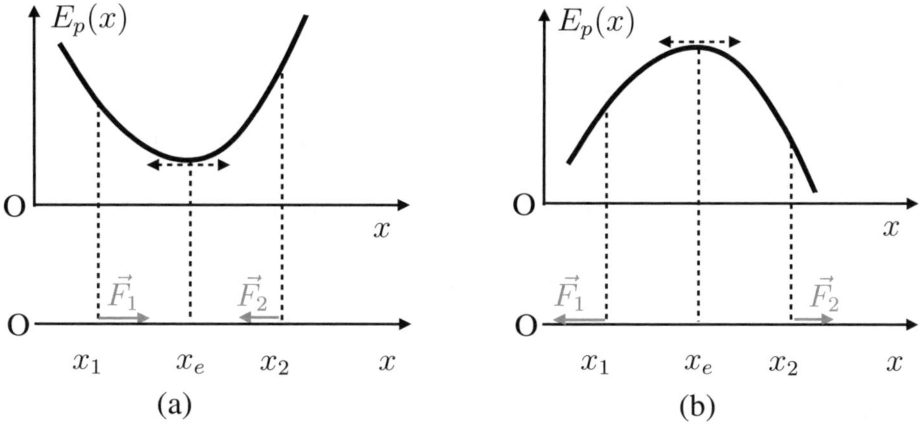


FIGURE 3.8. Diagramme d'énergie potentielle $E_p(x)$ et axe $Ox$ sur lequel se déplace le mobile. Au point d'abscisse $x_e$ la résultante des forces est nulle, ce qui définit la position d'équilibre. (a) Position d'équilibre stable : concavité tournée vers le haut ($E_p'' > 0$). (b) Position d'équilibre instable : concavité tournée vers le bas ($E_p'' < 0$).

$dE_p/dx$ est négative, par conséquent d'après (3.22), la coordonnée $F_x$ est positive, ce qui définit le sens de la force résultante $\vec{F_1}$ qui s'exerce sur le mobile en $x_1$ (figure 3.8a). Cette force tend à ramener le mobile vers sa position d'équilibre. Au point d'abscisse $x_2$ la dérivée $dE_p/dx$ est positive et la coordonnée $F_x$ négative, ce qui justifie le sens de la force $\vec{F_2}$ qui elle aussi tend aussi à ramener le mobile vers sa position d'équilibre. Cette position d'équilibre est donc stable. **Un minimum de l'énergie potentielle correspond donc à une position d'équilibre stable définie par** :

$$\boxed{\left(\frac{dE_p}{dx}\right)_{x=x_e} = E_p'(x_e) = 0} \quad \text{et} \quad \boxed{\left(\frac{d^2E_p}{dx^2}\right)_{x=x_e} = E_p''(x_e) > 0} \tag{3.23}$$

Lorsque l'extremum est un maximum, un raisonnement tout à fait analogue montre que le mobile, écarté de la position d'équilibre, est soumis à une force qui tend à l'en éloigner encore davantage (figure 3.8b). **Un maximum de l'énergie potentielle correspond à une position d'équilibre instable définie par :**

$$\left(\frac{dE_p}{dx}\right)_{x=x_e} = E_p'(x_e) = 0 \quad \text{et} \quad \left(\frac{d^2E_p}{dx^2}\right)_{x=x_e} = E_p''(x_e) < 0 \tag{3.24}$$

## 3.6. Compléments : référentiels non inertiels

### 3.6.1. Théorème de l'énergie cinétique

Nous avons vu au chapitre 2 qu'un observateur lié à un référentiel non inertiel $(\mathcal{R}')$ se doit de prendre en compte des forces d'inertie pour décrire correctement le mouvement d'un mobile. Il écrit le principe fondamental de la dynamique sous la forme :

$$m\left(\frac{d\vec{v'}}{dt}\right)_{(\mathcal{R}')} = \vec{F} + \vec{f_{ic}} + \vec{f_{ie}} \tag{3.25}$$

$\vec{F}$ représente la résultante des forces d'interaction s'exerçant sur le mobile ;
$\vec{f_{ic}} = -2m\vec{\omega} \wedge \vec{v'}$ est la force d'inertie de Coriolis ;
$\vec{f_{ie}} = -m\vec{A} - m\vec{\omega} \wedge (\vec{\omega} \wedge \vec{r}) - m\dot{\vec{\omega}} \wedge \vec{r}$ est la force d'inertie d'entraînement dans le cas le plus général (paragraphe 1.6.3). Pour calculer la variation de l'énergie cinétique $E'_c$ il faut, comme nous l'avons vu au paragraphe 3.3, multiplier l'équation (3.25) par $\vec{v'}dt$. La force d'inertie de Coriolis étant par définition orthogonale au vecteur $\vec{v'}$, le produit scalaire $\vec{f_{ic}}.\vec{v'}dt$ est nul, et l'on obtient :

$$dE'_c = m\vec{v'}.d\vec{v'} = \vec{F}.\vec{v'}dt + \vec{f_{ie}}.\vec{v'}dt \tag{3.26}$$

**La variation de l'énergie cinétique du mobile dans $(R')$ dépend donc du travail de la résultante des forces d'interaction et du travail de la force d'inertie d'entraînement** :

$$\boxed{E'_{cf} - E'_{ci} = \int_i^f \vec{F}.d\vec{l'} + \int_i^f \vec{f_{ie}}.d\vec{l'}} \tag{3.27}$$

***Exemple 1* (un objet de masse $m$ est abandonné sans vitesse initiale à une hauteur $h$ au-dessus du sol, dans un référentiel non inertiel $(\mathcal{R}')$ animé d'un mouvement rectiligne uniformément accéléré).** On note $\vec{A}$ le vecteur accélération de $(\mathcal{R}')$ par rapport au référentiel galiléen terrestre. Dans ce cas $\vec{f_{ie}} = -m\vec{A}$, et si l'on néglige le frottement de l'air, $\vec{F} = m\vec{g}$. Conformément à (3.25), l'observateur de $(\mathcal{R}')$ écrit :

$$\ddot{x}' = -A; \quad \dot{x}' = -At; \quad x' = -\frac{1}{2}At^2 \tag{3.28}$$

$$\ddot{y}' = -g; \quad \dot{y}' = -gt; \quad y' = -\frac{1}{2}gt^2 + h \tag{3.29}$$

Pour lui la trajectoire est oblique (figure 3.9a), la durée de chute $\tau = \sqrt{2h/g}$, et le corps touche le sol au point d'abscisse $x'_f = -Ah/g$. La variation d'énergie cinétique au cours de la chute s'écrit dans $(\mathcal{R}')$ :

$$E'_{cf} - E'_{ci} = \frac{1}{2}mv'^2_f - 0 = \frac{1}{2}m(A^2 + g^2)\tau^2 = mgh(1 + \frac{A^2}{g^2}) \qquad (3.30)$$

Évaluons le travail de $\vec{F}$ et de $\vec{f_{ie}}$ au cours de la chute :

$$\int_i^f \vec{F}.d\vec{l'} = mgh \quad \text{et} \quad \int_i^f \vec{f_{ie}}.d\vec{l'} = (-mA)(-A\frac{h}{g}) = mA^2\frac{h}{g} \qquad (3.31)$$

Il est clair que les expressions (3.30) et (3.31) vérifient bien la relation (3.27).

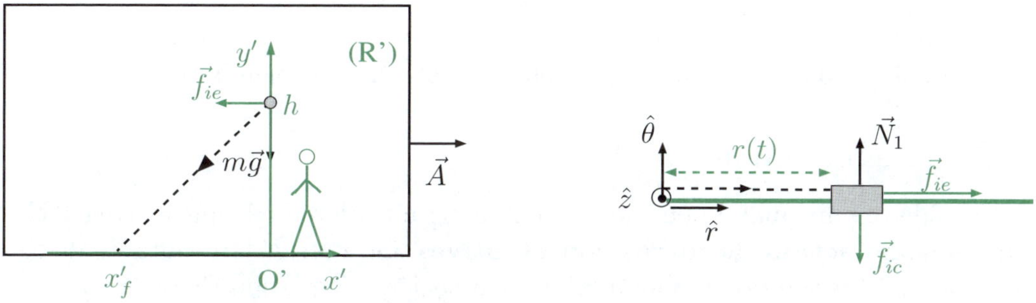


Figure 3.9. (a) Chute libre dans un référentiel non inertiel animé d'un mouvement rectiligne uniformément accéléré. (b) Anneau coulissant sans frottement sur une tige horizontale animée d'un mouvement de rotation uniforme. Le dispositif est représenté vu de dessus.

***Exemple* 2** Un anneau de masse $m$ coulisse sans frottement sur une tige horizontale animée d'un mouvement de rotation uniforme caractérisé par le vecteur vitesse angulaire $\vec{\omega} = \dot{\theta}\hat{z}$. La figure 3.9b représente le dispositif vu par-dessus[(10)]. Pour l'observateur lié au référentiel tournant $(\mathcal{R}')$ dans lequel la tige est immobile, le mouvement de l'anneau est rectiligne. La variation de l'énergie cinétique dans $(\mathcal{R}')$ est donnée par l'expression (3.26) avec : $\vec{F} = (N_2 - m\vec{g})\hat{z} + N_1\hat{\theta}$ et $\vec{f_{ie}} = mr\dot{\theta}^2\hat{r}$. Au cours du déplacement rectiligne, seule la force d'entraînement travaille par conséquent :

$$E'_{cf} - E'_{ci} = \int_i^f \vec{f_{ie}}.d\vec{r} = m\dot{\theta}^2 \int_i^f r dr \qquad (3.32)$$

[(10)] Reportez-vous à l'exercice 2.12 et à la figure 2.25.

Nous avons vu [10] que si l'anneau est libéré au temps $t = 0$ à une distance $r_0$ de l'axe de rotation, $r(t) = r_0 \cosh(\dot{\theta} t)$ donc $v = \dot{r} = r_0 \dot{\theta} \sin h(\dot{\theta} t)$.

En associant les temps $t_i$ et $t_f$, respectivement à l'état initial et à l'état final, on obtient :

$$E'_{cf} - E'_{ci} = \frac{1}{2} m (r_0 \dot{\theta})^2 [\sin h^2(\dot{\theta} t_f) - \sin h^2(\dot{\theta} t_i)] \quad (3.33)$$

et

$$\int_i^f \vec{f_{ie}}.d\vec{r} = \frac{1}{2} m \dot{\theta}^2 (r_f^2 - r_i^2) = \frac{1}{2} m (r_0 \dot{\theta})^2 [\cos h^2(\dot{\theta} t_f) - \cos h^2(\dot{\theta} t_i)] \quad (3.34)$$

Les expressions (3.33) et (3.34) sont identiques et vérifient bien la relation (3.32).

### 3.6.2. Énergie mécanique

Considérons un mobile en mouvement dans un référentiel non inertiel $(\mathcal{R}')$, **sous la seule action de forces conservatives**. On note $\vec{F}$ la résultante de ces forces et $E_p$ l'énergie potentielle qui lui est associée. L'équation (3.27) s'écrit :

$$E'_{cf} - E'_{ci} = E_{pf} - E_{pi} + \int_i^f \vec{f_{ie}}.d\vec{l'} \quad (3.35)$$

soit :

$$\boxed{E'_{mf} - E'_{mi} = \int_i^f \vec{f_{ie}}.d\vec{l'}} \quad (3.36)$$

**Même si toutes les forces d'interaction sont conservatives, l'énergie mécanique n'est pas conservée dans un référentiel non inertiel.**

Examinons maintenant **deux cas particuliers**.

a) Le premier est celui d'un **référentiel non inertiel $(\mathcal{R}')$ animé d'un mouvement rectiligne uniformément varié** par rapport à une référentiel galiléen $(\mathcal{R})$. Dans ce cas $\vec{\omega} = \vec{0}$ et donc $\vec{f_{ie}} = -m\vec{A}$. Comme les coordonnées de $\vec{A}$ sont constantes :

$$\int_i^f \vec{f_{ie}}.d\vec{l'} = -m[A_x(x'_f - x'_i) + A_y(y'_f - y'_i) + A_z(z'_f - z'_i)] \quad (3.37)$$

L'équation (3.37) montre que le travail de la force d'inertie d'entraînement ne dépend pas du chemin suivi. On peut donc définir dans $(\mathcal{R}')$ une énergie potentielle que nous qualifierons d'entraînement :

$$E'_{pe} = m(A_x x' + A_y y' + A_z z') = m\vec{A}.\vec{r'} \qquad (3.38)$$

telle que :

$$\int_i^f \vec{f_{ie}}.d\vec{l'} = (E'_{pe})_i - (E'_{pe})_f \qquad (3.39)$$

Dans ce cas l'équation (3.35) s'écrit donc :

$$E'_{cf} - E'_{ci} = +E_{pi} - E_{pf} + (E'_{pe})_i - (E'_{pe})_f \qquad (3.40)$$

Cette expression montre que, dans le référentiel non inertiel $(\mathcal{R}')$, tout se passe comme si le mobile possédait une **une énergie potentielle effective** $\widetilde{E'_p}$ égale à la somme de l'énergie potentielle associée à la résultante des forces conservatives et de l'énergie potentielle d'entraînement (3.38) :

$$\boxed{\widetilde{E'_p} = E_p + E'_{pe}} \qquad (3.41)$$

Si l'on définit dans le référentiel non inertiel $(\mathcal{R}')$ une énergie mécanique qui prend en compte cette énergie potentielle effective :

$$\widetilde{E'_m} = E'_c + E_p + E'_{pe} = E'_c + \widetilde{E'_p} \qquad (3.42)$$

l'équation (3.40) montre que cette quantité $\widetilde{E'_m}$ **se conserve.**

Revenons sur l'exemple 1 précédent. Dans ce cas $A_x = A$, $A_y = A_z = 0$ et $E_{pe} = mAx'$. Prenant en compte cette énergie potentielle d'entraînement, on définit l'énergie $\widetilde{E'_m} = \frac{1}{2}mv'^2 + mgy' + mAx'$. Écrivons que cette énergie reste constante entre le début et la fin de la chute libre : $mgh = 1/2mv_f'^2 + mAx'_f$.

En remplaçant $x'_f$ par son expression $-Ah/g$, on retrouve bien l'équation (3.30).

b) Le deuxième cas est celui d'un **référentiel non inertiel $(\mathcal{R}')$ animé**, par rapport à une référentien galiléen $(\mathcal{R})$, **d'un mouvement circulaire uniforme** défini par le vecteur vitesse angulaire $\vec{\omega}$. Dans ce cas, $\vec{A} = \vec{0}$ et $\vec{f_{ie}} = -m\vec{\omega}\wedge(\vec{\omega}\wedge\vec{r})$. En définissant $\vec{\omega} = \dot{\theta}\hat{z'}$ et $\vec{r} = x'\hat{x'} + y'\hat{y'} + z'\hat{z'}$, on obtient $\vec{f_{ie}} = m\dot{\theta}^2(x'\hat{x'} + y'\hat{y'})$. Le travail de cette force :

$$\int_i^f \vec{f_{ie}}.d\vec{l'} = \frac{m}{2}\dot{\theta}^2[(x')^2 + (y')^2]_i^f \qquad (3.43)$$

apparaît également indépendant du chemin suivi. On est donc amené comme précédemment à définir dans $(\mathcal{R}')$ une énergie potentielle d'entraînement (aussi appelée énergie potentielle centrifuge) :

$$E'_{pe} = -\frac{1}{2}m\dot{\theta}^2[(x')^2 + (y')^2] \tag{3.44}$$

qui permet de réécrire (3.35) :

$$E'_{cf} - E'_{ci} = E_{pi} - E_{pf} + (E'_{pe})_i - (E'_{pe})_f \tag{3.45}$$

Il apparaît comme précédemment qu'en définissant une énergie potentielle effective $\widetilde{E'_p}$, somme de l'énergie potentielle associée aux forces conservatives, et de l'énergie potentielle d'entraînement centrifuge (3.44), l'énergie mécanique $\widetilde{E'_m}$ définie par (3.41) se conserve dans le référentiel non inertiel $(\mathcal{R}')$.

Si nous revenons à l'exemple 2 du paragraphe précédent, le poids de l'anneau ne travaille pas (la tige est horizontale) donc $E_{pi} = E_{pf}$ ; le mouvement est rectiligne (figure 3.9b) donc $x' = r$ et $y' = 0$. La conservation de l'énergie mécanique $\widetilde{E'_m}$ s'écrit :

$$E'_{cf} - \frac{1}{2}m\dot{\theta}^2 r_f^2 = E'_{ci} - \frac{1}{2}m\dot{\theta}^2 r_i^2 \tag{3.46}$$

expression identique à l'équation (3.32).

**En résumé, lorsqu'un mobile se déplace sous la seule action de forces conservatives, dans un référentiel non inertiel :**

- **son énergie mécanique $E'_m$ ne se conserve pas ;**
- **dans les cas particuliers où les vecteurs $\vec{A}$ ou $\vec{\omega}$ sont constants, on définit une énergie potentielle effective $\widetilde{E'_p}$, et l'énergie mécanique définie comme $\widetilde{E'_m} = E'_c + \widetilde{E'_p}$ se conserve.**

### 3.6.3. Diagramme d'énergie

Dans un référentiel non inertiel où l'on peut définir une énergie potentielle effective $\widetilde{E'_p}$, et une énergie mécanique $\widetilde{E'_m}$ qui se conserve, un mouvement à un degré de liberté peut être décrit en utilisant un diagramme d'énergie. Illustrons-le sur deux exemples.

***Exemple 1*** **(référentiel ($\mathcal{R}'$) animé d'un mouvement rectiligne caractérisé par un vecteur accélération $\vec{A}$ constant).** On place dans ($\mathcal{R}'$) un pendule simple constitué par une masse ponctuelle $m$ attachée à l'extrémité d'un fil de longueur $l$. On note $\theta$ l'angle que fait le fil avec la verticale (figure 3.10a). L'énergie potentielle de pesanteur $E_p$ est égale à $mgl(1-\cos\theta)$ (représentée en tirets noirs figure 3.10b), et l'énergie potentielle d'entraînement s'écrit suivant (3.38) : $E_{pe} = mAl\sin\theta$. L'énergie potentielle effective du pendule dans le référentiel ($\mathcal{R}'$) :

$$\widetilde{E'_p} = mgl(1-\cos\theta) + mAl\sin\theta \tag{3.47}$$

est représentée en vert sur la figure 3.10b pour une valeur de $A = 0,27\,g$. La position d'équilibre stable n'est plus en 0° mais correspond à une valeur $\theta_e$ négative de l'angle définie par $(d\widetilde{E'_p}/d\theta)_{\theta_e} = 0$, soit $\tan\theta_e = -A/g$. Si, par exemple, le pendule est abandonné sans vitesse initiale dans la position verticale, son énergie $\widetilde{E'_m}$ sera nulle, et le diagramme de la figure 3.10b montre qu'il oscillera entre 0° et –30°.

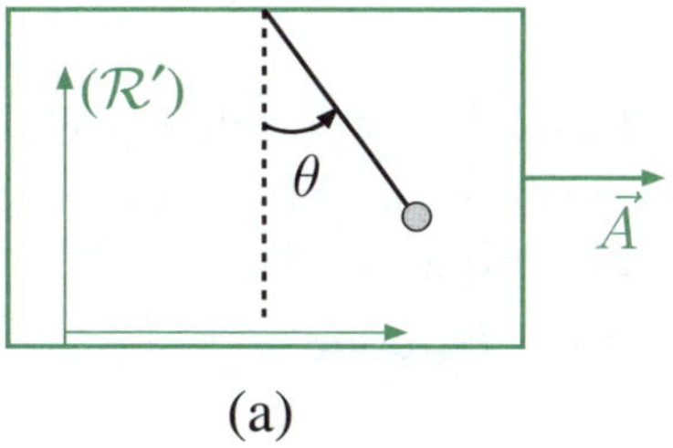


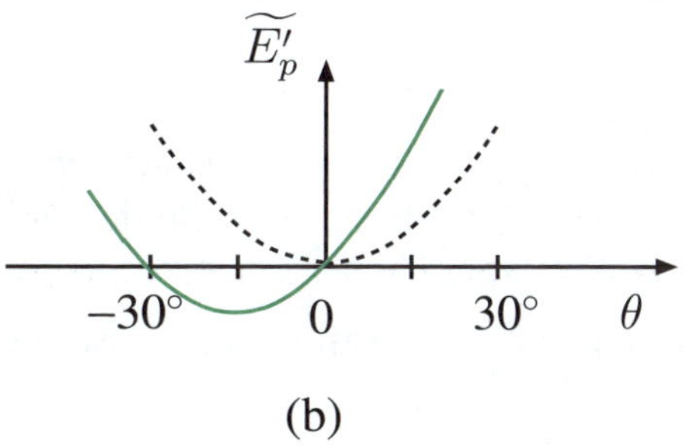


FIGURE 3.10. (a) Pendule simple dans un référentiel ($\mathcal{R}'$) uniformément accéléré. (b) Énergie potentielle effective du pendule dans ($\mathcal{R}'$) en vert. L'énergie potentielle de pesanteur est représentée en tirets noirs.

***Exemple 2*** **(référentiel ($\mathcal{R}'$) animé d'un mouvement de rotation uniforme caractérisé par le vecteur vitesse angulaire : $\vec{\omega} = \dot{\alpha}\hat{z}$).** C'est le cas du cercle de rayon $r$, représenté sur la figure 3.11a, qui tourne dans le plan vertical. Un anneau de masse $m$ peut coulisser sans frottement sur ce cercle, et sa position est repérée par l'angle $\theta$ (attention à ne pas confondre $\theta$ avec l'angle $\alpha$ !). L'énergie potentielle d'entraînement est définie selon (3.44) par :

$$E_{pe} = -\frac{1}{2}m(r\sin\theta)^2(\dot{\alpha})^2 \tag{3.48}$$

et l'énergie potentielle effective de l'anneau dans le référentiel tournant du cercle s'exprime suivant :

$$\widetilde{E'_p} = mgr(1-\cos\theta) - \frac{1}{2}m(r\sin\theta)^2(\dot{\alpha})^2 \tag{3.49}$$

La position d'équilibre est définie par $d\widetilde{E'_p}/d\theta = 0$, soit :

$$\sin\theta_e(1 - r\dot{\alpha}^2\cos\theta_e/g) = 0 \tag{3.50}$$

Si $\dot{\alpha} < \sqrt{g/r}$, la seule solution est $\theta_e = 0$, et il est facile de montrer qu'elle est stable : $(d^2\widetilde{E'_p}/d\theta^2)_{(\theta_e)} > 0$.

Si $\dot{\alpha} > \sqrt{g/r}$, trois solutions existent, définies par $\sin\theta_e = 0$ et $\cos\theta_e = g/(r\dot{\alpha}^2)$. Dans ce cas il est facile de vérifier que la position $\theta_e = 0$ est maintenant instable alors que les deux autres positions d'équilibre sont stables.

La figure 3.11b résume la situation en représentant $\widetilde{E'_p}$ pour :

- $\dot{\alpha} = 0$ (en tirets noirs), $\widetilde{E'_p} = E_p$, énergie potentielle de pesanteur ;

- $\dot{\alpha} = 0,8\sqrt{g/r}$ (en vert), position d'équilibre stable en $\theta_e = 0$ autour de laquelle la masse $m$ oscille pour toute valeur positive de $\widetilde{E'_m}$ ;

- $\dot{\alpha} = 1,2\sqrt{g/r}$ (en tirets verts), la position d'équilibre $\theta_e = 0$ est instable, et deux positions d'équilibre stable symétriques apparaissent, autour desquelles la masse $m$ oscille pour les valeurs négatives de $\widetilde{E'_m}$ supérieures à $\widetilde{E'_p}(\theta_e)$.

La période de ces différentes oscillations sera déterminée au chapitre suivant.

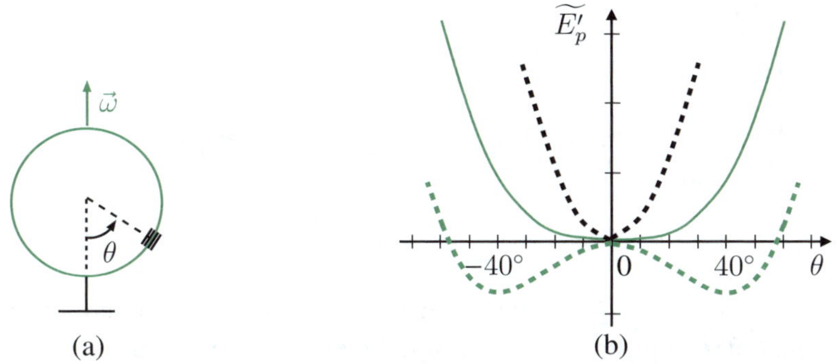


Figure 3.11. Référentiel non inertiel (R') animé d'un mouvement circulaire uniforme. (a) Un anneau peut glisser librement sur un cercle vertical (rayon r) en rotation uniforme (vitesse angulaire $\dot{\alpha}$). (b) Énergie potentielle effective $\widetilde{E'_p}$ pour $\dot{\alpha} = 0,8\sqrt{g/r}$ (en vert) et pour $\dot{\alpha} = 1,2\sqrt{g/r}$ (en tirets verts). La courbe en tirets noirs représente l'énergie potentielle de pesanteur $E_p$.

## 3.7. Exercices

***Exercice 3.1.*** Un camion de 10 tonnes roule à 54 km/h dans une descente à 15 % lorsque ses freins lâchent ; 500 mètres après sa vitesse est égale à 108 km/h.
a) Quelle est l'intensité $f$ de la force, supposée constante, exercée par les frottements ? (On prendra $g = 10$ ms$^{-2}$).
b) Avec cette vitesse de 108 km/h le camion aborde une portion de route horizontale, et l'on suppose que l'intensité $f$ de la force de frottement est la même. Quelle distance $L$ va-t-il parcourir avant de s'immobiliser ?

***Exercice 3.2.*** Une balle de masse $m$ est lancée d'un point situé à une hauteur $h$ au-dessus du sol avec un vecteur vitesse $\vec{v}_0$ dont la direction fait un angle $\theta$ avec l'horizontale (figure 3.12a). On néglige le frottement de l'air.
a) Trouver l'expression du module $\|\vec{v}_f\|$ de la vitesse avec laquelle la balle touche le sol. Dépend-il de $\theta$ ?
b) On note $H$ la hauteur maximum atteinte par la balle. Trouver son expression.

***Exercice 3.3.*** Un palet de masse $m$ est placé sur un plan incliné d'un angle $\alpha$ par rapport à l'horizontale, prolongé par un plan horizontal (figure 3.12b). Sur ce plan horizontal est placé un ressort de masse négligeable, de constante de raideur $k$ et de longueur au repos $l_0$.
a) En l'absence de tout frottement trouver l'expression de la vitesse $v_1$ du palet au bas du plan incliné, puis de la longueur $l$ du ressort lorsque le palet s'immobilise.

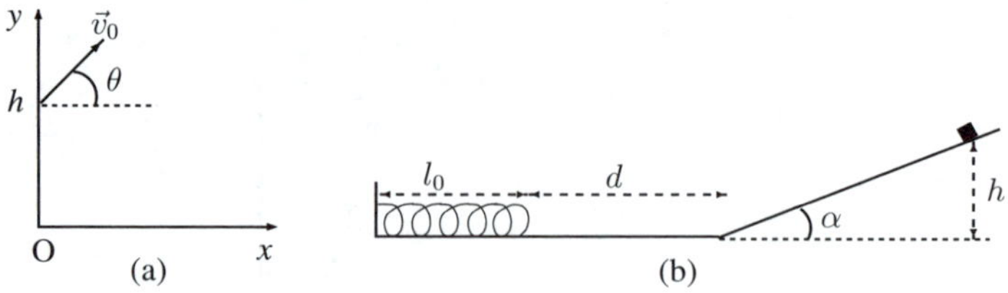


FIGURE 3.12.

b) Reprendre la question précédente en présence d'un coefficient de frottement dynamique $\mu_d$ entre le palet et le plan. Quelle est la quantité d'énergie mécanique transformée en chaleur ?

***Exercice 3.4.*** Deux blocs sont reliés par un fil inextensible passant sur une poulie de masse négligeable (figure 3.13a). Le bloc $A$ de masse $2m$ se déplace sur un plan horizontal, en présence d'une force de frottement solide-solide caractérisée par les coefficients de frottement statique $\mu_s$ et dynamique $\mu_d$. Le bloc $B$ de masse $m$ est initialement à une hauteur $h$ au-dessus du sol.
a) Pour quelles valeurs de $\mu_s$ le système abandonné à lui même se met-il en mouvement ?
b) Cette condition étant réalisée, le système est abandonné sans vitesse initiale. Quelle est le module $v_1$ de la vitesse du bloc $A$ lorsque $B$ touche le sol ?
c) À partir de cet instant, quelle distance $l$ parcourt le bloc $A$ ?
d) On note $d$ la distance totale parcourue par le bloc $A$. Exprimer $\mu_d$ en fonction de $d/h$.

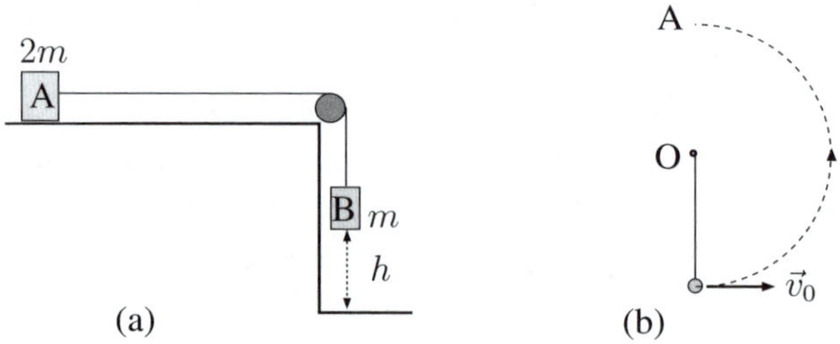


FIGURE 3.13.

***Exercice 3.5.*** a) Une bille de masse $m$ est attachée à l'extrémité d'une tige rigide de longueur $l$ et de masse négligeable, mobile sans frottement autour du point O. La bille est lancée avec une vitesse initiale horizontale $\vec{v}_0$ (figure 3.13b). Pour quelles valeurs de $\|\vec{v}_0\|$ la bille parvient-elle au point $A$, diamétralement opposé à son point de départ ?

b) Reprendre la même question mais dans le cas où la bille est attachée à l'extrémité d'un fil inextensible de longueur $l$.

***Exercice 3.6.*** Une bille de masse $m$ glisse sans frottement sur un rail constitué par une portion courbe $AB$ prolongée par une portion circulaire de rayon $R$ (figure 3.14a). On néglige tout frottement.
a) La bille est abandonnée sans vitesse initiale au point $A$ situé à une hauteur $h$ au-dessus de $B$. Trouver l'expression du module de sa vitesse en $B$.
b) Au-delà du point $B$ la bille poursuit son mouvement sur l'intérieur du rail, et sa position est repérée par l'angle $\theta$. Trouver l'expression du module de sa vitesse en fonction de $\theta$.
c) Trouver l'expression du module de la réaction normale $\|\vec{N}\|$ exercée par le rail en fonction de $\theta$.
d) Pour quelles valeurs de $h$ la bille parvient-elle au point $C$ ? Discuter les autres cas.

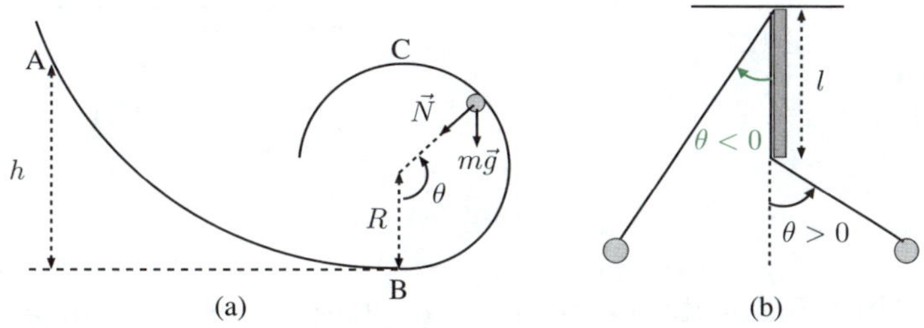


FIGURE 3.14.

***Exercice 3.7.*** Une masse ponctuelle $m$ est attachée à l'extrémité d'un fil inextensible de longueur $2l$. Le dispositif représenté sur la figure 3.14b limite la longueur du pendule à $l$ lorsqu'il oscille vers la droite ($\theta > 0$). On donne $m = 0,1$ kg, $2l = 1$ mètre et g $= 10\ ms^{-2}$.
a) Représenter l'énergie potentielle de pesanteur $E_p(\theta)$ pour $-30° < \theta < 0°$, en choisissant la condition $E_p(0) = 0$.
b) La masse $m$ est lancée depuis la position repérée par $\theta_i = -10°$ avec une vitesse de module égal à 1 ms$^{-1}$. Déterminer graphiquement le domaine de variation de $\theta$, ainsi que le module de la vitesse de $m$ au passage par $\theta = 0°$ et par $\theta = 20°$.

***Exercice 3.8.*** Un ressort de masse négligeable et de constante de raideur $k$ est maintenu en position verticale par un dispositif non représenté sur la figure 3.15a. Son extrémité libre coïncide avec l'origine de l'axe vertical. Une bille de masse $m$ est abandonnée sans vitesse initiale au point de coordonnée $h$.
a) Trouver l'expression de l'énergie potentielle $E_p(x)$ du système masse-ressort.

Représenter $E_p(x)$, dans l'intervalle $-14$ cm $< x < +4$ cm, en prenant $m = 50$ grammes, $k = 10$ N/m et $g = 10$ m/s$^2$. Déterminer graphiquement la position d'équilibre stable, puis la portion de l'axe décrite par la bille pour les conditions initiales suivantes : $x_i = 0$, $\dot{x}_i = 0$ et $x_i = +1$ cm, $\dot{x}_i = 0,45$ m/s.
b) Déterminer par le calcul la position d'équilibre stable, ainsi que le domaine de variation de $x$ correspondant à une valeur $E_m$ de l'énergie mécanique.

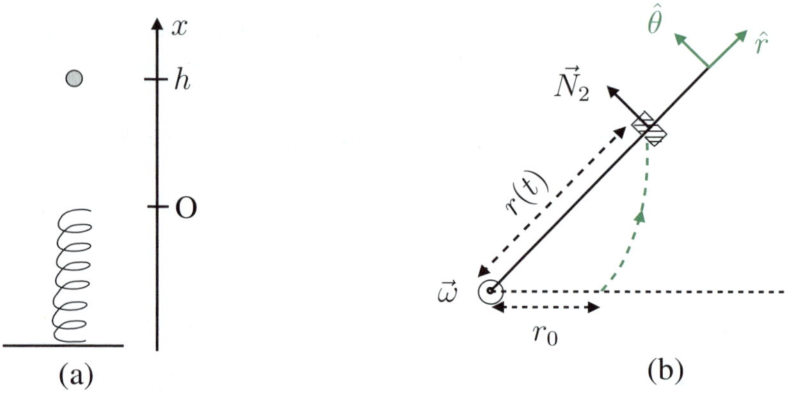


FIGURE 3.15.

***Exercice 3.9.*** Un anneau de masse $m$ peut glisser sans frottement sur une tige animée, dans le référentiel terrestre $(\mathcal{R})$, d'un mouvement de rotation uniforme caractérisé par le vecteur vitesse angulaire $\vec{\omega} = \dot{\theta}\hat{z}$. La figure 3.15b représente l'ensemble vu de dessus. À l'instant initial, on libère l'anneau qui se trouve à la distance $r_0$ de l'axe de rotation. Dans $(\mathcal{R})$, sa trajectoire curviligne (en tirets verts) est définie par $r(t) = r_0 \cos h(\dot{\theta}t)$ (Exercice 2.12).
a) Dans $(\mathcal{R})$, exprimer la variation d'énergie cinétique $E_{cf} - E_{ci}$ entre l'instant initial et un instant $t$, puis calculer le travail des forces s'exerçant sur l'anneau entre l'instant initial et cet instant $t$.
b) On se place maintenant dans le référentiel tournant $(\mathcal{R}')$ lié à la tige. Trouver l'expression du travail des forces entre l'instant initial et un instant $t$. Définir l'énergie potentielle centrifuge $E'_{pe}$ associée au référentiel tournant $(\mathcal{R}')$. En déduire que l'énergie mécanique $\widetilde{E'_m}$ reste constante au cours du temps.

## 3.8. Réponses aux exercices

**Exercice 3.1.**

*a) Il faut calculer la variation de l'énergie cinétique 3,4.10^6 J, puis exprimer qu'elle est égale au travail des forces appliquées. La réaction normale de la route ne travaille pas. Le travail moteur du poids vaut* $+7,5.10^6 J$. *Le travail de la force de frottement est lui résistant et égal à* $-500f$. *D'où l'on tire* $-500f = -4,1.10^6$ *J soit* $f = 8\,200N$.

*b) La diminution de l'énergie cinétique* $-4,5.10^6 J$ *est simplement égale au travail de la force de frottement puisque sur le plat le travail du poids est nul. Donc* $-fL = -4,5.10^6 J$, *d'où* $L = 549$ *m.*

**Exercice 3.2.**

*a) En l'absence de force de frottement, on écrit la conservation de l'énergie mécanique :* $\frac{1}{2}m\vec{v}_0^2 + mgh = \frac{1}{2}m\vec{v}_f^2$. *Cette expression montre que la valeur* $\|\vec{v}_f\| = (\|\vec{v}_0\|^2 + 2gh)^{\frac{1}{2}}$ *est indépendante de* $\theta$.

*b) Au sommet de la trajectoire,* $\dot{y}$ *est nul et* $\dot{x} = v_0 \cos\theta$. *La conservation de l'énergie mécanique s'écrit :* $\frac{1}{2}m\vec{v}_0^2 + mgh = \frac{1}{2}m(\vec{v}_0\cos\theta)^2 + mgH$, *d'où* $H = h + (\vec{v}_0 \sin\theta)^2/2g$. *La hauteur maximale atteinte par la balle dépend de l'angle* $\theta$ *sous lequel elle a été lancée. C'est pour* $\theta = \pi/2$ *que la valeur de* $H$ *est la plus grande.*

**Exercice 3.3.**

*a) En l'absence de frottement, il faut exprimer que l'énergie mécanique reste constante tout au long du mouvement :* $mgh = \frac{1}{2}mv_1^2 = \frac{1}{2}k(l_0 - l)^2$. *D'où l'on tire sans difficulté* $v_1^2 = 2gh$ *et* $l = l_0 - (2mgh/k)^{\frac{1}{2}}$.

*b) En présence de frottement, l'énergie mécanique ne reste plus constante au cours du temps. Le théorème de l'énergie cinétique montre que la diminution de l'énergie mécanique est égale au travail de la force de frottement. Sur le plan incliné, la réaction normale a pour module* $N = mg\cos\alpha$ ; *le module de la force de frottement est donc* $\mu_d mg\cos\alpha$. *Par conséquent :* $\frac{1}{2}mv_1^2 - 0 = mgh - (\mu_d mg\cos\alpha)(h/\sin\alpha)$ *ce qui définit* $v_1^2 = 2gh(1 - \mu_d/\tan\alpha)$ ; *sur le plan horizontal :* $0 - \frac{1}{2}mv_1^2 = [0 - \frac{1}{2}k(l - l_0)^2] - (\mu_d mg)(d + l_0 - l)$, *soit* $\frac{1}{2}k(l_0 - l)^2 - mgh = -mg\mu_d[(h/\tan\alpha) + d + l_0 - l]$. *Pour trouver la longueur exacte du ressort, il faut résoudre ce trinôme du second degré. Toutefois en négligeant* $(l_0 - l)$ *devant* $(d + h/tan\alpha)$, *on obtient :*
$(l_0 - l)^2 = (2\ mg/k)[h - \mu_d(h/\tan\alpha + d)]$, *(on vérifie que pour* $\mu_d = 0$ *on retrouve bien les résultats de la question précédente). La quantité d'énergie mécanique transformée en chaleur est :* $E_{mi} - E_{mf} = \mu_d mg[(h/\tan\alpha) + d]$.

**Exercice 3.4.**

*a) À l'équilibre, la tension du fil a même module en tout point. Pour le bloc B* $\|\vec{T}\| = mg$ *alors que pour le bloc A :* $\|\vec{T}\| = \|\vec{f}\|$. *Le module de la force de frottement statique doit satisfaire la condition* $\|\vec{f}\| \leq \mu_s\|\vec{N}\|$ *soit* $mg \leq 2\mu_s mg$. *L'équilibre est donc rompu si* $\mu_s < \frac{1}{2}$.

*b) Dans cette phase les deux bloc A et B sont en mouvement, il faut donc ajouter leurs énergies cinétiques :* $\frac{3}{2}mv_1^2 = mgh - \mu_d 2mgh$ *d'où* $v_1^2 = \frac{2}{3}gh(1-2\mu_d)$.

*c) Le bloc B a touché le sol, le fil n'est plus tendu et n'exerce plus aucune force de tension. Le mouvement du bloc A est uniformément retardé sous l'effet de la force de frottement dynamique :* $0 - \frac{1}{2}2mv_1^2 = -\mu_d 2mgl$ *soit* $l = h(1-2\mu_d)/3\mu_d$.

*d)* $d = h + l$ *d'où en remplaçant l par son expression :* $\mu_d = h/(3d-h)$.

**Exercice 3.5.**

*a) Il suffit d'écrire que l'énergie mécanique est constante :* $\frac{1}{2}m\vec{v}_0^2 = \frac{1}{2}m\vec{v}_A^2 + 2\,mgl$. *La bille parvient en A si* $\vec{v}_A$ *est défini, soit* $\frac{1}{2}m\vec{v}_0^2 - 2mgl \geq 0$. *La condition cherchée est donc* $\|\vec{v}_0\| \geq \sqrt{4gl}$.

*b) L'énergie mécanique est toujours conservée :* $\vec{v}_0^2 = \vec{v}_A^2 + 4gl$. *Il faut ici prendre en compte une condition supplémentaire : le fil doit rester tendu pour que la bille passe en A. La tension* $\vec{T}$ *du fil en A satisfait la relation (deuxième loi de Newton) :* $\|\vec{T}\| + mg = m\vec{v}_A^2/l$, *et n'est définie que si* $\vec{v}_A^2 \geq gl$. *Combinée avec la relation qui exprime la conservation de l'énergie mécanique cette condition donne* $\vec{v}_0^2 \geq 5gl$.

**Exercice 3.6.**

*a) La conservation de l'énergie mécanique donne* $mgh = \frac{1}{2}mv_B^2$.

*b) Lorsque la bille est à une hauteur* $(R - R\cos\theta)$ *au-dessus du point B (attention au signe,* $\cos(\pi-\theta) = -\cos\theta$*), la conservation de l'énergie mécanique s'écrit :* $mg(h - R + R\cos\theta) = \frac{1}{2}mv^2(\theta)$.

*c) En projetant la deuxième loi de Newton sur la direction radiale on obtient :* $\|\vec{N}\| + mg\cos\theta = mv^2(\theta)/R$ *soit* $\|\vec{N}\| = mg(2h/R - 2 + 3\cos\theta)$.

*d) Tant que la bille est au contact du rail ce dernier exerce la force de réaction normale* $\vec{N}$, *ce qui implique, pour que* $\|\vec{N}\|$ *soit défini, que* $(2h/R - 2 + 3\cos\theta) \geq 0$. *Si* $2h/R \geq 5$, *cette condition est toujours satisfaite et la bille parvient toujours en C. Si* $R \leq h \leq 5R/2$, *la bille quitte le rail pour une position repérée par l'angle* $\theta_0$ *défini par :* $\cos\theta_0 = -\frac{2}{3}(h/R - 1)$. *Enfin si* $h \leq R$, *l'angle* $\theta$ *est toujours inférieur à* $\pi/2$, *et la bille est toujours au contact du rail.*

**Exercice 3.7.**

*a) L'énergie potentielle de pesanteur s'écrit :* $E_p(\theta) = mgl(1-\cos\theta)$ *pour* $\theta > 0$ *et* $E_p(\theta) = 2mgl(1-\cos\theta)$ *pour* $\theta < 0$. *Avec* $mgl = 0,5$ *J il est facile de tracer le diagramme d'énergie* $E_p(\theta)$.

*b) Les conditions initiales définissent une énergie mécanique* $E_m = 0,065 J$. *Graphiquement on trouve :* $-22° < \theta < +29°$ ; $v(0°) = 1,14\ ms^{-1}$ ; $v(20°) = 0,84\ ms^{-1}$.

**Exercice 3.8.**

*a)* $E_p(x) = mgx$ *pour* $x > 0$ *et* $E_p(x) = mgx + \frac{1}{2}kx^2$ *pour* $x < 0$. *Le minimum de la courbe tracée correspond à la position d'équilibre stable :* $x_e = -5$ *cm. Pour* $x_i = 0$ *et* $\dot{x}_i = 0$, $E_m = 0$ *et* $-10$ *cm* $< x < 0$. *Pour* $x_i = +1$ *cm et* $\dot{x}_i = 0,45$ *m/s*, $E_m = 10$ *mJ et* $-11,7$ *cm* $< x < +2$ *cm.*

*b) La position d'équilibre stable* $x_e$ *est définie par* $E_p'(x_e) = 0$ *et* $E_p''(x_e) > 0$. *On trouve* $x_e = -mg/k$. *Le domaine de variation de* $x$ *est défini par* $x_1 < x < x_2$, $x_1$ *et* $x_2$ *étant les solutions de l'équation* $E_m = E_p(x)$. *On remarque que l'on peut écrire* $E_p(x) = \frac{1}{2}k(x^2 - 2xx_e)$. *Si :* $-\frac{1}{2}kx_e^2 < E_m < 0$, $x_1 = x_e - \sqrt{x_e^2 + 2E_m/k}$ *et* $x_2 = x_e + \sqrt{x_e^2 + 2E_m/k}$. *Si :* $E_m > 0$, $x_1 = x_e - \sqrt{x_e^2 + 2E_m/k}$ *et* $x_2 = E_m/mg$.

**Exercice 3.9.**

*a)* $E_{ci} = \frac{1}{2}m(r_0\dot{\theta})^2$ *et* $E_{cf} = \frac{1}{2}m(\dot{r}^2 + r^2\dot{\theta}^2)$, *soit en remplaçant* $r(t)$ *par son expression* $E_{cf} - E_{ci} = m(r_0\dot{\theta}\sinh\dot{\theta}t)^2$. *Pensez que* $cosh^2(x) - sinh^2(x) = 1$. *Dans le référentiel galiléen* $(\mathcal{R})$, *seules les forces d'interaction sont à considérer. Le poids et la réaction verticale de la tige ne travaillent pas. En revanche, le long de la trajectoire curviligne, le travail de la réaction* $\vec{N}_2$ *est non nul. Son travail élémentaire est défini par :* $dW = (2m\dot{r}\dot{\theta})(r\dot{\theta}dt)$. *En intégrant cette expression entre 0 et t on obtient* $W = m(r_0\dot{\theta}\sinh\dot{\theta}t)^2$ *qui vérifie bien le théorème de l'énergie cinétique.*

*b) Dans* $(\mathcal{R}')$ *le mouvement de l'anneau est rectiligne : les forces d'interaction (poids et réactions) ne travaillent donc pas. Il faut prendre en compte les forces d'inertie : seule la force d'entraînement centrifuge travaille (la force de Coriolis est orthogonale au déplacement de l'anneau sur la tige) et* $dW = mr\dot{\theta}^2dr$. *D'où* $W = \frac{1}{2}m(r^2 - r_0^2)\dot{\theta}^2$. *Cette expression conduit à la définition de l'énergie potentielle d'entraînement :* $E_{pe}' = -\frac{1}{2}m(r\dot{\theta})^2$. *Le théorème de l'énergie cinétique s'écrit dans* $(\mathcal{R}')$ : $\frac{1}{2}m\dot{r}^2 - 0 = \frac{1}{2}m(r^2 - r_0^2)\dot{\theta}^2$, *soit* $\frac{1}{2}m\dot{r}^2 - \frac{1}{2}mr^2\dot{\theta}^2 = -\frac{1}{2}mr_0^2\dot{\theta}^2$. *On vérifie bien qu'en l'absence de frottement, la quantité* $\widetilde{E_m'} = E_c' + E_{pe}' = +\frac{1}{2}m\dot{r}^2 - \frac{1}{2}mr^2\dot{\theta}^2$ *reste constante au cours du temps dans* $(\mathcal{R}')$.

# 4

# OSCILLATEUR MÉCANIQUE

## 4.1. Introduction

Nous allons dans ce chapitre nous intéresser à un mouvement particulier, le mouvement oscillant.

Lorsque nous regardons autour de nous, nous voyons des corps qui se déplacent (nous venons d'en étudier plusieurs exemples) et d'autres dont la position est fixe. Cependant un corps qui occupe une position fixe n'est pas forcément immobile. Sa position fixe correspond à sa position d'équilibre stable. Il y demeure immobile tant qu'on ne lui fournit pas d'énergie. Mais que ce corps vienne à recevoir de l'énergie mécanique, et il va se mettre à osciller autour de cette position d'équilibre stable : sous l'effet du vent par exemple, les végétaux se balancent, les câbles vibrent et même les ouvrages d'art oscillent[(1)].

Les mouvements d'oscillations autour d'une position d'équilibre stable sont périodiques et leur intérêt pour mesurer le temps a vite été perçu. Encore fallait-il concevoir un dispositif capable d'osciller de façon permanente, car vous l'avez constaté en observant un pendule, ses oscillations s'amortissent rapidement. Les horlogers y sont parvenus. En déployant des trésors d'ingéniosité, ils ont réussi à transférer exactement la quantité d'énergie nécessaire à l'entretien de l'amplitude des oscillateurs mécaniques que sont les horloges et les montres. Ce contrôle du transfert de l'énergie à un oscillateur mécanique est d'ailleurs un problème essentiel qui va bien au-delà de l'entretien de l'oscillateur. Pour des structures rigides,

[(1)] Gustave Eiffel maîtrisait parfaitement la résistance des matériaux, mais ses prodigieuses réalisations doivent aussi beaucoup à sa connaissance de l'aérodynamique dont il a été l'un des pionniers.

des oscillations de grande amplitude sont en effet synonymes de rupture, aussi est-il impératif de réduire autant que faire se peut la quantité d'énergie vibratoire qui leur est transférée.

Périodicité, amortissement, transfert d'énergie, entretien des oscillations, résonance, sont autant de phénomènes que nous allons étudier dans ce chapitre consacré à l'oscillateur mécanique. Mais insistons sur l'importance de ce chapitre, en soulignant que les résultats obtenus seront directement transposables aux autres domaines de la Physique où se manifestent les phénomènes oscillatoires. Ces derniers concernent en effet également les circuits électriques et les antennes, émettrice ou réceptrice, qui jouent un rôle essentiel dans les télécommunications. Mais dans ce cas, pour assurer une bonne réception par exemple il faudra être capable, à la différence de l'oscillateur mécanique, de maximiser le transfert de l'énergie électromagnétique au circuit oscillant.

À l'échelle microscopique aussi les phénomènes oscillatoires sont présents et jouent un rôle important. Dans un solide cristallin les atomes occupent des positions fixes qui définissent les nœuds du réseau. Mais ces atomes ne sont pas immobiles, ils oscillent autour de leur position d'équilibre stable et nombre des propriétés d'un solide reposent sur les modes de vibration de ces atomes. Le phénomène de résonance qui tient une large place dans ce chapitre, vous sera très utile par la suite pour comprendre les spectres d'absorption des molécules et des atomes ainsi que la résonance magnétique nucléaire sur laquelle repose l'imagerie médicale (IRM).

Vous l'aurez compris, les phénomènes que l'oscillateur mécanique va nous permettre d'illustrer sont fondamentaux car ils se retrouvent dans tous les domaines de la Physique.

L'oscillateur mécanique est un système qui oscille autour de sa **position d'équilibre stable**. Nous nous limiterons dans ce chapitre aux mouvements à un degré de liberté et étudierons :

- l'oscillateur **libre** en l'absence de force de frottement ;
- l'oscillateur **amorti** soumis à une force de frottement de type visqueux (proportionnelle à la vitesse) ;
- l'oscillateur **forcé** soumis à une force d'excitation périodique.

## 4.2. Oscillateur libre harmonique

Dans ce paragraphe nous nous plaçons dans un cas idéal, c'est-à-dire **en l'absence de toute force de frottement**. Nous allons illustrer l'oscillateur harmonique libre avec l'exemple d'un ressort horizontal de masse négligeable, de constante de raideur $k$ et de longueur au repos $l_0$. À son extrémité est attachée une masse ponctuelle $m$ qui se déplace sans frottement sur le plan horizontal. Le poids ne travaillant pas, l'énergie potentielle du système masse-ressort se réduit à la seule énergie potentielle élastique qui s'écrit[(2)] $E_p(x) = \frac{1}{2}kx^2$, en choisissant l'origine de l'axe $x'Ox$ comme le représente la figure 4.1a. Comme nous l'avons déjà souligné, les oscillations mécaniques ne s'observent qu'autour d'une position d'équilibre **stable** $x_e$ que l'on détermine en écrivant les conditions (paragraphe 3.5.2) :

$$\boxed{E'_p(x_e) = \frac{dE_p}{dx} = 0 \quad et \quad E''_p(x_e) = \frac{d^2E_p}{dx^2} > 0} \tag{4.1}$$

On trouve ici sans difficulté $x_e = 0$.

En l'absence de frottement, l'énergie mécanique[(3)] $E$ du système va rester constante au cours du temps, et sa valeur est déterminée par les conditions initiales. En notant respectivement $x_i$ et $\dot{x}_i$ la position et la vitesse initiales de la masse $m$, on définit son expression :

$$E = \frac{1}{2}m\dot{x}_i^2 + \frac{1}{2}kx_i^2 \tag{4.2}$$

La description qualitative de ce mouvement est simple. Conformément à ce que nous avons vu au paragraphe 3.5.1, la masse $m$ oscillera (figure 4.1b) entre les points d'abscisse $x_1$ et $x_2$ solutions de l'équation $E = E_p(x)$.

### 4.2.1. Équation harmonique

Il faut maintenant établir l'expression de la position $x$ de cette masse $m$ en fonction du temps $t$. Pour cela exprimons mathématiquement que l'énergie mécanique reste constante au cours du temps en écrivant que sa dérivée temporelle $\dot{E}$ est nulle. Attention, cette fois nous dérivons par rapport au temps[(4)] :

$$E = \frac{1}{2}m\dot{x}^2 + \frac{1}{2}kx^2 \quad \text{d'où} \quad \dot{E} = \frac{dE}{dt} = m\dot{x}\ddot{x} + kx\dot{x} = 0 \tag{4.3}$$

soit en définissant $\omega_0^2 = k/m$, et en écartant la solution $\dot{x}=0$ (masse immobile) :

$$\boxed{\ddot{x} + \omega_0^2 x = 0} \tag{4.4}$$

[(2)]Dans le domaine linéaire, c'est-à-dire tant que l'allongement du ressort est proportionnel à l'intensité de la force de traction.

[(3)]Nous l'avons notée $E_m$ dans le chapitre précédent, mais pour alléger l'écriture nous omettrons maintenant l'indice m.

[(4)]Voir « Outils mathématiques » paragraphe 10.1.2.

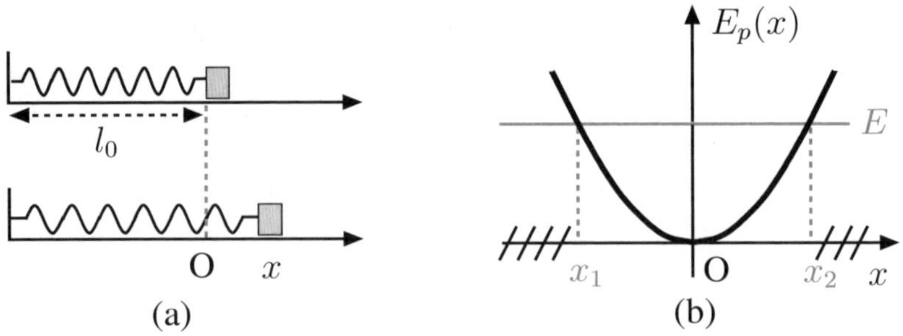


FIGURE 4.1. Oscillations d'un ressort sur un plan horizontal en l'absence de frottement. L'énergie mécanique $E$ reste constante au cours du temps. Sa valeur est déterminée par les conditions initiales.

Cette équation, que l'on appelle **équation harmonique**, est très générale et très importante en Physique. Comme vous pouvez aisément le vérifier, elle admet une solution périodique de la forme :

$$x(t) = x_M \cos(\omega_0 t + \phi) \tag{4.5}$$

La **pulsation propre** de l'oscillateur $\omega_0$ définit sa **période** propre $T_0 = 2\pi/\omega_0$, et sa **fréquence** propre $N_0 = \omega_0/2\pi$. Il est essentiel de remarquer que **la valeur de la période d'un oscillateur harmonique ne dépend pas de son amplitude** : on parle d'**isochronisme des oscillations**.

Précisons que :

- $x(t)$, abscisse de la masse $m$, s'appelle **l'élongation** ;

- $x_M$, valeur maximale de l'élongation, s'appelle **l'amplitude** que, par convention, nous choisirons positive : $x_M = \frac{1}{2}(x_2 - x_1)$ sur la figure 4.1b ;

- la **phase** $\phi$ est déterminée par les conditions initiales. Par convention nous choisirons la valeur de $\phi$ qui correspond à une amplitude positive.

### 4.2.2. Amplitude et phase

On peut déterminer l'amplitude et la phase directement à partir des conditions initiales. Pour cela on utilise l'expression de la position définie par l'équation (4.5), et celle de la vitesse définie par :

$$\dot{x} = -\omega_0 x_M \sin(\omega_0 t + \phi) \tag{4.6}$$

En notant $x_i$ et $\dot{x}_i$ la position et la vitesse de la masse $m$ à l'instant initial, on obtient les deux relations :

$$x_i = x_M \cos\phi \quad \text{et} \quad \dot{x}_i = -\omega_0 x_M \sin\phi \tag{4.7}$$

On trouve sans difficulté :

$$x_M = \sqrt{x_i^2 + \left(\frac{\dot{x}_i}{\omega_0}\right)^2} \quad \text{et} \quad \cos\phi = \frac{x_i}{x_M} \tag{4.8}$$

La valeur de $\phi$ choisie doit vérifier les deux relations (4.7).

### 4.2.3. Énergie de l'oscillateur harmonique

L'énergie mécanique d'un oscillateur harmonique est fixée, rappelons-le, par les conditions initiales. **Sa valeur est directement reliée à l'amplitude des oscillations.** En effet, lorsque $x = x_M$, l'énergie mécanique est égale à l'énergie potentielle comme le montre la figure 4.1b. Par conséquent :

$$\boxed{E = E_p(x_M) = \frac{1}{2}kx_M^2} \tag{4.9}$$

Bien évidemment on peut retrouver ce résultat en établissant, à partir de (4.5) et (4.6), les expressions de l'énergie cinétique et de l'énergie potentielle de l'oscillateur en fonction du temps[5] :

$$E_c = \frac{1}{2}m\omega_0^2 x_M^2 \sin^2(\omega_0 t + \phi) \quad \text{et} \quad E_p = \frac{1}{2}kx_M^2 \cos^2(\omega_0 t + \phi) \tag{4.10}$$

La figure 4.2a illustre l'effet du travail de la force conservative exercée par le ressort : elle transforme constamment l'une dans l'autre ces deux formes de l'énergie mécanique, en maintenant cette dernière constante.

### 4.2.4. Représentation dans l'espace des phases

Dans cette représentation que nous avons déjà rencontrée au paragraphe 1.3.1, le temps n'apparaît plus explicitement. En élevant au carré la relation 4.5, ainsi que la relation (4.6) divisée par $\omega_0$, puis en les sommant membre à membre, on obtient :

$$\left(\frac{\dot{x}}{\omega_0}\right)^2 + x^2 = x_M^2 \tag{4.11}$$

[5] Pensez que $\omega_0^2 = k/m$.

Dans un système d'axes représentant $\dot{x}/\omega_0$ en fonction de $x$, cette expression représente l'équation d'un cercle de rayon $x_M$ centré sur l'origine. Il faut bien distinguer la trajectoire dans l'espace réel (mouvement rectiligne oscillant) de la trajectoire dans l'espace des phases. Les points $A, B, C$ et $D$ soulignent la correspondance entre les deux trajectoires sur la figure 4.2b.

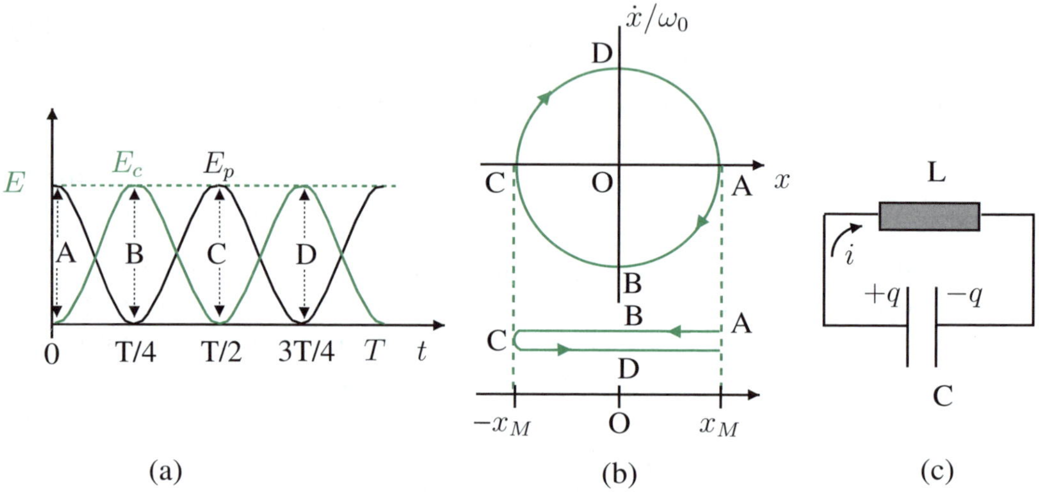


FIGURE 4.2. Oscillateur harmonique libre. a) Variation en fonction du temps de l'énergie cinétique (en vert) et de l'énergie potentielle (en noir). b) Représentation d'une oscillation harmonique autour de la position d'équilibre stable O, dans **l'espace des phases** (cercle de rayon $x_M$ centré en O) et dans **l'espace réel** (trajectoire rectiligne). Les points A, B, C et D permettent de faire correspondre positions dans l'espace réel, positions dans l'espace des phases, et valeurs des énergies cinétique et potentielle. c) Circuit électrique oscillant constitué par une inductance pure L et un condensateur de capacité C.

### 4.2.5. Oscillations harmoniques électriques

Pour illustrer la généralité de l'équation harmonique, prenons l'exemple d'un circuit électrique constitué par un condensateur de capacité $C$ en série avec une inductance pure $L$ (figure 4.2c). On considère que ce circuit n'est pas du tout résistif, ce qui correspond à l'absence de frottement mécanique : en l'absence d'effet Joule aucune énergie électrique n'est en effet dissipée en chaleur. L'énergie électrique de ce circuit oscillant reste donc constante au cours du temps. Cette énergie électrique $E$ dépend à tout instant de la charge $q$ du condensateur et de l'intensité $i$ du courant définie par $i = \dot{q}$ :

$$E = \frac{1}{2}L(\dot{q})^2 + \frac{1}{2}\frac{q^2}{C} \tag{4.12}$$

En exprimant que cette énergie reste constante au cours du temps, on obtient l'équation harmonique :

$$\ddot{q} + \omega_0^2 q = 0 \quad \text{avec} \quad \omega_0^2 = \frac{1}{LC} \tag{4.13}$$

L'identité formelle entre cette relation et la relation (4.4) fait que tous les résultats que nous avons établis pour l'oscillateur harmonique mécanique peuvent être utilisés pour décrire les oscillations électriques de ce circuit $LC$. En comparant (4.12) et (4.13) avec (4.3) et (4.4), la correspondance apparaît évidente entre $q$ et $x$, $i$ et $\dot{x}$, $L$ et $m$, $1/C$ et $k$.

## 4.3. Oscillateur libre non linéaire

Tous les oscillateurs libres ne sont pas harmoniques, comme nous allons l'illustrer avec le pendule simple.

Considérons un pendule simple constitué par une masse ponctuelle $m$ attachée à l'extrémité d'un fil inextensible de longueur $l$. La position de ce pendule est repérée par l'angle $\theta$ qu'il fait avec la verticale (figure 4.3a). L'énergie potentielle de pesanteur $E_p = mgl(1 - \cos\theta)$ permet, suivant (4.1), de définir sans difficulté la position d'équilibre stable $\theta_e = 0$.

Par ailleurs, en exprimant que l'énergie mécanique du pendule :

$$E = \frac{1}{2}ml^2\dot{\theta}^2 + mgl(1 - \cos\theta) \tag{4.14}$$

reste constante au cours du temps ($\dot{E} = 0$), on obtient après simplification par $\dot{\theta}$ et division par $ml^2$ :

$$\ddot{\theta} + \frac{g}{l}\sin\theta = 0 \tag{4.15}$$

À l'évidence, cette équation n'est pas harmonique du fait de la présence du terme non-linéaire en $\sin\theta$. **Dans le cas général, le pendule simple n'est pas un oscillateur harmonique**, ce qui ne permet plus de trouver une expression analytique simple, analogue à la relation (4.5), de l'angle $\theta$ en fonction du temps $t$. Dans ce régime, représenté en vert sur la figure 4.3, la période $T$ des oscillations du pendule croît avec l'amplitude $\theta_M$ (figure 4.3c), **on n'a plus isochronisme**

**des oscillations**. Quant à la trajectoire dans l'espace des phases correspondant à une oscillation, **ce n'est plus un cercle** (figure 4.3d).

Voilà pour le cas général. Cela étant, nous savons bien que pour les faibles valeurs de l'angle $\theta$ le terme $\sin\theta$ se linéarise[6] : on peut identifier $\sin\theta$ à l'angle $\theta$ (exprimé en radians), en commettant une erreur relative d'autant plus faible que $\theta$ est voisin de zéro. Cette linéarisation, appliquée à (4.15), conduit à l'équation harmonique :

$$\ddot{\theta} + \omega_0^2\theta = 0 \quad \text{avec} \quad \omega_0^2 = \frac{g}{l} \tag{4.16}$$

La validité de ce régime harmonique, représenté en noir, est illustréee par la figure 4.3. On constate que les écarts relatifs respectifs, entre $mgl(1 - \theta^2/2)$ et l'énergie potentielle $E_p$ (figure 4.3b), entre $T_0 = 2\pi\sqrt{l/g}$ et la période propre $T$ (figure 4.3c), entre un cercle et la trajectoire dans l'espace des phases (figure 4.3d), sont inférieurs à 4 % pour $\theta < 40°$.

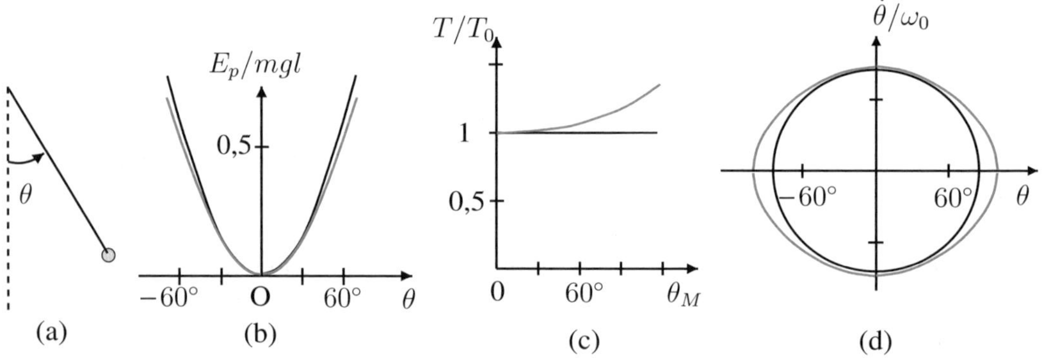


FIGURE 4.3. Dans le cas général (représenté en vert) le pendule simple n'est pas un oscillateur harmonique. La période de ses oscillations croît avec l'amplitude, et sa trajectoire dans l'espace des phases n'est pas circulaire. Cependant pour les faibles valeurs de $\theta$, on peut légitimement linéariser ses équations et retrouver le régime harmonique (en noir). Les figures b, c et d, illustrent la validité de l'approximation harmonique : jusqu'à 40°, l'écart relatif est inférieur à 4 %.

On peut se demander si le fait de **retrouver le régime harmonique au voisinage de la position d'équilibre** est une spécificité du pendule simple. La réponse est non, **c'est une propriété générale des oscillateurs**. Nous allons le montrer dans un cas plus général que l'exemple du pendule. Nous continuons à appeler $\theta$ la variable position, $E_p(\theta)$ l'énergie potentielle de l'oscillateur et $\theta_e$ la position d'équilibre stable. Si l'énergie potentielle est deux fois dérivable en $\theta_e$,

[6] Voir « Outils mathématiques » paragraphe 10.2.1.

son développement de Taylor au voisinage de $\theta_e$ s'écrit :

$$E_p(\theta) \simeq E_p(\theta_e) + \frac{1}{2}(\theta - \theta_e)^2 E_p''(\theta_e) \tag{4.17}$$

puisque par définition $E_p'(\theta_e) = 0$. En écrivant que l'énergie mécanique :

$$E = \frac{1}{2}ml^2\dot{\theta}^2 + E_p(\theta_e) + \frac{1}{2}(\theta - \theta_e)^2 E_p''(\theta_e) \tag{4.18}$$

reste constante au cours du temps, on obtient :

$$0 = ml^2\ddot{\theta} + (\theta - \theta_e)E_p''(\theta_e) \quad \text{soit} \quad 0 = \ddot{\theta} + \omega_0^2(\theta - \theta_e) \tag{4.19}$$

en posant $\omega_0^2 = E_p''(\theta_e)/ml^2$. L'équation (4.19) définit des oscillations harmoniques de pulsation $\omega_0$ autour de $\theta_e$. Par conséquent, **les oscillations de faible amplitude** autour de la position d'équilibre stable **sont toujours harmoniques**.

## 4.4. Oscillateur amorti

Nous considérons ici un oscillateur soumis à une force de frottement de type visqueux, c'est-à-dire proportionnelle à la vitesse : $\vec{f} = -\alpha\vec{v}$.

**Attention** : dans ce cas **l'énergie mécanique n'est plus constante** mais décroît au cours du temps.

### 4.4.1. Approche qualitative

Une masse ponctuelle $m$ est attachée à l'extrémité libre d'un ressort, de masse négligeable, de constante de raideur $k$ et de longueur au repos $l_0$ (figure 4.4). Le principe fondamental de la dynamique s'écrit :

$$m\vec{a} = \vec{F}_R + \vec{f} + \vec{N} + m\vec{g} \tag{4.20}$$

En projetant sur l'axe horizontal, on obtient :

$$m\ddot{x} = -kx - \alpha\dot{x} \quad \text{soit} \quad \ddot{x} + \frac{\alpha}{m}\dot{x} + \frac{k}{m}x = 0 \tag{4.21}$$

L'analyse dimensionnelle nous permet de faire apparaître deux temps caractéristiques. En effet, l'accélération $\ddot{x}$ a la dimension d'une longueur divisée par un temps au carré. Par conséquent, pour que l'équation (4.21) soit homogène, il faut que $m/\alpha$ ait la dimension d'un temps, et que $m/k$ ait la dimension d'un temps au carré. On est donc amené à définir :

$$\tau_v = \frac{m}{\alpha} \quad \text{et} \quad \tau_i^2 = \frac{m}{k} \tag{4.22}$$

Le sens physique de ces temps caractéristiques apparaît facilement en considérant deux cas limites :

- en l'absence de frottement l'équation (4.21) s'écrit $\ddot{x} + x/\tau_i^2 = 0$, ce qui montre que **le temps inertiel $\tau_i = 1/\omega_0$ est lié à la période des oscillations.**
- en l'absence de ressort l'équation (4.21) s'écrit $\ddot{x} = -\dot{x}/\tau_v$ ; la solution de cette équation $\dot{x} = \dot{x}_0 \exp(-t/\tau_v)$ montre que la vitesse, donc l'**énergie mécanique** dans ce cas, **décroît exponentiellement avec le temps caractéristique** $\tau_v$ qui est d'autant plus petit que le frottement est fort ($\alpha$ grand).

Par conséquent :

- **en présence d'un frottement fort**, $\tau_v < \tau_i$, l'oscillateur perd son énergie mécanique avant d'avoir pu effectuer une oscillation : c'est le **régime apériodique** ;
- **en présence d'un frottement faible**, $\tau_v > \tau_i$, l'oscillateur a le temps d'osciller avant de perdre son énergie mécanique. Cette dernière décroissant à chaque oscillation, on parle de **régime oscillatoire amorti.**

L'analyse dimensionnelle permet donc de **prédire la disparition du régime oscillant lorsque la dissipation devient forte.**

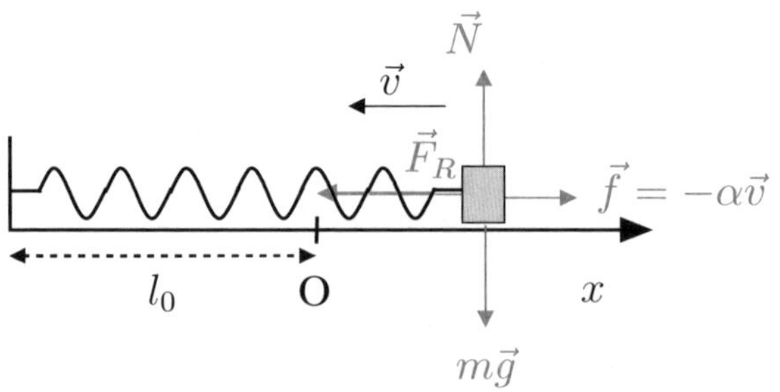


FIGURE 4.4. Oscillateur harmonique amorti.

### 4.4.2. Oscillateur harmonique amorti

Passons à la résolution de l'équation (4.21) que nous écrivons en utilisant les notations habituelles[7] $\gamma = \alpha/m$ et $\omega_0^2 = k/m$ :

$$\ddot{x} + \gamma\dot{x} + \omega_0^2 x = 0 \tag{4.23}$$

Nous cherchons des solutions de la forme $x = A\exp(rt)$, ce qui nous conduit, après simplification, à l'équation caractéristique :

$$r^2 + \gamma r + \omega_0^2 = 0 \tag{4.24}$$

Les racines de cette dernière équation dépendent de son discriminant $\Delta = \gamma^2 - 4\omega_0^2$.

**Régime apériodique :** $\gamma > 2\omega_0$ donc $\Delta > 0$. L'équation caractéristique (4.24) admet deux racines **réelles et négatives** $r_1$ et $r_2$ :

$$r_1 = -\frac{\gamma}{2} + \sqrt{\gamma^2/4 - \omega_0^2} \quad \text{et} \quad r_2 = -\frac{\gamma}{2} - \sqrt{\gamma^2/4 - \omega_0^2} \tag{4.25}$$

et la solution de l'équation (4.23) est de la forme :

$$\boxed{x(t) = A\exp(r_1 t) + B\exp(r_2 t)} \tag{4.26}$$

les constantes $A$ et $B$ étant définies par les conditions initiales. Rappelons que $r_1$ et $r_2$ sont négatives, par conséquent $x$ décroît exponentiellement en fonction du temps, c'est **le régime apériodique** : l'oscillateur retourne à sa position d'équilibre sans la dépasser. La figure 4.5a représente, en noir, la variation de $x(t)$ pour les conditions initiales $x_i = 10$ cm et $\dot{x}_i = 0$. Sur la figure 4.5b, c'est la trajectoire dans l'espace des phases qui est représentée (en noir) pour les mêmes conditions initiales.

**Régime critique** : $\gamma = 2\omega_0$ donc $\Delta = 0$. Dans ce cas, l'équation (4.24) admet une racine double, réelle et négative, égale à $-\frac{1}{2}\gamma$ soit $-\omega_0$, et la solution de l'équation (4.23) s'écrit :

$$\boxed{x(t) = (At + B)\exp(-\omega_0 t)} \tag{4.27}$$

les constantes $A$ et $B$ étant toujours déterminées par les conditions initiales. Ici encore $x(t)$ décroît exponentiellement en fonction du temps. Pour les mêmes conditions initiales, l'oscillateur retourne à sa position d'équilibre sans la dépasser

(7) Il est bien sûr utile de garder présent à l'esprit que $\gamma = 1/\tau_v$ et que $\omega_0^2 = 1/\tau_i^2$.

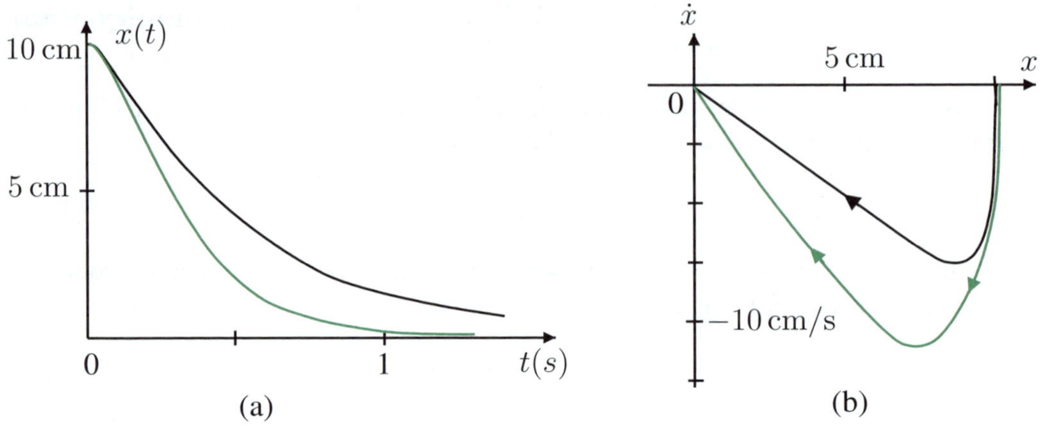


FIGURE 4.5. Oscillateur harmonique amorti. Le régime apériodique est représenté en noir, et le régime critique en vert. Conditions initiales $x_i = 10$ cm et $\dot{x}_i = 0$. (a) Position en fonction du temps : retour à la position d'équilibre sans oscillations et dans le temps le plus court pour le régime critique. (b) Représentation dans l'espace des phases : on note que c'est dans le régime critique que la vitesse est la plus grande, ce qui corrobore bien le retour à l'équilibre dans le temps le plus court.

(courbe en vert figure 4.5a), mais plus rapidement que dans le régime apériodique. Ce **retour à l'équilibre dans le temps le plus court caractérise le régime critique**. La figure 4.5b représente la trajectoire correspondante dans l'espace des phases : on remarque que c'est dans le régime critique que la vitesse de l'oscillateur est la plus grande, ce qui corrobore bien un retour plus rapide à la position d'équilibre.

**Oscillations amorties :** $\gamma < 2\omega_0$ donc $\Delta < 0$. Dans ce cas, l'équation (4.24) admet deux solutions complexes :

$$r_1 = -\frac{\gamma}{2} + i\omega \quad \text{et} \quad r_2 = -\frac{\gamma}{2} - i\omega \quad \text{avec} \quad \omega = \sqrt{\omega_0^2 - \gamma^2/4} \tag{4.28}$$

et l'équation (4.23) admet pour solution :

$$\boxed{x = A\exp(-\frac{\gamma}{2}t)\cos(\omega t + \phi)} \tag{4.29}$$

les constantes $A$ et $\phi$ étant déterminées par les conditions initiales. L'expression (4.29) montre que l'amplitude des oscillations décroît exponentiellement en fonction du temps. Cette décroissance traduit la diminution de l'énergie mécanique correspondant au travail de la force de frottement. On parle donc d'un régime quasi-périodique dont la pulsation $\omega$ est plus faible que la pulsation propre $\omega_0$.

La figure 4.6a représente la décroissance quasi périodique de $x(t)$. Les maxima se situent sur la courbe d'équation $A\exp(-\gamma t/2)$. Le rapport entre deux maxima successifs est par conséquent égal à $\exp(-\gamma T/2)$ d'où la détermination expérimentale de $\gamma$ :

$$\frac{x_{n+1}}{x_n} = \exp\left(-\gamma T/2\right) \quad \text{soit} \quad \gamma = -\frac{2}{T}\ln\left(\frac{x_{n+1}}{x_n}\right) \tag{4.30}$$

Dans l'espace des phases, la trajectoire correspondant aux oscillations amorties est une spirale (figure 4.6b) : par exemple, la partie verte, correspondant à la première oscillation, démarre tangentiellement au cercle de rayon $x_0$ et se termine tangentiellement au cercle de rayon $x_1$.

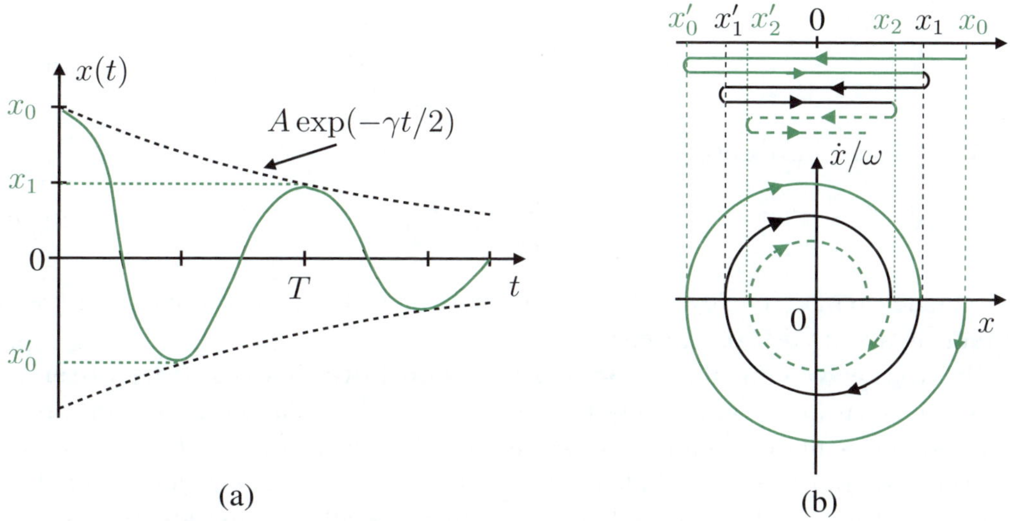


Figure 4.6. Oscillations amorties. a) Décroissance quasi périodique de $x(t)$. b) Trajectoires dans l'espace réel et dans l'espace des phases.

Pour décrire quantitativement la décroissance de l'énergie mécanique de l'oscillateur, nous nous plaçons dans le cas d'un amortissement très faible ($\gamma$ très petit devant $\omega_0 \simeq \omega$) qui correspond aux utilisations les plus courantes. L'énergie mécanique de l'oscillateur dépend de sa position $x(t)$ définie par (4.29), et de sa vitesse :

$$\dot{x} = -A\exp(-\frac{\gamma}{2}t)[\frac{\gamma}{2}\cos(\omega t + \phi) + \omega\sin(\omega t + \phi)] \tag{4.31}$$

qui, lorsque $\gamma$ est très petit devant $\omega$, se réduit à :

$$\dot{x} \simeq -A\exp(-\frac{\gamma}{2}t)\omega\sin(\omega t + \phi) \tag{4.32}$$

Dans ces conditions :

$$E(t) = \frac{1}{2}kx^2 + \frac{1}{2}m\dot{x}^2 = \frac{1}{2}kA^2\exp(-\gamma t) \tag{4.33}$$

Comme attendu l'énergie mécanique décroît exponentiellement en fonction du temps, et il est commode de déterminer l'énergie mécanique $\Delta E$ perdue par période en utilisant (4.33) :

$$\Delta E = E(t) - E(t+T) = E(t)[1 - \exp(-\gamma T)] \simeq E(t)\gamma T \tag{4.34}$$

puisque $\gamma \ll \omega$ implique que $\gamma T \ll 1$.

On caractérise un oscillateur amorti par son **facteur de qualité** $Q$ :

$$\boxed{Q = 2\pi\frac{E}{\Delta E} = \frac{2\pi}{\gamma T} \simeq \frac{\omega_0}{\gamma}} \tag{4.35}$$

soit dans le cas du ressort :

$$Q = \frac{m\omega_0}{\alpha} = \frac{k}{\alpha\omega_0} \tag{4.36}$$

Une dissipation faible, c'est-à-dire une petite valeur de $\alpha$, correspond à un grand facteur de qualité de l'oscillateur.

Insistons encore une fois sur **la grande généralité des résultats obtenus**. Nous avons vu qu'un circuit électrique $LC$ est un oscillateur libre. Un circuit $RLC$ est un oscillateur amorti : c'est en effet dans la résistance $R$ que l'énergie électrique se transforme en chaleur (effet Joule). La résistance $R$ joue donc dans un circuit électrique le même rôle que $\alpha$ dans un oscillateur mécanique. Comme nous avons vu au paragraphe 4.2.5 que $L$ et $1/C$ correspondent respectivement à $m$ et à $k$, le facteur de qualité d'un circuit $RLC$ a pour expression d'après (4.36) :

$$Q = \frac{L\omega_0}{R} = \frac{1}{RC\omega_0} \tag{4.37}$$

Pour terminer, vérifions que la quantité d'énergie mécanique dissipée en chaleur est bien égale au travail de la force de frottement. Calculons ce travail au cours d'une période :

$$W = \int_t^{t+T} -\alpha\dot{x}dx = \int_t^{t+T} -\alpha\dot{x}^2dt' = -\alpha\omega^2A^2\int_t^{t+T}\exp(-\gamma t')\sin^2(\omega t' + \phi)dt' \tag{4.38}$$

Le calcul de cette intégrale, qui nécessite deux intégrations par partie successives, ne présente pas de difficulté. Cependant, le résultat correspondant au cas qui nous préoccupe ($\gamma$ très faible) peut être obtenu simplement en considérant que la valeur de $\exp(-\gamma t')$ reste quasiment égale à celle de $\exp(-\gamma t)$ lorsque $t'$ varie entre $t$ et $t + T$. De ce fait :

$$W = -\alpha\omega^2 A^2 \exp(-\gamma t) \int_t^{t+T} \sin^2(\omega t' + \phi) dt' = -\alpha\omega^2 A^2 \exp(-\gamma t) \frac{T}{2} \tag{4.39}$$

soit en remplaçant $\alpha\omega^2$ par $\gamma k$ puis en utilisant (4.33) :

$$W = -\gamma E(t) T \quad \text{d'où} \quad W = E(t + \Delta t) - E(t) \tag{4.40}$$

## 4.5. Oscillateur forcé

Jusqu'ici nous n'avons considéré qu'un oscillateur « livré à lui-même », amorti ou non. Nous allons maintenant étudier le comportement d'un oscillateur forcé, c'est-à-dire soumis à **une force extérieure périodique** dont la pulsation de forçage $\omega_f$ peut être différente de la pulsation propre $\omega_0$ de l'oscillateur.

**Le forçage n'est pas qu'un problème académique.** Tous les oscillateurs utilisés dans la vie courante sont amortis, c'est-à-dire qu'ils s'arrêteraient rapidement d'osciller si l'on ne compensait pas l'énergie dissipée à chaque période. Ainsi c'est par le biais d'un forçage qu'une infime partie de l'énergie emmagasinée dans une pile au mercure est transférée périodiquement à l'oscillateur à quartz de votre montre. C'est cet **entretien** qui lui permet d'osciller pendant plus de deux ans.

Autre exemple de forçage, celui exercé sur le circuit de réception de votre poste, par le champ électromagnétique associé à l'onde transportant un signal radio ou TV. Pour une bonne qualité du son et de l'image il faut que le transfert d'énergie électromagnétique résultant de ce forçage soit maximisé.

Mais dans d'autres situations, le transfert d'énergie lié au forçage doit au contraire être minimisé : c'est le cas des vibrations mécaniques créées dans des structures rigides par la rotation d'un moteur[8], ou bien par le vent, ou encore par une secousse sismique. Si leur amplitude devient trop grande, ces vibrations conduisent à la rupture de ces structures.

On le voit à travers ces exemples, **le contrôle de la quantité d'énergie transférée par forçage à un oscillateur revêt une importance pratique cruciale** dans de nombreux domaines. Ce n'est pas un problème simple car cette

[8] Voir l'exercice 9 du chapitre 8.

quantité d'énergie transférée dépend de $(\omega_f - \omega_0)$, de l'amortissement et des effets non linéaires.

Aussi allons-nous présenter d'abord une approche qualitative de ce problème à travers l'étude du forçage impulsionnel. Puis nous irons vers une présentation plus formelle avec l'étude du forçage sinusoïdal.

## 4.5.1. Approche qualitative : forçage impulsionnel

### Définition du forçage impulsionnel

Précisons tout d'abord ce que nous entendons par forçage impulsionnel. Ce sont des impulsions qui s'exercent sur l'oscillateur avec une période (dite de forçage) $T_f = 2\pi/\omega_f$. La poussée que vous exercez sur l'occupant d'une balançoire constitue un bon exemple de ce qu'est une impulsion : votre poussée se traduit par une variation de vitesse significative, mais communiquée pendant un intervalle de temps suffisamment bref, pour que l'on puisse considérer la variation de position de la balançoire comme négligeable devant l'amplitude de ses oscillations. Si l'on note $x$ la variable position de l'oscillateur, une impulsion est définie par $\Delta\dot{x} \neq 0$ et $\Delta x = 0$.

### Énergie transférée par une impulsion

Il est essentiel de réaliser que **le transfert d'énergie accompagnant une impulsion dépend crucialement de la position et de la vitesse de l'oscillateur au moment où survient l'impulsion.** L'espace des phases va nous permettre de l'illustrer très simplement. Considérons un **oscillateur harmonique en l'absence de tout frottement**. Dans l'espace des phases, rappelons (paragraphe 4.2.4) que la trajectoire correspondant à une oscillation harmonique libre est un cercle dont le rayon est égal à l'amplitude, laquelle est directement liée à l'énergie de l'oscillateur (4.9).

Considérons une impulsion communiquant une variation de vitesse $\Delta\dot{x} > 0$ à l'oscillateur. Cette impulsion est représentée par une flèche verte verticale dans l'espace des phases (figure 4.7). Avant l'impulsion, la trajectoire de l'oscillateur est dessinée en noir dans l'espace des phases et dans l'espace réel. Après l'impulsion ces trajectoires sont dessinées en vert.

Dans le premier cas (figure 4.7a), l'impulsion survient lorsque l'oscillateur passe par la position d'équilibre avec une vitesse positive : elle augmente la vitesse de l'oscillateur, donc **son énergie croît**, ainsi que son amplitude. Dans le deuxième cas (figure 4.7b), l'impulsion survient lorsque l'oscillateur passe par la position d'équilibre avec une vitesse négative : la vitesse de l'oscillateur diminue cette fois, **son énergie décroît** ainsi que son amplitude. Dans le troisième cas (figure 4.7c), l'impulsion est particulière car elle change uniquement le signe de la

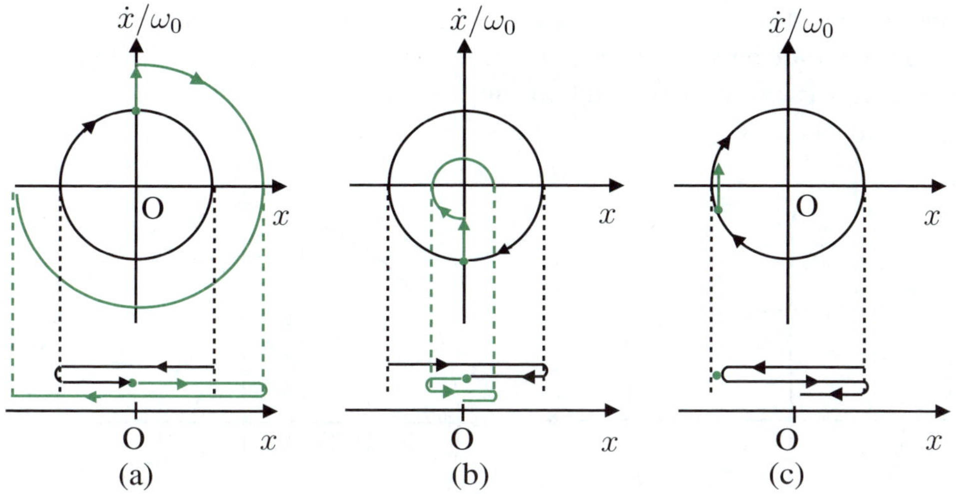


Figure 4.7. L'impulsion, qui communique une variation de vitesse $\Delta\dot{x} > 0$ à l'oscillateur, est représentée par une flèche verticale verte. Avant l'impulsion, la trajectoire de l'oscillateur est dessinée en noir dans l'espace des phases et dans l'espace réel. Après l'impulsion ces trajectoires sont dessinées en vert. Pour une même impulsion l'énergie de l'oscillateur peut augmenter (a), diminuer (b) ou rester constante (c).

vitesse : dans l'espace des phases les deux points, avant et après l'impulsion, sont symétriques par rapport à l'axe horizontal. Dans ce cas **l'énergie ne change pas**, l'amplitude non plus, mais l'oscillation devient disymétrique. Ces trois cas limites vous montrent qu'**une même impulsion peut modifier de façons très différentes l'énergie d'un oscillateur** suivant l'instant où elle survient. Vous pourrez vérifier à titre d'exercice que cette même impulsion survenant en d'autres points de l'espace des phases augmente ou diminue l'énergie de l'oscillateur d'une quantité plus faible qu'en (a) et (b).

### Régime forcé

Voilà pour ce qui concerne l'effet d'une impulsion. Mais un régime forcé est constitué par une succession d'impulsions identiques. Si **la période de forçage $T_f$ est différente de la période propre $T_0$ de l'oscillateur**, il est clair d'après ce qui précède que les impulsions pourront tour à tour augmenter ou diminuer l'énergie de ce dernier. C'est ce qu'illustre la figure 4.8a dans le cas où $T_f = \frac{3}{4}T_0$. À l'instant initial le point $A$ représente la position de l'oscillateur dans l'espace des phases. Au bout du temps $T_f$, il n'a accompli que les 3/4 d'une période (en noir) lorsque survient l'impulsion 1 qui augmente son énergie et le fait passer sur la trajectoire en tirets verts. Les impulsions 2 et 3 surviennent aussi après 3/4 de période et font décroître l'énergie de l'oscillateur, puis l'impulsion 4 lui restitue son énergie initiale en le ramenant au point $A$. Ce régime quasi périodique illustre bien les augmentations et diminutions successives de l'énergie.

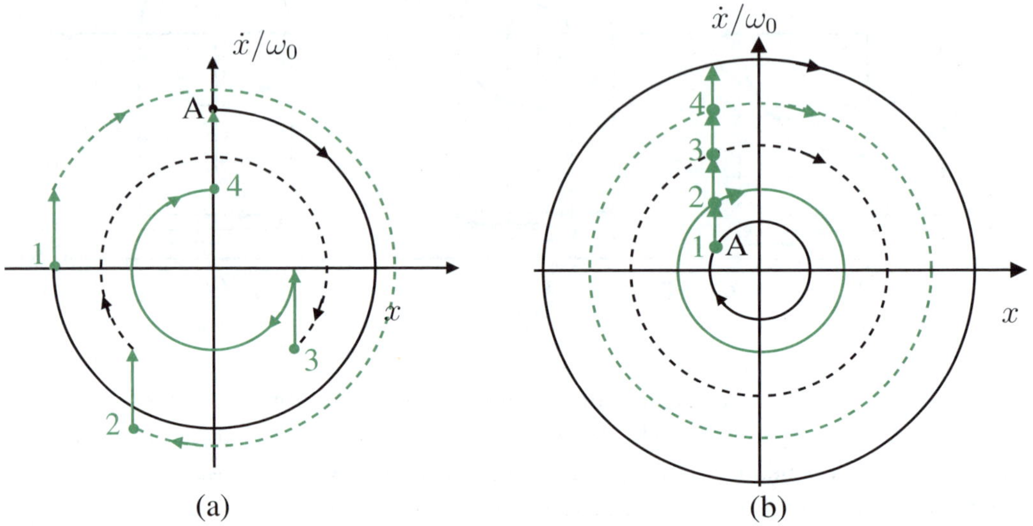


FIGURE 4.8. Oscillateur harmonique en régime impulsionnel forcé (on néglige tout frottement). a) La période de forçage est différente de la période propre de l'oscillateur ($T_f = \frac{3}{4}T_0$). Entre deux impulsions successives, l'oscillateur n'effectue que 3/4 d'oscillation. Son énergie subit des augmentations et diminutions successives. b) Comportement radicalement différent si $T_f = T_0$. Entre deux impulsions successives, l'oscillateur effectue une oscillation complète et son énergie augmente continûment : c'est le phénomène de résonance.

### Résonance

La situation est radicalement différente si **la période de forçage $T_f$ est égale à la période propre $T_0$ de l'oscillateur**. La première impulsion survient au point $A$. Comme entre deux impulsions successives il s'écoule exactement une période, l'oscillateur effectue une oscillation complète et son point représentatif dans l'espace des phases tourne de $2\pi$ (figure 4.8b). À chaque impulsion, l'énergie de l'oscillateur ainsi que son amplitude augmentent. **Lorsque $T_f = T_0$, le forçage permet de transférer beaucoup d'énergie à l'oscillateur : c'est le phénomène de résonance.**

La figure 4.8b montre qu'à la résonance l'amplitude des oscillations croît indéfiniment, ce qui ne peut évidemment pas correspondre à une réalité physique.

Comme chaque fois qu'une grandeur physique mesurable tend vers l'infini, il faut se demander ce qui a été oublié ou négligé dans la modélisation du phénomène.

**Effet de l'amortissement sur la résonance**

Nous sommes bien conscients d'avoir négligé les frottements dans tout ce qui précède. Or ceux-ci, même très faibles, sont toujours présents dans la réalité. Au cours d'une oscillation nous avons vu que, du fait du travail de la force de frottement, l'énergie de l'oscillateur diminue, par conséquent la trajectoire correspondant à une oscillation dans l'espace des phases n'est plus un cercle mais une spirale (figure 4.6b). Par ailleurs rappelons que cette perte d'énergie est proportionnelle au carré de l'amplitude (4.34). Examinons **l'effet de la dissipation sur le phénomène de résonance** à l'aide de la figure 4.9a, la condition $T_f = T_0$ étant toujours satisfaite.

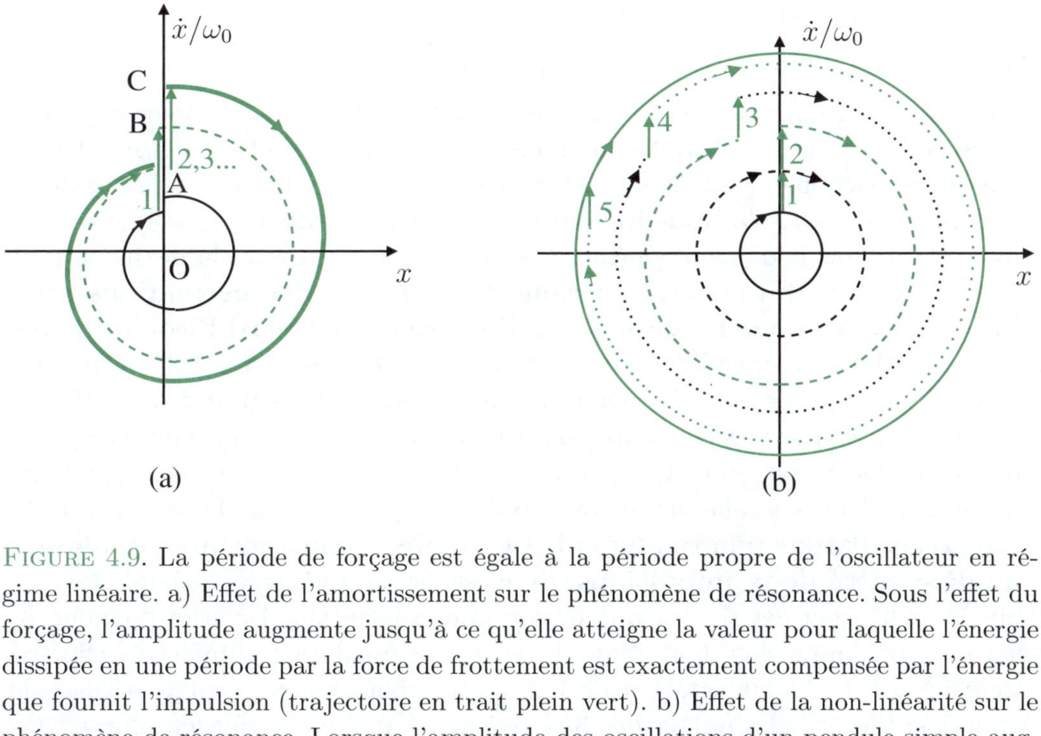


Figure 4.9. La période de forçage est égale à la période propre de l'oscillateur en régime linéaire. a) Effet de l'amortissement sur le phénomène de résonance. Sous l'effet du forçage, l'amplitude augmente jusqu'à ce qu'elle atteigne la valeur pour laquelle l'énergie dissipée en une période par la force de frottement est exactement compensée par l'énergie que fournit l'impulsion (trajectoire en trait plein vert). b) Effet de la non-linéarité sur le phénomène de résonance. Lorsque l'amplitude des oscillations d'un pendule simple augmente, on perd l'isochronisme et sa période augmente. Les impulsions 3, 4 et 5 arrivent de plus en plus « tôt » et transfèrent de moins en moins d'énergie à l'oscillateur.

À l'instant initial, $A$ est le point représentatif de l'oscillateur dans l'espace des phases. Au cours de la première oscillation (en noir), l'oscillateur perd de l'énergie, mais cette perte est plus que compensée par l'impulsion 1 qui amène le point représentatif en $B$. Au cours de la deuxième oscillation (en tirets verts) de plus grande amplitude, l'oscillateur perd davantage d'énergie, mais cette perte est encore plus que compensée par l'impulsion 2 qui amène le point représentatif en $C$. L'amplitude de cette troisième oscillation (en trait plein vert) est telle, dans notre exemple, que l'énergie dissipée par la force de frottement pendant une période est exactement compensée par l'énergie fournie par l'impulsion 3 (identique à l'impulsion 2 sur la figure). À partir de cet instant l'énergie de l'oscillateur n'évolue plus, son amplitude non plus et sous l'action des impulsions suivantes il continuera à décrire la trajectoire en trait plein vert dans l'espace des phases : c'est le **régime d'entretien**, celui de l'oscillateur à quartz de votre montre par exemple.

On comprend sur cet exemple comment **la dissipation limite la croissance de l'amplitude de l'oscillateur à la résonance** : l'amplitude maximum est celle pour laquelle l'énergie dissipée par période est exactement compensée par l'énergie apportée par une impulsion.

**Effet de la non-linéarité sur la résonance**

Est-ce à dire que dans le cas idéal où toute dissipation serait absente, l'amplitude de l'oscillateur croîtrait indéfiniment à la résonance ? La réponse est non, car il est un phénomène que nous n'avons pas pris en compte jusqu'ici dans notre étude du forçage, c'est **la non-linéarité**. Tant que l'amplitude des oscillations est faible, on est dans le domaine linéaire, les oscillations ont toutes la même période $T_0$ (isochronisme). En revanche, **lorsque l'amplitude des oscillations augmente, on passe dans le régime non linéaire et l'on perd l'isochronisme des oscillations**. Le pendule simple (paragraphe 4.3) nous a permis d'illustrer ce phénomène : sa période $T$ augmente avec l'amplitude (figure 4.3c). C'est ce que nous n'avons pas pris en compte dans la figure 4.8b. La période de forçage $T_f$ qui à la résonance est égale à la période propre linéaire $T_0$, deviendra inférieure à la période $T$ de l'oscillateur lorsque ce dernier passera dans le régime non linéaire. **L'oscillateur n'aura alors plus le temps d'effectuer une oscillation complète entre deux impulsions**. Ce n'est pas un phénomène simple mais la figure[9] (4.9b) permet d'en acquérir une bonne intuition. Dans le domaine linéaire, entre l'impulsion 1 et l'impulsion 2 une oscillation complète s'effectue exactement. Puis l'augmentation de l'amplitude fait passer l'oscillateur dans le régime non-linéaire : les impulsions 3, 4 et 5 arrivent alors de plus en plus « tôt » au fur et à mesure que l'amplitude croît, et sont de ce fait moins efficaces que les impulsions 1 et 2 pour ce qui est du transfert d'énergie à l'oscillateur. Voilà pourquoi **la non-linéarité limite la croissance de l'amplitude de l'oscillateur à**

[9] Par souci de clarté toutes les trajectoires dans l'espace des phases sont représentées comme des cercles, alors que, rigoureusement, ce n'est plus vrai dans le domaine non linéaire.

**la résonance** : dans le régime non-linéaire on perd l'isochronisme des oscillations et **la période de forçage n'est plus égale à la période de l'oscillateur**.

**En résumé,** cette étude qualitative dans l'espace des phases du régime forcé impulsionnel nous a permis d'illustrer :

- **que le transfert d'énergie à l'oscillateur est maximum à la résonance, lorsque la période de forçage est égale à la période de l'oscillateur ;**

- **que la valeur maximale de l'amplitude à la résonance est limitée par la dissipation ou par la non-linéarité.**

### 4.5.2. Forçage sinusoïdal

Reprenons la masse $m$ attachée à l'extrémité libre d'un ressort (figure 4.4), en présence d'une force de frottement de type visqueux qui permet d'observer des oscillations amorties ($\gamma < 2\omega_0$). Abandonné à lui même, nous avons vu que cet oscillateur s'immobilise après quelques oscillations (figure 4.6), c'est ce que l'on appelle le **régime transitoire**. Soumettons-le maintenant à une force horizontale dépendant du temps de la forme $\vec{F} = F\cos(\omega t)\hat{x}$ qui va nous permettre de l'observer en **régime permanent**. Nous sommes en présence d'un oscillateur harmonique soumis à un forçage sinusoïdal et $\omega$ représente la pulsation de forçage[10]. L'équation fondamentale de la dynamique projetée sur l'axe horizontal s'écrit :

$$m\ddot{x} = -kx - \alpha\dot{x} + F\cos(\omega t) \quad \text{ou} \quad \ddot{x} + \gamma\dot{x} + \omega_0^2 x = \frac{F}{m}\cos(\omega t) \qquad (4.41)$$

en définissant comme précédemment $\gamma = \alpha/m$ et $\omega_0^2 = k/m$.

**Résonance en amplitude**. Nous nous intéressons au régime permanent, c'est-à-dire que nous cherchons des solutions de la forme : $x = x_M\cos(\omega t + \phi)$. Pour déterminer les expressions[11] de $x_M$ et de $\phi$, le plus simple est d'utiliser la notation complexe :

$$x = x_M\cos(\omega t + \phi) = \Re\{x_M \exp i(\omega t + \phi)\} \qquad (4.42)$$

[10] Nous l'avons notée $\omega_f$ dans le paragraphe précédent mais nous omettrons maintenant l'indice f pour alléger l'écriture.

[11] Attention, nous sommes en régime permanent, $x_M$ et $\phi$ ne sont plus déterminés par les conditions initiales !

où le symbole $\Re\{z\}$ désigne la partie réelle[12] du nombre complexe $z$. La dérivée temporelle de l'expression complexe s'obtient très simplement en la multipliant par $i\omega$, et vous vérifierez sans difficulté que :

$$\dot{x} = -\omega x_M \sin(\omega t + \phi) = \Re\{i\omega x_M \exp i(\omega t + \phi)\} \tag{4.43}$$

En utilisant cette notation complexe, l'équation (4.41) s'écrit :

$$\Re\{\exp(i\omega t) x_M \exp(i\phi)[-\omega^2 + i\omega\gamma + \omega_0^2]\} = \Re\{\exp(i\omega t)\frac{F}{m}\} \tag{4.44}$$

Cette équation doit bien sûr être vérifiée pour n'importe quel temps $t$ ce qui implique que :

$$x_M \exp(i\phi)[-\omega^2 + i\omega\gamma + \omega_0^2] = \frac{F}{m} \tag{4.45}$$

soit :

$$x_M \exp(i\phi) = \frac{F/m}{\omega_0^2 - \omega^2 + i\omega\gamma} \tag{4.46}$$

Cette écriture nous a naturellement conduit à associer à l'amplitude réelle $x_M$ une grandeur complexe appelée amplitude complexe :

$$\underline{x} = x_M \exp(i\phi) \tag{4.47}$$

dont $x_M$ et $\phi$ sont respectivement le module et l'argument :

$$\boxed{x_M = \frac{F/m}{\sqrt{(\omega_0^2 - \omega^2)^2 + \omega^2\gamma^2}}} \quad \text{et} \quad \boxed{\tan\phi = -\frac{\omega\gamma}{\omega_0^2 - \omega^2}} \tag{4.48}$$

Il apparaît que l'amplitude $x_M$ des oscillations forcées est une fonction de $\omega$, et l'on montre sans difficulté, en annulant sa dérivée, qu'elle présente un maximum pour la pulsation de résonance $\omega_r$ :

$$\frac{dx_M}{d\omega} \propto -4\omega_r(\omega_0^2 - \omega_r^2) + 2\gamma^2\omega_r = 0 \quad \text{si} \quad \omega_r^2 = \omega_0^2 - \frac{\gamma^2}{2} \tag{4.49}$$

La valeur de ce maximum d'amplitude est donnée par l'expression (4.48) dans laquelle on remplace $\omega$ par $\omega_r$ :

$$(x_M)_r = \frac{F/m}{\gamma\sqrt{\omega_0^2 - \gamma^2/4}} \tag{4.50}$$

(12) On rappelle que $\exp(ix) = \cos x + i \sin x$, $i$ étant défini par $i^2 = -1$.

Les expressions 4.49 et 4.50, qui définissent la **résonance en amplitude**, montrent que le comportement observé dépend essentiellement de la valeur du coefficient d'amortissement $\gamma$. Dans le cas d'un amortissement faible, la pulsation de résonance est très voisine de $\omega_0$ et la valeur maximale de l'amplitude est grande[(13)]. La figure 4.10a illustre ce régime pour $\gamma = \frac{1}{6}\omega_0$ (courbe en vert). Le pic observé correspond à ce que l'on appelle une résonance aiguë : c'est le type de résonance qu'il faut absolument éviter en mécanique car elle provoque la rupture des pièces rigides, comme cela s'est produit avec l'effondrement spectaculaire du pont de Tacoma Narrows. Lorsque l'amortissement est plus fort, la résonance, qui se produit alors pour une pulsation de forçage sensiblement inférieure à $\omega_0$, est nettement moins marquée avec une augmentation de l'amplitude plus faible et plus étalée. C'est ce comportement, correspondant à $\gamma = \frac{1}{2}\omega_0$, qui est représenté en noir.

La figure 4.10b représente l'évolution de la phase $\phi$ en fonction de $\omega$. L'interprétation de cette courbe est délicate et nous y reviendrons. Examinons pour l'instant deux cas limites lorsque l'amortissement est faible (en vert). Rappelons auparavant que suivant (4.44) l'amplitude complexe $\underline{x}$ satisfait l'équation :

$$\underline{x}(-\omega^2 + i\omega\gamma + \omega_0^2) = \frac{F}{m} \tag{4.51}$$

Aux faibles fréquences de forçage, $\omega \ll \omega_0$ et (4.51) s'écrit $\underline{x} \simeq F/m\omega_0^2$. Le déplacement de $m$ est donc en phase avec la force et $\phi \simeq 0$ : lorsque la force varie lentement, l'inertie joue un rôle négligeable et le déplacement de $m$ suit la force. En revanche aux fortes fréquences de forçage, l'équation (4.51) s'écrit $\underline{x} \simeq -F/m\omega^2$, ce qui signifie que le déplacement de $m$ est en opposition de phase avec la force : celle-ci varie rapidement, l'inertie joue dans ce cas un rôle important et le déplacement ne peut plus suivre la force.

### Résonance en vitesse

L'amplitude du déplacement par rapport à la position d'équilibre est la variable naturelle, car mesurable à l'œil nu, pour décrire l'oscillateur mécanique. Aussi peut-il vous paraître surprenant que nous nous intéressions maintenant à la vitesse instantanée dont la mesure requiert un dispositif sophistiqué. Si nous le faisons, c'est dans le cadre de la généralité des phénomènes que nous étudions dans ce chapitre. Nous avons déjà souligné que l'on peut observer des oscillations harmoniques dans un circuit $LC$ (paragraphe 4.2.5), et que l'ajout d'une résistance $R$ en série revient à lui ajouter un amortissement (paragraphe 4.4.2). Nous avons montré les correspondances entre $x$ et $q$, puis entre $\dot{x}$ et $\dot{q}$. Or lorsque l'on

---

[(13)] Soulignons que ces résultats ont été obtenus dans le régime linéaire, puisque nous avons écrit la force de rappel exercée par le ressort sous la forme $F_x = -kx$. Par conséquent nous parlons des grandes valeurs de l'amplitude en régime linéaire.

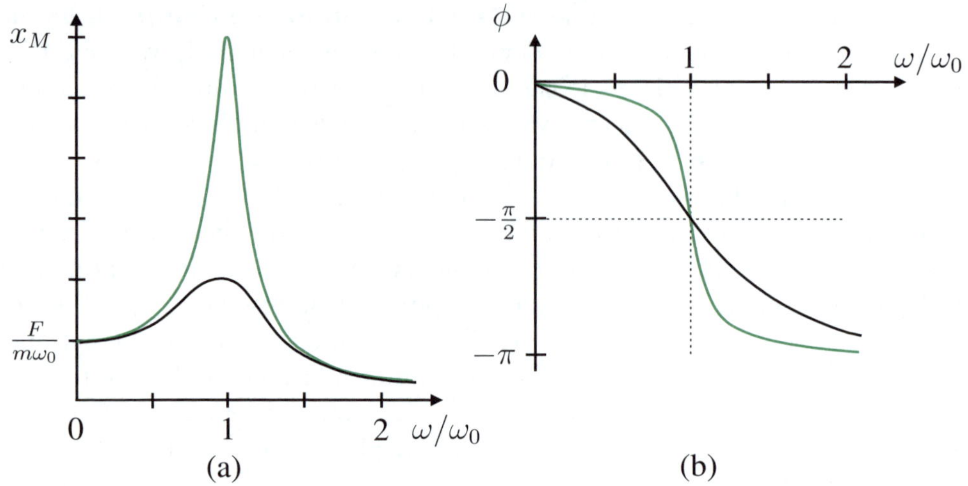


FIGURE 4.10. Forçage sinusoïdal d'un oscillateur harmonique : en vert, faible amortissement ($\gamma = \omega_0/6$), en noir, amortissement fort ($\gamma = \omega_0/2$). a) Amplitude en fonction de la pulsation de forçage $\omega$. b) Phase $\phi$ en fonction de $\omega$.

étudie un circuit $RLC$, la quantité la plus commode à mesurer est l'intensité du courant qui le parcourt $i = \dot{q}$, ce qui justifie notre intérêt pour $\dot{x}$. La vitesse $\dot{x}$ de l'oscillateur mécanique s'écrit sous la forme :

$$\dot{x} = v_M \cos(\omega t + \phi') \tag{4.52}$$

Or d'après (4.43) :

$$\dot{x} = \omega x_M \cos(\omega t + \phi + \frac{\pi}{2}) \tag{4.53}$$

ce qui donne :

$$v_M = \omega x_M \quad \text{et} \quad \phi' = \phi + \frac{\pi}{2} \tag{4.54}$$

$x_M$ étant défini par l'équation (4.48). Il est aisé de montrer que la dérivée $dv_M/d\omega$ s'annule pour $\omega = \omega_0$. C'est donc lorsque **la pulsation de forçage est égale à la pulsation propre de l'oscillateur que l'amplitude de la vitesse est maximale** : c'est la **résonance en vitesse**. La figure 4.10b montre que pour $\omega = \omega_0$, la phase $\phi'$ est nulle, c'est-à-dire que **la vitesse est en phase avec la force**.

Transposons ces résultats à un oscillateur électrique en nous souvenant que $i$ correspond à $\dot{x}$. Lorsque l'on fait varier la pulsation $\omega$ de la tension sinusoïdale appliquée aux bornes d'un circuit $RLC$, c'est pour $\omega = \omega_0$ que l'intensité est en phase avec la tension, et que son amplitude devient maximale.

**Énergie reçue par l'oscillateur à chaque période**

Le travail élémentaire $dW$ fourni par le forçage à l'oscillateur s'écrit en utilisant (4.42) :

$$dW = F\cos(\omega t)dx = -F\cos(\omega t)\omega x_M \sin(\omega t + \phi)dt \tag{4.55}$$

Durant une période, le travail $W$ fourni par le forçage, et donc reçu par l'oscillateur, est[14] :

$$W = -\frac{1}{2}F\omega x_M \int_t^{t+T} [\sin(2\omega t' + \phi) + \sin(\phi)]dt' \tag{4.56}$$

L'intégration sur une période du premier terme sous l'intégrale donne zéro ; celle du second est immédiate et vaut $T\sin\phi$. En prenant la partie imaginaire de la relation (4.46), on obtient l'expression de $x_M \sin\phi$ que l'on reporte dans (4.56) :

$$W = \frac{\gamma T}{2m}F^2 \frac{\omega^2}{(\omega^2 - \omega_0^2)^2 + \gamma^2\omega^2} \tag{4.57}$$

La puissance moyenne $P$ absorbée par l'oscillateur sur une période est donc :

$$\boxed{P = \frac{W}{T} = \frac{F^2}{2m}\frac{\gamma\omega^2}{[(\omega^2 - \omega_0^2)^2 + \gamma^2\omega^2]}} \tag{4.58}$$

Cette puissance dépend de $\omega$ et, comme on l'a fait précédemment, on détermine son maximum en annulant sa dérivée $dP/d\omega$. On trouve ainsi que **la puissance absorbée par l'oscillateur est maximale lorsque la pulsation de forçage** $\omega$ **est égale à sa pulsation propre** $\omega_0$, soit, d'après ce que nous a appris l'étude de la résonance en vitesse, lorsque **la vitesse et la force sont en phase**. C'est lorsque la vitesse et la force atteignent leurs valeurs maximales simultanément que le maximum d'énergie est transféré à l'oscillateur : nous retrouvons ce que nous avions établi qualitativement (figure 4.7a) en étudiant le forçage impulsionnel. Si pour $\omega = \omega_0$ la force est en phase avec la vitesse, elle est par définition **en quadrature avec le déplacement**, et nous comprenons la variation de la phase (figure 4.10b) que nous avons tracée en étudiant la résonance en amplitude.

La figure 4.11 représente, pour un même forçage, la variation de $P$ en fonction de la pulsation $\omega$ dans le cas d'un amortissement faible (en vert) et d'un

[14] On rappelle que $2\sin a \cos b = \sin(a+b) + \sin(a-b)$.

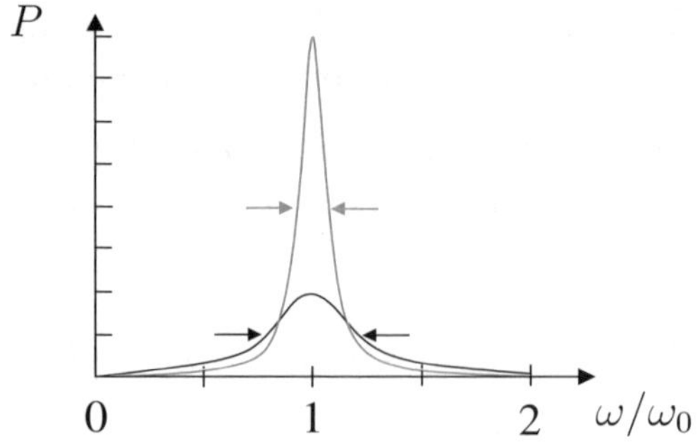


Figure 4.11. Puissance absorbée par l'oscillateur en fonction de la pulsation de forçage dans le cas d'un amortissement faible (en vert) et d'un amortissement fort (en noir).

amortissement fort (en noir). Ces courbes diffèrent d'abord par leurs hauteurs : suivant (4.58), à la résonance, la valeur maximale de la puissance absorbée par l'oscillateur, $P_r = F^2/2m\gamma$ est d'autant plus importante que $\gamma$ est petit. Mais ces courbes diffèrent aussi par leurs formes : un pic étroit (en vert) et un maximum étalé (en noir). Il est d'usage de caractériser le pic de résonance par sa largeur à mi-hauteur (flèches sur la figure 4.11) définie par les pulsations $\omega_1$ et $\omega_2$ solutions de l'équation :

$$P = \frac{1}{2}P_r \quad \text{soit} \quad \frac{\omega^2}{(\omega^2 - \omega_0^2)^2 + \gamma^2\omega^2} = \frac{1}{2\gamma^2} \tag{4.59}$$

On trouve sans difficulté les deux solutions positives :

$$\omega_1 = -\frac{\gamma}{2} + \sqrt{\frac{\gamma^2}{4} + \omega_0^2} \quad \text{et} \quad \omega_2 = \frac{\gamma}{2} + \sqrt{\frac{\gamma^2}{4} + \omega_0^2} \tag{4.60}$$

Ce qui conduit à définir **la largeur à mi-hauteur du pic de résonance aussi appelée bande passante** :

$$\Delta\omega = \omega_2 - \omega_1 = \gamma \tag{4.61}$$

C'est bien évidemment le rapport entre cette largeur $\Delta\omega$ et la pulsation de résonance $\omega_0$ qui a une signification physique :

$$\boxed{\frac{\Delta\omega}{\omega_0} = \gamma/\omega_0 = \frac{1}{Q}} \tag{4.62}$$

$Q$ étant le facteur de qualité de l'oscillateur précédemment défini (4.35). **Lorsque l'amortissement est faible, le facteur de qualité est grand et le pic de résonance étroit : on parle de résonance aiguë.** C'est la cas de la courbe en vert figure 4.11. Inversement, en présence d'un amortissement fort, on observera un maximum étalé (en noir).

Si $|\omega - \omega_0| > \omega_0/Q$, l'oscillateur n'absorbera qu'une très faible puissance par forçage. Prenons l'exemple de trois pendules simples $\mathcal{P}_1$, $\mathcal{P}_2$ et $\mathcal{P}_3$, de longueurs respectives $l_1 = l_0$, $l_2 = 0,64\ l_0$ et $l_3 = 1,44 l_0$ initialement immobiles, et solidaires d'un fil de torsion horizontal (figure 4.12a). Un pendule $\mathcal{P}_0$ de longueur $l_0$ est écarté de sa position d'équilibre et se met à osciller, exerçant ainsi, *via* le fil de torsion horizontal dont il est lui aussi solidaire, un forçage avec sa pulsation propre $\omega_0 = \sqrt{g/l_0}$ sur chacun des trois autres pendules. On observe que le pendule $\mathcal{P}_1$ se met à osciller avec une amplitude qui augmente rapidement, alors que les oscillations des pendules $\mathcal{P}_2$ et $\mathcal{P}_3$ sont en revanche à peine décelables. Ce comportement s'explique en traçant les courbes de réponse en puissance de chacun des pendules (figure 4.12b). Pour cela on utilise la relation (4.58) en supposant que le faible amortissement des pendules est le même, et en prenant en compte leurs pulsations propres respectives $\omega_1 = \omega_0$, $\omega_2 = \omega_0/0{,}8$ et $\omega_3 = \omega_0/1{,}2$ . Il apparaît (figure 4.12b) que pour la fréquence de forçage $\omega = \omega_0$ une puissance maximale est absorbée par le pendule $\mathcal{P}_1$ (courbe en vert), alors que $\mathcal{P}_3$ (courbe en tirets noirs) et $\mathcal{P}_2$ (courbe en tirets verts) aborbent respectivement environ cinq et dix fois moins de puissance. **Un oscillateur n'absorbe donc une puissance significative que si la pulsation de forçage est voisine de sa pulsation de résonance** : $|\omega - \omega_0| < \omega_0/Q$. Plus son facteur de qualité sera grand et plus il sera sélectif. C'est le cas du circuit de réception de votre poste de radio, qui subit le forçage des ondes électromagnétiques provenant de tous les émetteurs environnants, mais qui ne recevra une puissance électromagnétique significative que de la pulsation correspondant au programme de la station que vous souhaitez écouter.

### Énergie dissipée par le frottement visqueux à chaque période

En régime permanent, l'énergie reçue par l'oscillateur doit exactement compenser l'énergie dissipée par la force de frottement, c'est ce qu'il nous reste à vérifier. Le travail élémentaire de la force de frottement s'écrit $dW' = -\alpha\dot{x}dx = -\alpha\dot{x}^2dt$. L'énergie dissipée par période est donc suivant (4.43) :

$$W' = -\alpha\omega^2 x_M^2 \int_t^{t+T} \sin^2(\omega t' + \phi) = -\alpha\omega^2 x_M^2 \frac{T}{2} \tag{4.63}$$

En remplaçant $x_M$ par son expression (4.48) :

$$W' = -\alpha\omega^2 \frac{T}{2} \frac{F^2/m^2}{(\omega_0^2 - \omega^2)^2 + \omega^2\gamma^2} \tag{4.64}$$

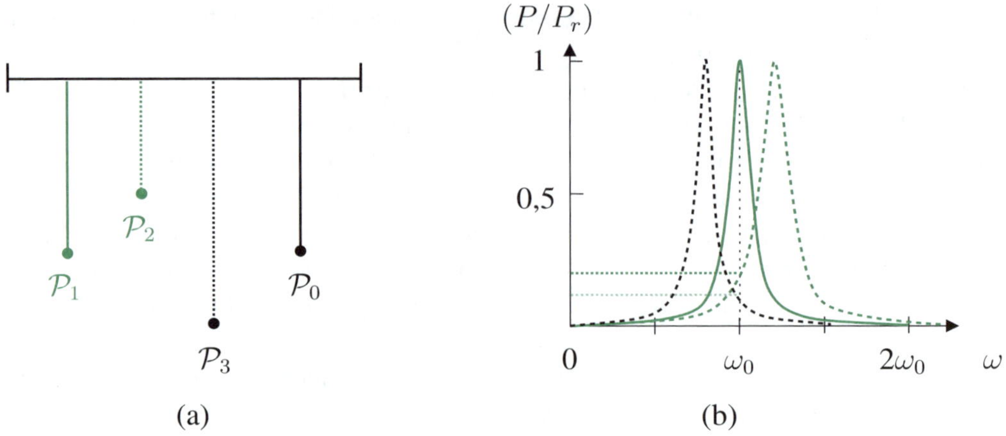


FIGURE 4.12. (a) Les quatre pendules sont solidaires du fil de torsion horizontal. On fait osciller le pendule $\mathcal{P}_0$ qui exerce un forçage avec sa pulsation propre $\omega_0$ sur $\mathcal{P}_1$, $\mathcal{P}_2$ et $\mathcal{P}_3$. On observe que seul $\mathcal{P}_1$ se met à osciller avec une amplitude qui augmente rapidement. (b) Courbes de réponses en puissance des trois pendules forcés ($P_r$ est la puissance absorbée à la résonance). Le pendule $\mathcal{P}_1$ dont la pulsation propre est aussi $\omega_0$ absorbe une puissance maximum (courbe en vert). En revanche $\mathcal{P}_2$ et $\mathcal{P}_3$ (courbes en tirets verts et en tirets noirs), n'absorbent qu'une faible partie de la puissance de forçage.

et en écrivant $\alpha = m\gamma$, on obtient :

$$W' = -\gamma \frac{T}{2m} F^2 \frac{\omega^2}{(\omega_0^2 - \omega^2)^2 + \omega^2\gamma^2} = -W \tag{4.65}$$

Par conséquent à chaque période $W' + W = 0$, ce qui est la condition d'observation du régime permanent.

## 4.6. Exercices

***Exercice 4.1.*** Deux ressorts identiques, de masse négligeable, de constante de raideur $k$ et de longueur au repos $l_0$, sont placés parallèlement en position verticale (figure 4.13a). Leurs extrémités libres sont attachées à un bloc de masse $m$. On néglige tout frottement. Déterminer l'abscisse $x_e$ de la position d'équilibre stable, ainsi que la pulsation des oscillations autour de $x_e$.

***Exercice 4.2.*** Deux ressorts identiques, de masse négligeable, de constante de raideur $k$ et de longueur au repos $l_0$, sont attachés bout à bout (figure 4.13b). À l'extrémité du second ressort est attaché un bloc de masse $m$. On néglige tout frottement. Déterminer l'abscisse $x_e$ de la position d'équilibre stable ainsi que la pulsation des oscillations autour de $x_e$.

***Exercice 4.3.*** Un ressort de masse négligeable, de constante de raideur $k$ et de longueur au repos $l_0$ est placé sur un plan incliné d'un angle $\alpha$ par rapport à l'horizontale. Son extrémité libre coïncide avec l'origine $O$ de l'axe $x'x$ parallèle au plan incliné. Un bloc de masse $m$, pouvant glisser sans frottement sur le plan incliné, est fixé à l'extrémité libre du ressort, et sa position est repérée par $x$ (figure 4.13c).

a) Trouver l'expression de l'énergie potentielle du système bloc-ressort qui satisfait la condition $E_p(0) = 0$. En déduire l'abscisse $x_e$ de la position d'équilibre stable du bloc.
b) Déterminer la période des oscillations du bloc autour de sa position d'équilibre stable.
c) À l'instant initial le bloc est abandonné au point d'abscisse $x_i$ avec une vitesse nulle. Trouver l'expression de $x(t)$ et de $\dot{x}$.
d) Déterminer l'équation de la trajectoire décrite dans l'espace des phases. Dessiner la trajectoire correspondant à une oscillation dans l'espace des phases et dans l'espace réel dans le cas où $x_i = \frac{1}{4}x_e$ et $x_e = 4$ cm.

***Exercice 4.4.*** Une tige rigide de masse négligeable et de longueur $2l$ peut tourner librement autour d'un axe horizontal passant par son milieu $O$, et l'on repère sa position à l'aide de l'angle $\theta$ qu'elle fait avec la verticale. À chacune des extrémités de la tige est fixée une masse ponctuelle, respectivement $m_1$ et $m_2$ (figure 4.13d).
a) Trouver l'expression de l'énergie potentielle $E_p(\theta)$ du système et en déduire sa position d'équilibre stable.
b) Dans le cas où $m_1 > m_2$, trouver l'expression de la période des oscillations autour de la position d'équilibre stable.
c) À l'instant initial la tige, dans sa position d'équilibre stable, est lancée avec une vitesse angulaire positive $\dot{\theta}_i$. Pour quelles valeurs de $\dot{\theta}_i$ observe-t-on des oscillations ? Cette condition étant satisfaite, trouver l'expression de $\theta(t)$ dans le régime linéaire.

***Exercice 4.5.*** Un bloc de masse $M$ est attaché à l'extrémité libre d'un ressort de masse négligeable, de constante de raideur $k$ et de longueur au repos $l_0$. L'extrémité libre du ressort non déformé définit l'origine $O$ de l'axe $Ox$. La position du bloc est repérée par son abscisse $x$, et dans le laboratoire, on note $\dot{x}\hat{x}$ son vecteur vitesse représenté sur la figure 4.14 dans le cas où $\dot{x}$ est positif. Ce bloc est placé sur un tapis roulant horizontal animé d'un vecteur vitesse constant $\vec{v}_0$ (figure 4.14). On note respectivement $\mu_s$ et $\mu_d$ les coefficients de frottement statique et dynamique entre le bloc et le tapis roulant.

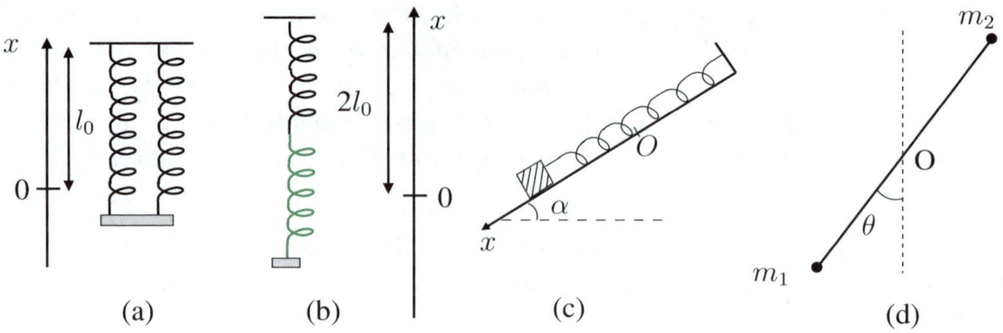


FIGURE 4.13.

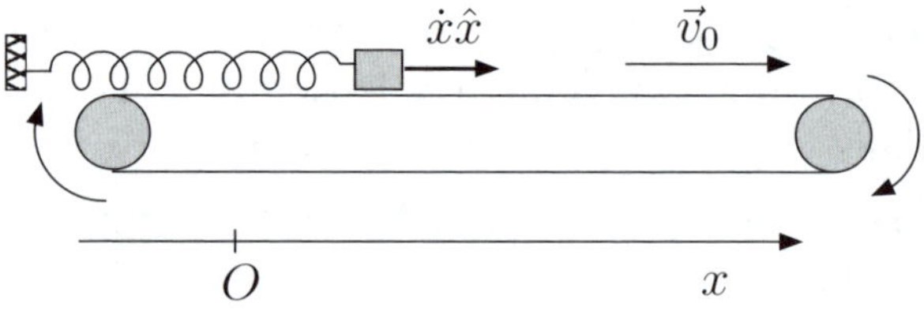


FIGURE 4.14.

a) Donner l'expression de la coordonnée $f_x$ de la force de frottement lorsque $\dot{x}$ est inférieur à $v_0$. Écrire dans ce cas l'équation du mouvement du bloc. En déduire l'expression de $x(t)$. Pour quelles valeurs de l'amplitude la condition $\dot{x} < v_0$ est-elle satisfaite ? On donne : $m = 0,1$ kg, $\mu_d = 0,4$, $k = 10\text{N/m}$, $v_0 = 30$ cm/s et $g = 10$ ms$^{-2}$. Représenter dans l'espace des phases la trajectoire correspondant à une oscillation d'amplitude 2 cm.
b) Si la vitesse du bloc dans le laboratoire devient égale à $v_0$, à quelle condition son mouvement devient-il rectiligne uniforme ? Déterminer les abscisses $x_1$ et $x_2$ qui déterminent la portion de l'axe où l'on peut observer ce comportement. On donne $\mu_s = 0,9$. Dessiner dans l'espace des phases la trajectoire du bloc correspondant aux conditions initiales : $x_i = 8$ cm et $\dot{x}_i = 0$.
c) Donner l'expression de la coordonnée $f_x$ de la force de frottement lorsque $\dot{x}$ est supérieur à $v_0$. Écrire dans ce cas l'équation du mouvement du bloc. En déduire l'expression de $x(t)$. Dessiner dans l'espace des phases la trajectoire du bloc correspondant aux conditions initiales : $x_i = -8$ cm et $\dot{x}_i = 60$ cm/s.

***Exercice 4.6.*** Un bloc de masse $M$ est attaché à l'extrémité libre d'un ressort de longueur au repos $l_0$, de constante de raideur $k$ et de masse $M'$. La position du bloc est repérée par son abscisse $x$ (figure 4.15a).

a) Quelle est l'énergie potentielle $E_p(x)$ de l'ensemble bloc-ressort ? En déduire l'abscisse $x_e$ de la position d'équilibre stable du bloc.
b) On note $\dot{x}$ la vitesse du bloc. Montrer qu'un élément de longueur $dz$ du ressort (spire verte sur la figure 4.15a) est animé de la vitesse $\dot{x}z/l$, en notant $l$ la longueur du ressort étiré. En déduire l'expression de l'énergie cinétique $E'_c$ associée au ressort.
c) Établir l'expression de la pulsation des oscillations du bloc autour de sa position d'équilibre stable.

***Exercice 4.7.*** Un mobile de masse $m = 0,1$ kg se déplace sans frottement le long d'un axe $x'Ox$. Son énergie potentielle est représentée en fonction de $x$ sur la figure 4.15b.
a) Que représente le point d'abscisse 0,2 mètre pour ce mobile ?
b) Le mobile est abandonné au point d'abscisse $x_i = 0,2$ m avec une vitesse de +1 ms$^{-1}$. Quelle est la valeur de son énergie mécanique $E_0$ ? Déterminer graphiquement la portion de l'axe décrite par le mobile.
c) Écrire le développement de Taylor à l'ordre 2 de l'énergie potentielle $E_p$ au voisinage de la position d'équilibre stable. Exprimer la pulsation des oscillations en fonction de $E_p''$. Déterminer graphiquement la valeur de $E_p''$, puis écrire l'expression de $x(t)$.

***Exercice 4.8.*** Un pendule inversé est constitué par une masse ponctuelle $m$ fixée à l'extrémité d'une tige rigide de masse négligeable, de longueur $l$, qui peut tourner librement autour d'un axe horizontal. La tige est par ailleurs solidaire de l'extrémité libre d'un ressort spiral dont la constante de torsion est $C$ (figure 4.15c). En fonction de l'angle $\theta$ que fait la tige avec la verticale, l'énergie potentielle élastique du ressort spiral s'écrit $\frac{1}{2}C\theta^2$.
a) Trouver les positions d'équilibre du système et discuter leur stabilité en fonction de la valeur du rapport $C/mgl$. Représenter l'énergie potentielle $E_p(\theta)$ du système pour $C = 1,5$ mgl et pour $C = 0,8$ mgl.
b) Examiner le cas particulier $C = mgl$ et représenter $E_p(\theta)$.
c) Trouver l'expression de la pulsation des oscillations de faible amplitude autour de la position d'équilibre dans chacun des cas : $C > mgl$ et $C < mgl$. Dans ce dernier cas on supposera $\theta_e$ petit, pour légitimement remplacer $\cos\theta_e$ et $\sin\theta_e$ par leur développement de Taylor à l'ordre 3.
d) Étudier le régime d'oscillation lorsque $C = mgl$. Quelle est sa particularité ?

***Exercice 4.9.*** Une bille de masse $m$ est attachée à l'extrémité d'un fil inextensible de longueur $l$. Ce pendule simple est placé dans un véhicule animé d'un mouvement rectiligne uniforme d'accélération $\vec{A}$, et l'on repère sa position par l'angle $\theta$ qu'il fait avec la verticale (figure 4.15d). On se place du point de vue de l'observateur lié au référentiel $(\mathcal{R}')$ solidaire du véhicule.

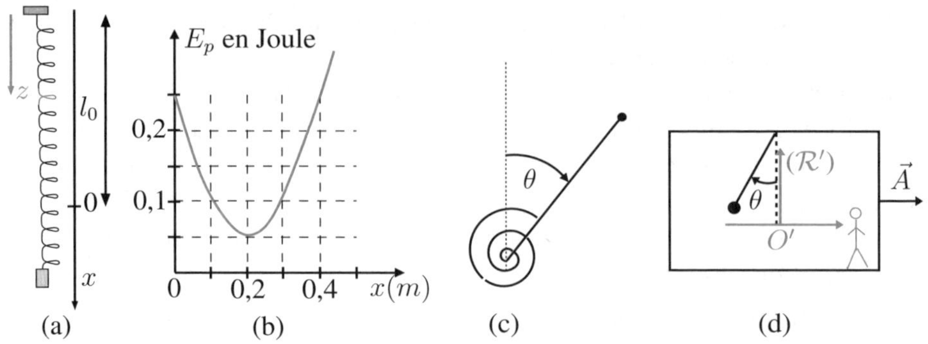


FIGURE 4.15.

a) Écrire l'expression de l'énergie potentielle effective $\widetilde{E}_p$ du pendule, somme de l'énergie potentielle de pesanteur et de l'énergie potentielle d'entraînement. En déduire l'expression de la position d'équilibre stable $\theta_e$.
b) Trouver l'expression de la pulsation des oscillations de faible amplitude autour de la position d'équilibre stable.

***Exercice 4.10.*** Revenons sur l'exemple 2 du paragraphe 3.6.3. Un cercle de rayon $r$ est animé d'un mouvement de rotation uniforme dans le plan vertical, caractérisé par le vecteur vitesse angulaire $\vec{\omega} = \dot{\alpha}\hat{z}$. Un anneau de masse $m$ peut coulisser sans frottement sur ce cercle, et sa position est repérée par l'angle $\theta$ (qu'il ne faut pas confondre avec l'angle $\alpha$ !). Le dispositif est représenté sur la figure 3.10.a. On note $(\mathcal{R}')$ le référentiel tournant solidaire du cercle.
a) Écrire l'expression de l'énergie potentielle effective $\widetilde{E_p}$ de l'anneau dans $(\mathcal{R}')$. Trouver les positions d'équilibre stable suivant la valeur de $\dot{\alpha}$.
b) Déterminer la période des oscillations de faible amplitude autour de chacune de ces positions d'équilibre.

***Exercice 4.11.*** Un bloc de masse $M = 500$ grammes oscille à l'extrémité d'un ressort de constante de raideur $k = 2N/m$. Le bloc est soumis à une force de frottement de type visqueux dont la coordonnée $F_x = -\alpha\dot{x}$. Il perd un quart de son énergie mécanique à chaque oscillation.
a) On note $\gamma = \alpha/M$. Montrer que l'on est dans le cas d'un amortissement faible. Déterminer les valeurs respectives de $\gamma$ et de $\alpha$.
b) À l'instant initial le bloc est écarté de 5 cm de sa position d'équilibre stable et abandonné sans vitesse initiale. Représenter $x(t)$ ainsi que les deux premières oscillations dans l'espace des phases.

***Exercice 4.12.*** Un bloc de masse $m = 100$ grammes, attaché à l'extrémité d'un ressort de constante de raideur $k = 10$ N/m, glisse sur un plan horizontal en présence d'une force de frottement solide-solide caractérisée par les coefficients statique $\mu_s = 0{,}2$ et dynamique $\mu_d = 0,1$. La position du bloc est repérée par son abscisse $x$, et sa position d'équilibre stable est définie par $x_e = 0$.
a) Le bloc est placé au point d'abscisse $x_0$ et abandonné à lui-même. Quelle condition doit satisfaire $x_0$ pour qu'il se mette en mouvement ? On se place dans le cas où $x_0 = 5\mu_s mg/k$. Déterminer les abscisses $x_1$ et $x_2$ pour lesquelles sa vitesse s'annule. En déduire une formule de récurrence définissant $x_{2n-1}$ et $x_{2n}$. Où le bloc s'immobilisera-t-il ?
b) Quelle est la pulsation des oscillations du bloc ? Écrire l'expression de $x(t)$ lorsque le bloc se déplace de $x_0$ à $x_1$. Dessiner la variation de $x(t)$ depuis l'instant initial jusqu'à l'arrêt.

***Exercice 4.13.*** Une masse $m$, fixée à l'extrémité d'un ressort de constante de raideur $k$, glisse sans frottement sur un plan horizontal. Sa position est repérée par son abscisse $x$ et sa position d'équilibre stable correspond à $x_e = 0$. Elle est soumise à un forçage sinusoïdal par le biais de la force $F_x = F\cos\omega t$.
a) Trouver l'expression de l'amplitude $x_M$ en fonction de $\omega$ en régime permanent.
b) Retrouver ce résultat géométriquement en raisonnant dans l'espace des phases, dans le cas du forçage impulsionnel, par exemple dans le cas où $\omega > \omega_0$.

***Exercice 4.14.*** Le châssis d'une voiture est relié à chacune des roues par un ressort et un amortisseur qui constituent la suspension.
A- Considérons d'abord le ressort seul, de longueur au repos $L_0$. La masse $m$ placée sur ce ressort (figure 4.16a) est égale au quart de la masse du véhicule.
1) Pour des raisons de confort on fixe la période propre $T_0$ du ressort égale à une seconde, valeur très voisine de la période de la marche d'un adulte. Si $m = 250$ kg quelle doit être la raideur $k$ du ressort ?
2) Que vaut la déformation $(L_0 - L)$ du ressort ? Pourquoi ce ressort ne peut-il tout seul constituer la suspension du véhicule ?
B- L'amortisseur placé en parallèle sur le ressort (figure 4.16b) exerce une force de frottement de type visqueux $F_x = -\alpha\dot{x}$. Une irrégularité de la route (figure 4.16c) fait que le centre de la roue se déplace verticalement de $u$, entraînant un déplacement vertical $x$ du châssis.
1) Exprimer $L'$ en fonction de $x$ et de $u$. En déduire l'expression de l'accélération $\ddot{x}$ du châssis.
2) Une chaussée déformée de type « tôle ondulée » génère un déplacement de la roue $u = a\cos\omega t$. Si deux bosses consécutives sont séparées par la distance $d$, exprimer $\omega$ en fonction de $d$ et de la vitesse $v$ du véhicule.

3) Le mouvement vertical du châssis est de la forme $x = x_M \cos(\omega t + \phi)$. Trouver les expressions respectives de $x_M$ et de $\tan\phi$.
4) La vitesse du véhicule est telle que $\omega = \omega_0$. Pour un amortisseur en bon état $\gamma = 2\omega_0$. Trouver dans ce cas l'expression de $x(t)$. Si l'amortisseur est usé $\gamma = \omega_0$. Quelle est dans ce cas l'expression de $x(t)$ ?
5) Le véhicule roule plus vite et maintenant $\omega = 2\omega_0$. Reprendre la question précédente avec cette condition.

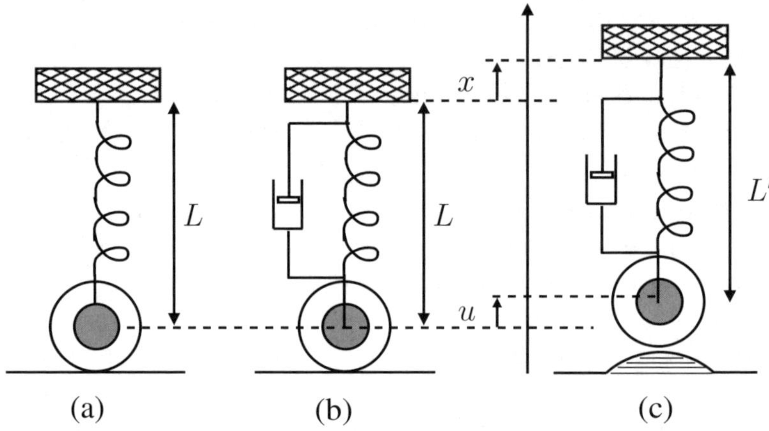


Figure 4.16.

## 4.7. Réponses aux exercices

**Exercice 4.1.** *L'énergie potentielle du système est la somme des énergies potentielles élastiques et de l'énergie potentielle de pesanteur :* $E_p = kx^2 + mgx$. *On en déduit que la position d'équilibre stable est définie par* $x_e = -mg/2k$. *L'énergie mécanique* $E = \frac{1}{2}m\dot{x}^2 + E_p$ *est constante au cours du temps soit :* $m\ddot{x}+2kx+mg = 0$ *que l'on peut écrire aussi :* $\ddot{x}+2k/m(x-x_e) = 0$. *En posant* $X = x - x_e$ *on reconnaît l'équation harmonique, et la pulsation* $\omega_0^2 = 2k/m$. *Ces résultats montrent que lorsque l'on place des ressorts en parallèle leurs raideurs s'ajoutent soit* $K = 2k$. *Vous pourrez vérifier pour deux ressorts de raideurs différentes que :* $K = k_1 + k_2$.

**Exercice 4.2.** *Sous l'action d'une force de traction de module* $F$, *chacun des ressorts s'allonge de* $\Delta l = F/k$, *et l'abscisse de l'extrémité libre du ressort vert est donc* $x = 2\Delta l$. *L'énergie potentielle du système s'écrit par conséquent :* $E_p = k(\Delta l)^2 + mgx = \frac{1}{4}kx^2 + mgx$. *On en déduit l'abscisse de la position d'équilibre stable* $x_e = -2mg/k$. *L'énergie mécanique* $E = \frac{1}{2}m\dot{x}^2 + E_p$ *est constante au cours du temps soit :* $m\ddot{x} + \frac{1}{2}kx + mg = 0$ *que l'on peut écrire aussi :* $\ddot{x} + (k/2m)(x - x_e) = 0$. *En posant* $X = x - x_e$ *on reconnaît l'équation harmonique et la pulsation* $\omega_0^2 = k/2m$. *Ces résultats montrent que lorsque l'on place des ressorts en série ce sont les inverses de leurs raideurs qui s'ajoutent :* $1/K = 1/k + 1/k$ *soit* $K = \frac{1}{2}\ k$. *Vous pourrez vérifier pour deux ressorts de raideurs différentes que :* $1/K = 1/k_1 + 1/k_2$.

**Exercice 4.3.**

*a) Il faut prendre en compte l'énergie potentielle élastique et l'énergie potentielle de pesanteur. Du fait du sens de l'axe* $Ox$, *l'ordonnée* $y = -x\sin\alpha$. *D'où* $E_p(x) = \frac{1}{2}kx^2 - mgx\sin\alpha$. *On montre sans difficulté que* $x_e = mg\sin\alpha/k$ *est une position d'équilibre stable.*

*b) L'énergie mécanique* $E = \frac{1}{2}m\dot{x}^2+E_p(x)$ *reste constante au cours du temps en l'absence de frottement. En écrivant* $\dot{E} = 0$, *on obtient :* $m\ddot{x}+kx-mg\sin\alpha = 0$, *soit* $\ddot{x} + (k/m)(x - x_e) = 0$. *En posant* $\omega_0^2 = k/m$ *et* $X = x - x_e$, *on reconnaît l'équation harmonique* $\ddot{X}+\omega_0^2X = 0$, *qui décrit les oscillations autour du point d'abscisse* $x_e$. *La période de ces oscillations est* $T = 2\pi\sqrt{m/k}$ *comme pour le ressort horizontal.*

*c) La solution de l'équation harmonique est :* $x - x_e = x_M\cos(\omega_0t + \phi)$. *En écrivant les conditions initiales :* $x_i - x_e = x_M\cos\phi$ *et* $0 = -\omega_0\sin\phi$, *on trouve* $\phi = 0$ *et* $x_M = x_i - x_e$. *Par conséquent :* $x(t) - x_e = (x_i - x_e)\cos\omega_0t$ *et* $\dot{x} = -\omega_0(x_i - x_e)\sin\omega_0t$.

*d) En éliminant le temps, on obtient :* $(x - x_e)^2 + (\dot{x}/\omega_0)^2 = (x_i - x_e)^2$ *qui représente l'équation d'un cercle de centre* $(x_e\,;\,0)$ *et de rayon* $|x_i - x_e|$*. Les trajectoires correspondant à une oscillation sont représentées sur la figure 4.18a. Le point A correspond à l'instant initial.*

**Exercice 4.4.**

*a) Il faut prendre en compte l'énergie potentielle de pesanteur de chacune des masses. En repérant les positions de chacune des masses par rapport à l'axe de rotation de la tige :* $E_p = -m_1 gl\cos\theta + m_2 gl\cos\theta$*. On détermine la position d'équilibre stable :* $\theta_e = 0$ *si* $m_1 > m_2$*, et* $\theta_e = \pi$ *si* $m_1 < m_2$*.*

*b) En l'absence de frottement, l'énergie mécanique du système* $E = 1/2(m_1 + m_2)l^2\dot{\theta}^2 - (m_1 - m_2)gl\cos\theta$*, reste constante au cours du temps, par conséquent :*

$0 = \ddot{\theta} + (g/l)(m_1 - m_2)/(m_1 + m_2)\sin\theta$*. Comportement général non linéaire. Pour les faibles valeurs de* $\theta$ *on peut légitimement remplacer* $\sin\theta$ *par* $\theta$ *et l'on retrouve l'équation harmonique* $0 = \ddot{\theta} + (g/l)(m_1 - m_2)/(m_1 + m_2)\theta$ *qui définit la période des oscillations* $T = 2\pi[(l/g)(m_1 + m_2)/(m_1 - m_2)]^{\frac{1}{2}}$*.*

*c) La tige est dans le régime de rotation si son énergie mécanique est supérieure à l'énergie potentielle maximum :* $\frac{1}{2}(m_1 + m_2)l^2\dot{\theta}_i^2 + E_p(0) > E_p(\pi)$*. En remplaçant* $E_p$ *par son expression on obtient :* $\frac{1}{2}(m_1 + m_2)l^2\dot{\theta}_i^2 > (m_1 - m_2)2gl$*. Les oscillations s'observent donc pour* $\dot{\theta}_i^2 < \frac{(m_1 - m_2)}{(m_1 + m_2)}\frac{4g}{l}$*. La solution de l'équation harmonique est de la forme :* $\theta = \theta_M\cos(\omega_0 t + \phi)$*. Les conditions initiales s'écrivent :* $0 = \theta_M\cos\phi$ *et* $\dot{\theta}_i = -\omega_0\theta_M\sin\phi$*, d'où* $\phi = -\pi/2$ *et* $\theta_M = \dot{\theta}_i/\omega_0$ *soit* $\theta(t) = (\dot{\theta}_i/\omega_0)\sin\omega_0 t$*.*

**Exercice 4.5.**

*a) Si* $\dot{x} < v_0$*, dans le référentiel du tapis roulant le bloc se déplace vers la gauche. La force de frottement dynamique est par conséquent dirigée vers la droite :* $f_x = +\mu_d mg$*. La deuxième loi de newton s'écrit :* $m\ddot{x} = -kx + \mu_d mg$*. L'abscisse de la position d'équilibre stable* $x_e = +\mu_d mg/k$*, donc* $\ddot{x} + (k/m)(x - x_e) = 0$*. Autour de cette position d'équilibre le bloc oscille avec la pulsation* $\omega_0 = (k/m)^{\frac{1}{2}}$*. Son abscisse est définie en fonction du temps par* $x = x_e + A\sin(\omega_0 t + \phi)$ *et sa vitesse* $\dot{x} = \omega_0 A\cos(\omega_0 t + \phi)$*. Par conséquent la condition* $\dot{x} < v_0$ *est satisfaite si* $A < v_0/\omega_0$*. Avec les données numériques de l'énoncé on trouve :* $x_e = 4$ *cm ;* $\omega_0 = 10\,s^{-1}$ *;* $v_0/\omega_0 = 3$ *cm. La trajectoire correspondant à une oscillation d'amplitude 2 cm autour de* $x_e$ *est représentée en tirets noirs sur la figure 4.17.*

*b) Lorsque sa vitesse est* $v_0$ *dans le laboratoire, le bloc est immobile dans le référentiel du tapis roulant. C'est alors la force de frottement statique qui s'exerce sur lui :* $-\mu_s mg < f_x < +\mu_s mg$*. Tant que l'abscisse du bloc est comprise entre*

*$x_1 = -\mu_s mg/k$ et $x_2 = +\mu_s mg/k$, la force de frottement statique s'ajuste pour maintenir nulle la résultante des forces s'exerçant sur le bloc. Par conséquent le mouvement du bloc est rectiligne uniforme avec la vitesse $v_0$ pour $-9$ cm $< x <$ $+9$ cm. Partant de l'abscisse +8 cm avec une vitesse nulle, la trajectoire dans l'espace des phases est la portion de cercle centrée sur $x_e$, représentée en pointillé vert sur la figure 4.17. Lorsque la vitesse du bloc est égale à $v_0$, le mouvement devient rectiligne uniforme jusqu'à l'abscisse $x_2$. Au-delà, la force de frottement statique ne peut plus compenser la force de rappel exercée par le ressort, le bloc glisse par rapport au tapis roulant et c'est la force de frottement dynamique qui intervient. Le mouvement correspondant est l'arc de cercle (en trait plein vert) centré sur $x_e$.*

*c) Lorsque $\dot{x} > v_0$, dans le référentiel du tapis roulant le bloc se déplace vers la droite. La force de frottement dynamique est par conséquent dirigée vers la gauche : $f_x = -\mu_d mg$. La deuxième loi de newton s'écrit : $m\ddot{x} = -kx - \mu_d mg$. L'abscisse de la position d'équilibre stable est $-x_e = -\mu_d mg/k$. Autour de cette position d'équilibre le bloc oscille avec la même pulsation $\omega_0 = (k/m)^{\frac{1}{2}}$, et son abscisse $x = -x_e + A\sin(\omega_0 t + \phi)$. Dans l'espace des phases la trajectoire est un cercle centré sur $-x_e$. C'est la portion d'arc de cercle (en trait plein noir) qui correspond aux conditions initiales $x_i = -8$ cm et $\dot{x}_i = 60$ cm/s. Comme précédemment, lorsque $\dot{x} = v_0$, le mouvement devient rectiligne uniforme puis se poursuit sur la trajectoire verte. À l'exception des cercles centrés sur $x_e$ et de rayon inférieur à $v_0/\omega_0$, toutes les trajectoires de l'espace des phases rejoignent la trajectoire en trait plein vert, ce qui vaut à ce cycle limite la dénomination d'attracteur.*

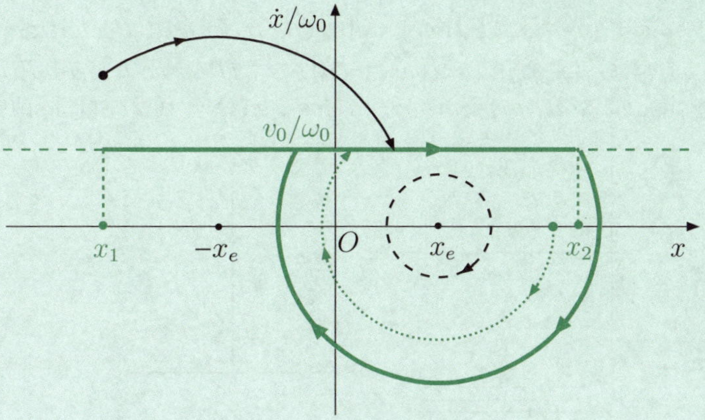


Figure 4.17.

**Exercice 4.6.**
*a) L'énergie potentielle élastique est égale à* $\frac{1}{2}kx^2$. *L'énergie potentielle de pesanteur vaut* $-Mgx$ *pour le bloc (le signe – est lié à l'orientation de l'axe vers le bas), et* $-\frac{1}{2}M'g(-l_0 + x)$ *pour le ressort. La condition* $E_p'(x_e) = 0$ *définit* $x_e = (M + \frac{1}{2}M')g/k$.
*b) Chaque point du ressort se déplace proportionnellement à sa distance par rapport à l'extrémité fixe. Lorsque l'extrémité libre se déplace de* $x$, *le point repéré par* $z$ *se déplace de* $xz/l$, *sa vitesse est donc* $\dot{x}z/l$. *Cet élément de longueur* $dz$ *et de masse* $M'dz/l$ *possède l'énergie cinétique* $\frac{1}{2}(M'dz/l)(\dot{x}z/l)^2$. *L'énergie cinétique du ressort à cet instant s'obtient en intégrant par rapport à* $z$ *de 0 à* $l$. *On trouve sans difficulté* $E_c' = \frac{1}{6}M'\dot{x}^2$.
*c) L'énergie mécanique de l'ensemble s'écrit :*
$E = \frac{1}{2}kx^2 - Mgx - \frac{1}{2}M'g(-l_0 + x) + \frac{1}{2}(M + \frac{1}{3}M')\dot{x}^2$. *En l'absence de frottement elle reste constante au cours du temps. En écrivant* $\dot{E} = 0$, *on obtient* $(M + \frac{1}{3}M')\ddot{x} + k(x - x_e) = 0$. *On reconnaît l'équation décrivant des oscillations harmoniques avec la pulsation* $\omega^2 = k/(M + \frac{1}{3}M')$.

**Exercice 4.7.**
*a) Au point d'abscisse 0,2 mètre la courbe* $E_p(x)$ *présente un minimum :* $E' = 0$ *(tangente horizontale) et* $E_p'' > 0$ *(concavité vers le haut),* $x_e = 0,2$ *m est la position d'équilibre stable.*
*b)* $E_c = 0,05$ *J et graphiquement on lit* $E_p = 0,05$ *J donc* $E_0 = 0,1$ *J. Par conséquent* $0,1 \leqslant x \leqslant 0,3$. *Oscillations d'amplitude* $x_M = 0,1$ *m.*
*c) Au voisinage de* $x_e$ : $E_p = E_p(x_e) + \frac{1}{2}(x - x_e)^2 E_p''(x_e)$ *puisque* $E'(x_e) = 0$. *Graphiquement on trouve* $E_p'' = 10\ Jm^{-2}$. *Par ailleurs en l'absence de frottement, l'énergie mécanique* $E = \frac{1}{2}m\dot{x}^2 + E_p$ *reste constante au cours du temps d'où :* $m\ddot{x} + (x - x_e)E_p''(x_e) = 0$. *On reconnaît l'équation harmonique de pulsation* $\omega_0^2 = E_p''(x_e)/m$, *soit* $\omega_0 = 10\,s^{-1}$. *D'après les conditions initiales* $x - x_e = x_M \sin\omega_0 t$ *soit, exprimé en mètres,* $x(t) = 0,2 + 0,1\sin(10t)$.

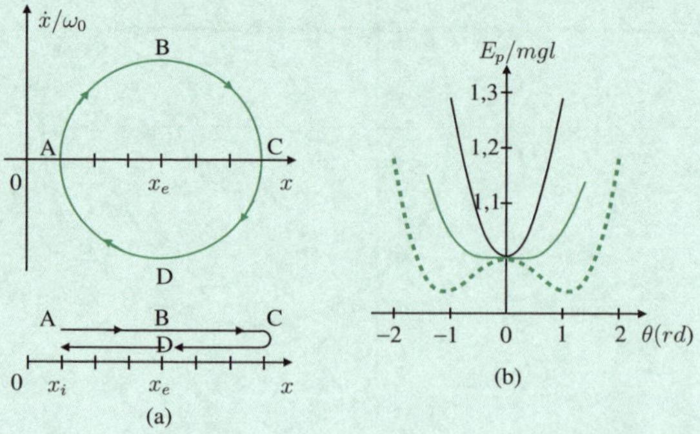


FIGURE 4.18.

**Exercice 4.8.**

*a) L'énergie potentielle du système s'écrit* $E_p = \frac{1}{2}C\theta^2 + mgl\cos\theta$ *d'où* $E'_p = C\theta - mgl\sin\theta$ *et* $E''_p = C - mgl\cos\theta$.
*Si* $C > mgl$, *la seule position d'équilibre* $\theta_e = 0$ *est stable.*
*Si* $C < mgl$, $\theta_e = 0$ *est une position d'équilibre instable, mais il existe deux autres positions d'équilibre stable. En effet* $E'_p$ *s'annule pour une valeur* $\theta_e$ *non nulle définie par* $\sin\theta_e/\theta_e = C/mgl$ *(rappelez-vous que* $(\sin x)/x < 1$*). En remplaçant* $\sin\theta_e$ *et* $\cos\theta_e$ *par leurs développements de Taylor, vous vérifierez sans difficulté que* $E''_p(\theta_e) > 0$. *Ces résultats sont illustrés par les courbes représentant l'énergie potentielle figure 4.18b : la courbe en noir correspond à* $C = 1,5mgl$, *et celle en tirets verts à* $C = 0,8\ mgl$.
*b) Si* $C = mgl$ *on vérifie sans difficulté que pour* $\theta = 0$, *les trois premières dérivées de* $E_p$ *sont nulles, et la dérivée quatrième est positive. C'est pourquoi la courbe* $E_p(\theta)$, *en trait plein vert figure 4.18b, est très plate au voisinage de* $\theta_e = 0$. *C'est le régime critique.*
*c) Il faut exprimer que l'énergie mécanique reste constante au cours du temps. Si* $C > mgl$, *en écrivant qu'au voisinage de 0,* $\sin\theta \simeq \theta$ *on obtient :*
$\ddot{\theta} + (g/l)(C/mgl - 1)\theta = 0$, *d'où* $\omega_0^2 = (g/l)(C/mgl - 1)$.
*Si* $C < mgl$, *il faut remplacer* $E_p$ *par son développement de Taylor à l'ordre 2 au voisinage de* $\theta_e$, *et l'on trouve :* $\omega_0^2 = E''_p(\theta_e)/ml^2 = (-mgl\cos\theta_e + C)/ml^2$.
*Si, comme indiqué dans l'énoncé,* $\theta_e$ *est voisin de zéro, on écrit* $\cos\theta_e = 1 - \frac{1}{2}\theta_e^2$ *; par ailleurs la position d'équilibre est définie par :* $1 - \frac{1}{6}\theta_e^2 = C/mgl$. *D'où l'on tire* $\frac{1}{2}\theta_e^2 = 3(1 - C/mgl)$, *et en remplaçant* $\omega_0^2 = (2\,g/l)(1 - C/mgl)$.
*d) Lorsque* $C = mgl$, *l'énergie mécanique* $E = \frac{1}{2}ml^2\dot{\theta}^2 + mgl(\cos\theta + \frac{1}{2}\theta^2)$ *s'écrit au voisinage de 0 :* $E = \frac{1}{2}ml^2\dot{\theta}^2 + mgl(1 + \theta^4/4!)$. *En écrivant* $\dot{E} = 0$ *on obtient :* $\ddot{\theta} + (g/6l)\theta^3 = 0$. *Ce n'est pas l'équation harmonique. Le régime critique est non-linéaire même à très faible amplitude.*

**Exercice 4.9.**

*a) L'énergie potentielle d'entraînement dans* $(\mathcal{R}')$ *s'écrit (paragraphe 3.6.2) :* $E_{pe} = m\vec{r}.\vec{A} = -mAl\sin\theta$. *L'énergie potentielle effective dans* $(\mathcal{R}')$ *a donc pour expression* $\widetilde{E_p} = mgl(1 - \cos\theta) - mAl\sin\theta$. *On en déduit, en annulant la dérivée de* $\widetilde{E_p}$ *par rapport à* $\theta$, *que la position d'équilibre stable est définie par* $\tan\theta_e = A/g$.
*b) L'énergie mécanique dans* $(\mathcal{R}')$ *s'écrit :* $\widetilde{E} = \frac{1}{2}ml^2\dot{\theta}^2 + \widetilde{E_p}$; *en l'absence de frottement,* $\widetilde{E}$ *reste constante au cours du temps. En remplaçant* $\widetilde{E_p}$ *par son développement de Taylor à l'ordre 2 au voisinage de* $\theta_e$, *on obtient* $\omega_0^2 = \widetilde{E}''_p(\theta_e)/ml^2$ *soit* $\omega_0^2 = \frac{g}{l}\cos\theta_e + \frac{A}{l}\sin\theta_e$. *En utilisant la relation*

$\cos x = (1 + \tan^2 x)^{-\frac{1}{2}}$, *on trouve* $\omega_0^2 = (g/l)\sqrt{1 + (A/g)^2}$. *On vérifie que lorsque A tend vers 0 on retrouve les résultats bien connus du pendule simple.*

**Exercice 4.10.**

*a) Les résultats ont été établis au chapitre précédent, paragraphe 3.6.3. L'énergie potentielle effective dans le référentiel tournant ($\mathcal{R}'$) s'écrit :*
$\widetilde{E_p} = mgr(1 - \cos\theta) - \frac{1}{2}mr^2\dot{\alpha}^2 \sin^2\theta$. *D'où les positions d'équilibre stable définies par :* $\theta_e = 0$ *si* $\dot{\alpha} < (g/r)^{\frac{1}{2}}$ *et* $\cos\theta_e = g/r\dot{\alpha}^2$ *si* $\dot{\alpha} > (g/r)^{\frac{1}{2}}$.
*b) Pour déterminer la pulsation des oscillations autour de la position d'équilibre stable, l'observateur de ($\mathcal{R}'$) écrit que l'énergie mécanique* $\widetilde{E} = \frac{1}{2}mr^2\dot{\theta}^2 + \widetilde{E_p}$ *reste constante au cours du temps. Comme on se limite aux oscillations de faible amplitude autour de la position d'équilibre, on remplace* $\widetilde{E_p}$ *par son développement de Taylor à l'ordre deux au voisinage de* $\theta_e$. *On obtient sans difficulté* $\omega^2 = \widetilde{E_p''}(\theta_e)/mr^2$.
*Lorsque* $\dot{\alpha} < (g/r)^{\frac{1}{2}}$ *alors* $\theta_e = 0$, *et l'on trouve* $\omega^2 = (g/r - \dot{\alpha}^2)$.
*Lorsque* $\dot{\alpha} > (g/r)^{\frac{1}{2}}$ *alors* $\cos\theta_e = g/r\dot{\alpha}^2$, *et l'on trouve* $\omega^2 = [\dot{\alpha}^2 - g^2/(r^2\dot{\alpha}^2)]$.

**Exercice 4.11.**

*a) Suivant la relation (4.33),* $E(t+T) = \exp(-\gamma T)E(t)$ *soit* $\exp(-\gamma T) = 0,75$. *On tire* $\gamma T \simeq$ *0,29 d'où* $\gamma/\omega \simeq 0,046$. *On est bien dans le cas d'un amortissement faible et* $\omega \simeq \omega_0 = 2\,s^{-1}$ ; $\gamma = 0,092$ *et* $\alpha = 0,046$ *kg/s.*
*b) La courbe représentant* $x(t)$ *oscille entre les deux exponentielles décroissantes* $x_M = \pm x_0 \exp(-\gamma T/2)$. *Dans l'espace des phases la trajectoire correspondant à une oscillation amortie est une spirale :* $x_0 = 5$ *cm, après une oscillation* $x_1 = 4,3$ *cm, après deux oscillations* $x_2 = 3,75$ *cm.*

**Exercice 4.12.**

*a) Le bloc se met en mouvement si le module de la force de traction exercée par le ressort est supérieur à celui de la force de frottement statique :* $kx_0 > \mu_s mg$, *soit* $x_0 > \mu_s mg/k$. *On trouve* $x_0 > 2$ *cm. Pour* $x_0 = 5\,\mu_s mg/k = 10$ *cm, le bloc se met en mouvement. Appliquons le théorème de l'énergie cinétique entre* $x_0$ *et* $x_1$ : $0 - 0 = \frac{1}{2}kx_0^2 - \frac{1}{2}kx_1^2 - \mu_d mg(x_0 - x_1)$ *d'où* $x_1 = -x_0 + 2\mu_d mg/k = 8$ *cm. Le bloc repart et s'immobilise ensuite au point d'abscisse* $x_2$. *De la même manière on trouve* $x_2 = -x_1 - 2\mu_d mg/k = x_0 - 4\mu_d mg/k = 6$ *cm. D'où les relations de récurrence :* $x_{2n-1} = -x_0 + (2n-1)2\mu_d mg/k$ *et* $x_{2n} = x_0 - 4n\mu_d mg/k$. *Le bloc s'immobilisera en* $x_4$.
*b) Le principe fondamental de la dynamique s'écrit :* $m\ddot{x} = -kx \pm \mu_d mg$, *les signes + et − correspondent respectivement à un déplacement suivant le sens négatif ou positif de l'axe des abscisses. Entre* $x_0$ *et* $x_1$, *le déplacement s'effectue dans le sens négatif :* $\ddot{x} + k/m(x - \mu_d mg/k) = 0$. *On reconnaît une*

*oscillation harmonique autour de* $\mu_d mg/k$ *avec la pulsation* $\omega_0^2 = k/m$. *Sa solution s'écrit :*
$x - \mu_d mg/k = x_M \cos(\omega_0 t + \phi)$ *soit avec les conditions initiales* $x - \mu_d mg/k = (x_0 - \mu_d mg/k)\cos\omega_0 t$. *Remarquons que pour* $t = \frac{1}{4}T$, $x = \mu_d mg/k$. *Pour* $t = \frac{1}{2}T$, *on trouve que l'abscisse vaut* $-x_0 + 2\mu_d mg/k$, *c'est-à-dire* $x_1$. *Lorsque le bloc repart dans le sens positif, l'équation du mouvement s'écrit* $\ddot{x} + k/m(x + \mu_d mg/k) = 0$. *Cette fois l'oscillation se fait autour de* $-\mu_d mg/k$. *On a donc des oscillations amorties dont l'amplitude décroît linéairement en fonction du temps, comme le montre la figure 4.19a.*

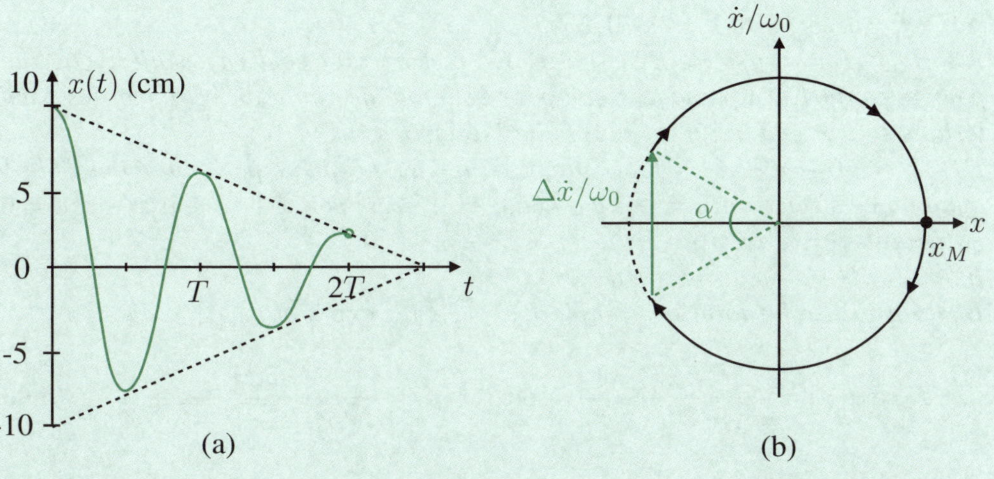


Figure 4.19.

**Exercice 4.13.**
*a) Le principe fondamental de la dynamique s'écrit :* $m\ddot{x} = -kx + F\cos\omega t$ *soit* $\ddot{x} + \omega_0^2 x = F/m\cos\omega t$. *En régime permanent on cherche une solution de la forme* $x = x_M\cos(\omega t + \phi)$. *En passant par les amplitudes complexes on obtient :*
$x_M \exp(i\phi) = (F/m)/(\omega_0^2 - \omega^2)$. *Le second membre étant réel on en déduit* $\phi = 0$ *et* $x_M = (F/m)/|\omega_0^2 - \omega^2|$. *Rappelons que la divergence de cette expression lorsque la pulsation de forçage devient égale à la pulsation propre n'a pas de sens physique : nous ne prenons en compte ici ni dissipation ni non-linéarité. Au voisinage de la résonance* $x_M \simeq (F/2m\omega_0)/|\omega - \omega_0|$.
*b) En régime permanent l'énergie mécanique est constante. C'est la raison pour laquelle l'impulsion (flèche verte figure 4.19b) relie deux points symétriques par rapport à l'horizontale : elle inverse le signe de la vitesse et conserve l'énergie cinétique. Par ailleurs cette implulsion doit raccourcir l'oscillation puisque, si* $\omega > \omega_0$, *on force l'oscillateur à osciller avec une période* $T$ *plus courte*

*que sa période propre $T_0$. C'est pour cette raison que l'impulsion se produit pour une valeur négative de l'abscisse : l'oscillateur ne parcourt pas l'arc de cercle en pointillé noir. Un tour complet, c'est-à-dire $2\pi$ correspond à $T_0$ ; l'angle $\alpha$ correspond au raccourcissement de l'oscillation, donc à $T_0 - T$. D'où $\alpha = 2\pi(T_0 - T)/T_0$. L'amplitude $x_M$ des oscillations est égale au rayon du cercle et $\sin(\alpha/2) = \Delta\dot{x}/(2\omega_0 x_M)$. Au voisinage de la résonance $\sin(\alpha/2) \simeq \alpha/2$ et l'on obtient : $x_M = (\Delta\dot{x})/[\omega_0^2(T_0 - T)]$, expression qui décrit bien l'augmentation de l'amplitude lorsque $\omega$ s'approche de $\omega_0$.*

**Exercice 4.14.**

*A1- $\omega_0^2 = k/m$ d'où $k = 9870\ N/m$.*

*A2- $L_0 - L = mg/k = 0,25$ mètre. Ce ressort tout seul va osciller. Or, tant pour le confort des passagers que pour la tenue de route du véhicule, les oscillations sont à éviter : c'est le rôle de l'amortisseur.*

*B1- $L' = L - u + x = L_0 - mg/k - u + x$. Le principe fondamental de la dynamique s'écrit : $m\ddot{x} = -mg + k(L_0 - L') - \alpha\dot{x}$, soit $\ddot{x} + \gamma\dot{x} + \omega_0^2 x - \omega_0^2 u = 0$, en posant $\gamma = \alpha/m$.*

*B2- $T = d/v$ d'où $\omega = 2\pi v/d$.*

*B3- On utilise la notation complexe $x = \Re\{x_M \exp i(\omega t + \phi)\}$ d'où :*

$$x_M \exp i\phi = \frac{a\omega_0^2}{\omega_0^2 - \omega^2 + i\omega\gamma} \quad \text{soit} \quad x_M = \frac{a\omega_0^2}{\sqrt{(\omega_0^2 - \omega^2)^2 + \omega^2\gamma^2}} \tag{4.66}$$

*et $\tan\phi = -\gamma\omega/(\omega_0^2 - \omega^2)$.*

*B4- En portant les valeurs de $\omega$ et de $\gamma$ dans (4.66), on obtient $x_M \exp i\phi = -\frac{1}{2}ia = \frac{1}{2}a\exp(-i\pi/2)$, donc $x(t) = \frac{1}{2}a\sin\omega_0 t$.*

*Si $\gamma = \omega_0$, on trouve $x(t) = a\sin\omega_0 t$, l'amplitude des oscillations du châssis double. Si le véhicule roule plus vite et $\omega = 2\omega_0$, on trouve pour un amortisseur en bon état $x_M \exp i\phi = a/(-3 + 4i)$ soit $x(t) \simeq 0,2a\cos(\omega t - \frac{2}{3}\pi)$. Pour un amortisseur usé, $x_M \exp i\phi = a/(-3 + 2i)$ soit $x(t) \simeq 0,3a\cos(\omega t - \frac{5}{6}\pi)$. En roulant vite, la pulsation du forçage s'éloigne de la pulsation propre du châssis, et l'amplitude diminue.*

# 5

# QUANTITÉ DE MOUVEMENT ET CENTRE DE MASSE

## 5.1. Introduction

Jusqu'ici nous ne nous sommes intéressés qu'au mouvement d'un seul mobile. Pour déterminer ce mouvement, nous avons pris en compte toutes les forces qui s'exercent sur ce mobile, du fait de ses interactions avec d'autres corps, mais nous ne nous sommes pas du tout préoccupés du mouvement de ces autres corps. Ceci est légitime dans deux cas limites. Soit ces corps sont beaucoup plus massifs que le mobile étudié, et il est légitime de les considérer comme immobiles : c'est par exemple le cas de la Terre et des corps solidaires de la Terre tels que les plans sur lesquels le mobile peut glisser ou rebondir. Soit au contraire, les masses de ces corps sont négligeables devant celle du mobile auquel ils sont attachés : c'est le cas par exemple d'un fil ou d'un ressort, qui exercent certes une force de tension sur le mobile mais qui, dépourvus d'inertie, le suivent dans son déplacement.

Nous allons dans ce chapitre nous placer dans la situation intermédiaire en étudiant deux mobiles en interaction, dont les masses sont du même ordre de grandeur. Nous découvrirons ainsi les propriétés caractéristiques des systèmes à deux corps, largement utilisés pour modéliser les interactions gravitationnelles et électromagnétiques. Pour traiter ce problème à deux corps, le seul qui soit soluble de façon générale, le centre de masse va se révéler d'une grande utilité. Mais qu'est-ce que le centre de masse d'un système de particules et quelles sont les propriétés du référentiel qui lui est attaché ? Nous allons voir comment l'étude de la quantité de mouvement d'un système nous conduira naturellement à répondre à ces questions. Commençons donc par revenir, car nous l'avons déjà rencontrée au chapitre 2, sur la notion de quantité de mouvement.

## 5.2. Quantité de mouvement

### 5.2.1. Quantité de mouvement d'une masse ponctuelle

*« La quantité de mouvement est le produit de la masse par la vitesse »*. C'est la définition II donnée par Newton dans les *« Principia »*. La quantité de mouvement est donc une grandeur vectorielle. Son évolution temporelle est, dans un référentiel galiléen, déterminée par la résultante $\vec{F}$ des forces d'interaction s'exerçant sur la masse :

$$\boxed{\vec{p} = m\vec{v}} \quad \text{et} \quad \boxed{\vec{F} = \frac{d\vec{p}}{dt}} \tag{5.1}$$

La quantité de mouvement est une grandeur plus riche que la vitesse seule : pour imprimer une même variation de vitesse $\Delta\vec{v}$ à une balle de ping-pong ou à un ballon de football, l'impulsion $\vec{F}dt$ que vous devrez exercer ne sera pas la même !

Il est utile de remarquer que l'énergie cinétique d'une masse ponctuelle peut aussi s'exprimer en fonction de sa quantité de mouvement :

$$E_c = \frac{1}{2}mv^2 = \frac{p^2}{2m} \tag{5.2}$$

### 5.2.2. Collision et transfert de quantité de mouvement

Le terme collision évoque pour tout un chacun un contact avec une connotation brutale. C'est effectivement le cas d'une collision entre deux objets macroscopiques tels deux boules de billard ou bien une balle et une raquette. Dans ce cas de figure, les deux objets entrent en contact pendant un temps très bref et, durant cette phase d'interaction, exercent l'un sur l'autre deux forces exactement opposées (figure 5.1a) conformément à la troisième loi de Newton.

Mais deux corps peuvent être en interaction sans pour autant entrer en contact : pensez à deux aimants. Au niveau microscopique aussi, lorsqu'une particule alpha arrive dans le voisinage d'un noyau atomique, elle subit une force de répulsion coulombienne, qui dévie sa trajectoire[(1)] comme le montre la figure 5.1b. Ainsi la particule alpha et le noyau atomique sont en interaction et, bien qu'il n'y ait aucun contact direct entre eux, on peut qualifier ce phénomène de collision.

[(1)] C'est le phénomène de diffusion de Rutherford, qui permit à ce dernier d'obtenir en 1912 les premières informations sur le noyau atomique.

Figure 5.1. Deux exemples de collision. Dans chacun des cas les deux corps exercent l'un sur l'autre des forces opposées conformément à la troisième loi de Newton. a) Contact entre deux palets. b) Déviation de la trajectoire d'une particule alpha par un noyau atomique.

Nous associons donc le terme de collision à l'existence d'une interaction limitée, aussi bien dans l'espace que dans le temps, entre deux corps qu'ils soient macroscopiques ou microscopiques.

Le point essentiel est que, lors d'une collision dont on ne connaît pas toujours précisément la durée $\tau$, ni la valeur exacte de l'intensité de la force d'interaction mise en jeu, on sait que (troisième loi de Newton) **les deux corps exercent l'un sur l'autre des forces qui, à tout instant de l'interaction, sont opposées :** $-\vec{F}$ et $\vec{F}$. Par conséquent, conformément à la deuxième loi de Newton (5.1), les variations de quantité de mouvement résultant de la collision sont, pour chacun des deux mobiles, exactement opposées : $-\Delta\vec{p} = -\tau\vec{F}$ pour l'un, et $\Delta\vec{p} = \tau\vec{F}$ pour l'autre. **Une collision se traduit donc par un transfert de quantité de mouvement.** Les quantités de mouvement, initialement $\vec{p}_1$ et $\vec{p}_2$, seront donc respectivement après la collision[(2)] : $\vec{p'}_1 = \vec{p}_1 - \Delta\vec{p}$ et $\vec{p'}_2 = \vec{p}_2 + \Delta\vec{p}$. Ce transfert de quantité de mouvement implique **la conservation de la quantité de mouvement globale lors d'une collision** puisque : $\vec{p'}_1 + \vec{p'}_2 = \vec{p}_1 + \vec{p}_2$. Insistons sur le fait que ce résultat important a été établi sans connaître $\tau$ et $\vec{F}$.

Mais une seule équation ne permet pas de déterminer deux inconnues. Pour connaître $\vec{p'}_1$ et $\vec{p'}_2$, il faut disposer d'une condition supplémentaire, comme nous allons l'illustrer dans les deux cas suivants où nous ne considérerons que la collision entre deux corps macroscopiques.

(2) Nous nous plaçons dans le cas où la résultante des forces extérieures s'exerçant sur chacun des palets est nulle.

### 5.2.3. Choc mou

Dans ce cas **les deux corps restent solidaires après le choc** et possèdent le même vecteur vitesse $\vec{v'}$. Par conséquent après la collision on n'a plus qu'une seule inconnue $\vec{p'}$ parfaitement définie par :

$$\vec{p'} = \vec{p}_1 + \vec{p}_2 \qquad \text{avec} \qquad \vec{p'} = (m_1 + m_2)\vec{v'} \tag{5.3}$$

Comme nous allons le montrer, un choc mou s'accompagne toujours d'une diminution de l'énergie cinétique totale. Les énergies cinétiques[3] initiales et finales de l'ensemble des deux corps sont en effet respectivement définies par :

$$E_{ci} = \frac{\vec{p}_1^2}{2m_1} + \frac{\vec{p}_2^2}{2m_2} \qquad \text{et} \qquad E_{cf} = \frac{(\vec{p}_1 + \vec{p}_2)^2}{2(m_1 + m_2)} \tag{5.4}$$

La variation de l'énergie cinétique s'obtient simplement :

$$E_{cf} - E_{ci} = -\frac{m_1 m_2}{2(m_1 + m_2)}(\vec{v}_1 - \vec{v}_2)^2 \tag{5.5}$$

Le membre de droite de l'équation (5.5) est négatif : **lors d'un choc mou, l'énergie cinétique de translation de l'ensemble des deux mobiles diminue**.

### 5.2.4. Collisions élastiques

Une collision élastique représente le cas idéal[4] où, contrairement au cas précédent, **l'énergie cinétique de translation est exactement la même avant et après le choc**. La conservation de l'énergie cinétique totale est la condition supplémentaire qui va nous permettre de déterminer le transfert de quantité de mouvement $\Delta\vec{p}$, et par conséquent les quantités de mouvement finales $\vec{p'}_1$ et $\vec{p'}_2$.

Commençons par **le choc élastique de plein fouet**[5], ou frontal (figure 5.2a), entre un palet de masse $m_1$ en mouvement et un palet de masse $m_2$ immobile (le cas où les deux palets sont en mouvement est traité dans l'exercice 5.11).

Le transfert de quantité de mouvement qui accompagne la collision doit préserver la conservation de l'énergie cinétique de translation, soit :

$$\vec{p'}_1 = \vec{p}_1 - \Delta\vec{p} \quad ; \quad \vec{p'}_2 = \Delta\vec{p} \quad \text{et} \quad \frac{(\vec{p}_1)^2}{2m_1} = \frac{(\vec{p}_1 - \Delta\vec{p})^2}{2m_1} + \frac{(\Delta\vec{p})^2}{2m_2} \tag{5.6}$$

[3] Il s'agit de l'énergie cinétique de translation, la seule que nous ayons rencontrée jusqu'ici. Nous supposons donc que les objets ne tournent pas sur eux-mêmes.

[4] Nous y reviendrons dans l'exercice 5.13.

[5] Ce qui signifie que la direction du vecteur $\vec{p}_1$ coïncide avec la droite qui joint le centre des palets.

Dans le cas d'un choc de plein fouet $\Delta\vec{p}$ a la même direction que $\vec{p}_1$ et l'on obtient :

$$\Delta\vec{p} = \vec{p}_1 \frac{2m_2}{(m_1 + m_2)} \tag{5.7}$$

Le comportement observé dépend crucialement du rapport des masses des palets. Examinons trois cas limite :

- si les deux palets ont la même masse $\Delta\vec{p} = \vec{p}_1$, d'où $\vec{p'}_1 = \vec{0}$ et $\vec{p'}_2 = \vec{p}_1$, c'est ce que l'on appelle un « carreau » : c'est la totalité de la quantité de mouvement qui est échangée, puisque toute la quantité de mouvement du palet 1 a été transférée au palet 2 ;

- si $m_1 \gg m_2$, raquette qui frappe une balle par exemple, $\vec{p'}_2 = \Delta\vec{p} \simeq 2\vec{p}_1 m_2/m_1$, soit $\vec{v'}_2 = 2\vec{v}_1$. Après le choc, le corps de masse $m_2$ possède un vecteur vitesse qui est le double du vecteur vitesse initial du corps de masse $m_1$ ;

- si $m_1 \ll m_2$, balle qui vient heurter une raquette immobile par exemple, $\Delta\vec{p} \simeq 2\vec{p}_1$, soit $\vec{p'}_1 \simeq -\vec{p}_1$ : le corps de masse $m_1$ repart avec un vecteur vitesse opposé à son vecteur vitesse initial. Quant à la raquette, sa vitesse de recul, égale à $2\vec{p}_1/m_2$, est très faible comparée à la vitesse de la balle. Cette vitesse de recul peut devenir indécelable si la balle vient heurter un mur. Dans ce cas la balle rebondit comme sur la raquette, $\vec{p'}_1 = -\vec{p}_1$ mais, le mur restant immobile, on peut s'interroger sur la réalité du transfert de quantité de mouvement. Il a bien eu lieu mais le mur étant solidaire de la Terre ($m_2$ infinie), la variation de vitesse correspondante est infinitésimale : on dit que la Terre se comporte comme un « réservoir de quantité de mouvement ».

Examinons maintenant le cas où la direction du vecteur $\vec{p}_1$ est quelconque, le corps de masse $m_2$ étant toujours immobile (figure 5.2b). Lors de ce choc non frontal, la force radiale s'exerce suivant la direction $x'x$ qui joint les centres des palets. D'après (5.1) la coordonnée suivant $y'y$ de la quantité de mouvement initiale restera donc inchangée : $p'_{1y} = p_{1y}$ et $p'_{2y} = 0$. Pour ce qui est de la coordonnée horizontale $p_{1x}$ de la quantité de mouvement initiale, nous nous retrouvons dans la situation d'un choc de plein fouet, et elle se répartit entre les deux palets conformément à la relation (5.7). En écrivant $\Delta p_x = p_{1x} 2m_2/(m_1+m_2)$, on définit $p'_{1x} = p_{1x} - \Delta p_x$ et $p'_{2x} = \Delta p_x$. Si par exemple $m_1 = m_2$, $p'_{1x} = 0$ et $p'_{2x} = p_{1x}$, c'est-à-dire que les trajectoires des deux palets sont, dans ce cas, orthogonales après le choc(6) comme le représente la figure 5.2c.

(6) Dans ce cas particulier on peut trouver simplement ce résultat en écrivant $\vec{P} = \vec{P}_1 + \vec{P}_2$ et $\vec{P}^2 = \vec{P}_1^2 + \vec{P}_2^2$, ce qui entraîne $\vec{P}_1 . \vec{P}_2 = 0$.

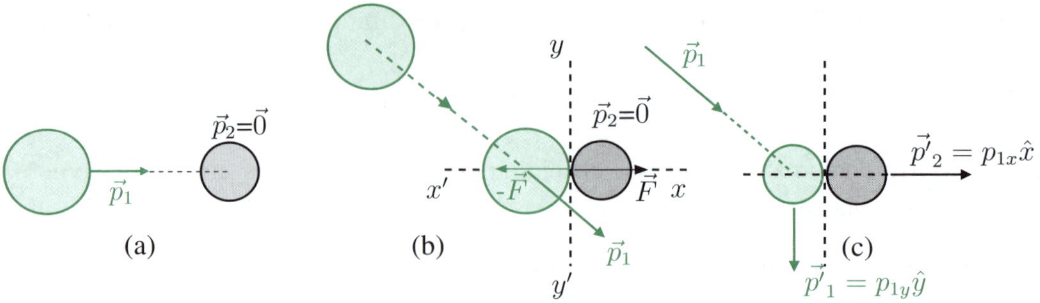


FIGURE 5.2. Choc élastique entre un palet de masse $m_1$ et un palet de masse $m_2$ immobile. a) Choc de plein fouet. b) Choc non frontal. c) Après un choc non frontal, dans le cas particulier où $m_1 = m_2$ : les trajectoires des palets sont orthogonales.

## 5.3. Force moyenne subie lors d'un choc

Les chocs ne concernent pas seulement les boules de billard et les particules microscopiques. Nous en faisons quelquefois la douloureuse expérience et nous allons voir comment évaluer l'ordre de grandeur de la force subie. Schématiquement, lorsqu'un corps subit un choc, sa vitesse change de $\vec{v}_i$ à $\vec{v}_f$ pendant un intervalle de temps généralement assez bref $\tau$, que nous appellerons la durée du choc. Conformément à (5.1), la force moyenne subie au cours de cette collision est définie par :

$$< \vec{F} > = \frac{m\vec{v}_f - m\vec{v}_i}{\tau} \tag{5.8}$$

### 5.3.1. Traumatologie

Plaçons-nous dans le cas le plus fréquent où $\vec{v}_f = \vec{0}$. Alors $< \vec{F} > = -m\vec{v}_i/\tau$. Conformément à notre intuition, l'intensité moyenne de la force subie est proportionnelle au module de la vitesse avant le choc. Mais la présence de $\tau$ au dénominateur de l'expression (5.8) nous rappelle que les chocs les plus brefs seront les plus douloureux : il vaut mieux tomber sur un matelas en mousse que sur un sol en ciment !

C'est pour augmenter la durée du choc que l'habitacle rigide d'un véhicule est encadré par des parties avant et arrière qui sont des zones déformables, susceptibles de se comprimer d'environ 1 cm, par km/h avant la collision. Ainsi lors d'un choc frontal contre un obstacle fixe avec une vitesse $v_i = 72$ km/h = 20m/s, l'avant du véhicule se raccourcit d'une longueur $d = 72$ cm. On peut obtenir l'ordre de grandeur de la durée $\tau$ du choc en supposant que le module de la vitesse décroît linéairement de $v_i$ à 0 (mouvement uniformément retardé), soit

$\tau = 2d/v_i = 0,072$ s. L'intensité de la force moyenne subie par un passager de masse $m$ qui a bouclé sa ceinture de sécurité, est d'après la relation (5.8), $< F > \simeq 280m$ soit environ 28 fois son poids ! À 100 km/h, la force moyenne que subit le passager passe à 40 fois son poids, ce que la sécurité routière traduit dans un raccourci scientifiquement discutable : *« Lors d'un choc à 100 km/h un enfant pèse une tonne »*. Précisons enfin que si le passager ne s'est pas attaché avec sa ceinture de sécurité, c'est avec cette même force qu'il sera projeté à travers le pare-brise.

### 5.3.2. Pression d'un gaz parfait

Un gaz parfait est un ensemble de molécules ponctuelles de masse $m$, sans interaction appréciable entre elles, qui se déplacent avec une énergie cinétique moyenne liée à la température absolue $T$[7] par la relation $\frac{1}{2}m\overline{v^2} = \frac{3}{2}kT$, où $k$ est la constante de Boltzman égale à $1{,}38.10^{-23}\mathrm{JK}^{-1}$. Ce gaz exerce sur toute paroi avec laquelle il est en contact une pression qui, comme nous allons le montrer, résulte des chocs des molécules sur cette paroi. Lorsqu'une molécule vient heurter la paroi avec le vecteur vitesse $\vec{v}_i$, dans un choc parfaitement élastique elle est réfléchie comme le représente la figure 5.3a, et subit la variation de quantité de mouvement $\Delta p_x = -2mv_x$.

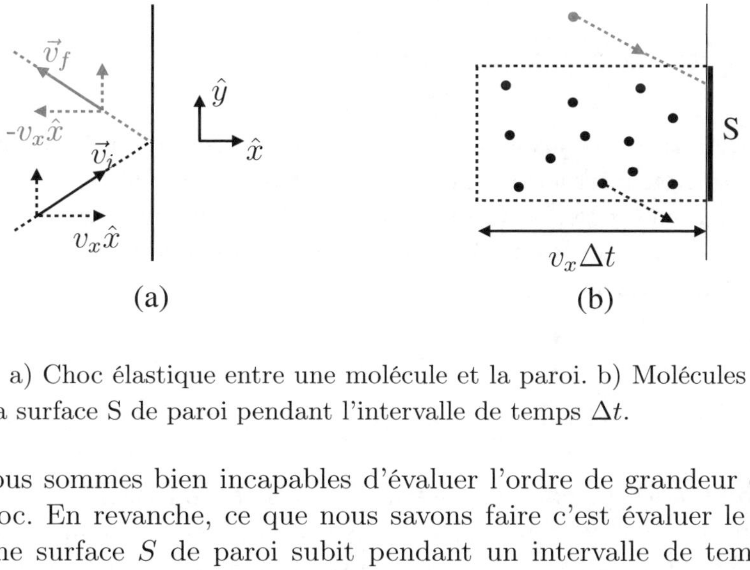


Figure 5.3. a) Choc élastique entre une molécule et la paroi. b) Molécules susceptibles de heurter la surface S de paroi pendant l'intervalle de temps $\Delta t$.

Mais nous sommes bien incapables d'évaluer l'ordre de grandeur de la durée d'un tel choc. En revanche, ce que nous savons faire c'est évaluer le nombre de chocs qu'une surface $S$ de paroi subit pendant un intervalle de temps $\Delta t$. Les

[7] La température absolue $T$ s'exprime en degrés Kelvin (K) ; elle est reliée à la température $\theta$ exprimée en degré Celsius par $T = \theta + 273$.

molécules susceptibles de heurter cette paroi pendant $\Delta t$ sont contenues dans le volume $Sv_x\Delta t$ (figure 5.3b). Mais comme le mouvement des molécules est tout à fait aléatoire, seulement la moitié d'entre elles viendra heurter la paroi, tandis que l'autre moitié s'en éloignera. En notant $n$ le nombre de molécules par unité de volume, on peut dire que $\frac{1}{2}nSv_x\Delta t$ molécules heurteront la surface $S$ de paroi pendant l'intervalle de temps $\Delta t$. Nous avons ignoré la coordonnée verticale de la vitesse qui peut faire qu'une molécule que nous avons comptabilisée ne heurtera pas la paroi (tirets noirs sur la figure 5.3b), mais statistiquement ce déficit sera chaque fois compensé par une molécule (en vert) que nous n'avons pas comptabilisée et qui viendra heurter la paroi (tirets verts sur la figure 5.3b). La variation de quantité de mouvement du gaz sera donc $\Delta P_x = (-2mv_x)(\frac{1}{2}nSv_x\Delta t)$, ce qui signifie que la force exercée **par la paroi sur le gaz** est $F'_x = -nmv_x^2S$. La troisième loi de Newton nous dit que la force exercée **par le gaz sur la paroi** s'écrit $F_x = -F'_x = nmv_x^2S$. La pression, que nous noterons $\psi$ pour éviter toute confusion de notation avec la quantité de mouvement, est définie comme la force s'exerçant par unité de surface, par conséquent $\psi = nmv_x^2$. En réalité toutes les molécules n'ont pas la même vitesse et il faut remplaçer $v_x^2$ par sa valeur moyenne $\overline{v_x^2} = \frac{1}{3}\overline{v^2} = kT/m$. Le facteur $\frac{1}{3}$ est lié au caractère aléatoire du mouvement d'agitation thermique : $\overline{v_x^2} = \overline{v_y^2} = \overline{v_z^2}$. On retrouve ainsi l'expression classique de la pression d'un gaz parfait $\psi = nkT$.

# 5.4. Système de masses ponctuelles

Dans ce qui précède nous avons étudié le transfert de quantité de mouvement entre deux corps en interaction durant un bref intervalle de temps. Nous allons maintenant nous intéresser à un **système** constitué par un ensemble de masses ponctuelles en interaction mutuelle permanente, et décrire l'évolution temporelle de sa quantité de mouvement.

## 5.4.1. Évolution de la quantité de mouvement d'un système

Considérons trois palets assimilés à des masses ponctuelles $m_1$, $m_2$ et $m_3$, placés sur un plan incliné et reliés entre eux par des ressorts de masse négligeable (figure 5.4). Les trois palets et les trois ressorts constituent un **système** dont la quantité de mouvement est égale à la somme des quantités de mouvement des palets : $\vec{P} = \vec{p}_1 + \vec{p}_2 + \vec{p}_3$. **Comment évolue $\vec{P}$ en fonction du temps ?**

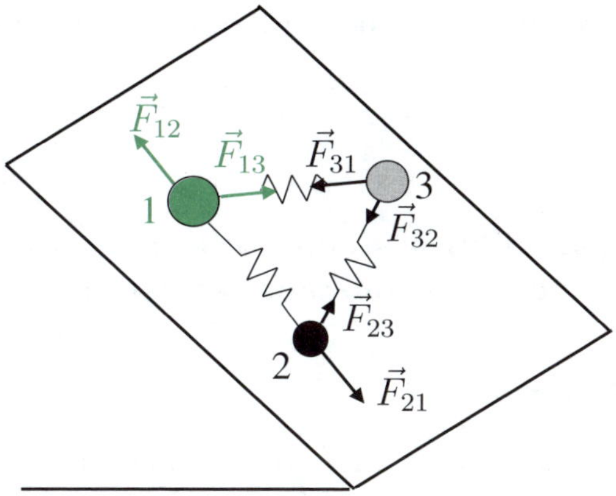


Figure 5.4. Système constitué par trois palets reliés par des ressorts placés sur un plan incliné. Seules les forces intérieures au système sont représentées.

Le palet 1 est soumis à cinq forces que nous allons classer en deux catégories :

- les forces **intérieures** résultant de l'interaction entre les éléments **appartenant au système**, ici interaction du palet 1 avec les palets 2 et 3 : $\vec{F}_{12}$ et $\vec{F}_{13}$ ;

- les forces **extérieures** résultant de l'interaction entre un élément du système (ici le palet 1) et des éléments **extérieurs** au système : le poids $m_1\vec{g}$ (interaction palet1-Terre), la réaction normale $\vec{N}_1$ et la force de frottement solide $\vec{f}_1$ (interaction palet1-plan incliné).

Il en est bien évidemment de même pour les deux autres palets et, suivant (5.1), on écrit :

$$\frac{d\vec{p}_1}{dt} = \vec{F}_{12} + \vec{F}_{13} + m_1\vec{g} + \vec{N}_1 + \vec{f}_1 \tag{5.9}$$

$$\frac{d\vec{p}_2}{dt} = \vec{F}_{21} + \vec{F}_{23} + m_2\vec{g} + \vec{N}_2 + \vec{f}_2 \tag{5.10}$$

$$\frac{d\vec{p}_3}{dt} = \vec{F}_{31} + \vec{F}_{32} + m_3\vec{g} + \vec{N}_3 + \vec{f}_3 \tag{5.11}$$

Par ailleurs, conformément à la troisième loi de Newton, la force exercée par le palet 1 sur le palet 2 est opposée à celle exercée par le palet 2 sur le palet 1 : $\vec{F}_{21} = -\vec{F}_{12}$. Il en est de même pour les autres palets, par conséquent la somme des forces intérieures au système est nulle. En sommant membre à membre (5.9), (5.10) et (5.11), il apparaît que **l'évolution en fonction du temps de la quantité**

**de mouvement du système ne dépend que de la résultante des forces extérieures :**

$$\boxed{\frac{d\vec{P}}{dt} = \vec{F}_{ext}} \tag{5.12}$$

**Dans le cas particulier d'un système isolé, $\vec{\mathbf{F}}_{\mathbf{ext}} = \vec{\mathbf{0}}$, et la quantité de mouvement du système reste constante au cours du temps.**

### 5.4.2. Phénomènes de recul

Ces phénomènes sont une illustration directe de la conservation de la quantité de mouvement d'un système isolé. Le phénomène de recul le plus connu est celui d'une arme à feu. Le système est constitué par l'arme de masse $M$ et le projectile de masse $m$. L'ensemble est tenu en main ou posé sur un châssis de sorte que, le poids étant compensé par la réaction normale, la résultante des forces extérieures s'exerçant sur ce système est nulle. Pensez que lors de l'explosion de la charge de poudre, les forces qui s'exercent sur l'arme et le projectile sont des forces intérieures au système. La quantité de mouvement du système, conformément à (5.12) doit demeurer constante : nulle avant l'explosion elle devra le rester. Par conséquent les vitesses respectives de l'arme et du projectile après explosion de la charge satisfont la relation : $M\vec{V} + m\vec{v} = \vec{0}$. L'arme reculera donc avec le vecteur vitesse $\vec{V} = -m\vec{v}/M$.

À l'exception des armes à feu, le phénomène de recul ne nous est pas familier car la présence des forces de frottement fait que les systèmes que nous avons à traiter ne sont généralement pas isolés : leur quantité de mouvement n'est par conséquent pas constante. C'est par exemple le cas lorsque, debout sur le sol, vous lancez une balle. La quantité de mouvement du système constitué par votre corps et la balle est nulle avant le lancer, et non nulle après. La quantité de mouvement du système a varié parce que la force de frottement qui s'exerce entre les semelles de vos chaussures et le sol, force extérieure au système, vous a empêché de reculer.

Considérons un bloc de masse $M$ qui a la forme d'un quart de cercle de rayon $R$. Un palet de masse $m$ est abandonné au sommet du bloc. Sans précautions particulières le système bloc-palet n'est pas isolé, et les forces de frottement qui s'exercent entre le plan horizontal et le bloc sont suffisantes pour maintenir ce dernier immobile. On ne considère donc que le mouvement du palet. Glissant sans frottement sur le bloc, il atteindra le bas du quart de cercle avec une vitesse de module $v = \sqrt{2gR}$, résultant de la transformation de son énergie potentielle de pesanteur en énergie cinétique.

Considérons maintenant le cas où **le bloc peut glisser sans frottement sur le plan horizontal.** Le **système constitué par le bloc et le palet** est soumis à trois forces extérieures dessinées en noir sur la figure 5.5 : leurs poids et la réaction normale du plan. En revanche la réaction normale du bloc sur le palet, comme la force de frottement entre eux, sont **des forces intérieures au système** et sont représentées en vert sur la figure 5.5.

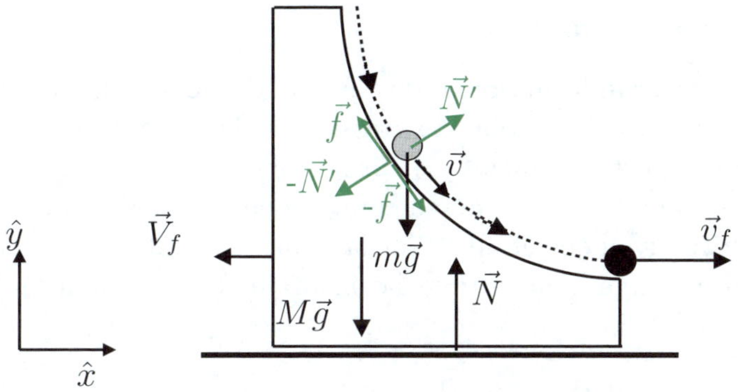


Figure 5.5. On considère le système constitué par un palet de masse $m$ et un bloc de masse $M$. Le bloc peut glisser sans frottement sur le plan horizontal. Les forces extérieures au système sont représentées en noir, les forces intérieures en vert.

Toutes les forces extérieures étant verticales, on peut écrire $(\vec{F}_{ext})_x = 0$, ce qui implique d'après (5.12), que $P_x$ reste constant au cours du mouvement. Si à l'instant initial bloc et palet sont immobiles, la condition $P_x = 0$ devra toujours être vérifiée. Par conséquent lorsque la palet arrive en bas du quart de cercle avec la vitesse horizontale $\vec{v}_f$, le bloc devra être animé d'un mouvement de recul avec la vitesse $\vec{V}_f = -m\vec{v}_f/M$. Pour déterminer ces vitesses, il faut écrire le théorème de l'énergie cinétique. En l'absence de frottement entre le palet et le bloc[8], on obtient la relation :

$$mgR = \frac{1}{2}(mv_f^2 + MV_f^2) = \frac{1}{2}mv_f^2(1 + \frac{m}{M}) \tag{5.13}$$

qui définit la vitesse finale du palet, et par conséquent aussi celle du bloc.

Suivant la direction verticale, si $P_y = 0$ à l'instant initial et à l'instant final, à tout autre instant $P_y$ est non nul puisque seule la vitesse $\vec{v}$ du palet a une coordonnée verticale non nulle (figure 5.5). Durant la première phase du mouvement $P_y$ décroît de 0 à des valeurs négatives donc, d'après (5.12), $(\vec{F}_{ext})_y$ est négatif d'où $\|\vec{N}\| < (m + M)g$. La réaction normale du plan horizontal est inférieure au poids de l'ensemble. Dans la seconde phase, $P_y$ croît vers 0, $(\vec{F}_{ext})_y$ est positif

[8] Le cas où la force de frottement $\vec{f}$ est prise en compte est traité dans l'exercice 5.10.

d'où $\|\vec{N}\| > (m+M)g$, la réaction normale du plan horizontal est alors supérieure au poids de l'ensemble. Cet exemple montre que lorsque la coordonnée verticale de la quantité de mouvement d'un système varie, il faut bien se garder d'écrire hâtivement que la réaction normale est égale au poids du système.

### 5.4.3. Propulsion par réaction

Les fusées et la grande majorité des avions de ligne sont propulsées par des réacteurs dont nous allons établir l'expression de la force de poussée. Soulignons que, du fait de l'importante masse de carburant consommée, la masse de l'avion ou de la fusée ne peut être considérée comme constante au cours du temps, et il faut décrire leur mouvement en utilisant la relation (5.12). À un instant $t$, l'avion de masse $M(t)$ est animé d'une vitesse horizontale $\vec{v}(t)$, sa quantité de mouvement est donc $\vec{P}(t) = M(t)\vec{v}(t)$.

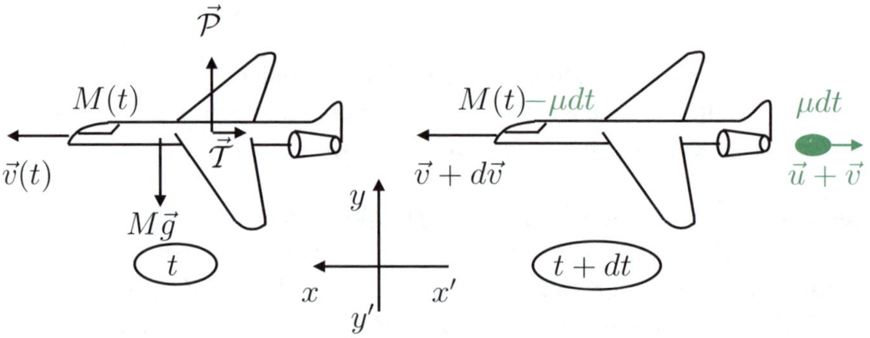


FIGURE 5.6. Entre $t$ et $t+dt$ l'avion consomme la masse $\mu dt$ de carburant qui est éjectée vers l'arrière sous forme de gaz avec une vitesse $\vec{u}$ par rapport à l'avion. Les forces aérodynamiques $\vec{\mathcal{P}}$ et $\vec{\mathcal{T}}$ sont la portance et la traînée.

Si l'on note $\mu$ la masse de carburant consommée par unité de temps, à l'instant $t + dt$ la masse de l'avion est $M(t) - \mu dt$ et sa vitesse $\vec{v}(t) + d\vec{v}$. La masse $\mu dt$ de carburant consommée est éjectée par le réacteur sous forme de gaz avec une vitesse $\vec{u}$ par rapport à l'avion, donc $\vec{u}+\vec{v}$ par rapport à un observateur terrestre. La quantité de mouvement du système considéré à l'instant $t$ est devenue :

$\vec{P}(t+dt) = [M(t)-\mu dt][\vec{v}(t)+d\vec{v}]+\mu dt(\vec{u}+\vec{v})$. Les forces extérieures agissant sur le système sont (figure 5.6) le poids $M\vec{g}$, et deux forces aérodynamiques, la portance $\vec{\mathcal{P}}$ et la traînée $\vec{\mathcal{T}}$. La relation (5.12) s'écrit au premier ordre (c'est-à-dire en négligeant le terme en $dtd\vec{v}$) :

$$M\frac{d\vec{v}}{dt} + \mu\vec{u} = M\vec{g} + \vec{\mathcal{P}} + \vec{\mathcal{T}} \tag{5.14}$$

soit, dans le cas d'un vol horizontal, en projetant sur les directions $x'x$ et $y'y$ :

$$M\frac{dv_x}{dt} = \mu\|\vec{u}\| - \|\vec{\mathcal{T}}\| \quad \text{et} \quad Mg = \|\vec{\mathcal{P}}\| \tag{5.15}$$

Il apparaît que l'éjection des gaz vers l'arrière se traduit par une force de poussée dirigée vers l'avant, d'intensité égale à $\mu\|\vec{u}\|$. En allure de croisière, cette force de poussée s'oppose à la traînée $\vec{\mathcal{T}}$.

Lors de la phase de décollage d'une fusée, on se trouve devant un problème similaire, mais dans ce cas la force extérieure se réduit au seul poids de la fusée et en notant $y$ la coordonnée verticale on obtient :

$$M\frac{dv_y}{dt} = \mu\|\vec{u}\| - Mg \tag{5.16}$$

En notant $M_0$ la masse totale du lanceur à l'instant initial et en supposant la consommation de carburant constante, on peut écrire $M(t) = M_0 - \mu t$. D'où :

$$dv_y = \frac{\mu\|\vec{u}\|dt}{(M_0 - \mu t)} - gdt \tag{5.17}$$

En intégrant cette expression entre 0 et $t$, on obtient :

$$v_y(t) = \|\vec{u}\| \ln\left[\frac{M_0}{(M_0 - \mu t)}\right] - gt \tag{5.18}$$

Si $M_c$ est la masse de carburant emportée par le premier étage du lanceur, la phase de décollage s'achève au temps $\tau = M_c/\mu$ ; la vitesse de la fusée est alors :

$$v_y(\tau) = \|\vec{u}\| \ln\left[\frac{M_0}{(M_0 - M_c)}\right] - g\frac{M_c}{\mu} \tag{5.19}$$

Le premier terme de cette expression ne dépend pas de la durée de la phase de lancement ; en revanche le second terme montre que la vitesse finale sera d'autant plus élevée que $\mu$ est grand, c'est-à-dire que le carburant a été consommé plus vite. C'est ainsi que durant la phase de décollage du lanceur Saturne V utilisé pour la mission Apollo XI, la consommation de carburant était de 15 tonnes par seconde.

## 5.5. Centre de masse d'un système

### 5.5.1. Définition du centre de masse

Au début de ce chapitre nous avons défini l'évolution en fonction du temps, de la quantité de mouvement $\vec{p}$ d'une masse ponctuelle, puis de la quantité de mouvement $\vec{P}$ d'un système :

$$\vec{F} = \frac{d\vec{p}}{dt} \quad \text{et} \quad \vec{F}_{ext} = \frac{d\vec{P}}{dt}. \tag{5.20}$$

Ces deux expressions **formellement identiques** montrent qu'un système se comporte comme une masse ponctuelle, pour ce qui est de l'évolution temporelle de sa quantité de mouvement. D'où l'idée d'associer à un système une masse ponctuelle qui posséderait sa quantité de mouvement. Deux questions se posent immédiatement : quelle serait la valeur de cette masse $M$, et comment définir son vecteur position $\vec{R}$. La réponse à la première question est assez intuitive : il est raisonnable de penser que la valeur de la masse ponctuelle associée à un système doit être égale à la valeur de la masse de ce système. On trouve la réponse à la seconde question en exprimant que la quantité de mouvement de cette masse ponctuelle doit être égale à celle du système.

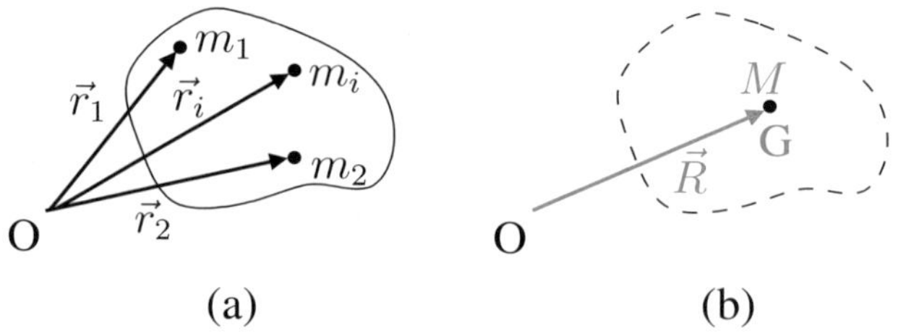


FIGURE 5.7. a) Système constitué par n masses ponctuelles. b) Une masse ponctuelle M égale à la masse du système, placée au centre de masse $G$, possède la même quantité de mouvement que le système.

Considérons un système constitué par n masses ponctuelles (figure 5.7a). Chaque masse $m_i$, repérée par le vecteur position $\vec{r}_i$, possède une quantité de mouvement $\vec{p}_i = m_i \dot{\vec{r}}_i$. Nous voulons remplacer ce système par une masse ponctuelle $M = \sum_1^n m_i$, qui ait la même quantité de mouvement que lui (figure 5.7b). Cette condition s'écrit :

$$\vec{P} = \sum_1^n m_i \dot{\vec{r}}_i = \left(\sum_1^n m_i\right) \dot{\vec{R}} \quad \text{soit} \quad \dot{\vec{R}} = \frac{\sum_1^n m_i \dot{\vec{r}}_i}{\sum_1^n m_i} \tag{5.21}$$

condition toujours vérifiée si :

$$\boxed{\vec{R} = \frac{\Sigma_1^n m_i \vec{r}_i}{\Sigma_1^n m_i}} \tag{5.22}$$

Ce vecteur $\vec{R} = \overrightarrow{OG}$ définit le barycentre[9] $G$ des points repérés par les vecteurs position $\vec{r}_i$, affectés comme coefficient de la masse $m_i$ correspondante ; le point $G$ est appelé centre de masse du système. **La masse ponctuelle $M$ placée au centre de masse $G$ possède la même quantité de mouvement que le système.**

### 5.5.2. Mouvement du centre de masse

À ce stade vous pouvez légitimement vous demander ce qu'apporte la définition du centre de masse $G$. Nous en allons en montrer l'intérêt et commençons par une de ses propriétés les plus intéressantes : **son mouvement est simple.** En effet d'après (5.12) :

$$\vec{F}_{ext} = \frac{d\vec{P}}{dt} \quad \text{soit} \quad \boxed{\vec{F}_{ext} = M\ddot{\vec{R}}} \tag{5.23}$$

**Le mouvement du centre de masse d'un système est celui d'une masse ponctuelle $M$ soumise à la résultante $\vec{F}_{ext}$ des forces extérieures s'exerçant sur le système.** Illustrons-le sur trois exemples.

Considérons le choc de deux palets sur une table de mécanique. Si celle-ci est parfaitement horizontale, le poids de chacun des palets est compensé par la réaction normale de la table. En l'absence de force de frottement, **la résultante des forces extérieures** s'exerçant sur le système constitué par les deux palets **est par conséquent nulle, le système est isolé**. Le **mouvement du centre de masse $G$** du système **est donc rectiligne uniforme** comme le représente la figure 5.8a dans le cas où $m_1 = 2m_2$. Lorsque les palets entrent en contact, les forces opposées qu'ils exercent l'un sur l'autre modifient leurs vecteurs vitesse respectifs, mais ces forces intérieures ne modifiant pas la quantité de mouvement du système, le centre de masse continue avec le même vecteur vitesse $\vec{V}_G$.

Le deuxième exemple est celui du palet glissant le long d'un bloc, lui-même posé sur un plan horizontal sur lequel il peut se déplacer sans frottement (figure 5.8b). Au bas du bloc est installée une **butée contre laquelle le palet s'immobilise** au terme de sa descente. Comme nous l'avons vu au paragraphe 5.3.2, c'est seulement **la coordonnée horizontale** $(\vec{F}_{ext})_x$ de la résultante des forces extérieures s'exerçant sur le système qui **est nulle**. Par conséquent la coordonnée $(\vec{P})_x$ de la quantité de mouvement du système doit rester constante au cours du temps. Sa valeur est fixée par les conditions initiales : ici le palet et le bloc sont initialement immobiles donc $(\vec{P})_x = 0$, soit $\dot{X}_G = 0$. **L'abscisse du centre de masse $G$ ne doit pas changer** au cours du temps. Si $m_2 = 2m_1$,

[9] Voir « Outils mathématiques », paragraphe 10.3.5.

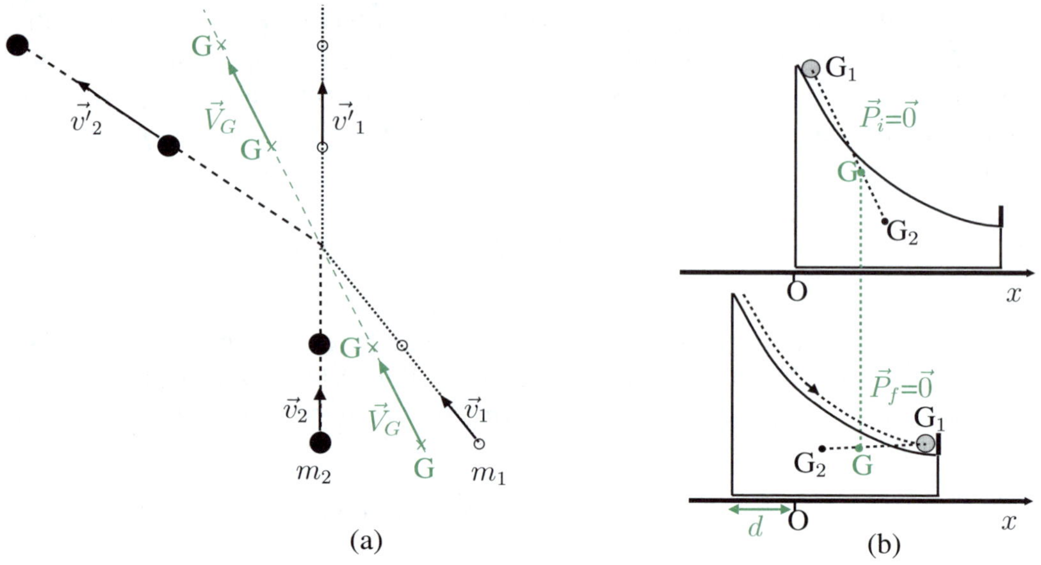


FIGURE 5.8. Mouvement du centre de masse. a) Choc de deux palets sur une table de mécanique : $\vec{F}_{ext} = \vec{0}$. Le centre de masse $G$ du système constitué par les deux palets est animé d'un mouvement rectiligne uniforme. b) Palet glissant sur un bloc muni d'une butée. En l'absence de frottement entre le bloc et le plan horizontal $(\vec{F}_{ext})_x = 0$, et $(\vec{P})_x = 0$ d'après les conditions initiales. L'abscisse du centre de masse G ne doit pas changer. Pour qu'il en soit ainsi le bloc recule d'une distance $d$ avant de s'immobiliser lorsque le palet heurte le butoir.

on construit, dans l'état initial et dans l'état final, le point $G$ qui satisfait la relation $GG_1 = 2GG_2$. Pour satisfaire la condition $X_G$ constante, le bloc doit par conséquent reculer d'une distance $d$ comme le montre la figure 5.8b.

Soulignons que dans l'état final le bloc et le palet sont ici immobiles : le bloc recule tant que le palet descend, puis s'immobilise dès que ce dernier heurte la butée. Remarquons enfin que si l'abscisse de $G$ reste constante il n'en est pas de même de son ordonnée $Y_G$ qui diminue : $\dot{Y}_G$ et par conséquent $(\vec{P})_y$ ne sont pas nuls durant la phase de descente du palet. La coordonnée $(\vec{F}_{ext})_y$ n'est pas nulle comme nous l'avions trouvé au paragraphe 5.3.2.

Le troisième exemple est celui d'un corps de forme triangulaire lancé en tournoyant. **Le mouvement d'un sommet du triangle est complexe, mais le mouvement de son centre de masse G est simple.** Si l'on néglige la résistance de l'air, la résultante des forces extérieures s'exerçant sur ce corps se réduit à son poids. L'équation du mouvement du centre de masse, repéré par le vecteur position $\vec{R}$, est donc : $\ddot{\vec{R}} = \vec{g}$. Sa trajectoire est une parabole, représentée en vert sur la figure 5.9a. La trajectoire d'un sommet S du triangle, représentée en noir, est beaucoup plus complexe. Mais cette complexité n'est qu'apparente car elle résulte de la composition de deux mouvements simples : la trajectoire parabolique du centre de masse et le mouvement de rotation du sommet autour du centre de masse. On voit ici apparaître l'un des intérêts du centre de masse qui permet de **décomposer un mouvement complexe en deux mouvements simples.** Comme nous l'avons vu au premier chapitre, pour décomposer un mouvement il est utile de se placer dans un autre référentiel que le référentiel galiléen terrestre. Ce nouveau référentiel est apparu ici naturellement, c'est le référentiel attaché au centre de masse.

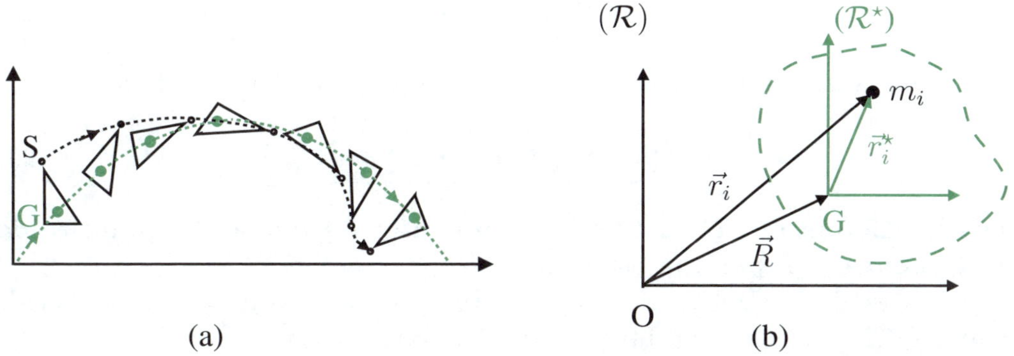


Figure 5.9. a) Objet de forme triangulaire lancé en tournoyant. La trajectoire du centre de masse est simple (parabole en vert). La complexité de la trajectoire (en noir) d'un sommet S résulte de la composition de deux mouvements. b) La position d'une masse ponctuelle $m_i$ est repérée dans le référentiel terrestre $(\mathcal{R})$ par le vecteur $\vec{r}_i$. Dans le référentiel $(\mathcal{R}^\star)$ du centre de masse sa position est repérée par le vecteur $\vec{r}_i^\star$.

## 5.6. Référentiel du centre de masse

On associe au centre de masse d'un système un référentiel noté $(\mathcal{R}^\star)$ dont le point $G$ est l'origine. La position de chaque masse ponctuelle $m_i$ qui constitue le système est ainsi repérée par le vecteur $\vec{r}_i$ dans le référentiel $(\mathcal{R})$ du laboratoire, et par le vecteur $\vec{r}_i^\star$ dans le référentiel $(\mathcal{R}^\star)$ du centre de masse (figure 5.9b). Notons que si la résultante des forces extérieures $\vec{F}_{ext}$ s'exerçant sur le système est nulle, $G$ est animé d'un mouvement rectiligne uniforme et le référentiel du centre de masse est galiléen. Si $\vec{F}_{ext}$ n'est pas nulle, $(\mathcal{R}^\star)$ n'est pas un référentiel galiléen et il faudra prendre en compte les forces fictives définies au chapitre 2.

### 5.6.1. Propriétés du référentiel du centre de masse

Comme l'illustre la figure 5.9b, les vecteurs position des masses ponctuelles dans chacun des référentiels satisfont la relation vectorielle :

$$\boxed{\vec{r_i} = \vec{r_i^\star} + \vec{R}} \tag{5.24}$$

C'est-à-dire que $\Sigma_{i=1}^n m_i \vec{r_i^\star} = \Sigma_1^n m_i \vec{r_i} - \vec{R}(\Sigma_1^n m_i)$, soit d'après la relation (5.22) :

$$\boxed{\Sigma_1^n m_i \vec{r_i^\star} = \vec{0}.} \tag{5.25}$$

En dérivant cette expression par rapport au temps, on obtient la relation :

$$\boxed{\vec{P^\star} = \Sigma_1^n m_i \dot{\vec{r_i^\star}} = \Sigma_1^n m_i \vec{v_i^\star} = \vec{0}} \tag{5.26}$$

**Dans le référentiel $(\mathcal{R}^\star)$ attaché à son centre de masse, la quantité de mouvement d'un système est nulle.**

La vitesse dans le référentiel $(\mathcal{R})$ s'exprime en fonction de la vitesse dans le référentiel $(\mathcal{R}^\star)$ attaché au centre de masse suivant la relation :

$$\boxed{\vec{v_i} = \vec{v_i^\star} + \vec{V_G}} \tag{5.27}$$

L'énergie cinétique du système dans le référentiel du laboratoire s'écrit :

$$E_c = \frac{1}{2}\Sigma_1^n m_i \vec{v_i}^2 = \frac{1}{2}\Sigma_1^n m_i (\vec{v_i^\star}^2 + \vec{V_G}^2 + 2\vec{v_i^\star}\vec{V_G}) \tag{5.28}$$

soit en utilisant (5.26) :

$$E_c = \frac{1}{2}\Sigma_1^n m_i \vec{v_i^\star}^2 + \frac{1}{2}M\vec{V_G}^2 \quad \text{soit} \quad \boxed{E_c = E_c^\star + \frac{1}{2}M\vec{V_G}^2} \tag{5.29}$$

**L'énergie cinétique d'un système est la somme de son énergie cinétique dans le référentiel du centre de masse, et de l'énergie cinétique de son centre de masse.**

Revenons sur le choc élastique de deux palets. Dans le référentiel $(\mathcal{R})$ du laboratoire, nous l'avons vu précédemment, le centre de masse est animé d'un mouvement rectiligne uniforme comme l'illustre la figure 5.10a. Dans le référentiel

$(\mathcal{R}^\star)$ attaché au centre de masse, les vitesses des palets avant et après le choc satisfont, d'après (5.26), les relations :

$$m_1\vec{v}_1^\star + m_2\vec{v}_2^\star = \vec{0} \quad \text{et} \quad m_1\vec{v'}_1^\star + m_2\vec{v'}_2^\star = \vec{0} \tag{5.30}$$

Dans $(\mathcal{R}^\star)$, les palets se déplacent dans la même direction mais dans des sens opposés : ils se dirigent vers $G$ avant le choc, et s'en éloignent après le choc comme le montre la figure 5.10b.

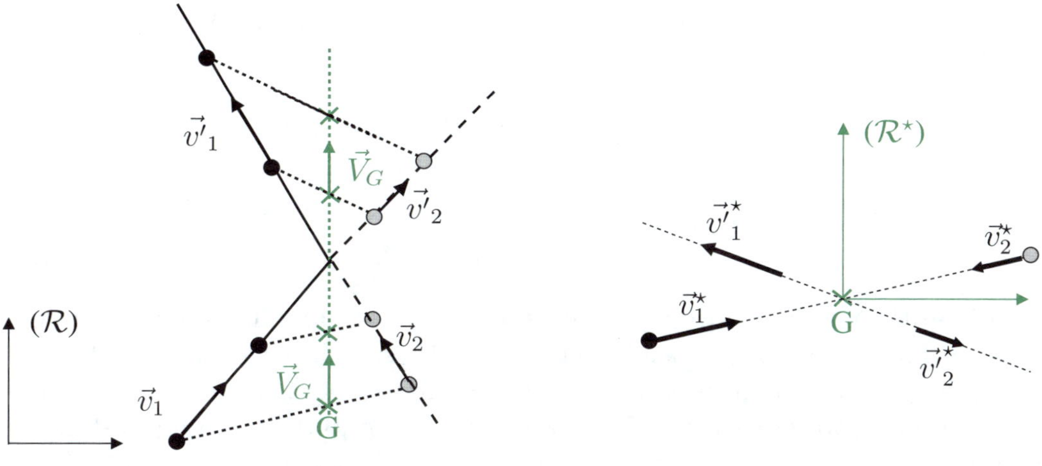


Figure 5.10. Collision élastique de deux palets. a) Dans le référentiel $(\mathcal{R})$ du laboratoire le centre de masse G est animé d'un mouvement rectiligne uniforme. b) Dans le référentiel $(\mathcal{R}^\star)$ attaché au centre de masse, le module du vecteur vitesse de chacun des palets reste constant. Le choc ne modifie que leurs directions.

Par ailleurs, le mouvement de $G$ étant rectiligne uniforme, la conservation de l'énergie cinétique s'écrit suivant (5.29) :

$$\frac{1}{2}m_1\vec{v}_1^{\star 2} + \frac{1}{2}m_2\vec{v}_2^{\star 2} = \frac{1}{2}m_1\vec{v'}_1^{\star 2} + \frac{1}{2}m_2\vec{v'}_2^{\star 2} \tag{5.31}$$

Il est facile de montrer à partir de (5.30) et de (5.31) que :

$$\|\vec{v}_1^\star\| = \|\vec{v'}_1^\star\| \quad \text{et} \quad \|\vec{v}_2^\star\| = \|\vec{v'}_2^\star\| \tag{5.32}$$

Dans le référentiel du centre de masse, le module du vecteur vitesse de chacun des palets reste constant : comme l'illustre la figure 5.10b, un choc élastique ne modifie que la direction et le sens des vecteurs vitesse (voir l'exercice 5.12).

### 5.6.2. Problème à deux corps

Il s'agit ici d'étudier le mouvement de deux corps en interaction. Cette interaction n'est pas brève et locale comme nous l'avons vu lors d'un choc, mais s'exerce de façon permanente. Considérons par exemple deux masses ponctuelles $m_1$ et $m_2$ repérées dans le référentiel $(\mathcal{R})$ du laboratoire par les vecteurs position $\vec{r}_1$ et $\vec{r}_2$ (figure 5.11a). Ces deux corps étant en interaction, la masse $m_1$ est soumise à la force $\vec{F}_{12}$ et, conformément à la troisième loi de Newton, la masse $m_2$ est soumise à la force $\vec{F}_{21} = -\vec{F}_{12}$. Plaçons-nous dans le cas général où chacun des corps est en plus soumis à une force extérieure (le système n'est pas isolé) respectivement $\vec{F}_1^e$ et $\vec{F}_2^e$. La deuxième loi de Newton s'écrit :

$$m_1 \frac{d^2\vec{r}_1}{dt^2} = \vec{F}_{12} + \vec{F}_1^e \tag{5.33}$$

et

$$m_2 \frac{d^2\vec{r}_2}{dt^2} = -\vec{F}_{12} + \vec{F}_2^e \tag{5.34}$$

**La résolution de ces équations n'est pas simple car elles sont couplées.** La force d'interaction $\vec{F}_{21}$ dépend en effet de la distance entre les corps 1 et 2, c'est-à-dire de $\|\vec{r}_1 - \vec{r}_2\|$. L'utilisation du centre de masse va nous permettre, en définissant **deux nouvelles variables,** d'obtenir **deux équations indépendantes**. La première de ces variables est le vecteur position $\vec{R}$ du centre de masse $G$ défini par (5.22). La seconde variable est le vecteur (figure 5.11a) associé à la position relative des deux corps : $\vec{r} = \vec{r}_1 - \vec{r}_2$. En sommant (5.33) et (5.34), on retrouve l'équation définissant le mouvement du centre de masse déterminé, nous le savons, par la résultante des forces extérieures s'exerçant sur le système :

$$(m_1 + m_2)\frac{d^2\vec{R}}{dt^2} = \vec{F}_1^e + \vec{F}_2^e \tag{5.35}$$

En retranchant (5.34) divisée par $m_2$, de (5.33) divisée par $m_1$, on obtient l'équation définissant l'évolution temporelle de la position relative $\vec{r}$ des deux corps :

$$\frac{d^2\vec{r}}{dt^2} = (\frac{1}{m_1} + \frac{1}{m_2})\vec{F}_{12} + \frac{\vec{F}_1^e}{m_1} - \frac{\vec{F}_2^e}{m_2} \tag{5.36}$$

Si le système est isolé ($\vec{F}_1^e$ et $\vec{F}_2^e$ sont nulles) ou bien si les corps sont placés dans un champ de pesanteur constant ($\vec{F}_1^e/m_1 - \vec{F}_2^e/m_2 = \vec{0}$), la relation (5.36) s'écrit :

$$\boxed{\mu\frac{d^2\vec{r}}{dt^2} = \vec{F}_{12}} \quad \text{avec} \quad \boxed{\frac{1}{\mu} = \frac{1}{m_1} + \frac{1}{m_2}} \tag{5.37}$$

où $\mu$ est appelée la masse réduite du système. Dans ces conditions, on a **décomposé les mouvements des corps 1 et 2 en deux mouvements indépendants** : le mouvement du centre de masse (5.35) et le mouvement d'une **particule fictive de masse** $\mu$ soumise à la force $\vec{F}_{12}$ qui ne dépend que de $\vec{r}$ (5.37). Une fois résolues ces équations on connaît $\vec{R}(t)$ et $\vec{r}(t)$, et l'on revient au mouvement original à l'aide des deux relations :

$$\vec{r}_1 = \vec{R} + \frac{m_2}{m_1 + m_2}\vec{r} \quad \text{et} \quad \vec{r}_2 = \vec{R} - \frac{m_1}{m_1 + m_2}\vec{r} \tag{5.38}$$

qu'il est aisé d'établir à partir des définitions de $\vec{R}$ et de $\vec{r}$.

Bien évidemment dans le cas où l'un des corps possède une masse très supérieure à celle de l'autre, $m_1 \gg m_2$ par exemple, le corps le plus massif s'identifie au centre de masse ($\vec{r}_1 \simeq \vec{R}$), et la masse réduite est pratiquement égale à la masse la plus légère ($\mu \simeq m_2$). On ne se préoccupe alors que du mouvement de $m_2$ par rapport à $m_1$ : c'est ce que nous avons fait dans les chapitres précédents en décrivant le mouvement d'un objet ($m_2$) par rapport à la Terre ($m_1$).

Illustrons cette décomposition du mouvement avec l'exemple unidimensionnel de la chute verticale de deux palets de masses respectives $m_1$ et $m_2$. Ces palets sont reliés par un ressort de masse négligeable, de longueur au repos $l_0$ et de constante de raideur $k$. À l'instant initial, figure 5.11b, l'ensemble est immobile : les abscisses de chacun des palets sont respectivement $x_1^i = 0$ et $x_2^i = l_0 + m_2 g/k$. Abandonné à lui-même le système va tomber sous l'action des forces extérieures de pesanteur $m_1\vec{g}$ et $m_2\vec{g}$. Mais ces palets sont en interaction par l'intermédiaire du ressort, dont on suppose qu'il reste vertical au cours de la chute. En notant $x_1$ et $x_2$ les abscisses respectives des palets au cours du mouvement (figure 5.11c), la force intérieure exercée par le palet 2 sur le palet 1 s'écrit $\vec{F}_{12} = k(x_2 - x_1 - l_0)\hat{x}$, et bien sûr $\vec{F}_{21} = -\vec{F}_{12}$. La deuxième loi de Newton appliquée à chacun des palets s'écrit, après projection sur l'axe $x'x$, orienté positivement vers le bas :

$$m_1\ddot{x}_1 = m_1 g + k(x_2 - x_1 - l_0) \tag{5.39}$$

et

$$m_2\ddot{x}_2 = m_2 g - k(x_2 - x_1 - l_0) \tag{5.40}$$

Il apparaît clairement que ces **deux équations sont couplées**. Définissons deux nouvelles variables, l'abscisse du centre de masse :

$$X = \frac{m_1 x_1 + m_2 x_2}{m_1 + m_2} \tag{5.41}$$

et la distance $x = x_2 - x_1$ entre les deux palets, qui est égale à la longueur du ressort.

En additionnant (5.39) et (5.40) on obtient $\ddot{X} = g$, **équation indépendante** que l'on intègre en tenant compte des conditions initiales :

$$\dot{X} = gt \quad \text{et} \quad X = \frac{1}{2}gt^2 + \frac{m_2}{m_1 + m_2}(l_0 + m_2 g/k) \tag{5.42}$$

Le mouvement du centre de masse est uniformément accéléré car le système n'est pas isolé.

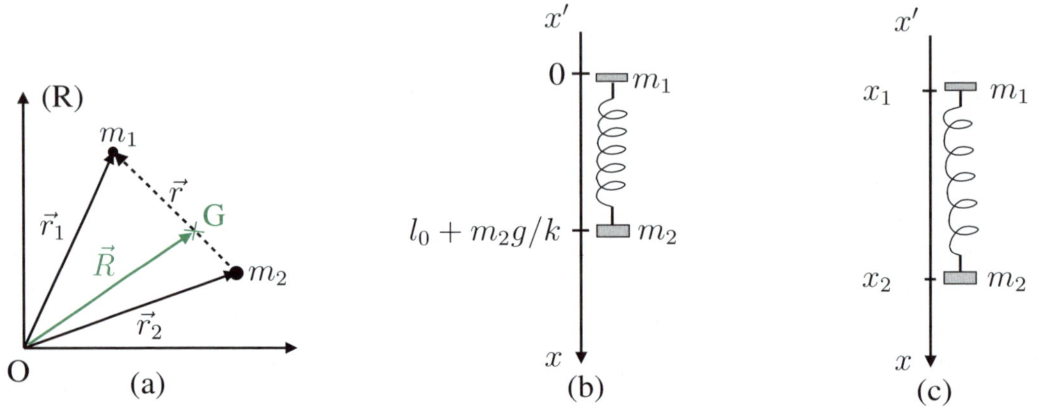


FIGURE 5.11. a) Deux masses en interaction sont repérées par leurs vecteurs position $\vec{r}_1$ et $\vec{r}_2$. On peut définir deux nouvelles variables $\vec{R}$ et $\vec{r}$ définissant respectivement la position du centre de masse et la position relative des deux corps. b) Deux palets reliés par un ressort, immobiles à l'instant initial. c) Au cours de leur chute verticale leurs positions sont repérées par $x_1$ et $x_2$.

En retranchant (5.39) divisée par $m_1$ de (5.40) divisée par $m_2$, on obtient, en notant $\mu$ la masse réduite du système :

$$\ddot{x} = -\frac{k}{\mu}(x - l_0) \quad \text{soit} \quad \ddot{x} + \omega^2(x - l_0) = 0. \tag{5.43}$$

Cette **équation indépendante**, dans laquelle nous reconnaissons l'équation harmonique décrit les oscillations de la masse fictive attachée au ressort, dont la longueur $x$ varie périodiquement avec la pulsation $\omega = \sqrt{k/\mu}$. La solution générale de cette équation :

$$x - l_0 = A\cos(\omega t + \phi) \quad \text{et} \quad \dot{x} = -\omega A \sin(\omega t + \phi) \tag{5.44}$$

satisfait les conditions initiales pour $A = m_2 g/k$ et $\phi = 0$, d'où la solution :

$$x = l_0 + \frac{m_2 g}{k}\cos\omega t \tag{5.45}$$

Les abscisses respectives des palets au cours du mouvement sont définies par :

$$x_2 = X + \frac{m_1}{m_1 + m_2}x \quad \text{et} \quad x_1 = X - \frac{m_2}{m_1 + m_2}x \tag{5.46}$$

En portant (5.42) et (5.45) dans (5.46), on obtient des expressions formellement compliquées, mais cette complexité n'est qu'apparente : elle résulte de la composition du mouvement rectiligne uniformément accéléré du centre de masse et de l'oscillation harmonique du ressort dans le référentiel du centre de masse.

### 5.6.3. Expression de l'énergie en fonction de la masse réduite

Comme nous venons de le voir, l'introduction de la position relative $\vec{r}$ nous a conduit à associer au système la masse réduite $\mu$, en fonction de laquelle peut être exprimée l'énergie cinétique $E_c^\star$ dans le référentiel du centre de masse. Dans le cas d'un système à deux corps $E_c^\star = \frac{1}{2}m_1\vec{v}_1^{\star 2} + \frac{1}{2}m_2\vec{v}_2^{\star 2}$, or en dérivant (5.38) par rapport au temps on obtient :

$$\vec{v}_1^\star = \frac{m_2}{m_1 + m_2}\vec{v} \quad \text{et} \quad \vec{v}_2^\star = -\frac{m_1}{m_1 + m_2}\vec{v} \tag{5.47}$$

Il est dès lors facile d'exprimer $E_c^\star$ en fonction de la vitesse relative $\vec{v}$ :

$$\boxed{E_c^\star = \frac{1}{2}\mu\vec{v}^{\,2}} \tag{5.48}$$

Si l'on associe l'énergie potentielle d'interaction $E_p(r)$ à la force d'interaction entre les deux corps, l'énergie mécanique dans le référentiel du centre de masse est définie par : $E_m^\star = \frac{1}{2}\mu\vec{v}^2 + E_p(r)$. **Dans le cas d'un système isolé, le référentiel du centre de masse est galiléen et cette énergie mécanique $\mathbf{E_m^\star}$ reste constante** au cours du temps en l'absence de frottement.

Revenons sur l'exemple précédent concernant la chute verticale de deux palets reliés par un ressort. D'après (5.44), l'énergie cinétique $E_c^\star = \frac{1}{2}\mu\dot{x}^2 = \frac{1}{2}\mu\omega^2 A^2 \sin^2 \omega t$, et l'énergie potentielle d'interaction $E_p(r) = \frac{1}{2}k(x - l_0)^2 = \frac{1}{2}kA^2 \cos^2 \omega t$ soit, en remplaçant $\omega$ par son expression, $E_m^\star = \frac{1}{2}kA^2$. Nous trouvons que l'énergie mécanique dans le centre de masse reste constante au cours du mouvement. Ce résultat est surprenant car dans cet exemple, **le référentiel du centre de masse n'est pas galiléen** puisque, le système n'étant pas isolé, $G$ est animé d'un mouvement uniformément accéléré. Dans le cas d'un référentiel non galiléen en translation, nous avons vu au chapitre 3 qu'il faut prendre en compte une énergie potentielle d'entraînement définie par (3.38), et qui ici prend la forme : $E'_{pe} = m_1 g x_1^\star + m_2 g x_2^\star$. Or par définition cette expression est nulle, et par conséquent $\widetilde{E}_m^\star = E_m^\star$. Voilà pourquoi l'énergie mécanique dans le centre de masse reste constante au cours du temps, bien que le référentiel du centre de masse ne soit pas galiléen.

## 5.7. Exercices

***Exercice 5.1.*** Lors du service au tennis, la raquette arrive avec un vecteur vitesse horizontal $\vec{v}_1$ sur la balle supposée immobile. Le choc de plein fouet est parfaitement élastique.
a) Exprimer la vitesse de la balle après le choc en considérant que sa masse est négligeable devant celle de la raquette. Quelle est la vitesse de la raquette après le choc ?
b) La vitesse de la balle est de 180 km/h. À l'instant où la raquette la frappe, la balle se trouve à un mètre au-dessus de l'épaule. Quelle était la vitesse de rotation du bras dans le plan vertical ?

***Exercice 5.2.*** a) Sur une table de mécanique parfaitement horizontale, deux palets de masse respectives $m_1$ et $m_2$ sont lancés l'un vers l'autre avec des vitesses de même module, de même direction mais de sens opposés $\vec{v}_0$ et $-\vec{v}_0$. Le choc de plein fouet est parfaitement élastique. Déterminer la valeur du rapport $\alpha = m_2/m_1$ pour qu'après le choc le palet de masse $m_2$ soit immobile, tandis que le palet de masse $m_1$ repart en sens inverse avec une vitesse dont on exprimera le module en fonction de $\|\vec{v}_0\|$.
b) Deux balles dont les masses $m_1$ et $m_2$ sont dans le rapport $\alpha$ calculé précédemment sont abandonnées sans vitesse initiale à une hauteur $h$ (grande devant le diamètre des balles) au-dessus du sol (figure 5.12a). Les choc entre balles, et entre balle et sol sont parfaitement élastiques. Décrire le phénomène observé. À quelle hauteur remonte la balle de masse $m_1$ ?

***Exercice 5.3.*** Un projectile de masse $m$, animé d'une vitesse horizontale $\vec{v}_0$ vient se loger dans une boule de masse $M$, initialement immobile et fixée à l'extrémité d'une tige rigide de longueur $l$, de masse négligeable, mobile sans frottement autour d'un axe O (figure 5.12b). Quel angle maximum la tige fera-t-elle avec la verticale ? Quelle est la variation relative de l'énergie cinétique lors du choc si $M = 99\ m$ ?

***Exercice 5.4.*** Deux astronautes C et D de masse identique $m$, en apesanteur dans l'espace, se font face immobiles l'un par rapport à l'autre. L'astronaute C tient une boule B de masse $m/2$. On se place dans un référentiel galiléen où C et D sont immobiles. Quelle est la quantité de mouvement $\vec{P}_i$ du système {C,D,B} ? Quelle est son énergie mécanique $E_i$ ? À chacune des étapes suivantes, préciser la vitesse de C, de D et de B ainsi que l'énergie mécanique du système :
a) l'astronaute C lance la boule B avec une vitesse $\vec{v}_0$ vers D ;

b) D bloque la boule ;
c) D relance la boule vers C avec la vitesse $-\vec{v}_0$ ;
d) C bloque la boule.

***Exercice 5.5.*** Une buse émet au niveau du sol un jet d'eau vertical (figure 5.12c) avec une vitesse $\vec{v}_0$ et un débit massique $\mu$. Sur ce jet repose, à une hauteur $h$ au-dessus du sol, un récipient de masse $M$. Quelle est la vitesse de l'eau à une hauteur $h$ au-dessus du sol ? On suppose que le choc de l'eau contre le fond du récipient est mou. En déduire l'expression de la hauteur $h$.

***Exercice 5.6.*** Un fil inextensible passe sur la gorge d'une poulie de masse négligeable, mobile sans frottement autour de son axe. Aux extrémités de ce fil sont accrochées (figure 5.12d) une masse $m$ (en vert) et une masse $2m$ (en gris). Un anneau de masse $2m$ est posé sur un support en $x = 0$. Initialement le système est immobile, la masse $m$ étant repérée par l'abscisse $-x_1$. On libère le système.
a) Quelle est la coordonnée $v_{1x}$ de la vitesse de la masse $m$ lorsqu'elle arrive en $x = 0$ ?
b) En ce point elle subit un choc mou avec l'anneau. Quelle est la coordonnée $v'_{1x}$ de la vitesse de l'ensemble immédiatement après ce choc ?
c) Quelle est l'abscisse $x_2$ de la masse $m$ surmontée de l'anneau lorsque l'ensemble s'immobilise ?
d) Quelle est la coordonnée de la vitesse de l'ensemble lorsque la masse $m$ repasse en $x = 0$ ?
e) Au passage par $x = 0$, l'anneau s'immobilise sur son support comme dans l'état initial. Quelle est l'abscisse $-x_3$ de la masse $m$ lorsque sa vitesse s'annule ? Quelle est la coordonnée de sa vitesse lorsqu'elle repasse en $x = 0$ ?
f) Représenter ces différentes phases du mouvement dans l'espace des phases.

***Exercice 5.7.*** Cet exercice traite un cas de choc dont la durée peut se calculer. Sous un bloc de masse $M$ est accroché un ressort de masse négligeable, de constante de raideur $k$ et de longueur au repos $l_0$. La figure 5.12e représente le début du choc, lorsque l'extrémité libre du ressort entre en contact avec le sol. À cet instant $t = 0$, la vitesse de l'ensemble est $\vec{v}_0$.
a) On note $x$ l'abscisse du bloc. En l'absence de tout frottement, trouver l'expression de la vitesse du bloc en fonction de $x$. On négligera l'énergie potentielle de pesanteur devant l'énergie potentielle élastique du ressort. Pour quelle abscisse $x_f$ le bloc s'immobilisera-t-il ?
b) Déterminer la durée $\tau$ du choc (indication : pensez que $\|\vec{v}\| = \dot{x}$).
c) En déduire l'expression de la force moyenne s'exerçant sur le bloc au cours du choc.

***Exercice 5.8.*** Une chaîne de masse $M$ et de longueur $L$ est placée sur une table horizontale sur lequel elle glisse sans frottement.

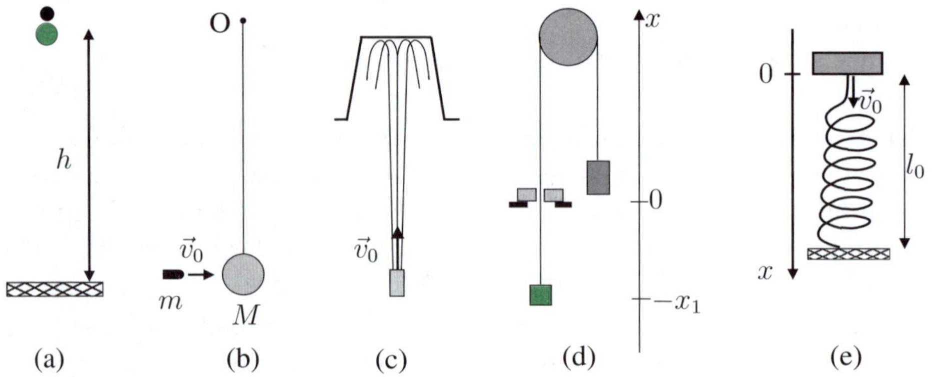


FIGURE 5.12. a) Exercice 5.2. b) Exercice 5.3. c) Exercice 5.5. d) Exercice 5.6. e) Exercice 5.7.

a) La chaîne est initialement tendue, son extrémité coïncidant avec le bord de la table. Elle est mise en mouvement et l'on repère son extrémité par son abscisse $z$ (figure 5.13a). Écrire l'équation du mouvement de la chaîne. Trouver la solution qui satisfait les conditions initiales $z_i = 0$ et $\dot{z}_i = v_i$. Quelle est la vitesse $v_f$ de la chaîne lorsqu'elle quitte la table ? Comparez les énergies mécaniques initiales et finales.
b) Dans la deuxième situation (figure 5.13b), cette chaîne est enroulée sur la table. L'anneau situé à son extrémité est abandonné au bord de la table avec une vitesse négligeable, et la chaîne se met en mouvement anneau par anneau. Écrire l'équation du mouvement de l'extrémité de la chaîne. Vérifier que cette équation admet pour solution $z = \frac{1}{6}gt^2$. Déterminer la vitesse $v_f$ de la chaîne lorsqu'elle quitte la table, ainsi que son énergie mécanique $E_f$. L'énergie mécanique est-elle conservée ? Pourquoi ?

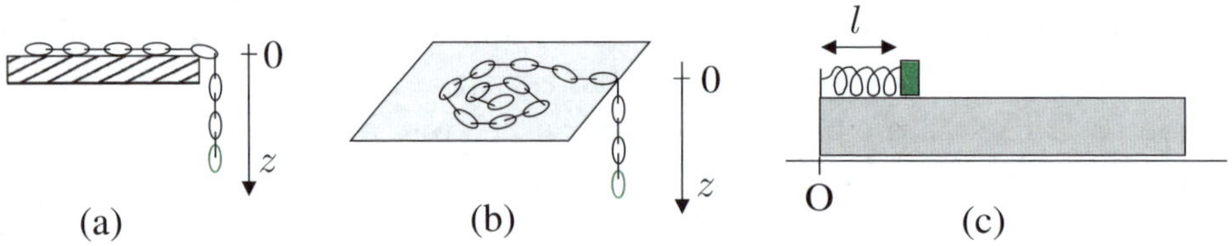


FIGURE 5.13. a) Exercice 5.8a : chaîne tendue. b) Exercice 5.8b : chaîne enroulée. c) Exercice 5.9.

***Exercice 5.9.*** Un ressort de masse négligeable, de constante de raideur $k$ et de longueur au repos $l_0$. On comprime ce ressort et l'on note $l$ sa longueur. Contre

son extrémité libre on place un palet de masse $m$. L'ensemble est placé sur un chariot de masse $M$ (figure 5.13c) sur lequel le palet glisse sans frottement.
a) Le chariot est bloqué sur un plan horizontal. On libère le ressort. Avec quelle vitesse le palet quitte-t-il le chariot ?
b) Le chariot peut maintenant glisser sans frottement sur le plan horizontal. On libère le ressort. Qu'observe-t-on ? Avec quelle vitesse le palet quitte-t-il le chariot ?
c) Le chariot glisse toujours sans frottement sur le plan horizontal, mais on place à l'extrémité du chariot un butoir fixe contre lequel le palet vient se coller. Qu'observe-t-on lorsque le ressort est libéré ? On note $L$ la longueur du chariot et on se place dans les cas où $M = 3m$.

***Exercice 5.10.*** Un bloc de masse $M$ peut se déplacer sans frottement sur un plan horizontal. Sur ce bloc on place un palet de masse $m$ (figure 5.14a). On note $\vec{f}$ la force de frottement s'exerçant entre le palet et le bloc, et l'on considère que son module $\|\vec{f}\|$ est constant. À l'instant initial, palet et bloc sont immobiles.
a) Montrer que lorsque le palet glisse sur le bloc celui-ci doit reculer. Définir sa vitesse de recul.
b) Écrire le théorème de l'énergie cinétique pour le palet et pour le bloc.
c) En déduire les expressions des vitesses du palet et du bloc, lorsque le palet quitte le bloc. On assimile la surface du bloc à un arc de cercle de rayon $R$ et l'on suppose que le module de la force de frottement est constant.

***Exercice 5.11.*** On considère un choc élastique de plein fouet entre un palet de masse $m_1$ animé de la vitesse $\vec{v}_1$, et un palet de masse $m_2$ animé de la vitesse $\vec{v}_2$ (figure 5.14b). Quelle est l'expression de la vitesse $\vec{V}$ du centre de masse des deux palets ? Trouver les expressions des vitesses des palets dans le référentiel du centre de masse avant et après le choc. En déduire les vitesses $\vec{v'}_1$ et $\vec{v'}_2$ des palets dans le laboratoire après le choc. Examiner la cas particulier $m_1 = m_2$.

***Exercice 5.12.*** Dans un réacteur nucléaire, les neutrons rapides produits par la fission des noyaux d'uranium sont ralentis par passage à travers un modérateur. Dans le référentiel $(\mathcal{R})$ du laboratoire, un neutron de masse $m$ animé de la vitesse $\vec{v}_1$ subit une collision élastique avec un noyau de masse $Am$ supposé au repos (figure 5.14c).
a) Quelle est l'expression de la vitesse $\vec{V}$ du centre de masse des deux particules ? Trouver, avant le choc, les expressions des vitesses de ces particules dans le référentiel $(\mathcal{R}^\star)$ du centre de masse. Dans $(\mathcal{R}^\star)$ la collision fait tourner la direction des vecteurs vitesses d'un angle $\theta$ : définir et dessiner ces vitesses.
b) Trouver, après le choc, les expressions des vitesses des particules dans $(\mathcal{R})$. Exprimer en fonction de $A$ et $\theta$, le rapport entre les énergies cinétiques finale et initiale du proton. Pour quelle valeur de $A$ le ralentisseur est-il le plus efficace ?

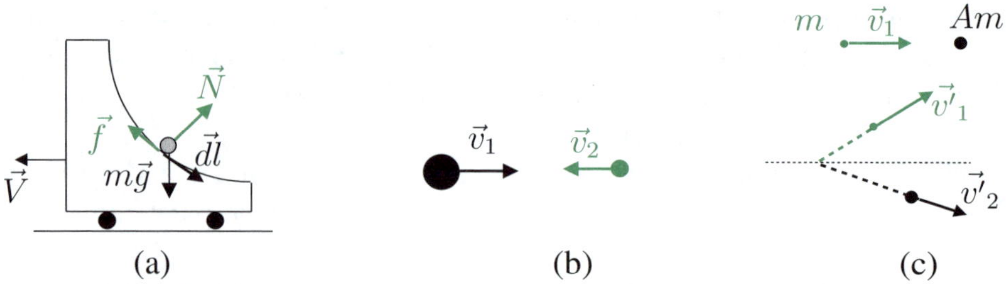


FIGURE 5.14. a) Exercice 5.10 b) Exercice 5.11 avant le choc. c) Exercice 5.12 avant et après le choc.

***Exercice 5.13.*** La conservation de l'énergie cinétique, supposée pour une choc élastique idéal, n'est qu'approchée dans la réalité. Newton a découvert que la perte d'énergie cinétique peut être décrite par un coefficient phénoménologique $\epsilon$ appelé coefficient de restitution. Ce coefficient, qui dépend des matériaux utilisés, est défini comme le rapport des énergies cinétiques dans le référentiel du centre de masse après et avant le choc : $\epsilon^2 = E_c'^{\star}/E_c^{\star}$.
a) Montrer que $\epsilon$ est relié aux vitesses relatives.
b) Une balle est lâchée sans vitesse initiale d'une hauteur $h$ au-dessus du sol, sur lequel son rebond est caractérisé par le coefficient de restitution $\epsilon$. À quelle hauteur $h_1$ remontera-t-elle après le premier rebond ? Donner les expression de $h_2$ et de $h_3$. Trouver le temps $\tau$ au bout duquel elle s'arrêtera de rebondir.

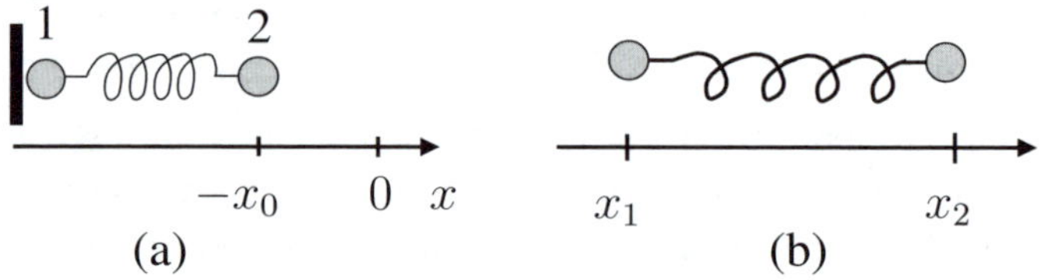


FIGURE 5.15. Exercice 5.14.

***Exercice 5.14.*** Deux palets identiques de masse $m$, libres de se déplacer sans frottement sur une table de mécanique horizontale, sont reliés par un ressort de masse négligeable, de constante de raideur $k$ et de longueur au repos $l_0$. Le palet 1 est placé contre le bord de la table. Lorsque le ressort n'est pas déformé, le palet 2 se trouve à l'origine $O$ de l'axe $x'x$.

a) On comprime le ressort, et le palet 2 a pour abscisse $-x_0$, comme le montre la figure 5.15a qui représente la table de mécanique vue de dessus. On libère le palet 2 sans vitesse initiale. L'instant initial $t = 0$ est celui pour lequel le palet 1 quitte le bord de la table. Quelles sont à cet instant la position $x_{2i}$ et la vitesse $\dot{x}_{2i}$ du palet 2 ? Définir toujours à l'instant initial la position $Xi$ et la vitesse $\dot{X}i$ du centre de masse des deux palets.
b) À un instant $t$ ultérieur, les positions des palets sont repérées par leurs abscisses respectives $x_1(t)$ et $x_2(t)$ (figure 5.15b). Écrire les deux équations qu'elles satisfont.
c) Écrire ces deux équations en fonction des deux nouvelles variables $x = x_2 - x_1$, et $X$ abscisse du centre de masse. Résoudre ces équations et trouver les expressions de $x(t)$ et de $X(t)$, puis de $x_1(t)$ et de $x_2(t)$.

## 5.8. Réponses aux exercices

**Exercice 5.1.**
*a) Il faut retrouver la relation (5.4) qui exprime le transfert de quantité de mouvement de la raquette à la balle. Dans le cas où $m_1 \gg m_2$, la vitesse de la balle après le choc est le double de la vitesse de la raquette : $\vec{v'}_2 = 2\vec{v}_1$. La vitesse de la raquette après le choc est $\vec{v}_1(m_1 - m_2)/(m_1 + m_2) \simeq \vec{v}_1$.*
*b) Si $\|\vec{v'}_2\| = 50$ m/s, $\|\vec{v}_1\| = 25$ m/s, et la vitesse angulaire instantanée de rotation du bras autour de l'épaule est égale à 25 rd/s soit 4 tours par seconde au moment de l'impact.*

**Exercice 5.2.**
*a) Soit $\Delta\vec{p}$ la quantité de mouvement transférée lors du choc : $\vec{p'}_1 = m_1\vec{v}_0 - \Delta\vec{p}$ et $\vec{p'}_2 = -m_2\vec{v}_0 + \Delta\vec{p} = \vec{0}$ puisque le palet 2 est immobile. D'où $\Delta\vec{p} = m_2\vec{v}_0$. On trouve sans difficulté que la conservation de l'énergie cinétique n'est satisfaite que si $m_2 = 3m_1$, soit $\alpha = 3$. Dans ce cas $\vec{p'}_1 = -2m_1\vec{v}_0$, soit $\|\vec{v'}_1\| = 2\|\vec{v}_0\|$.*
*b) La balle de masse $m_2$ (vert sur la figure 5.12a) touche le sol la première avec la vitesse $\vec{v}_0$. Le choc avec le sol étant élastique, elle repart avec la vitesse $-\vec{v}_0$ et heurte la balle de masse $m_1$ en fin de chute animée de la vitesse $+\vec{v}_0$. On se retrouve sans la situation traitée à la question précédente si $\alpha = 3$ : la balle de masse $m_2$ est immobile après le choc, tandis que la balle de masse $m_1$ remonte avec la vitesse $\|\vec{v'}_1\| = 2\|\vec{v}_0\|$. La conservation de l'énergie mécanique de la balle de masse $m_1$ implique que celle-ci remonte à une hauteur $h_1 = 4$ h au-dessus du sol.*

**Exercice 5.3.** *Il s'agit d'un choc mou. Après le choc le projectile et la boule sont animés de la même vitesse de module* $\|\vec{v'}\| = \|\vec{v}_0\| m/(m+M)$*, et s'élèvent à la hauteur* $h = \|\vec{v'}\|^2/2g$*. L'angle maximum que fait la tige avec la verticale est défini par* $\cos\theta_M = 1 - h/l$*. L'énergie cinétique finale* $E_{cf} = E_{ci} m/(m+M) = E_{ci}/100$*, d'où* $\Delta E_c/E_{ci} = -0,99$ *c'est-à-dire que 99 % de l'énergie cinétique est perdue au cours du choc.*

**Exercice 5.4.** $\vec{P}_i = \vec{0}$ *et* $E_i = 0$*. Le système est isolé donc sa quantité de mouvement et son énergie doivent rester constantes au cours du temps. Cependant son énergie mécanique peut varier.*
*a)* $\vec{v}_C = -\vec{v}_0/2$, $\vec{v}_D = \vec{0}$ *et* $E_1 = 3/8\ m\vec{v}_0^2$ *; l'accroissement de l'énergie mécanique du système provient de l'énergie musculaire fournie par l'astronaute C.*
*b)* $\vec{v}_C = -\vec{v}_0/2$, $\vec{v}_B = \vec{v}_D = \vec{v}_0/3$ *et* $E_2 = 5/9 E_1$ *; choc mou, l'énergie cinétique diminue.*
*c)* $\vec{v}_C = -\vec{v}_0/2$, $\vec{v}_D = \vec{v}_0$ *et* $E_3 = 21/9 E_1$ *; l'énergie musculaire fournie par D accroît l'énergie du système.*
*d)* $\vec{v}_B = \vec{v}_C = -2\vec{v}_0/3$, $\vec{v}_D = \vec{v}_0$ *et* $E_4 = 20/9 E_1$ *; choc mou, l'énergie cinétique diminue. Au terme de cet échange, l'énergie du système est restée constante, mais le travail musculaire a transformé de l'énergie chimique en énergie mécanique.*

**Exercice 5.5.** *Pendant un intervalle de temps dt la buse émet la masse d'eau* $m = \mu dt$*. La conservation de l'énergie mécanique donne sa vitesse à une hauteur h au-dessus du sol :* $\vec{v}^2 = \vec{v}_0^2 - 2gh$*. Le récipient étant immobile, pendant l'intervalle de temps dt le vecteur quantité de mouvement de cette masse m d'eau passe de* $\mu dt\vec{v}$ *à* $\vec{0}$*. Le fond du récipient exerce donc sur le jet la force* $\vec{F} = -\mu\vec{v}$ *et par conséquent le jet exerce sur le fond du récipient la force* $\mu\vec{v}$*. La condition d'équilibre donne la relation* $Mg = \mu\sqrt{\vec{v}_0^2 - 2gh}$ *qui définit h.*

**Exercice 5.6.** *Le fil est inextensible, les vitesses des masses ont donc même module. En l'absence de frottement, l'énergie mécanique du système reste constante, sauf lors du choc mou.*
*a) La masse m s'élève de* $x_1$ *tandis que la masse 2m descend de* $x_1$*. Par conséquent :* $\frac{1}{2}3mv_{x1}^2 = mgx_1$*. D'où* $v_{x1}^2 = \frac{2}{3}gx_1$*.*
*b) La conservation de la quantité de mouvement donne* $v'_{x1} = \frac{3}{5}v_{x1}$*.*
*c) La masse 3m s'élève de* $x_2$ *tandis que la masse 2m descend de* $x_2$*. On a donc :* $\frac{1}{2}5mv'^2_{x1} = mgx_2$*, soit* $x_2 = \frac{5}{2}v'^2_{x1}/g = \frac{5}{2}\frac{9}{25}v_{x1}^2/g = \frac{3}{5}x_1$*.*
*d) L'ensemble redescend en conservant son énergie mécanique, par conséquent au passage en* $x = 0$*, la coordonnée de la vitesse de la masse m est* $-v'_{x1}$*.*
*e) Lorsque l'anneau rejoint son support, la masse en mouvement passe de 5m*

*à 3m, mais comme l'anneau emporte sa quantité de mouvement avant de subir un choc mou contre le support, la vitesse de l'ensemble en mouvement reste inchangée. En revanche l'énergie cinétique de l'ensemble en mouvement diminue, puisque seule la masse 3m est animée de la vitesse* $-v'_{x1}$. *D'où :* $0 - \frac{1}{2}3mv'^2_{x1} = -mgx_3$, *et* $-x_3 = -\frac{3}{2}v'^2_{x1}/g$ *soit finalement* $-x_3 = -\frac{3}{5}x_2$. *Au passage par* $x = 0$, $v_{3x} = v'_{1x}$.

*f) Les différentes phases du mouvement sont uniformément variées, l'accélération* $a_x$ *valant successivement* $\frac{1}{3}g$, $-\frac{1}{5}g$, *et* $+\frac{1}{3}g$. *La trajectoire dans l'espace des phases est constitué de paraboles d'axe horizontal. Lors du choc mou la vitesse passe instantanément de* $v_{x1}$ *à* $v'_{x1}$ *(voir figure 5.16).*

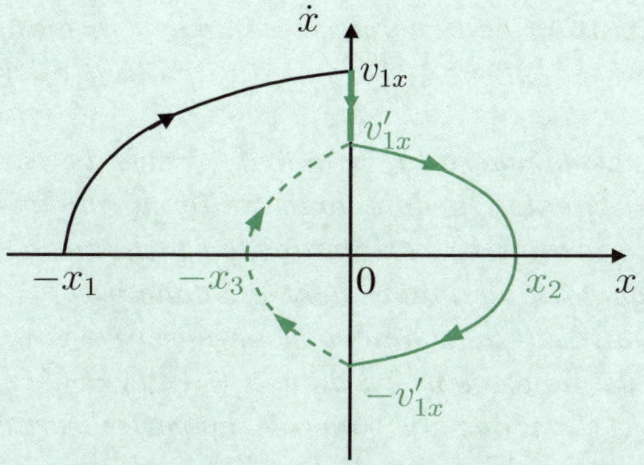


FIGURE 5.16. Exercice 5.6. En noir la première phase du mouvement. La flèche verticale verte représente le choc mou avec l'anneau. La phase où l'anneau est solidaire de la masse $m$ est représentée en trait plein vert. Lorsque l'anneau rejoint son support, la vitesse du système ne change pas mais son énergie cinétique diminue : cette phase du mouvement est représentée en tirets verts.

**Exercice 5.7.**

*a) On exprime que l'énergie mécanique reste constante au cours du temps :* $\|\vec{v}_0\|^2 = \|\vec{v}\|^2 + kx^2/m$ *soit* $\dot{x} = \sqrt{\|\vec{v}_0\|^2 - \omega^2x^2}$ *en posant* $\omega = (k/m)^{0,5}$. *Le bloc s'immobilise en* $x_f = \|\vec{v}_0\|/\omega$.

*b)* $\dot{x} = dx/dt$ *d'où* $dt = dx/\sqrt{\|\vec{v}_0\|^2 - \omega^2x^2}$. *Pour trouver la durée* $\tau$ *du choc, il faut intégrer cette expression entre* $x = 0$ *et* $x = x_f$ : $\tau = \int_0^{x_f} dx/\sqrt{\|\vec{v}_0\|^2 - \omega^2x^2}$. *On utilise le changement de variable défini par* $x = \|\vec{v}_0\| \sin\alpha/\omega$ *et l'on trouve* $\tau = \pi/2\omega$.

*c) La force moyenne s'exerçant sur le bloc au cours du choc est* $(F_x)_{moy} = \Delta P_x/\tau$ *soit* $(F_x)_{moy} = -m\|\vec{v}_0\|/\tau$.

**Exercice 5.8.**

*a) Toute la chaîne est en mouvement mais seul le poids de la partie verticale l'entraîne :* $M\ddot{z} = Mgz/L$ *soit* $\ddot{z} = gz/L$*, équation différentielle du second ordre dont la solution générale s'écrit, en notant* $\tau = \sqrt{L/g}$ : $z = A\exp(t/\tau) + B\exp(-t/\tau)$ *et* $\dot{z} = 1/\tau\{A\exp(t/\tau) - B\exp(-t/\tau)\}$*. Les conditions initiales s'écrivent* $A + B = 0$ *et* $\tau v_i = (A - B)$*, d'où* $A = \frac{1}{2}\tau v_i$ *et* $B = -\frac{1}{2}\tau v_i$*. Soit* $z = \tau v_i \sinh(t/\tau)$ *et* $\dot{z} = v_i \cosh(t/\tau)$*. La chaîne quitte la table au temps* $t_f$ *défini par* $L = \tau v_i \sinh(t_f/\tau)$*, avec la vitesse* $v_f = v_i \cosh(t_f/\tau)$*. À l'instant initial l'énergie mécanique* $E_i = \frac{1}{2}Mv_i^2$ *; à l'instant final, l'abscisse du centre de masse de la chaîne est* $-L/2$*, son énergie potentielle est donc* $-MgL/2$*, et l'énergie mécanique* $E_f = \frac{1}{2}Mv_i^2(1 + gL/v_i^2) - MgL/2 = \frac{1}{2}Mv_i^2$*. On vérifie la conservation de l'énergie mécanique. On aurait pu l'écrire directement :* $\frac{1}{2}M\dot{z}^2 - Mgz^2/2L = \frac{1}{2}Mv_i^2$*. Cette équation est l'intégrale première de* $\ddot{z} = gz/L$*.*

*b) À la différence de la question précédente, seule la partie verticale de la chaîne est en mouvement. On doit donc traiter le mouvement d'un corps à masse variable. À l'instant t, l'extrémité de la chaîne a pour abscisse z et pour vitesse* $\dot{z}$*, sa quantité de mouvement est donc* $p_z(t) = (Mz/L)\dot{z}$*. À l'instant* $t + dt$ *l'extrémité de la chaîne a pour abscisse* $z + dz$ *et pour vitesse* $\dot{z} + d\dot{z}$*, sa quantité de mouvement est donc* $p_z(t+dt) = (M/L)(z+dz)(\dot{z}+d\dot{z})$*. La variation de* $p_z(t)$ *est due au poids de la partie verticale de la chaîne :* $[p_z(t + dt) - p_z(t)]/dt = (M/L)zg$*. En négligeant le terme du deuxième ordre on obtient :* $z\ddot{z} + \dot{z}^2 = gz$*. On vérifie que* $z = \frac{1}{6}gt^2$ *est bien solution de cette équation. Pour trouver cette solution, il faut utiliser le changement de variable* $z = Z^{1/2}$*. La chaîne quitte la table au temps* $t_f$ *défini par* $L = \frac{1}{6}gt_f^2$ *avec la vitesse* $v_f = \frac{1}{3}gt_f$*. L'énergie mécanique initiale est nulle. L'énergie mécanique finale* $E_f = \frac{1}{2}Mv_f^2 - MgL/2 = \frac{1}{2}M\frac{2}{3}gL - \frac{1}{2}MgL = -\frac{1}{6}MgL$*. L'énergie mécanique a diminué bien qu'il n'y ait pas de frottement. En fait la chaîne se met en mouvement anneau par anneau, et chaque fois qu'un anneau se met en mouvement c'est à la suite d'un choc mou qui s'accompagne, comme nous l'avons vu, d'une perte d'énergie cinétique.*

**Exercice 5.9.**

*a) Seul le palet se déplace. Il suffit d'écrire la conservation de l'énergie mécanique :* $\frac{1}{2}m\|\vec{v_1}\|^2 = \frac{1}{2}k(l - l_0)^2$*.*

*b) Dans ce cas le palet et le chariot se déplacent. Le système (chariot, ressort, palet) possède une quantité de mouvement initiale nulle. Or, en l'absence de frottement entre le chariot et le plan horizontal, la résultante des forces extérieures s'exerçant sur ce système est nulle. Par conséquent la quantité de mouvement doit rester constante au cours du temps, c'est-à-dire nulle : le*

*chariot doit reculer avec la vitesse* $\vec{V}$ *telle que* $M\vec{V} + m\vec{v_2} = \vec{0}$. *La conservation de l'énergie mécanique s'écrit* $\frac{1}{2}k(l-l_0)^2 = \frac{1}{2}m\|\vec{v_2}\|^2 + \frac{1}{2}M\|\vec{V}\|^2$, *soit* $\|\vec{v_2}\|^2 = k(l-l_0)^2[M/m(m+M)]$. *On remarque que* $\|\vec{v_2}\|^2 = \|\vec{v_1}\|^2 M/(m+M)$, *c'est-à-dire que si* $M \gg m$, *le chariot est quasiment immobile et l'on retrouve bien le cas précédent.*
*c) La conservation de la quantité de mouvement implique que lorsque le palet s'immobilise contre la butée, le chariot doit aussi s'immobiliser. Le chariot va donc reculer d'une distance d que l'on trouve en exprimant que l'abscisse* $X$ *du centre de masse du système doit rester constante puisque* $P_x = 0$ *et donc* $\dot{X} = 0$. *En choisissant le point* $O$ *comme origine (figure 5.13c) on définit* $X_i = (ml + ML/2)/(m+M)$ *et* $X_f = [m(L-d) + M(L/2-d)]/(m+M)$. *La condition* $X_i = X_f$ *définit* $d = (L-l)m/(m+M) = (L-l)/4$. *Ici encore on remarque que si* $M \gg m$, *d tend vers zéro et le chariot est immobile.*

**Exercice 5.10.**
*a) Les forces extérieures s'exerçant sur le système (bloc, palet), à savoir leurs poids et la réaction du plan horizontal, sont verticales donc* $(\vec{F}_{ext})_x = 0$ *; par conséquent* $P_x$ *reste constant au cours du temps. Comme* $P_x = 0$ *d'après les conditions initiales, à tout instant on doit avoir* $MV_x + mv_x = 0$.
*b) C'est une question délicate : la force de frottement* $\vec{f}$ *qui s'exerce sur le palet est une force intérieure ; par conséquent la force* $-\vec{f}$ *s'exerce sur le bloc et l'on serait tenté d'écrire que le travail de la force de frottement est nul, ce qui est faux. Regardons les choses en détail en notant* $\vec{v}$ *la vitesse du palet dans le laboratoire. La deuxième loi de Newton s'écrit pour le palet :* $m\dot{\vec{v}} = \vec{f} + m\vec{g} + \vec{N}$, *et en multipliant par* $\vec{v}dt$ :$m\vec{v}d\vec{v} = \vec{v}dt(\vec{f} + m\vec{g} + \vec{N})$. *On fait de même pour le bloc en notant* $\vec{N}_1$ *la réaction normale du plan horizontal* :$M\dot{\vec{V}}\vec{V} = \vec{V}dt(-\vec{f} + M\vec{g} - \vec{N} + \vec{N}_1)$. *Or le vecteur vitesse* $\vec{V}$ *étant horizontal, cette dernière expression se simplifie :* $M\vec{V}d\vec{V} = \vec{V}dt(-\vec{f} - \vec{N})$. *En sommant les deux expressions on a :*
$m\vec{v}d\vec{v} + M\vec{V}d\vec{V} = (\vec{f} + \vec{N})(\vec{v} - \vec{V})dt + (m\vec{g})(\vec{v}dt)$. *Il faut réaliser que* $(\vec{v} - \vec{V})$ *représente la vitesse du palet par rapport au bloc et donc* $(\vec{v} - \vec{V})dt = d\vec{l}$ *(figure 5.14a). Pensez que* $\vec{N}d\vec{l} = 0$. *En intégrant cette dernière expression, entre l'instant initial et un instant quelconque, on obtient :* $\frac{1}{2}mv^2 + \frac{1}{2}MV^2 = \int \vec{f}d\vec{l} + mg\int v_y dt$.
*c)* $\frac{1}{2}mv_f^2 + \frac{1}{2}MV_f^2 = -f\pi R/2 + mgR$ *avec* $mv_f + MV_f = 0$. *D'où en éliminant* $V_f$, *la relation :* $\frac{1}{2}mv_f^2(1 + m/M) = -f\pi R/2 + mgR$.

**Exercice 5.11.** *Dans le référentiel* $(\mathcal{R})$ *du laboratoire, la vitesse du centre de masse des deux palets* $\vec{V} = (m_1\vec{v}_1 + m_2\vec{v}_2)/(m_1 + m_2)$. *Dans le référentiel du*

*centre de masse* ($\mathcal{R}^\star$), *avant le choc les palets sont animés des vitesses respectives* $\vec{v}_1^\star = \vec{v}_1 - \vec{V}$ *et* $\vec{v}_2^\star = \vec{v}_2 - \vec{V}$. *Le choc de plein fouet ne modifie pas la direction des vitesses dans* ($\mathcal{R}^\star$), *mais inverse leur sens; de plus ce choc est élastique, il ne modifie donc pas le module de ces vitesses :* $\vec{v'}_1^\star = -\vec{v}_1^\star$ *et* $\vec{v'}_2^\star = -\vec{v}_2^\star$. *Les vitesses dans* ($\mathcal{R}$) *des palets après le choc sont par conséquent :* $\vec{v'}_1 = -\vec{v}_1^\star + \vec{V} = -\vec{v}_1 + 2\vec{V}$ *et* $\vec{v'}_2 = -\vec{v}_2^\star + \vec{V} = -\vec{v}_2 + 2\vec{V}$. *En remplaçant* $\vec{V}$ *par son expression on obtient respectivement :*
$\vec{v'}_1 = [(m_1 - m_2)\vec{v}_1 + 2m_2\vec{v}_2]/(m_1 + m_2)$ *et* $\vec{v'}_2 = [-(m_1 - m_2)\vec{v}_2 + 2m_1\vec{v}_1]/(m_1 + m_2)$. *Dans le cas particulier où* $m_1 = m_2$ *on trouve simplement* $\vec{v'}_1 = \vec{v}_2$ *et* $\vec{v'}_2 = \vec{v}_1$ *: les palets ont échangé leurs vitesses. Nous avons vu au paragraphe 5.1.3 le cas particulier du carreau.*

**Exercice 5.12.**

*a) Par définition* $\vec{V} = \vec{v}_1/(1 + A)$. *Avant le choc, dans* ($\mathcal{R}^\star$), *la vitesse du neutron est définie par* $\vec{v}_1^\star = \vec{v}_1 - \vec{V} = A\vec{v}_1/(1+A)$, *et celle du noyau par* $\vec{v}_2^\star = -\vec{V} = -\vec{v}_1/(1 + A)$. *Après le choc élastique, toujours dans* ($\mathcal{R}^\star$), *les vecteurs vitesse ont conservé leurs modules mais leurs directions ont tourné d'un angle* $\theta$ *:* $\vec{v'}_1^\star$ *et* $\vec{v'}_2^\star$ *font donc respectivement les angles* $\theta$ *et* $(\pi + \theta)$ *avec* $\vec{V}$.
*b) Après le choc, dans* ($\mathcal{R}$), *les vitesses des particules sont* $\vec{v'}_1 = \vec{v'}_1^\star + \vec{V}$ *pour le neutron, et* $\vec{v'}_2 = \vec{v'}_2^\star + \vec{V}$ *pour le noyau. D'où* $\vec{v'}_1^2 = \vec{v'}_1^{\star 2} + \vec{V}^2 + 2\|\vec{v'}_1^\star\|\|\vec{V}\|\cos\theta$. *Or* $\|\vec{v'}_1^\star\| = \|\vec{v}_1^\star\| = A\|\vec{v}_1\|/(1 + A)$ *par conséquent l'énergie cinétique du proton après le choc s'exprime simplement en fonction de son énergie cinétique initiale suivant :* $E'_{c1} = E_{c1}(A^2 + 1 + 2A\cos\theta)/(1 + A)^2$. *Le rapport* $E'_{c1}/E_{c1}$ *est donc compris entre* $[(1 - A)/(1 + A)]^2$ *et 1 suivant les valeurs de* $\theta$. *La valeur minimale, atteinte pour* $\theta = \pi$, *est nulle pour* $A = 1$. *C'est donc le noyau d'hydrogène qui est le ralentisseur le plus efficace. Pour des raisons techniques on utilise l'eau lourde* ($A = 2$) *ou le graphite* ($A = 12$).

**Exercice 5.13.**

*a) Nous avons vu au paragraphe 5.5.3 que l'énergie dans le centre de masse peut s'exprimer en fonction de la masse réduite* $\mu$ *et de la vitesse relative* $\vec{v}$ *suivant* $E_c^\star = \frac{1}{2}\mu\vec{v}^2$.
*b) Dans ce cas nous avons à faire à la balle et à la Terre, c'est-à-dire que* $m_2 \gg m_1$, *d'où* $\mu \simeq m_1$ *et* $\vec{v}_1 \simeq \vec{v}$. *La balle arrive au sol avec une énergie cinétique égale à* $m_1gh$, *et repart avec l'énergie cinétique* $\epsilon^2 m_1gh$, *c'est-à-dire remontera à la hauteur* $h_1 = \epsilon^2 h$ *après le premier rebond; de même* $h_2 = \epsilon^4 h$ *et* $h_3 = \epsilon^6 h$ *etc.*
*La durée de la première chute est* $t_0 = \sqrt{2h/g}$ *; la durée de l'aller-retour suivant est* $t_1 = 2\epsilon\sqrt{2h/g}$, *et de même* $t_2 = 2\epsilon^2\sqrt{2h/g}$ *etc. La durée totale du*

*mouvement s'écrit :* $\tau = \sqrt{2h/g}[1 + 2\epsilon/(1 - \epsilon)]$ *en sommant les termes de la progression géométrique. D'où finalement :* $\tau = \sqrt{2h/g}[(1+\epsilon)/(1 - \epsilon)]$.

**Exercice 5.14.**

*a) Le palet 1 quitte le bord de la table lorsque la longueur du ressort devient supérieure à* $l_0$*, soit* $x_{2i} = 0$*. Durant cette phase, le palet 1 est resté immobile et toute l'énergie potentielle du ressort s'est convertie en énergie cinétique du palet 2, donc* $\dot{x}_{2i} = x_0\sqrt{k/m}$*. Par définition les position et vitesse initiales du centre de masse sont* $X_i = -\frac{1}{2}l_0$ *et* $\dot{X}_i = \frac{1}{2}\dot{x}_{2i}$.

*b) La deuxième loi de Newton s'écrit pour chacun des palets :* $m\ddot{x}_1 = k(x_2 - x_1 - l_0)$ *et* $m\ddot{x}_2 = -k(x_2 - x_1 - l_0)$.

*c) En sommant ces deux expressions, on obtient* $\ddot{X} = 0$ *que l'on intègre facilement :* $\dot{X} = \dot{X}_i$ *et* $X = \dot{X}_i t + X_i$ *soit* $X(t) = \frac{1}{2}x_0\sqrt{k/m}\, t - \frac{1}{2}l_0$.

*En divisant les deux équations trouvées en b) par* $m$*, et en les soustrayant on obtient :* $\ddot{x} = -2k/m(x - l_0)$ *soit* $\ddot{x} + \omega^2(x - l_0) = 0$*, en posant* $\omega^2 = 2k/m$*. Il faut remarquer que la période des oscillations est ici* $2\pi\sqrt{m/2k}$*. La solution cherchée est de la forme* $(x - l_0) = A\sin(\omega t + \phi)$ *et doit satisfaire les conditions initiales* $x_i = l_0$ *et* $\dot{x}_i = x_0\sqrt{k/m}$*. On trouve* $x = l_0 + (x_0/\sqrt{2})\sin\omega t$*. À partir des définitions de* $x$ *et* $X$*, il est facile de revenir à* $x_1 = X - \frac{1}{2}x$ *et à* $x_2 = X + \frac{1}{2}x$.

# 6

# UNE BRÈVE HISTOIRE DE LA MÉCANIQUE CÉLESTE

L'homme a toujours été fasciné par la voûte céleste. Les tablettes cunéiformes[1] l'attestent, deux millénaires avant J.-C. les Babyloniens observaient les cieux et relevaient la position des astres avec suffisamment de précision pour prévoir certaines éclipses. Leurs observations visaient à améliorer la précision de leur calendrier, mais répondaient essentiellement à des préoccupations divinatoires, lire dans le ciel les messages des dieux. En aucun cas ces astronomes ne s'interrogeaient sur la nature des astres qu'ils observaient, encore moins sur les causes de leurs mouvements, car pour eux l'organisation du monde reposait sur des mythes. Quelles sont les principales étapes qui ont conduit à une explication rationnelle du mouvement des astres, et quels liens se sont noués entre mécanique terrestre et mécanique céleste ? Vous trouverez quelques éléments de réponse dans ce chapitre.

## 6.1. Le modèle géocentrique

La Terre est immobile au centre de la sphère céleste qui effectue, d'est en ouest, un tour complet en un jour. Sur cette sphère, le Soleil et la Lune se déplacent. Voilà la vision aristotélicienne de l'univers trois siècles avant notre ère. Vision qualitative, car elle n'apporte aucune description précise des mouvements des planètes, comme le souhaiteraient les astronomes préoccupés par la précision du calendrier ou les calculs astrologiques. Cinq siècles plus tard Claude Ptolémée, astronome grec vivant en Égypte, propose un modèle permettant de rendre compte

[1] Tablettes d'argile sur lesquelles les Mésopotamiens traçaient des signes à l'aide d'une pointe de roseau. La forme de ces signes en « coins » ou en « clous » a donné leur nom à ces tablettes.

des mouvements des planètes. Se fondant sur la vision géocentrique, il décrit leurs mouvements en associant des trajectoires circulaires décrites à vitesse constante : en combinant cercle déférent et épicycle (figure 6.1a), le mouvement rétrograde[(2)] des planètes est certes décrit, mais Ptolémée n'apporte pas la moindre explication sur les causes de leurs mouvements.

## 6.2. L'alternative copernicienne

Nicolas Copernic (1473-1543), chanoine polonais, médecin et astronome, ne se satisfait pas de cette description géocentrique. Non pas parce qu'elle est mise en défaut par les observations astronomiques, mais parce qu'elle lui paraît artificielle, et surtout dépourvue de la simplicité, de la beauté et de l'harmonie qui caractérisent tout phénomène naturel. Copernic réalise que l'on peut rendre compte du mouvement des astres en supposant que la Terre tourne sur elle-même en un jour, et décrit en un an une orbite circulaire dont le Soleil est le centre[(3)]. Quelle place plus harmonieuse que le centre attribuer en effet à notre source de lumière qui illumine tout l'Univers ? Les cinq autres planètes connues à son époque tournent aussi autour du Soleil, mais avec des périodes différentes, et suivant des orbites circulaires dont il évalue le rayon en fonction de la distance Soleil-Terre. Il est ainsi le premier à établir l'ordre des planètes et à constater que leur période de révolution croît harmonieusement avec le rayon de leur orbite. Copernic explique aussi la succession des saisons par l'inclinaison de l'axe de rotation de la Terre par rapport au plan de son orbite, cet axe pointant en permanence vers l'étoile polaire.

Mais tous les scientifiques contemporains de Copernic ne sont pas sensibles aux qualités esthétiques de ce modèle héliocentrique, qu'aucune observation expérimentale ne permet de préférer au modèle géocentrique. Au contraire la rotation de la Terre sur elle-même soulevait plusieurs questions embarrassantes : pourquoi la force centrifuge ne nous éjecte-t-elle pas ? Pourquoi la Terre n'est-elle pas balayée en permanence par des vents tempétueux ? Pourquoi un corps tombe-t-il suivant la verticale ? Comment la Lune accompagne-t-elle la Terre dans son mouvement ? Et si la Terre décrit une orbite circulaire autour du Soleil, pourquoi la direction des étoiles nous paraît-elle fixe, alors que nous devrions observer un effet de parallaxe ? À ces questions s'ajoutent des difficultés d'ordre philosophique, car la cosmologie aristotélicienne s'effondre, et d'ordre religieux puisque

(2) Figure 1.2 au chapitre 1.

(3) Cette idée avait été défendue par Aristarque de Samos (–310 ; –230) au troisème siècle avant l'ère chrétienne. Dans la préface de l'Arénaire (Archimedis Syracusium Arenarius et Dimensio Circuli), Archimède évoque l'hypothèse d'Aristarque : « La Terre se déplace autour du soleil immobile, sur la circonférence d'un cercle ayant son centre sur le soleil. »

les textes bibliques, évoquant la course du Soleil arrêtée par Josué, ne peuvent s'accommoder d'un Soleil immobile. Si l'œuvre de Copernic *De Revolutionibus*(4) publiée en 1543 fut violemment condamnée par Luther, l'Église catholique s'en accommoda jusqu'en 1616, année de sa mise à *l'Index des Livres Interdits* par l'Inquisition. Cette attitude tolérante de l'Église s'explique par la prudence de la préface de l'ouvrage présentant le modèle héliocentrique comme une hypothèse qui facilite les calculs astronomiques : *« Il n'est pas nécessaire que ces hypothèses soient vraies, ni même vraisemblables ; une seule chose suffit : qu'elles offrent des calculs conformes à l'observation »*. L'Église catholique persécutera par la suite ceux qui, comme Giordano Bruno ou Galilée, voudront montrer que cette description est conforme à la réalité physique du monde.

L'expression *« révolution copernicienne »* peut laisser penser que notre vision moderne de l'Univers s'est imposée rapidement après Copernic. Il n'en fut rien. Même si les astronomes ont utilisé le modèle héliocentrique comme une commodité de calcul, il fallut un siècle et demi pour apporter une preuve scientifique irréfutable qui mette à bas les descriptions géocentriques d'Aristote et de Ptolémée. Il nous paraît utile de rappeler brièvement les principales étapes de cette période.

## 6.3. Tycho-Brahé et Kepler

Tycho-Brahé (1546-1601), étudie le droit au Danemark, mais s'intéresse aussi à l'astronomie. Il observe une comète bien au-delà de la Lune, c'est-à-dire dans la sphère céleste, prenant ainsi en défaut la vision aristotélicienne(5). En lisant les travaux de Ptolémée et de Copernic (qui ne le convainc pas), il découvre que ces derniers ont utilisé des données trop imprécises(6), et pense qu'une théorie satisfaisante du système planétaire ne pourra être fondée que sur un nouvel ensemble de données astronomiques très précises. C'est à cette tâche qu'il consacrera sa vie, dressant au jour le jour pendant vingt ans un énorme catalogue de données sur la position des planètes et des étoiles par rapport à la Terre. Il réalise ses observations à l'œil nu mais utilise, pour repérer la position des astres, des instruments de très grande taille qui lui permettent d'atteindre une précision remarquable de deux minutes d'arc. Toutefois cet observateur hors pair ne possède pas la formation

(4) Les Révolutions des orbes célestes.

(5) La sphère céleste est le domaine de la perfection où tout est immuable et permanent. Le passage éphémère d'une comète en est donc exclu.

(6) Ulugh Beg (1394-1449) fit construire à Samarcande un observatoire abritant un sextant de 40 mètres de rayon et établit, avec une précision remarquable de quelques secondes d'arc, une table de localisation de 1 017 étoiles. Mais ses écrits ne furent traduits qu'en 1648.

mathématique qui lui permettrait, à partir de son corpus de données, d'établir les trajectoires des planètes et de tester ainsi la validité des trois modèles existants[7] (figure 6.1). En 1597 il s'attache les services d'un jeune astronome, brillant ma-

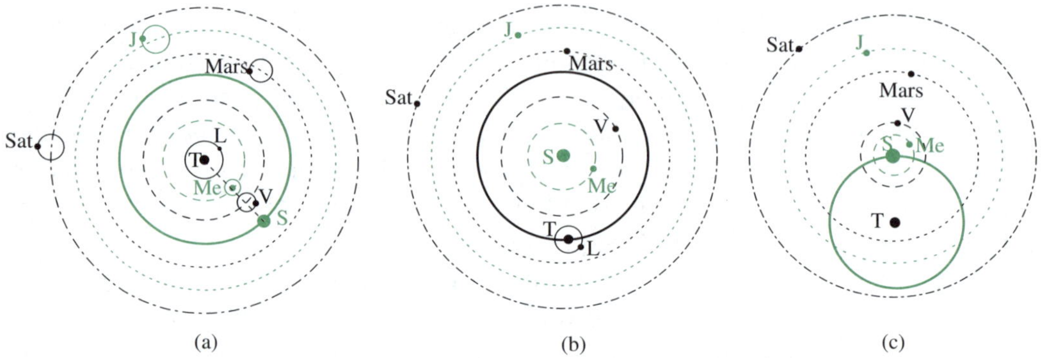


FIGURE 6.1. Représentations simplifiées : a) du modèle géocentrique de Ptolémée : chaque planète décrit un petit cercle (épicycle), dont le centre se déplace sur un grand cercle (référent) ; b) du modèle héliocentrique de Copernic ; c) du modèle de Tycho-Brahé, compromis entre les deux précédents : le Soleil tourne autour de la Terre immobile, mais les cinq planètes orbitent autour du Soleil.

thématicien, Johannes Kepler (1571-1630) à qui il confie l'analyse de ses données. Kepler s'attaque donc à une tâche ardue, définir précisément la trajectoire décrite par la planète Mars autour du Soleil, à partir de la trajectoire apparente relevée depuis la Terre par Tycho-Brahé. Copernicien convaincu, il s'attend à trouver une orbite circulaire. Après cinq ans de travail acharné, il doit se rendre à l'évidence : l'orbite de Mars est presque circulaire, mais pas tout à fait, la précision des mesures de Tycho-Brahé ne laissant pas de place au doute. La trajectoire de Mars est une ellipse dont le Soleil occupe l'un des foyers. Il en est de même pour les autres planètes[8] : c'est la première loi de Kepler (1604). Qui plus est, ces orbites elliptiques ne sont pas décrites par les planètes avec une vitesse constante : un ligne imaginaire joignant la planète au Soleil balaie des aires égales pendant un même intervalle de temps, c'est la loi des aires. Pour qu'il en soit ainsi, la planète accélère lorsqu'elle s'approche du Soleil, et ralentit quand elle s'en éloigne. Enfin

[7] Tycho-Brahé a proposé un modèle, sorte de compromis entre les visions géocentriques et héliocentriques : le Soleil tourne autour de la Terre immobile au centre, et les cinq autres planètes orbitent autour du Soleil.

[8] Une ellipse est définie par son excentricité e comprise entre 0 (cercle parfait) et 1 (ellipse très aplatie). Les orbites des planètes du système solaire ont des excentricités comprises entre 0,007 et 0,206 ($e = 0{,}016$ pour la Terre et $e = 0{,}093$ pour Mars). Si Kepler avait commencé par étudier la trajectoire de Vénus ($e = 0{,}007$) il aurait trouvé un cercle !

Kepler établit une relation quantitative entre le temps mis par chacune des planètes pour effectuer une révolution complète et la taille de l'orbite, c'est-à-dire le grand axe de l'ellipse parcourue : c'est la troisième loi. Les trois lois empiriques établies par Kepler apportent une réponse à la question de savoir *comment* les planètes orbitent autour du Soleil, mais ne fournissent pas d'explication de leurs mouvements[9]. C'est la théorie qui explique *pourquoi*, et cette théorie restait à établir.

## 6.4. Galilée

En 1609, Galilée apprend à Venise que des opticiens hollandais ont fabriqué une lunette. Il se met aussitôt à en construire une et obtient un grossissement voisin de six avec une netteté satisfaisante. Cette première lunette intéresse la République de Venise, et Galilée va la lui céder, en tirant quelques avantages matériels. Mais la deuxième lunette qu'il construit à Padoue va lui servir à observer le ciel. Qu'y cherche-t-il ?

Si Galilée ne craint pas de contredire Aristote pour ce qui est du mouvement et de la chute des corps, en tant que professeur d'astronomie il est plus conformiste et enseigne toujours le modèle de Ptolémée. Pourtant acquis aux idées de Copernic, il ne les défend pas publiquement faute d'arguments irréfutables. Le supplice de Giordano Bruno en 1600 l'a sûrement rendu prudent. Mais ces arguments irréfutables, peut-être cette lunette, avec laquelle il commence à observer le ciel en 1609, lui permettra-t-elle de les trouver ?

Effectivement, il observe quatre lunes[10] qui gravitent autour de Jupiter et donc l'accompagnent dans son mouvement. La Lune peut donc tout aussi bien accompagner la Terre dans son mouvement : voilà un argument aristotélicien contre le modèle héliocentrique écarté. Puis il découvre les phases de Vénus, semblables aux phases de la Lune, et il observe que lorsque Vénus est « pleine » sa taille est réduite, c'est-à-dire qu'elle occupe la position la plus éloignée de la Terre. Cette observation est incompatible avec la description de Ptolémée, dans laquelle Vénus est toujours entre la Terre et le Soleil ; en revanche elle s'explique parfaitement dans le cadre du modèle de Copernic... ou de Tycho-Brahé.

Initialement séduit par les arguments de simplicité du modèle de Copernic (il est plus simple de faire tourner la Terre sur elle-même que le ciel tout entier autour

[9] Kepler pensait que l'accélération des planètes lorsqu'elles approchent du Soleil pourrait être due à l'attraction, d'origine magnétique, qu'il exercerait sur elles en raison inverse de la distance.
[10] Il baptisera ces satellites de Jupiter étoiles médicéennes, en hommage à son mécène le Grand Duc de Florence.

de la Terre !), Galilée est, après ses observations[11], convaincu par la validité de ce modèle. Il expose ses idées en publiant en 1632 le *Dialogue sur les deux plus grands systèmes du Monde*. Il énonce son principe de relativité, et l'illustre en décrivant des expériences réalisées dans la cabine d'un navire qui *« se déplace à une vitesse aussi grande que vous voudrez, pourvu que son mouvement soit uniforme »*. Il affirme que les résultats de ces expériences sont les mêmes que si le navire était immobile : la pierre lâchée en haut d'un mât, par exemple, touche le pont à son pied. Or ce qui vaut pour ce navire vaut aussi pour la Terre : aucune expérience ne permet par conséquent de trancher entre une Terre immobile et une Terre animée d'un mouvement uniforme[12]. Voilà encore un argument aristotélicien écarté.

L'Église s'inquiète de la diffusion des idées de Galilée dans le grand public[13]. À la mise en garde que l'Inquisition lui adressa en 1616, lui intimant de n'enseigner le modèle copernicien que comme une hypothèse commode pour simplifier les calculs, succèdent, en 1633, un procès et une condamnation : après avoir dû se rétracter, Galilée finira son existence en résidence surveillée[14].

## 6.5. Newton

Malgré les condamnations et les mises à l'Index, les idées de Copernic se propagent et convainquent. Une vingtaine d'années après la mort de Galilée, lorsque Newton entame sa carrière de scientifique, le problème n'est plus de savoir si les planètes gravitent autour du Soleil, mais bien plutôt d'expliquer pourquoi elles effectuent leurs mouvements en suivant les trois lois que Kepler a établies.

En 1664, Newton poursuit ses études au Trinity College de l'Université de Cambridge, lorsqu'une épidémie de peste le contraint à se réfugier dans la maison familiale de Woolsthorpe. Il y séjournera durant deux années qui s'avéreront être parmi les plus fructueuses de sa vie scientifique. Il réalise d'abord des expériences d'optique remarquables sur la dispersion de la lumière en utilisant des prismes de verre, et montre que la lumière blanche est un mélange de toutes les couleurs. Puis il s'intéresse à la gravitation. La comète qu'il a pu observer à l'œil nu pendant six semaines l'année précédente n'est sans doute pas étrangère à son intérêt pour le mouvement des planètes.

---

[11] Publiées en italien dès 1610 dans le Messager des Étoiles.

[12] Pour Galilée, le mouvement uniforme est circulaire. Toutefois pour de faibles intervalles de temps tels que la durée de chute d'un corps, le mouvement circulaire uniforme de la Terre peut être confondu avec un mouvement rectiligne uniforme.

[13] La publication en italien et non pas en latin, de l'ouvrage de Galilée, rend sa lecture accessible au plus grand nombre.

[14] L'Église ne retirera ses œuvres de l'Index qu'en 1822.

Newton commence par étudier le problème du mouvement sous l'action d'une force centrale et plus précisément les trajectoires elliptiques, puisque Kepler a montré que les planètes décrivent des ellipses. Un point matériel, soumis à une force constamment dirigée vers un centre de force S, décrit une ellipse dont le point S est l'un des foyers. Quelle doit être la forme de cette force centripète se demande Newton ? Il résout ce problème en montrant géométriquement que l'intensité de cette force doit être inversement proportionnelle au carré de la distance entre le mobile et le centre d'attraction(15). Ce résultat constitue une étape décisive dans la compréhension de la mécanique céleste, mais pour expliquer le mouvement des planètes encore faut-il remplacer les points mathématiques par des corps massifs. C'est ce que fait Newton en établissant l'identité entre la force centripète et la gravité, c'est-à-dire la force d'attraction universelle. *« La gravité appartient à tous les corps et elle est proportionnelle à la quantité de matière que chaque corps contient »* écrit-il, et il montre que du point de vue de l'attraction tout se passe comme si la masse entière d'un corps sphérique homogène était concentrée en son centre. Est-ce réellement la chute d'une pomme dans son verger de Woolsthorpe qui lui fit prendre conscience que la force exercée par la Terre sur la Lune était la même que celle responsable de la chute des corps ? C'est l'histoire qu'il s'est plu à raconter, mais il est permis d'en douter. Toujours est-il qu'il veut vérifier son hypothèse. La Lune décrit une trajectoire circulaire dont la Terre est le centre et dont le rayon $\mathcal{R}_{\mathcal{L}}$ est, d'après les estimations dont il dispose, égal à 60,5 fois le rayon $R_T$ de la Terre. Animée du vecteur vitesse $\vec{V}_L$ à un instant $t$, la Lune, en l'absence de force attractive, se déplacerait en ligne droite et se trouverait, au temps $t+\Delta t$, au point $M$ défini par $\overrightarrow{LM} = \vec{V}_L \Delta t$ (figure 6.2). Cependant, comme l'écrit Newton, *« la Lune gravite vers la Terre et, par la force de gravité, elle est continuellement retirée du mouvement rectiligne et retenue sur son orbite »*. La force gravitationnelle exercée par la Terre sur la Lune maintient celle-ci sur son orbite circulaire, et à l'instant $t + \Delta t$ la Lune sera en réalité au point $L'$.

Il applique le théorème de Pythagore au triangle $TLM$, en considérant que l'intervalle de temps $\Delta t$ est petit devant la période lunaire. De ce fait la distance $ML'$ est petite devant $TL'$ ce qui, pour des raisons de clarté, n'est pas le cas de la figure 6.2. Il est alors facile de trouver que :

$$TL^2 + V_L^2(\Delta t)^2 = TM^2 \quad \text{et} \quad TM^2 \simeq TL'^2 + 2TL'.ML' \tag{6.1}$$

Le module $V_L$ de la vitesse de la Lune sur son orbite est défini simplement à partir de la période lunaire $\mathcal{T}_{\mathcal{L}}$ (égale à 27 jours, 7 heures et 4 minutes) par $V_L = 2\pi\mathcal{R}_{\mathcal{L}}/\mathcal{T}_{\mathcal{L}}$. En écrivant $TL = TL' = \mathcal{R}_{\mathcal{L}}$, rayon de l'orbite lunaire, on

(15) Ce que l'on qualifie de force en $1/r^2$.

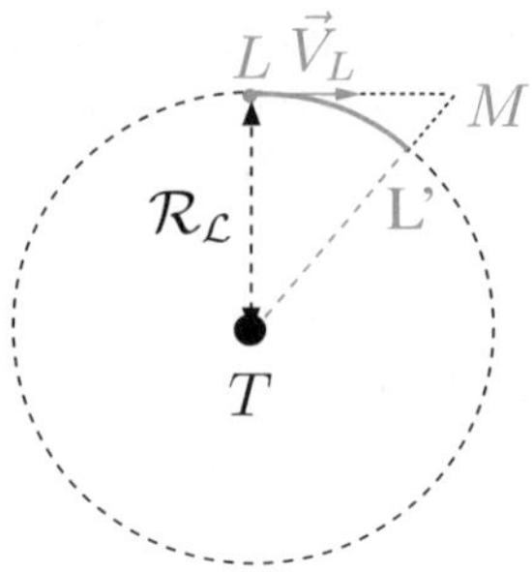


FIGURE 6.2. La Lune décrit une trajectoire circulaire de rayon $\mathcal{R}_\mathcal{L}$ dont la Terre est le centre. Animée du vecteur vitesse $\vec{V}_L$ à un instant $t$, la Lune, en l'absence de force attractive, se déplacerait en ligne droite et se trouverait au point M au temps $t + \Delta t$. Cependant la force gravitationnelle exercée par la Terre sur la Lune maintient celle-ci sur son orbite circulaire, et à l'instant $t + \Delta t$ la Lune sera en réalité au point L$'$.

obtient à partir de (6.1) :

$$ML' = \frac{2\pi^2 \mathcal{R}_\mathcal{L}}{\mathcal{T}_\mathcal{L}^2}(\Delta t)^2 \tag{6.2}$$

C'est-à-dire que la Lune « tombe » sur la Terre avec une accélération :

$$g_L = \frac{4\pi^2 \mathcal{R}_\mathcal{L}}{\mathcal{T}_\mathcal{L}^2} \tag{6.3}$$

L'accélération est directement liée à la force, et l'intensité de la force gravitationnelle est inversement proportionnelle au carré de la distance. Par conséquent, si l'on note $g_T$ l'accélération de la pesanteur à la surface de la Terre, on aura :

$$\frac{g_T}{g_L} = \frac{\mathcal{R}_\mathcal{L}^2}{R_T^2}; \quad \text{soit en utilisant la relation (6.3) :} \quad g_T = \frac{4\pi^2 \mathcal{R}_\mathcal{L}^3}{R_T^2 \mathcal{T}_\mathcal{L}^2} \tag{6.4}$$

En remplaçant $\mathcal{R}_\mathcal{L}$ et $\mathcal{T}_\mathcal{L}$ par leurs valeurs respectives, Newton obtient $g_T \simeq 10ms^{-2}$, valeur parfaitement compatible avec la valeur de l'accélération de la pesanteur mesurée sur Terre. La force d'attraction gravitationnelle est bien une force universelle qui s'applique à la Lune, à une pomme, au Soleil, aux planètes, à tous les corps de notre Univers : **tous les corps s'attirent avec une force proportionnelle au produit de leurs masses et inversement proportionnelle au carré de la distance qui les sépare.** Avec cette loi unique, Newton peut décrire les phénomènes célestes et terrestres, mettant fin à la vision hiérarchisée des deux mondes d'Aristote.

Mais tous ces résultats extraordinaires, Newton les garde pour lui. Fuyant la notoriété, et très affecté par la controverse suscitée en 1672 par la publication de son travail sur la théorie des couleurs, il décide en effet de ne plus rien publier. Jusqu'à ce qu'en août 1684, un jeune astronome Edmond Halley (1656-1742) vienne lui rendre visite à Cambridge. Halley a observé en 1682 une comète très brillante(16) dont il étudie le mouvement. Mais il bute sur une difficulté, ne parvenant pas à démontrer que les lois de Kepler sont compatibles avec une force attractive en $1/r^2$. Il soumet le problème à Newton... qui lui apprend qu'il a résolu ce problème depuis longtemps. *« Frappé de joie et d'étonnement »*, Halley demande à Newton de publier ses résultats, ce que ce dernier accepte. Quelques mois plus tard, Halley reçoit un petit ouvrage *De Motu* que suivront à partir de 1686 les trois livres qui constituent l'œuvre majeure de Newton, les *Principia.*

(16) Cette comète porte désormais son nom. Sa période est de 75 ans et la prochaine observation est prévue en 2061.

# 7
# GRAVITATION

L'interaction gravitationnelle est la plus faible des interactions fondamentales. Pourtant parce qu'elle est toujours attractive et à longue portée, elle joue un rôle essentiel dans l'organisation de l'Univers et dans notre quotidien terrestre. Dans le précédent chapitre, nous avons montré quel cheminement a conduit Newton, à travers sa recherche de l'explication du mouvement des planètes, à identifier le caractère universel de la force gravitationnelle. Le présent chapitre est consacré aux propriétés de cette force gravitationnelle et à l'étude du mouvement d'un corps qui lui est soumis. Ceci nous permettra d'expliquer le mouvement des planètes décrit par Kepler, de calculer les trajectoires des sondes spatiales et des satellites, et de comprendre le phénomène de marée. Mais ce n'est pas le seul intérêt de cette étude du mouvement sous l'action d'une force centrale dont l'intensité varie spatialement en $1/r^2$. Les résultats que nous obtiendrons sont en effet directement transposables à l'électromagnétisme car la force coulombienne est aussi centrale et en $1/r^2$. Par ailleurs l'étude du mouvement sous l'action de la force gravitationnelle va nous fournir l'occasion d'illustrer l'utilité des lois de conservation en montrant comment celles-ci permettent de simplifier un problème.

## 7.1. Définition de la force gravitationnelle

La force gravitationnelle est la force par laquelle deux masses s'attirent mutuellement. Dans le cas de deux masses ponctuelles, cette force prend une forme simple. Son intensité est proportionnelle au produit des masses et inversement proportionnelle au carré de la distance qui les sépare. Ainsi comme l'illustre la figure 7.1a, la masse $m$ est soumise à la force $\vec{F}$ qui s'écrit :

$$\boxed{\vec{F} = -\mathcal{G}\frac{mm'}{r^2}\hat{r}} \tag{7.1}$$

en notant $\mathcal{G}$ la constante gravitationnelle[1] égale à $6{,}67.10^{-11}\mathrm{Nm^2kg^{-2}}$. Bien évidemment, conformément à la troisième loi de Newton, la masse $m'$ est soumise à la force opposée $-\vec{F}$.

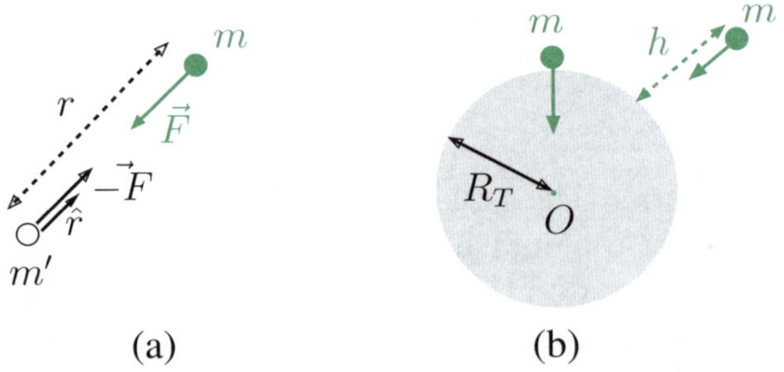


FIGURE 7.1. a) Force attractive gravitationnelle exercée par deux masses ponctuelles. b) Force attractive gravitationnelle exercée par la Terre sur une masse ponctuelle m. Tout se passe comme si toute la masse de la Terre était concentrée en son centre $O$.

Cependant les planètes ne sont pas des masses ponctuelles mais des corps de dimensions finies, assimilables à des sphères. Newton a montré que, pour un corps à symétrie sphérique, tout se passe comme si la masse entière du corps était concentrée en son centre[2]. Ainsi un corps de masse $m$ placé à la surface de la Terre, donc à une distance $R_T$ de son centre $O$ (figure 7.1b, est soumis à une force attractive d'intensité $F = \mathcal{G}M_T m/R_T^2$, en notant $M_T$ la masse de la Terre. C'est cette force que nous appelons habituellement le poids $mg$ de ce corps. L'accélération $g$ de la pesanteur à la surface de la Terre s'exprime donc sous la forme $g = \mathcal{G}M_T/R_T^2$. Si cette masse $m$ se trouve maintenant à une altitude $h$ au-dessus de la surface de la Terre, l'intensité de la force attractive à laquelle elle est soumise est définie par $F = \mathcal{G}M_T m/(R_T + h)^2$. En continuant à identifier cette force au poids, on trouve la dépendance de l'accélération de la pesanteur en fonction de l'altitude $h$, définie par l'expression : $g(h) = \mathcal{G}M_T/(R_T + h)^2$.

---

(1) La valeur de cette constante a été mesurée expérimentalement par Cavendish (exercice 7.1).

(2) Une démonstration de cette propriété est donnée dans l'exercice 7.2.

## 7.2. Propriétés de la force gravitationnelle

### 7.2.1. La force gravitationnelle est conservative

Considérons une masse $m$ se déplaçant sous l'action de la seule force gravitationnelle $\vec{F} = -\mathcal{G}Mm\hat{r}/r^2$, créée par une masse $M$ immobile en $O$. La position de cette masse $m$ en un point N quelconque (figure 7.2) est repérée par ses coordonnées sphériques à savoir la distance $r = ON$, et les angles $\theta$ et $\phi$. Dans la base orthonormée $\hat{r}$, $\hat{\theta}$ et $\hat{\phi}$, un déplacement élémentaire s'écrit (notez que $On = r\sin\theta$) :

$$\overrightarrow{dl} = dr\hat{r} + rd\theta\hat{\theta} + (r\sin\theta)d\phi\hat{\phi} \tag{7.2}$$

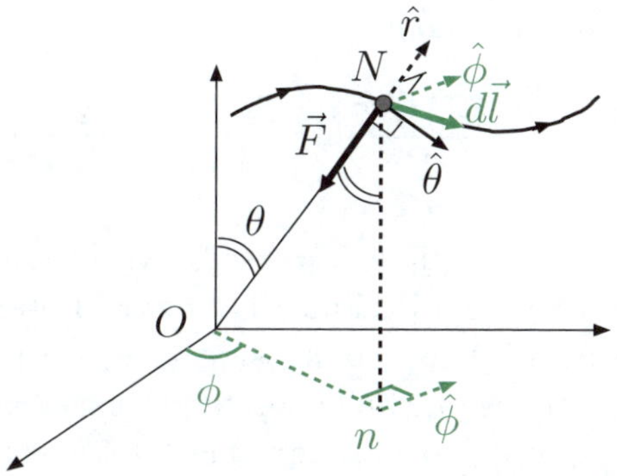


Figure 7.2. Une masse $m$ se déplace sous la seule action d'une force gravitationnelle créée par une masse $M$ immobile en O. La position de la masse $m$ est repérée par ses coordonnées sphériques $r$, $\theta$ et $\phi$.

La force gravitationnelle est une **force centrale** (toujours dirigée vers $O$). De ce fait, son travail élémentaire $dW$ s'exprime très simplement :

$$dW = \vec{F}\cdot\overrightarrow{dl} = -\mathcal{G}Mmdr/r^2 \tag{7.3}$$

Si la masse $m$ se déplace d'un point $A$ défini par $OA = r_A$ à un point $B$ défini par $OB = r_B$, le travail correspondant s'écrit :

$$W = -\mathcal{G}Mm\int_{r_A}^{r_B}\frac{dr}{r^2} = \frac{-\mathcal{G}Mm}{r_A} + \frac{\mathcal{G}Mm}{r_B} \tag{7.4}$$

Il apparaît que le travail de la force gravitationnelle est **indépendant du chemin suivi** pour aller de $A$ à $B$, ce qui est la propriété caractéristique d'une **force**

**conservative**[3]. À partir de la relation (7.4), on peut donc définir **l'énergie potentielle gravitationnelle** par[4] :

$$\boxed{E_p(r) = -\frac{\mathcal{G}Mm}{r}} \tag{7.5}$$

et bien sûr **l'énergie mécanique sera conservée tout au long du mouvement** en présence de cette seule force.

La forme de la relation (7.5) peut vous paraître ne pas avoir grand chose de commun avec l'expression familière $mgh$ de l'énergie potentielle de pesanteur terrestre. C'est pourtant la même relation. Une masse ponctuelle $m$ placée à une hauteur $h$ au-dessus de la surface terrestre possède, d'après (7.5), une énergie potentielle $E_p(r) = -\mathcal{G}M_Tm/(R_T + h)$. Pour des altitudes $h$ faibles devant le rayon de la Terre, égal rappelons-le à 6 400 km, on peut faire un développement de Taylor au premier ordre en $h/R_T$ :

$$E_p(r) = -\frac{\mathcal{G}M_Tm}{R_T(1+\frac{h}{R_T})} \simeq -\frac{\mathcal{G}M_Tm}{R_T}(1-\frac{h}{R_T}) = -\frac{\mathcal{G}M_Tm}{R_T} + \frac{\mathcal{G}M_Tm}{R_T^2}h \tag{7.6}$$

Comme nous l'avons vu au chapitre 3, c'est la variation d'énergie potentielle, égale au travail, qui a un sens physique. L'énergie potentielle peut donc être définie à une constante près. Dans l'expression (7.6), le premier terme constant peut donc être choisi comme origine de l'énergie potentielle de pesanteur terrestre. En remplaçant $\mathcal{G}M_T/R_T^2$ par $g$ (voir paragraphe 1.1), le second terme s'écrit $mgh$ et nous retrouvons l'expression familière de l'énergie potentielle gravitationnelle. Soulignons encore que cette expression n'est correcte que pour des altitudes $h$ faibles comparées au rayon de la Terre.

### 7.2.2. La force gravitationnelle conserve le moment angulaire

Après l'énergie et la quantité de mouvement, nous allons définir une troisième grandeur avec laquelle vous êtes pour l'instant peu familier, à savoir le moment angulaire $\vec{J}$. Pourquoi introduire une nouvelle grandeur ? Vous connaissez maintenant la réponse : parce que si dans certaines conditions elle se conserve, elle simplifie la résolution d'un problème. Quelle est donc cette grandeur (autre que l'énergie mécanique) qui se conserve lors du mouvement sous l'action d'une force centrale ? Pour trouver la réponse, considérons un mobile se déplaçant dans un plan. Si nous repérons sa position par ses coordonnées polaires (paragraphe 5 du

[3] C'est une propriété générale : toute force centrale est conservative.

[4] En choisissant par convention que l'énergie potentielle s'annule à l'infini.

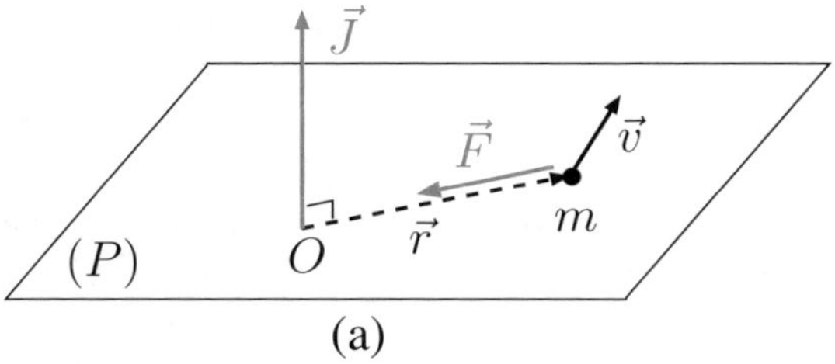


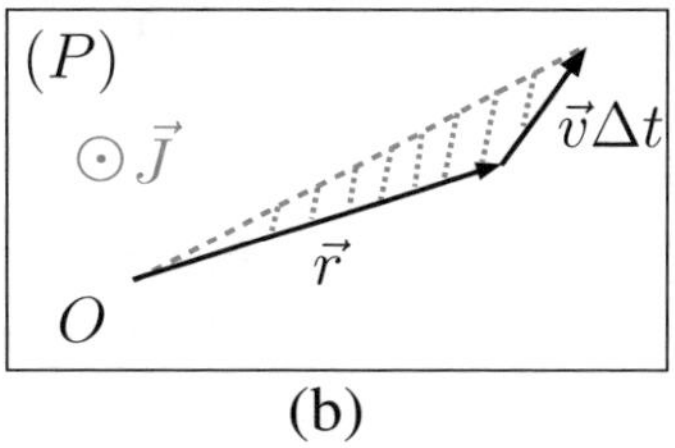


Figure 7.3. a) Masse ponctuelle $m$ repérée par le vecteur position $\vec{r}$ et animée de la vitesse $\vec{v}$. Les vecteurs $\vec{r}$ et $\vec{v}$ définissent le plan $(P)$. La direction du vecteur moment angulaire $\vec{J}$ est perpendiculaire au plan $(P)$ ; son sens est tel que $\vec{r}$, $\vec{v}$ et $\vec{J}$ forment un trièdre direct. b) Surface balayée par le vecteur position pendant un intervalle de temps $\Delta t$.

chapitre 1), son accélération s'écrit dans la base polaire :

$$\vec{a} = (\ddot{r} - r\dot{\theta}^2)\hat{r} + (2\dot{r}\dot{\theta} + r\ddot{\theta})\hat{\theta} \tag{7.7}$$

Si ce mobile se déplace sous le seul effet d'une force centrale, dont rappelons-le encore une fois, seule la coordonnée radiale est non nulle, la deuxième loi de Newton nous permet d'écrire :

$$m(2\dot{r}\dot{\theta} + r\ddot{\theta}) = 0 \quad \text{soit après intégration} \quad mr^2\dot{\theta} = \text{constante} \tag{7.8}$$

Vous vérifierez sans difficulté que la quantité qui se conserve $mr^2\dot{\theta} = mrv_\theta$ est la coordonnée du vecteur $m\vec{r} \wedge \vec{v}$.

Plus généralement à trois dimensions, on écrit qu'une masse ponctuelle $m$, animée du vecteur vitesse $\vec{v}$, et dont la position est repérée depuis $O$ par le vecteur $\vec{r}$, possède le moment angulaire $\vec{J}$, défini par rapport à l'origine $O$ :

$$\boxed{\vec{J} = \vec{r} \wedge \vec{p} = m\vec{r} \wedge \vec{v}} \tag{7.9}$$

Conformément aux propriétés du produit vectoriel[5], la direction du vecteur $\vec{J}$ est perpendiculaire au plan défini par les vecteurs $\vec{r}$ et $\vec{v}$, son sens est tel que $\vec{r}$, $\vec{v}$ et $\vec{J}$ forment un trièdre direct (figure 7.3a), et son module a pour expression :

$$\|\vec{J}\| = m\|\vec{r}\|\|\vec{v}\| \sin(\vec{r}, \vec{v}) \tag{7.10}$$

Après avoir défini le moment angulaire, il est essentiel de connaître, comme nous l'avons fait pour $E$ et $\vec{p}$, quelle grandeur détermine son évolution au cours du

[5] Voir « Outils mathématiques » paragraphe 10.3.4.

temps. En dérivant la relation (7.9) par rapport au temps, on obtient :

$$\dot{\vec{J}} = m\dot{\vec{r}} \wedge \vec{v} + m\vec{r} \wedge \dot{\vec{v}} = \vec{0} + \vec{r} \wedge \vec{F} \tag{7.11}$$

puisque le produit vectoriel d'un vecteur par lui-même est nul. Comme le produit vectoriel de $\vec{r}$ par $\vec{F}$ définit[5] le moment $\vec{\Gamma}$ de cette force $\vec{F}$, nous obtenons le théorème fondamental :

$$\boxed{\frac{d\vec{J}}{dt} = \vec{\Gamma}} \tag{7.12}$$

Or la force gravitationnelle, définie par la relation (7.1), est une force **centrale** c'est-à-dire toujours dirigée vers le centre d'attraction $O$. Le moment $\vec{\Gamma}$ de cette force centrale est donc nul puisque $\vec{r} \wedge \hat{r} = \vec{0}$. Par conséquent, d'après (7.12), **le vecteur moment angulaire $\vec{J}$ restera constant au cours du temps**[(6)]. Comme par définition la direction de $\vec{J}$ est orthogonale au plan $(P)$ contenant les vecteurs $\vec{r}$ et $\vec{v}$, le fait que $\vec{J}$ reste constant au cours du temps implique que le mouvement de la masse $m$ **doit se poursuivre dans ce plan** $(P)$. Ceci est une propriété générale des forces centrales. Ainsi les trajectoires décrites par les planètes autour du Soleil sont planes, et le plan qui contient la trajectoire de la Terre est appelé le plan de l'écliptique.

Autre propriété remarquable des forces centrales, ces trajectoires planes sont parcourues en suivant **la loi des aires**. Pendant un intervalle de temps $\Delta t$, le vecteur position $\vec{r}$ balaie en effet une surface, hachurée en vert sur la figure 7.3b, qui est la moitié de la surface du parallélogramme de côtés respectifs $\vec{r}$ et $\vec{v}\Delta t$. Cette surface $\Delta S$ s'écrit :

$$\Delta S = \frac{1}{2}\|\vec{r} \wedge \vec{v}\|\Delta t \quad \text{soit} \quad \boxed{\Delta S = \frac{\|\vec{J}\|}{2m}\Delta t} \tag{7.13}$$

Comme le moment angulaire est constant, cette dernière relation signifie que le vecteur position balaiera des aires égales pendant des intervalles de temps identiques. C'est la loi des aires découverte expérimentalement par Kepler, et démontrée géométriquement par Newton (exercice 8 du chapitre 2).

Dans le cas particulier d'une trajectoire fermée de surface $S$, décrite avec une période $T$, l'équation (7.13) permet d'écrire $T = S(2m/\|\vec{J}\|)$. On montrera dans l'exercice 7.4, qu'en notant $a$ le demi grand axe de la trajectoire fermée, et $M$ la masse du centre d'attraction, la période $T$ satisfait la troisième loi de Kepler :

$$\boxed{\frac{T^2}{a^3} = \frac{4\pi^2}{\mathcal{G}M}} \tag{7.14}$$

(6) Ce résultat est vrai pour toute force centrale.

## 7.3. Mouvement sous l'action de la force gravitationnelle

La description du mouvement de plusieurs corps en interaction gravitationnelle est un problème difficile. En fait on ne sait le résoudre exactement que pour deux corps. Le problème à trois corps ne possède pas de solution générale, même si les solutions approchées sont suffisamment précises pour que les missions spatiales soient couronnées de succès. Nous nous restreindrons donc au problème à deux corps et, dans ce paragraphe, nous nous placerons dans la situation où la masse $m$ du corps dont on étudie le mouvement est négligeable devant la masse $M$ du corps avec lequel il interagit. Ceci nous permettra de nous placer dans le référentiel attaché à $M$. Ces contraintes ne sont pas aussi restrictives qu'elles peuvent le paraître. Le mouvement d'une planète est en effet essentiellement déterminé par la force gravitationnelle que le Soleil exerce sur elle. Les forces exercées par les autres planètes sont en première approximation négligeables, et ne se manifestent que par des effets perturbatifs. Par ailleurs la masse d'une planète est très faible devant la masse du Soleil[(7)], et l'on décrit son mouvement dans le référentiel galiléen héliocentrique. De même, le mouvement d'un satellite en orbite autour de la Terre est essentiellement déterminé par la force d'attraction terrestre, et habituellement décrit dans le référentiel galiléen terrestre.

Mais même dans ces conditions le problème à deux corps n'est pas simple. En notant $\vec{r}$ le vecteur position du corps de masse $m$ repéré par rapport au centre d'attraction[(8)], la deuxième loi de Newton s'écrit :

$$m\ddot{\vec{r}} = -\mathcal{G}Mm\frac{\hat{r}}{r^2} = -\mathcal{G}Mm\frac{\vec{r}}{r^3} \tag{7.15}$$

En projetant cette équation vectorielle sur les axes de coordonnées, on obtient :

$$m\ddot{x} = \frac{-\mathcal{G}Mmx}{(x^2+y^2+z^2)^{\frac{3}{2}}}; m\ddot{y} = \frac{-\mathcal{G}Mmy}{(x^2+y^2+z^2)^{\frac{3}{2}}}; m\ddot{z} = \frac{-\mathcal{G}Mmz}{(x^2+y^2+z^2)^{\frac{3}{2}}} \tag{7.16}$$

soit trois équations différentielles du deuxième ordre couplées, dont la résolution n'a rien d'évident. Nous allons voir comment les lois de conservation vont permettre de simplifier ce problème.

---

(7) À titre d'exemple la masse de la Terre est $3.10^{-6}$ fois plus faible que celle du Soleil.

(8) Le centre du Soleil lorsque l'on étudie le mouvement des planètes, et le centre de la Terre lorsque l'on étudie le mouvement des satellites.

### 7.3.1. Utilité des lois de conservation

La force gravitationnelle est centrale et, par conséquent, le moment angulaire $\vec{J}$ du corps de masse $m$ reste constant au cours du temps. Le fait que la direction de $\vec{J}$ reste constante implique, nous l'avons vu, que le mouvement se déroule dans un plan : deux variables sont donc suffisantes pour repérer la position du mobile. Nous pourrions utiliser $x$ et $y$, mais comme l'énergie potentielle gravitationnelle dépend de la distance $r$ au centre d'attraction, il est plus commode d'utiliser les coordonnées polaires $r$ et $\theta$. Dans la base polaire[9] $(\hat{r}, \hat{\theta})$, le vecteur vitesse a pour coordonnées $v_r = \dot{r}$ et $v_\theta = r\dot{\theta}$. Le module du vecteur moment angulaire s'écrit donc :

$$\boxed{\|\vec{J}\| = mrv_\theta = mr^2\dot{\theta}} \tag{7.17}$$

et l'énergie mécanique s'exprime sous la forme :

$$E = \frac{1}{2}m(\dot{r}^2 + r^2\dot{\theta}^2) - \frac{\mathbf{C}}{r} \quad \text{en posant} \quad \mathbf{C} = \mathcal{G}Mm \tag{7.18}$$

soit encore en exprimant $\dot{\theta}$ en fonction de $\|\vec{J}\|$ d'après (7.17) :

$$\boxed{E = \frac{1}{2}m\dot{r}^2 + \frac{\|\vec{J}\|^2}{2mr^2} - \frac{\mathbf{C}}{r}} \tag{7.19}$$

Les lois de conservation de l'énergie mécanique et du moment angulaire nous ont ainsi permis de passer de trois équations différentielles du deuxième ordre à deux équations différentielles du premier ordre (7.17) et (7.19). Dans ces équations figurent deux quantités, constantes au cours du temps soulignons-le une dernière fois, $E$ et $\|\vec{J}\|$, dont les valeurs sont déterminées par les conditions initiales. Ces équations sont intégrables et permettent de déterminer l'équation de la trajectoire décrite par le corps de masse $m$. Nous ferons ce calcul au paragraphe 7.4. Pour l'instant, admettons son résultat : **la trajectoire décrite sous l'action de la force gravitationnelle est une conique**. On regroupe sous cette dénomination une famille de courbes[10] qui peuvent être soit un cercle, soit une ellipse, soit une parabole ou bien encore une hyperbole. Dans un premier temps, sans résoudre d'équations, nous allons discuter quel type de trajectoire décrira le mobile en fonction des valeurs respectives de son énergie $E$ et du module de son moment angulaire.

---

[9] Reportez-vous au paragraphe 5 du chapitre 1.

[10] Cette famille de courbes est définie par les intersections de plans avec un cône, d'où son nom de conique. Voir paragraphe 10.3.6.

### 7.3.2. Nature de la trajectoire en fonction de l'énergie E

Le **mouvement réel s'effectue dans un plan**, mais grâce aux lois de conservation, nous avons obtenu l'expression (7.19) qui est **formellement** identique à celle décrivant un mouvement à une dimension. Tout se passe en effet comme si nous décrivions le mouvement rectiligne d'un corps repéré par sa position $r$, et dont l'énergie potentielle est représentée par les deux derniers termes de la relation (7.19). Ce qui nous conduit à définir une énergie potentielle **effective**[11] :

$$\widetilde{E}_p(r) = \frac{\|\vec{J}\|^2}{2mr^2} - \frac{\mathbf{C}}{r} \quad \text{telle que} \quad E = \frac{1}{2}m\dot{r}^2 + \widetilde{E}_p(r) \tag{7.20}$$

Le terme en $\dot{r}^2$ étant positif, le mouvement n'est possible que pour les valeurs de $r$ qui satisfont la condition :

$$\boxed{E \geq \widetilde{E}_p(r)} \tag{7.21}$$

Pour une valeur de $\|\vec{J}\|$ fixée, l'énergie potentielle effective $\widetilde{E}_p(r)$ est représentée en fonction de $r$ sur la figure 7.4. Il est facile de montrer, en dérivant par rapport à $r$, que $\widetilde{E}_p(r)$ présente un minimum pour la valeur de $r$ égale à :

$$r_0 = \|\vec{J}\|^2/m\mathbf{C} \quad \text{et que ce minimum vaut} \quad -\mathbf{C}/2r_0 \tag{7.22}$$

Conformément à la condition (7.21), aucun mouvement n'est possible si la valeur de l'énergie est inférieure à $-\mathbf{C}/2r_0$. Si l'énergie mécanique $E$[12] est égale à $-\mathbf{C}/2r_0$ (en tirets noirs sur la figure 7.4, la condition (7.21) n'est satisfaite que pour une seule valeur de $r$ qui est $r_0$ : la trajectoire est donc un cercle de centre $O$ et de rayon $r_0$. Si la valeur de l'énergie mécanique est comprise entre $-\mathbf{C}/2r_0$ et 0 (en vert sur la figure 7.4, les valeurs de $r$ permises sont comprises entre $r_1$ et $r_2$, et la trajectoire est une ellipse de grand axe égal à $r_1 + r_2$, et dont le centre d'attraction $O$ est le **foyer**. Dans ce cas, lorsque $r = r_1$ ou $r = r_2$, l'énergie potentielle effective est égale à l'énergie mécanique ce qui implique, d'après la relation (7.20), que :

- $\dot{r} = 0$ aux extrémités du grand axe ; attention, ceci ne signifie pas que la vitesse est nulle en ces points, seule la coordonnée radiale de la vitesse est nulle ;
- conformément à (7.20), $r_1$ et $r_2$ sont les racines du trinôme du second degré

(11) Le mouvement rectiligne est le point de vue d'un observateur lié au référentiel tournant solidaire de la base polaire $(\hat{r}, \hat{\theta})$. Dans ce référentiel non inertiel il n'est pas surprenant de voir apparaître une énergie potentielle effective (paragraphe 6.2 du chapitre 3).

(12) Rappelons que cette discussion est conduite dans le cadre de la convention : énergie potentielle nulle à l'infini.

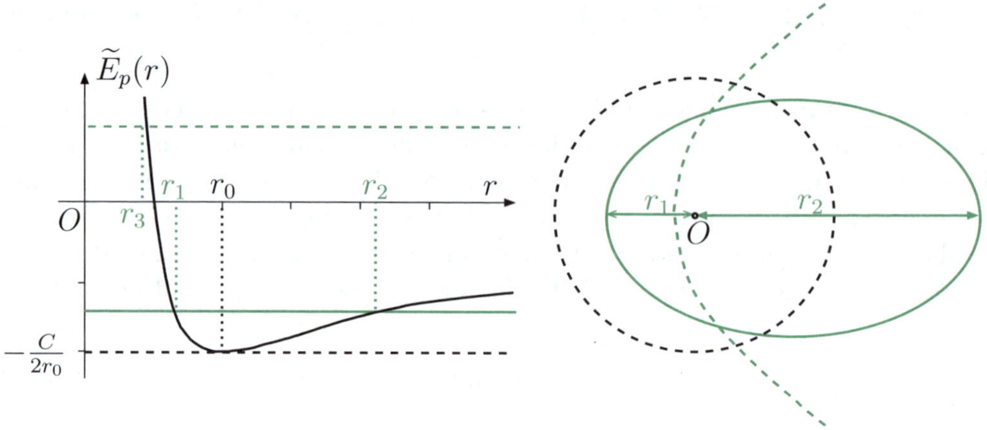


FIGURE 7.4. Énergie potentielle effective $\widetilde{E}_p(r)$ en fonction de $r$, pour une valeur fixée du moment angulaire. Si $E = -\mathbf{C}/2r_0$ (en tirets noirs) la trajectoire est un cercle. Si $-\mathbf{C}/2r_0 < E < 0$ (en vert) la trajectoire est une ellipse. Si l'énergie est positive (en tirets verts) ou nulle, la trajectoire est ouverte (parabole ou hyperbole).

$Er^2 + \mathbf{C}r - \|\vec{J}\|^2/2m = 0$, c'est-à-dire que le grand axe $r_1 + r_2 = -\mathbf{C}/E$ ou que l'énergie $E = -\mathbf{C}/(r_1 + r_2)$.

On peut résumer ces résultats en écrivant que lorsque **l'énergie mécanique est négative, la trajectoire est fermée** (cercle ou ellipse[13]) ; dans ce cas, **l'énergie mécanique E est égale à −C divisé par le grand axe de la trajectoire** (le grand axe d'un cercle étant son diamètre).

Si la valeur de l'énergie mécanique est positive ou nulle (en tirets verts sur la figure 7.4), la condition (7.21) est satisfaite pour toute valeur de $r$ supérieure à une valeur minimum ($r_3$, sur la figure 7.4), ce qui signifie que la trajectoire a des branches infinies : si $E = 0$ c'est une parabole de foyer $O$, si $E$ est positif c'est une hyperbole de foyer $O$. **Par conséquent, si l'énergie mécanique est positive ou nulle, la trajectoire est ouverte** (parabole ou hyperbole).

### 7.3.3. Influence de la valeur du moment angulaire

Dans le paragraphe précédent, nous avons fixé la valeur de $\|\vec{J}\|$ et discuté la nature de la trajectoire en fonction de la valeur de $E$. Ici nous nous fixons

[13] Sous l'action d'une force centrale, la trajectoire elliptique décrite par un mobile se referme sur elle-même dans deux cas : énergie potentielle en $1/r$ (gravitation) et énergie potentielle proportionnelle à $r^2$ (ressort). Dans les autres cas l'ellipse précesse (figure 9 du chapitre 2).

une valeur négative de l'énergie et représentons (figure 7.5) l'énergie potentielle effective pour trois valeurs différentes du moment angulaire.

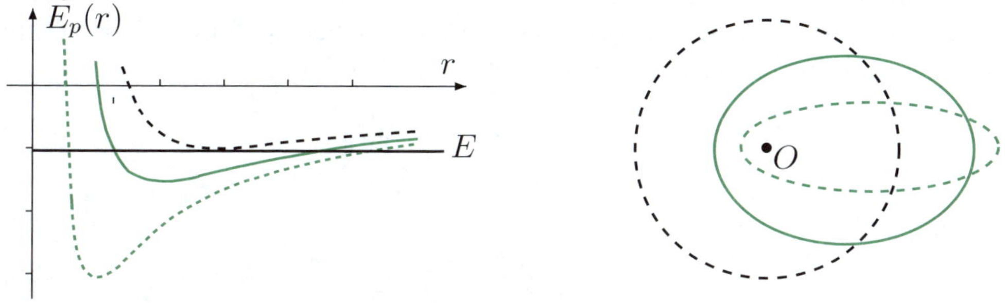


FIGURE 7.5. Représentation de $\widetilde{E}_p(r)$ pour trois valeurs du moment angulaire :$\|\vec{J_M}\|$ en tirets noirs, $\|\vec{J_M}\|\sqrt{2/3}$ en vert et $\|\vec{J_M}\|\sqrt{1/3}$ en tirets verts. Pour une même valeur négative de l'énergie (en trait plein noir) sont représentées les trois trajectoires fermées de même grand axe mais de moments angulaires différents.

Comme nous l'avons vu au paragraphe 7.3.2, la valeur du minimum de $\widetilde{E}_p(r)$ est $-\mathbf{C}/2r_0$ qui s'écrit aussi $-m\mathbf{C}^2/(2\|\vec{J}\|^2)$. La condition (7.21) s'exprime donc sous la forme[14] :

$$\|\vec{J}\|^2 \leq -m\mathbf{C}^2/2E \tag{7.23}$$

La courbe en tirets noirs correspond à la plus grande valeur du moment angulaire compatible avec l'observation d'un mouvement pour la valeur négative de l'énergie que nous avons fixée, soit $\|\vec{J_M}\| = \sqrt{-m\mathbf{C}^2/2E}$ : la trajectoire correspondante est un cercle, puisque une seule valeur de $r$ est permise (figure 7.5). Pour de plus faibles valeurs du moment angulaire, les trajectoires sont des ellipses (en trait plein vert et en tirets verts). Comme ces trajectoires correspondent à une même valeur de l'énergie, le grand axe de ces ellipses est égal au diamètre du cercle. On remarque que lorsque la valeur du moment angulaire diminue, ces ellipses « s'aplatissent », nous dirons au paragraphe suivant que leur excentricité augmente.

[14] N'oubliez pas que E est négatif !.

## 7.4. Paramètres de la trajectoire

### 7.4.1. Équation de la trajectoire en coordonnées polaires

Nous allons maintenant résoudre les deux équations (7.17) et (7.19) pour déterminer l'équation $r(\theta)$ de la trajectoire en coordonnées polaires. Pour ce faire, nous allons réécrire l'équation (7.19) en utilisant la relation :

$$\dot{r} = \frac{dr}{dt} = \frac{dr}{d\theta}\frac{d\theta}{dt} = \frac{dr}{d\theta}\frac{\|\vec{J}\|}{mr^2} \tag{7.24}$$

ce qui donne :

$$E = \left(\frac{dr}{d\theta}\right)^2 \frac{\|\vec{J}\|^2}{2mr^4} + \frac{\|\vec{J}\|^2}{2mr^2} - \frac{\mathbf{C}}{r} \tag{7.25}$$

On utilise alors le changement de variable défini par $u = 1/r$. Les dérivées respectives de $r$ et de $u$ par rapport à $\theta$ sont liées par la relation :

$$u' = \frac{du}{d\theta} = -\frac{1}{r^2}\frac{dr}{d\theta} = -u^2\frac{dr}{d\theta} \tag{7.26}$$

En fonction de la nouvelle variable $u$, l'équation (7.25) s'écrit :

$$\frac{2mE}{\|\vec{J}\|^2} = u'^2 + u^2 - \frac{2u}{r_0} \tag{7.27}$$

en posant $r_0 = \|\vec{J}\|^2/m\mathbf{C}$. On ajoute $1/r_0^2$ à chacun des membres de la relation (7.27) pour faire apparaître un carré :

$$\frac{m^2\mathbf{C}^2}{\|\vec{J}\|^4} + \frac{2mE}{\|\vec{J}\|^2} = u'^2 + (u - \frac{1}{r_0})^2 \tag{7.28}$$

En dérivant (7.28) par rapport à $\theta$, on obtient l'équation :

$$u" + (u - \frac{1}{r_0}) = 0 \tag{7.29}$$

dont la solution s'écrit :

$$u - \frac{1}{r_0} = \mathcal{A}\cos\theta \tag{7.30}$$

En portant cette solution dans (7.28), on détermine la valeur de la constante $\mathcal{A}$ :

$$\mathcal{A}^2 = \frac{m^2\mathbf{C}^2}{\|\vec{J}\|^4} + \frac{2mE}{\|\vec{J}\|^2} \tag{7.31}$$

que l'on écrit :

$$\mathcal{A}^2 = \frac{e^2}{r_0^2} \quad \text{en définissant} \quad e = \sqrt{1 + \frac{2E\|\vec{J}\|^2}{m\mathbf{C}^2}} \tag{7.32}$$

la relation (7.23) nous assurant que l'expression sous la racine carrée est bien positive ou nulle. En portant la valeur de $\mathcal{A} = -e/r_0$ dans la relation (7.30), on obtient l'équation de la trajectoire :

$$\boxed{r(\theta) = \frac{r_0}{1 - e\cos\theta}} \tag{7.33}$$

C'est **l'équation d'une conique de paramètre** $r_0$ **et d'excentricité** $e$. Cette équation est exprimée en coordonnées polaires, l'un de ses deux foyers étant pris comme origine[(15)].

En résumé, la nature de la trajectoire (ouverte ou fermée) est déterminée par les valeurs respectives de l'énergie $E$ et du module du moment angulaire $\|\vec{J}\|$ ; l'équation de cette trajectoire est définie en fonction des deux paramètres $e$ et $r_0$, qui s'expriment en fonction de $E$ et $\|\vec{J}\|$ suivant les relations (7.22) et (7.32). Il nous reste à examiner quelques propriétés géométriques utiles des courbes définies par l'équation (7.33). Passons rapidement sur le cas où l'excentricité $e$ est nulle ($E = -m\mathbf{C}^2/2\|\vec{J}\|^2$) : on obtient l'équation d'un cercle de rayon $r_0$ comme nous l'avions trouvé graphiquement au paragraphe 7.3.2. Attardons-nous un peu plus sur les cas $e < 1$ et $e > 1$.

### 7.4.2. Trajectoires elliptiques : $e < 1$

Si l'excentricité $e$ est inférieure à un, le dénominateur de l'expression (7.33) ne s'annule jamais, $r$ reste donc fini. La trajectoire décrite par le mobile est une ellipse, définie comme l'ensemble des points $P$ dont la somme des distances à deux points fixes $O$ et $O'$, appelés foyers[(16)], est constante et égale à son grand axe $AB = 2a$ (en tirets verts sur la figure 7.6a) : $PO + PO' = 2a$. Comme nous l'avons vu précédemment, la longueur $2a$ de ce grand axe est directement fixée par l'énergie mécanique $E$ du mobile suivant la relation $E = -C/2a$.

La position du point $P$ est repérée en coordonnées polaires, en choisissant comme origine la position du centre d'attraction gravitationnel, c'est-à-dire

[(15)] Avec la valeur $A = +e/r_0$ c'est l'autre foyer de la conique qui est pris pour origine. Nous y reviendrons au paragraphe suivant.

[(16)] Les foyers occupent des positions symétriques de part et d'autre du centre de l'ellipse.

l'un des foyers. On vérifie sans difficulté que le choix[(17)] de l'origine au foyer $O$ (figure 7.6a) correspond bien à l'équation (7.33) : $OB = r_0/(1-e)$ et $OA = r_0/(1+e)$. Comme $OA + OB = 2r_0/(1-e^2) = 2a$, on peut exprimer $r_0$ en fonction de $a$, et l'on obtient $OA = a(1-e)$ et $OB = a(1+e)$. Il apparaît que si $e$ est voisin de zéro, $OA \simeq OB$, l'ellipse est très arrondie (en vert figure 7.6b). En revanche, si $e$ est voisin de un, $OA \ll a$ et $OB \simeq 2a$, l'ellipse est très aplatie (en noir). Une ellipse est aussi caractérisée par son petit axe $2b$ (figure 7.6a). On montrera dans l'exercice 7.4 comment sa longueur est reliée à la valeur du moment angulaire.

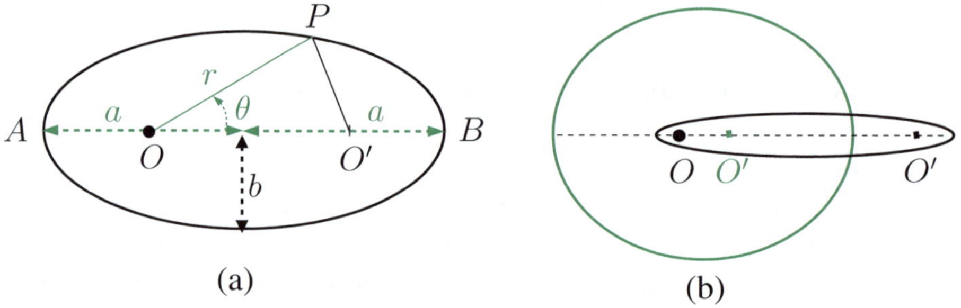


FIGURE 7.6. (a) Ellipse définie par ses deux foyers $O$ et $O'$, son grand axe $AB = 2a$ et son petit axe $2b$. La position d'un point $P$ est repérée par ses coordonnées polaires avec $O$ pour origine. (b) Le centre d'attraction gravitationnel est placé au foyer $O$. Pour une même valeur de l'énergie $E$, sont représentées deux trajectoires correspondant respectivement à $e$ voisin de zéro (en vert) et à $e$ voisin de un (en noir). Le second foyer $O'$ (point mathématique) est symétrique de $O$ par rapport au centre de l'ellipse.

### 7.4.3. Trajectoires hyperboliques : $e > 1$

Lorsque la valeur de l'excentricité $e$ est supérieure à un, le dénominateur de l'expression (7.33) peut s'annuler, et $r$ peut tendre vers l'infini. La trajectoire est ouverte, c'est une hyperbole, définie comme l'ensemble des points $P$ dont la différence des distances à deux points fixes $O$ et $O'$, appelés foyers, est constante. Le centre d'attraction gravitationnel définit le foyer $O$, par rapport auquel on repère la position d'un point $P$ avec ses coordonnées polaires $r$ et $\theta$ (figure 7.7a).

Une trajectoire hyperbolique est caractérisée par ses directions asymptotiques $\pm\theta_M$ et par la distance minimale d'approche $OA$.

(17) Au choix du foyer $O'$ comme origine correspond l'équation $r = r_0/(1+\cos\theta)$ avec $\theta = (\overrightarrow{O'B}, \overrightarrow{O'P})$.

La condition $r > 0$ est satisfaite si $\cos\theta < 1/e$. En définissant l'angle $\theta_M$ par $\cos\theta_M = 1/e$, la condition précédente implique $\theta > \theta_M$. Cet angle $\theta_M$ détermine la direction des asymptotes de l'hyperbole ainsi que la déviation $(\pi - 2\theta_M)$ subie par le mobile. Cette déviation, faible pour une grande valeur de l'excentricité, augmente fortement lorsque la valeur de $e$ devient voisine de un (figure 7.7b). Mentionnons le cas limite d'une excentricité égale à un, c'est-à-dire d'une valeur de l'énergie mécanique $E$ égale à zéro, la trajectoire est alors une parabole, caractérisée par des directions asymptotiques horizontales.

Quant à la distance minimale d'approche $OA$, elle correspond à $\theta = \pi$ et, d'après (7.33), est égale à $r_0/(1+e)$.

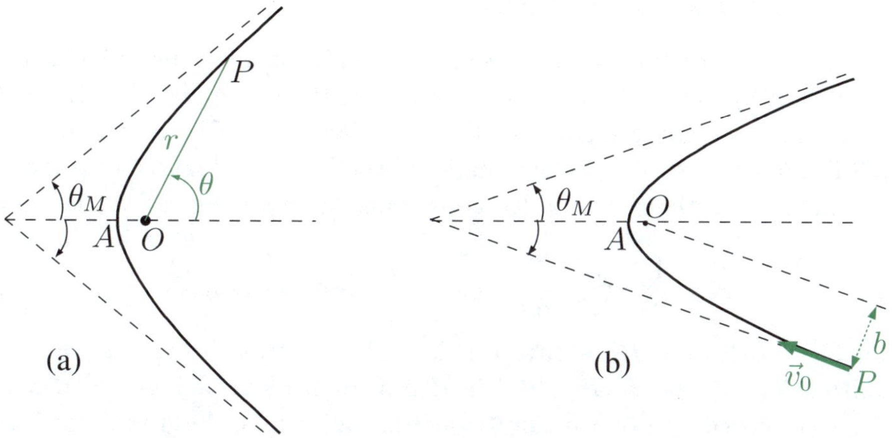


FIGURE 7.7. Trajectoires hyperboliques caractérisées par la direction asymptotique $\theta_M$, la déviation $(\pi - 2\theta_M)$, la distance minimale d'approche $OA$ et le paramètre d'impact $b$. (a) Excentricité $e = 1,3$. (b) Excentricité $e = 1,06$.

On peut retrouver ce résultat sans connaître l'équation de la trajectoire. Pour cela, il faut définir les valeurs respectives de l'énergie mécanique et du moment angulaire qui, comme toujours, dépendent des conditions initiales. Ici dans l'état initial, le mobile est à l'infini où la valeur de son énergie potentielle est négligeable. La valeur de l'énergie mécanique est donc fixée par la valeur de l'énergie cinétique initiale : $E = \frac{1}{2}mv_0^2$. Pour ce qui est du moment angulaire, il est commode de définir sa valeur initiale à partir du paramètre d'impact $b$ représenté sur la figure 7.7b. En effet :

$$\|\vec{J}\| = m\|\overrightarrow{OP}\wedge\vec{v}_0\| = mb\|\vec{v}_0\| \tag{7.34}$$

Au point $A$, on peut écrire :

$$E = \frac{1}{2}mv_A^2 - \frac{\mathbf{C}}{OA} \quad \text{et} \quad \|\vec{J}\| = mOA\|\vec{v}_A\| \tag{7.35}$$

De ces équations on tire l'expression de $OA$ :

$$OA = \frac{\mathbf{C}(\sqrt{1 + \frac{2E\|\vec{J}\|^2}{m\mathbf{C}^2}} - 1)}{2E} = \frac{\mathbf{C}(e-1)}{2E} = \frac{\mathbf{C}(e^2-1)}{2E(1+e)} = \frac{r_0}{1+e} \tag{7.36}$$

## 7.5. Exemples d'applications

### 7.5.1. Mise en orbite des satellites

La mise en orbite d'un satellite s'effectue suivant plusieurs phases comme l'illustre schématiquement dans le référentiel terrestre la figure 7.8. La fusée de masse $m$ est lancée depuis un point $A$ à la surface de la Terre avec un vecteur vitesse(18) $\vec{v}_0$ dont la direction fait un angle $\alpha$ avec la verticale passant par ce point $A$. Ces conditions initiales fixent les constantes du mouvement de la première phase :

$$E = \frac{1}{2}mv_0^2 - \frac{\mathbf{C}}{R_T} \quad \text{et} \quad \|\vec{J}\| = mR_T v_0 \sin\alpha \tag{7.37}$$

en notant $\mathbf{C} = GM_T m$ et $R_T$ le rayon de la Terre. Donnons-nous une valeur de la vitesse initiale $v_0 = (1,6\mathbf{C}/mR_T)^{0,5}$. Elle définit une valeur de l'énergie mécanique $E = -\mathbf{C}/5R_T$ qui correspond à une trajectoire elliptique de grand axe $5R_T$ (en noir figure 7.8). La position du point $B$, extrémité du grand axe de cette ellipse, ainsi que le module $v_B$ de la vitesse du satellite en ce point, sont déterminés en résolvant les deux équations :

$$E = \frac{1}{2}mv_B^2 - \frac{\mathbf{C}}{OB} \quad \text{et} \quad \|\vec{J}\| = mv_B OB \tag{7.38}$$

ce qui revient à résoudre un trinôme du second degré. On trouve :

$$OB = \frac{-\mathbf{C} - \sqrt{\mathbf{C}^2 + 2EJ^2/m}}{2E} \tag{7.39}$$

Pour une valeur de l'angle de lancement $\alpha = 30°$, on obtient $OB = 4,6R_T$ d'où l'on déduit $v_B \simeq \frac{1}{9}v_0$. S'il continue sur cette trajectoire elliptique, le satellite retombe sur Terre (courbe en tirets noirs). Pour le satelliser, on lui communique

(18) Cette vitesse initiale n'est bien sûr pas acquise instantanément, mais au terme d'une phase d'accélération que l'on s'efforce de rendre la plus courte possible (paragraphe 5.4.3).

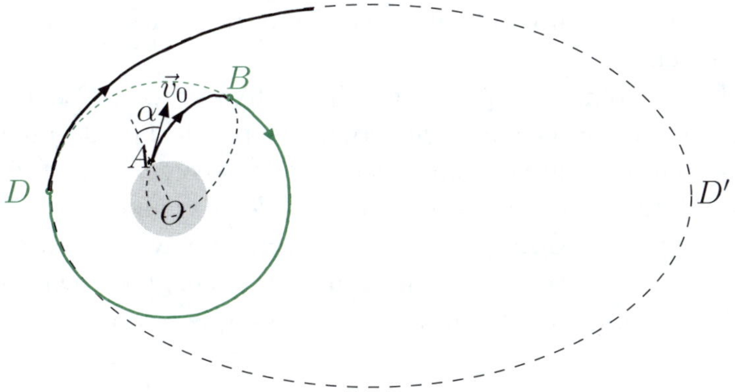


Figure 7.8. Illustration des changements d'orbite d'un satellite lancé depuis la surface de la Terre (point A) avec un vecteur vitesse $\vec{v}_0$.

au point $B$ l'énergie correspondant à l'orbite circulaire de rayon $OB$ (en vert), à savoir $E_1 = -\mathbf{C}/2OB$. Pour cela on met en marche des moteurs auxiliaires qui permettent au satellite d'acquérir en $B$ une nouvelle vitesse tangentielle de module $v_{B1}$ telle que $\frac{1}{2}mv_{B1}^2 - \mathbf{C}/OB = -\mathbf{C}/2OB$. En remplaçant $OB$ par sa valeur déterminée précédemment, on trouve $v_{B1} = \frac{1}{2{,}7}v_0$ ce qui signifie que l'accroissement du module de la vitesse du satellite en $B$ doit être $\Delta v \simeq \frac{1}{4}v_0$. C'est avec cette vitesse de module $v_{B1}$ que le satellite décrit l'orbite circulaire (en trait plein vert) jusqu'au point $D$ où il subit un nouveau changement d'orbite. Pour le faire passer sur l'orbite elliptique (en noir) de grand axe $DD'$ il faut lui communiquer en $D$ une nouvelle vitesse tangentielle de module $v_D$ telle que $1/2mv_D^2 - \mathbf{C}/OD = -\mathbf{C}/DD'$.

Dans cette description nous avons considéré que le satellite n'était soumis qu'à la seule attraction gravitationnelle terrestre. C'est le cas par exemple des 24 satellites du système GPS qui orbitent à 20.200 km d'altitude (environ $3R_T$). Mais pour un satellite situé à une distance de l'ordre de $40R_T$ du centre de la Terre, la force d'attraction gravitationnelle lunaire vaut 5 % de la force d'attraction gravitationnelle terrestre et doit être prise en compte, ce qui complique singulièrement le problème.

### 7.5.2. Étoile binaire

Une étoile binaire, encore appelée étoile double, est constituée de deux étoiles **liées entre elles par leur interaction gravitationnelle** et gravitant autour de leur centre de masse. Il convient de les distinguer des étoiles binaires optiques qui sont deux étoiles vues depuis la Terre dans des directions très voisines (figure 7.9a), mais en réalité très éloignées l'une de l'autre et pas du tout liées gravitationnellement.

Étudions l'étoile binaire représentée sur la figure 7.9b. On note $m_1$ et $m_2$ les masses respectives de chacune des composantes de l'étoile binaire, dont on repère les positions par rapport au Soleil par les vecteurs $\vec{r}_1$ et $\vec{r}_2$. On définit $\vec{r} = \vec{r}_2 - \vec{r}_1$ le vecteur position relative de ces deux composantes. Plaçons-nous dans **le référentiel de Kepler** dont l'origine coïncide avec le centre du Soleil, et dont les axes sont dirigés vers trois étoiles fixes très éloignées. Dans ce référentiel galiléen $(\mathcal{R})$, le principe fondamental de la dynamique s'écrit :

$$m_1\ddot{\vec{r}}_1 = -\mathcal{G}M_S m_1 \frac{\vec{r}_1}{\|\vec{r}_1\|^3} + \mathcal{G}m_1 m_2 \frac{\vec{r}}{\|\vec{r}\|^3} \tag{7.40}$$

et

$$m_2\ddot{\vec{r}}_2 = -\mathcal{G}M_S m_2 \frac{\vec{r}_2}{\|\vec{r}_2\|^3} - \mathcal{G}m_1 m_2 \frac{\vec{r}}{\|\vec{r}\|^3} \tag{7.41}$$

La position du centre de masse $G$ de l'étoile binaire est repérée par le vecteur $\vec{R}$. Soulignons que la figure 7.9b ne respecte pas les échelles : la distance entre le Soleil et l'étoile binaire est en réalité très largement supérieure (plusieurs ordres de grandeur) à la distance entre ses deux composantes. On peut donc légitimement écrire : $\|\vec{R}\| \simeq \|\vec{r}_1\| \simeq \|\vec{r}_2\|$.

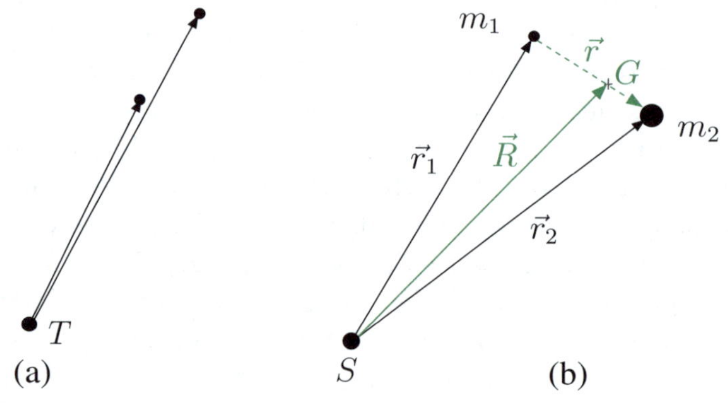


FIGURE 7.9. Ces schémas ne respectent pas les échelles. a) Étoiles binaires optiques, vues depuis la Terre sous une très faible différence angulaire, elles ne sont pas liées gravitationnellement. b) Étoile binaire constituée par deux étoiles en interaction gravitationnelle et qui gravitent autour de leur centre de masse $G$.

On procède alors comme nous l'avons fait au chapitre 5 (paragraphe 5.5.2) pour déterminer le mouvement du centre de masse et le mouvement d'une particule fictive autour de ce centre de masse. En ajoutant membre à membre les relations (7.40) et (7.41), on obtient l'équation définissant le mouvement du centre de masse $G$ :

$$\ddot{\vec{R}} = -\mathcal{G}M_S \frac{\vec{R}}{\|\vec{R}\|^3} \tag{7.42}$$

En retranchant membre à membre la relation (7.41) divisée par $m_2$, et la relation (7.40) divisée par $m_1$, on obtient l'équation qui définit le mouvement de la particule fictive de masse $\mu = m_1 m_2/(m_1+m_2)$ :

$$\ddot{\vec{r}} = -\mathcal{G}M_S \frac{\vec{r}}{\|\vec{R}\|^3} - \mathcal{G}\frac{m_1 m_2}{\mu}\frac{\vec{r}}{\|\vec{r}\|^3} \simeq -\mathcal{G}(m_1+m_2)\frac{\vec{r}}{\|\vec{r}\|^3} \tag{7.43}$$

puisque, rappelons-le, $\|\vec{R}\| \gg \|\vec{r}\|$. Les deux équations (7.42) et (7.43) ont une forme identique à la relation (7.15) que nous venons d'étudier en détail et dont la solution est une conique. Les positions réelles des deux étoiles s'expriment en fonction de $\vec{R}$ et de $\vec{r}$ suivant :

$$\vec{r}_2 = \vec{R} + \frac{m_1}{m_1+m_2}\vec{r} \quad \text{et} \quad \vec{r}_1 = \vec{R} - \frac{m_2}{m_1+m_2}\vec{r} \tag{7.44}$$

Les vecteurs position de $m_2$ et de $m_1$ par rapport à leur centre de masse $G$ s'obtiennent donc en appliquant au vecteur position de la particule fictive, des homothéties de centre $G$ et de rapports respectifs $m_1/(m_1+m_2)$ et $-m_2/(m_1+m_2)$.

Illustrons-le avec le cas de Sirius, étoile binaire située à 8,6 années-lumière du Soleil : Sirius A, l'étoile principale la plus brillante, a une masse $m_1 = 2,12\ M_S$ et Sirius B, dont l'éclat est beaucoup moindre, a une masse $m_2 = 1,03 M_S$, en notant $M_S$ la masse du Soleil. La particule fictive qui leur est associée décrit une orbite elliptique de grand axe $2a$ = 39,6 unités astronomiques (courbe en tirets noirs sur la figure 7.10). On appelle unité astronomique (UA) le demi-grand axe de l'orbite décrite par la Terre autour du Soleil soit 149 millions de kilomètres. En comparant les ordres de grandeur de $\|\vec{R}\|$ = 8,6 années-lumière $\simeq$ 54,5 $10^4$ UA et de $\|\vec{r}\| \simeq$ 39,6 UA , on constate que l'approximation $\|\vec{r}\| \ll \|\vec{R}\|$ est parfaitement justifiée. La période $T$ de la masse fictive est, d'après (7.14) et (7.43), définie par[19] :

$$\frac{T^2}{(a)^3} = \frac{4\pi^2}{\mathcal{G}(m_1+m_2)} \quad \text{soit} \quad \frac{T^2}{(19,8)^3} = \frac{4\pi^2}{\mathcal{G}(3,15 M_S)} \tag{7.45}$$

en exprimant le demi-grand axe $a$ en UA et la masse totale en fonction de la masse solaire. Avec ces mêmes unités, écrivons que la période de révolution de la

[19] Voir l'exercice 7.4.

Terre autour du Soleil est égale à un an :

$$\frac{1^2}{1^3} = \frac{4\pi^2}{\mathcal{G}M_S} \tag{7.46}$$

ce qui permet de trouver la valeur de la période $T$ voisine de 50 ans.

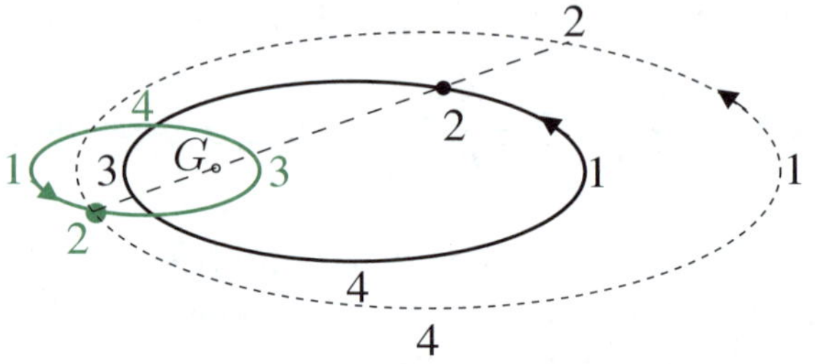


FIGURE 7.10. La trajectoire elliptique de la particule fictive $\mu$ autour du centre de masse $G$ est représentée en tirets noirs. La trajectoire de Sirius A, en vert, s'en déduit par une homothétie de centre $G$ et de rapport $-1/3$. La trajectoire de Sirius B, en trait plein noir, est obtenue par une homothétie de centre $G$ et de rapport $2/3$.

La trajectoire de Sirius A autour du centre de masse $G$ (en vert sur la figure 7.10) se déduit de la trajectoire de $\mu$ par une homothétie de centre $G$ et de rapport $\simeq -\frac{1}{3}$. La trajectoire de Sirius B (en trait plein noir sur la figure 7.10) se déduit de la trajectoire de $\mu$ par une homothétie de centre $G$ et de rapport $\simeq \frac{2}{3}$. Les chiffres repèrent les positions correspondantes de la particule fictive, de Sirius A et de Sirius B, sur leurs trajectoires respectives. La construction utilisée est illustrée pour la position 2.

Si les deux composantes de l'étoile binaire sont séparées par une distance suffisante, un télescope peut permettre de distinguer leurs deux images et d'observer leurs mouvements. L'étoile binaire est qualifiée de visuelle. Si au contraire les deux composantes sont très proches, leurs images ne peuvent être résolues optiquement. Mais dans ce cas, leurs vitesses sont grandes[20] et l'effet Doppler-Fizeau[21] fait que les longueurs d'onde de la lumière qu'elles émettent sont, pour un observateur terrestre, modulées périodiquement. L'étoile binaire est alors qualifiée de spectroscopique.

[20] Voir l'exercice 7.5.

[21] La fréquence d'une onde perçue par un observateur dépend de la vitesse relative de cet observateur par rapport à la source émettrice.

### 7.5.3. Le système Terre-Lune

La Terre et la Lune constituent aussi un système de deux corps célestes en interaction gravitationnelle mutuelle. Leurs positions respectives par rapport au Soleil sont définies par les vecteurs position $\vec{r}_T$ et $\vec{r}_L$, comme l'illustre schématiquement la figure 7.11a qui, soulignons-le, ne respecte pas les échelles. La Terre étant beaucoup plus massive que la Lune ($M_T \simeq 81 M_L$), le centre de masse $G$ du système Terre-Lune est voisin du centre $O$ de la Terre : $OG = 0,73 R_T$ soit 4 670 km ; c'est la raison pour laquelle il n'est pas représenté sur la figure 7.11a. La distance Terre-Lune étant faible devant la distance Terre-Soleil ($\|\vec{r}\| \simeq 2,5.10^{-3}\|\vec{r}_T\|$), nous pouvons reprendre le traitement précédent pour déterminer le mouvement du centre de masse $G$ repéré par le vecteur position $\vec{R} = \overrightarrow{SG}$. En remplaçant les indices 1 et 2 par les indices T et L dans les équations (7.40) et (7.41), vous trouverez sans difficulté :

$$\ddot{\vec{R}} = -\mathcal{G} M_S \frac{\vec{R}}{\|\vec{R}\|^3} \tag{7.47}$$

Le centre de masse $G$ décrit une ellipse dont le Soleil est l'un des foyers. La faible excentricité de cette ellipse ($e = 0,016$) permet en première approximation (voir paragraphe 7.4.2) d'identifier cette trajectoire à un cercle de rayon 1,5. $10^{11}$ km.

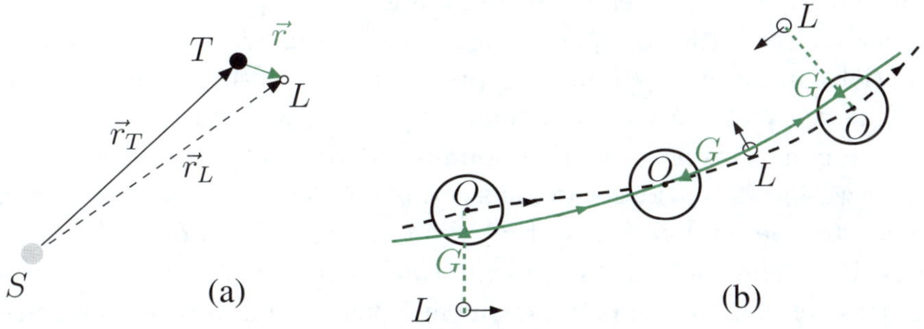


FIGURE 7.11. Les échelles ne sont pas respectées. a) Les vecteurs $\vec{r}_T$ et $\vec{r}_L$ repèrent les positions respectives de la Terre et de la Lune par rapport au Soleil. Le centre de masse $G$ du système Terre-Lune, très voisin du centre $O$ de la Terre, n'est pas représenté sur cette figure. b) Le centre de masse $G$ (triangle vert) décrit une orbite quasiment circulaire (en vert) autour du Soleil. Le système Terre-Lune est animé d'un mouvement de rotation autour de $G$. De ce fait la trajectoire de $O$ (en tirets noirs) diffère très légèrement de celle de $G$.

Les mouvements respectifs de la Terre et de la Lune autour du centre de masse sont obtenus en déterminant le mouvement de la particule fictive associée au système. La même démarche que celle qui nous a conduit à l'équation (7.43) donne :

$$\ddot{\vec{r}} = -\mathcal{G}(M_T + M_L)\frac{\vec{r}}{\|\vec{r}\|^3} \tag{7.48}$$

Cette particule fictive décrit un cercle avec une période définie par :

$$\frac{T^2}{\|\vec{r}\|^3} = \frac{4\pi^2}{\mathcal{G}(M_T + M_L)} \quad \text{soit} \quad T = 27,3\,\text{jours} \tag{7.49}$$

La position du centre $O$ de la Terre par rapport au centre de masse est repérée par le vecteur $\overrightarrow{GO}$ défini par (voir la relation (7.44)) :

$$\overrightarrow{GO} = -\frac{M_L}{M_L + M_T}\vec{r} \tag{7.50}$$

c'est-à-dire que le centre $O$ de la Terre décrit autour de $G$ un cercle de rayon 4 670 km en 27,3 jours. C'est ce qu'illustre schématiquement la figure 7.11b). Dans la réalité, les excursions de $O$ de part et d'autre de la trajectoire du centre de masse sont très faibles devant la distance Soleil-Terre dont la variation relative reste inférieure à $3.10^{-5}$.

À l'évidence, le mouvement du centre $O$ de la Terre par rapport au Soleil ne peut, aux temps longs, être qualifié de rectiligne uniforme. Ceci nous conduit à revenir sur le caractère galiléen du référentiel géocentrique, question déjà abordée au deuxième chapitre (paragraphe 2.3.3). Nous avions alors décidé de considérer un référentiel comme galiléen si, à la précision des mesures que l'on réalise, le principe d'inertie y est vérifié. Aux temps courts, le référentiel terrestre satisfait ce critère, et nous l'avons considéré comme un référentiel galiléen. C'est-à-dire que pour décrire les situations que nous avons été amenés à traiter, nous n'avons pris en compte que les forces résultant d'interactions fondamentales. Puis nous avons considéré l'effet de la rotation uniforme de la Terre autour de son axe des pôles. La prise en compte de ce mouvement nous a conduit à définir deux forces d'inertie :

- la force centrifuge qui fait que la direction de l'accélération de la pesanteur $\vec{g}$ ne passe pas exactement par le centre $O$ de la Terre (paragraphe 2.11.1) ;
- la force de Coriolis qui s'exerce sur tout corps en mouvement, force illustrée de façon spectaculaire par la rotation du plan d'oscillation du pendule de Foucault (paragraphe 2.11.3).

Mais nous n'avons pas évoqué jusqu'ici les forces d'inertie associées au mouvement de $O$ par rapport au Soleil. C'est ce que nous sommes maintenant amenés à faire pour décrire l'effet de marée.

### 7.5.4. Complément : effet de marée

Le spectacle de la mer qui se retire ou de la marée montante a toujours impressionné les hommes par son ampleur et sa régularité. Depuis l'Antiquité, les marins savent prendre en compte ce phénomène, longtemps resté mystérieux jusqu'à ce que Newton en identifie les causes en 1687. L'effet de marée, qui affecte les masses liquides mais aussi la croûte terrestre, résulte de la non-uniformité de la force gravitationnelle et du caractère non galiléen du référentiel géocentrique.

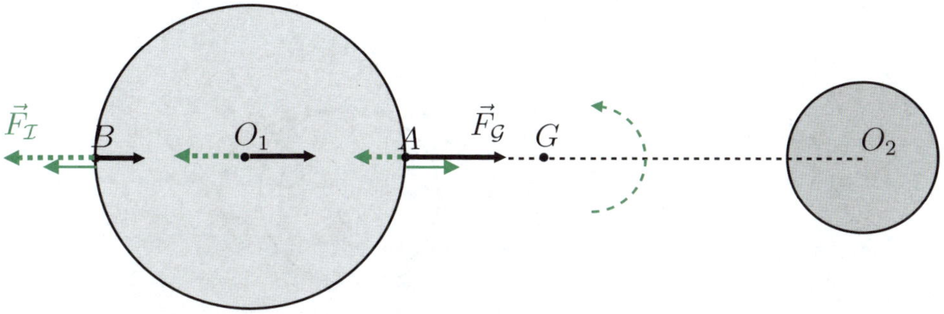


Figure 7.12. Représentation schématique, vue de dessus, de deux corps en interaction gravitationnelle animés d'un mouvement de rotation autour de leur centre de masse $G$. Pour un observateur tournant chacun de ces corps est immobile. La force gravitationnelle est dessinée en noir, la force d'inertie en tirets verts. C'est uniquement au point $O_1$ que $\vec{F_{\mathcal{G}}} + \vec{F_{\mathcal{I}}} = \vec{0}$. En A et B la résultante des forces (dessinée en trait plein vert) est non nulle.

Avant de décrire formellement l'effet de marée, essayons d'en acquérir une intuition. Considérons deux corps sphériques homogènes, de centres respectifs $O_1$ et $O_2$, en interaction gravitationnelle. Nous avons vu que l'intensité de la force gravitationnelle dépend de la distance. C'est ainsi que la force attractive exercée par la sphère 2 sur la sphère 1 n'est pas uniforme : comme l'illustre (sans respecter les échelles) la figure 7.12, le module du vecteur $\vec{F_{\mathcal{G}}}$ (en noir) décroît au fur et à mesure que le point considéré est plus éloigné de $O_2$. Supposons que ces deux corps soient animés d'un mouvement de rotation uniforme autour de leur centre de masse $G$. Un observateur animé du même mouvement de rotation devra prendre en compte la force d'inertie centrifuge $\vec{F_{\mathcal{I}}}$ (représentée en tirets verts). Or l'intensité de cette force n'est pas constante : son module en un point est proportionnel à l'accélération centrifuge, donc à la distance entre $G$ et le point considéré (figure 7.12). Pour l'observateur tournant, chacun des deux corps est immobile, ce qui implique que $\vec{F_{\mathcal{G}}} + \vec{F_{\mathcal{I}}} = \vec{0}$ **au point** $O_1$. En revanche en tout autre point de la sphère 1, la résultante $\vec{F}_{\mathcal{G}} + \vec{F}_{\mathcal{I}}$ n'est pas nulle. En $A$ c'est la force gravitationnelle qui l'emporte alors qu'en $B$ c'est la force d'inertie. En chacun de ces points, la force résultante est dessinée en trait plein vert sur la figure 7.12 : il apparaît que l'effet de marée a tendance à « aplatir » la sphère de centre $O_1$.

Pour donner de l'effet de marée une description plus formelle, plaçons-nous dans **le référentiel de Kepler** $(\mathcal{R})$, considéré comme un « bon » référentiel galiléen, entendons par là que nous pouvons décrire avec précision un mouvement en ne prenant en compte que les forces d'interaction. L'observateur lié à $(\mathcal{R})$ veut décrire le mouvement d'une masse $m$ située en un point $P$ à la surface de la Terre (figure 7.13a).

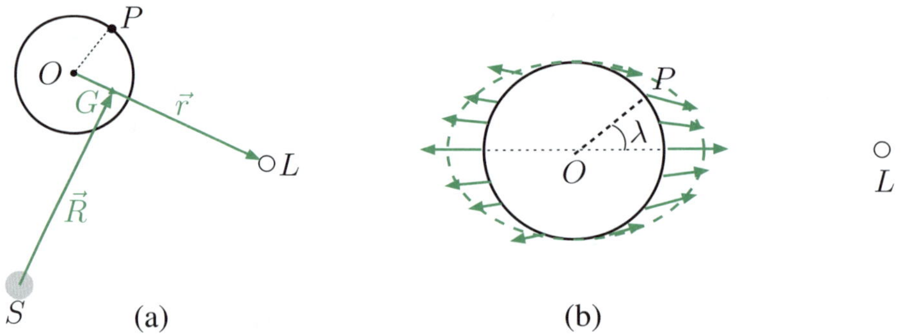


FIGURE 7.13. Les échelles ne sont pas respectées. a) Le vecteur $\vec{R}$ repère, par rapport au Soleil, la position de centre de masse $G$ du système Terre-Lune. Le vecteur $\vec{r}$ repère la position relative de la Lune par rapport à la Terre de centre $O$. b) Le terme de marée lunaire, toujours dirigé vers l'extérieur, tend à déformer la Terre comme l'indique la courbe en tirets.

En ne prenant en compte que les interactions gravitationnelles de $m$ avec la Terre, la Lune et le Soleil, l'observateur écrit dans $(\mathcal{R})$ :

$$\ddot{\overrightarrow{SP}} = -\mathcal{G}M_T \frac{\overrightarrow{OP}}{\|\overrightarrow{OP}\|^3} - \mathcal{G}M_L \frac{\overrightarrow{LP}}{\|\overrightarrow{LP}\|^3} - \mathcal{G}M_S \frac{\overrightarrow{SP}}{\|\overrightarrow{SP}\|^3} \tag{7.51}$$

En notant $G$ le centre de masse du système Terre-Lune, on peut exprimer le vecteur $\overrightarrow{SP}$ sous la forme :

$$\overrightarrow{SP} = \overrightarrow{SG} + \overrightarrow{GO} + \overrightarrow{OP} \quad \text{soit} \quad \overrightarrow{SP} = \vec{R} - \frac{M_L}{M_L + M_T}\vec{r} + \overrightarrow{OP} \tag{7.52}$$

En reportant (7.52) dans (7.51), on obtient :

$$\ddot{\vec{R}} - \frac{M_L}{M_L + M_T}\ddot{\vec{r}} + \ddot{\overrightarrow{OP}} = -\mathcal{G}M_T \frac{\overrightarrow{OP}}{\|\overrightarrow{OP}\|^3} - \mathcal{G}M_L \frac{\overrightarrow{LP}}{\|\overrightarrow{LP}\|^3} - \mathcal{G}M_S \frac{\overrightarrow{SP}}{\|\overrightarrow{SP}\|^3} \tag{7.53}$$

$\ddot{\vec{R}}$ et $\ddot{\vec{r}}$ sont définis par les équations (7.47) et (7.48). À ce stade, soulignons que toutes les dérivées temporelles ont été jusqu'ici calculées dans le référentiel de Kepler $(\mathcal{R})$. Or dans ce référentiel, la Terre, à laquelle est attaché le référentiel $(\mathcal{R}')$, est en rotation autour de son axe des pôles. En utilisant les propriétés des référentiels tournants (paragraphe 1.6.2), on peut écrire :

$$\ddot{\overrightarrow{OP}} = \left(\frac{d^2\overrightarrow{OP}}{dt^2}\right)_{(\mathcal{R})} = \left(\frac{d^2\overrightarrow{OP}}{dt^2}\right)_{(\mathcal{R}')} + \vec{\omega} \wedge \vec{\omega} \wedge \overrightarrow{OP} = \vec{a'} + \vec{a_c} \tag{7.54}$$

où $\vec{a'}$ est le vecteur accélération de $m$ pour **l'observateur terrestre** lié à $(\mathcal{R}')$, et $\vec{a_c}$ est le terme d'entraînement centrifuge. D'où l'expression de l'accélération $\vec{a'}$ de $m$ **dans le référentiel terrestre** $(\mathcal{R}')$ :

$$\vec{a'} = -\mathcal{G}M_T\frac{\overrightarrow{OP}}{\|\overrightarrow{OP}\|^3} - \mathcal{G}M_L\frac{\overrightarrow{LP}}{\|\overrightarrow{LP}\|^3} - \mathcal{G}M_S\frac{\overrightarrow{SP}}{\|\overrightarrow{SP}\|^3} - \mathcal{G}M_L\frac{\vec{r}}{\|\vec{r}\|^3} + \mathcal{G}M_S\frac{\vec{R}}{\|\vec{R}\|^3} - \vec{a}_c \tag{7.55}$$

Les trois derniers termes de l'expression (7.55) sont liés aux forces d'inertie que l'observateur terrestre se doit de considérer pour prendre en compte le mouvement du centre $O$ de la Terre par rapport au Soleil, et sa rotation autour de l'axe des pôles. Comme nous l'avons vu au chapitre 2, la somme du premier et du dernier terme de (7.55) définit simplement l'accélération $\vec{g}$ de la pesanteur terrestre. D'où l'expression :

$$\boxed{\vec{a'} = \vec{g} \underbrace{- \mathcal{G}M_L\frac{\overrightarrow{LP}}{\|\overrightarrow{LP}\|^3} - \mathcal{G}M_L\frac{\vec{r}}{\|\vec{r}\|^3}} \underbrace{- \mathcal{G}M_S\frac{\overrightarrow{SP}}{\|\overrightarrow{SP}\|^3} + \mathcal{G}M_S\frac{\vec{R}}{\|\vec{R}\|^3}}} \tag{7.56}$$

où les termes ont été regroupés, afin de faire apparaître les contributions respectives de la Lune et du Soleil à l'effet de marée. Chacune de ces contributions apparaît comme la différence de deux termes du même ordre de grandeur.

Évaluons la contribution lunaire. Comme le montre la figure 7.13a, le vecteur $\overrightarrow{LP} = -\vec{r} + \overrightarrow{OP}$, et comme $\|\vec{r}\|$ est égal à 60 $\|\overrightarrow{OP}\|$, on peut légitimement écrire au premier ordre : $\|\overrightarrow{LP}\|^2 \simeq \|\vec{r}\|^2 - 2\|\vec{r}\|R_T\cos\lambda$ en notant $R_T = \|\overrightarrow{OP}\|$ le rayon de la Terre et $\lambda$ l'angle entre $\vec{r}$ et $\overrightarrow{OP}$. De ce fait :

$$\frac{\overrightarrow{LP}}{\|\overrightarrow{LP}\|^3} + \frac{\vec{r}}{\|\vec{r}\|^3} = \frac{(-\vec{r} + \overrightarrow{OP})}{\|\vec{r}\|^3}(1 + \frac{3R_T\cos\lambda}{\|\vec{r}\|}) + \frac{\vec{r}}{\|\vec{r}\|^3} \tag{7.57}$$

et la contribution lunaire à l'effet de marée terrestre s'écrit :

$$-\mathcal{G}M_L\frac{\overrightarrow{LP}}{\|\overrightarrow{LP}\|^3} - \mathcal{G}M_L\frac{\vec{r}}{\|\vec{r}\|^3} = -\mathcal{G}M_L\frac{\overrightarrow{OP}}{\|\vec{r}\|^3} - \mathcal{G}M_L\frac{3R_T\cos\lambda}{\|\vec{r}\|^4}\overrightarrow{LP} \tag{7.58}$$

Le premier terme apparaît comme une correction uniforme de l'accélération de la pesanteur terrestre. Le second terme qui dépend de la latitude $\lambda$ du point $P$ considéré est toujours dirigé vers l'extérieur de la Terre. Maximum à l'équateur, il s'annule aux pôles et tend à déformer la surface de la Terre comme l'illustre la figure 7.13b en créant un « bourrelet ». Cette déformation symétrique par rapport à l'axe des pôles autour duquel tourne la Terre explique l'existence de deux marées quotidiennes. Mentionnons que cet effet de marée est responsable du ralentissement de la rotation de la Terre, et de la synchronisation du mouvement de rotation de la Lune sur elle-même à son mouvement de révolution autour de la Terre[22].

Le terme de marée dû au Soleil a une forme tout à fait analogue au terme de marée lunaire et comporte lui aussi deux termes :

$$-\mathcal{G}M_S\frac{\overrightarrow{SP}}{\|\overrightarrow{SP}\|^3} - \mathcal{G}M_S\frac{\overrightarrow{R}}{\|\overrightarrow{R}\|^3} = -\mathcal{G}M_S\frac{\overrightarrow{OP}}{\|\overrightarrow{R}\|^3} - \mathcal{G}M_S\frac{3R_T\cos\theta}{\|\overrightarrow{R}\|^4}\overrightarrow{SP} \tag{7.59}$$

Comparons les ordres de grandeur des forces de déformation exercées respectivement par la Lune et le Soleil en un même point de la surface terrestre. Le rapport de leurs modules est donné par :

$$\frac{M_L}{M_S}\frac{\|\overrightarrow{R}\|^3}{\|\overrightarrow{r}\|^3} \quad \text{soit} \quad 2{,}2 \tag{7.60}$$

L'effet de marée lunaire est donc prépondérant devant l'effet de marée solaire. Voyons comment ces deux effets se composent.

Lorsque le Soleil, la Lune et le Terre sont alignés[23] (figure 7.14a), les effets de marée lunaire et solaire s'ajoutent : l'amplitude des marées est grande, ce sont les marées de vives eaux. Bien évidemment le même phénomène est observé si la Terre est située entre le soleil et la Lune.

Lorsque les axes Terre-Lune et Terre-Soleil sont orthogonaux[24] (figure 7.14b), les deux « bourrelets » sont aussi orthogonaux et l'amplitude des marées est faible, on parle de marées de mortes eaux.

La description statique que nous venons de présenter permet de comprendre l'origine de ce phénomène, mais pas de prédire l'amplitude des marées observées en différents points de la surface du globe : le calcul prédit en effet une amplitude de marée maximale de l'ordre de 50 cm, valeur bien inférieure à ce que l'on peut mesurer. Par ailleurs si l'on observe bien deux marées hautes et basses chaque

[22] C'est la raison pour laquelle la Lune nous montre toujours la même face.

[23] Cette configuration est appelée une syzygie.

[24] On qualifie cette situation de quadrature.

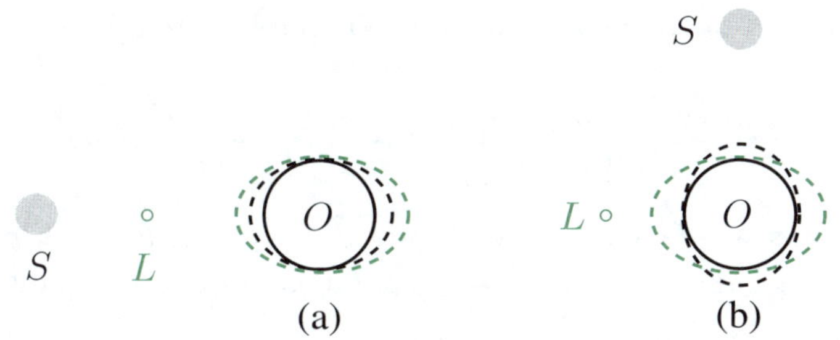


Figure 7.14. Les déformations de la surface terrestre dues à la Lune et au Soleil sont respectivement représentées en tirets verts et noirs. a) Lorsque le Soleil, la Lune et la Terre sont alignés, les effets de marée s'ajoutent, ce sont les marées de vives eaux. b) Lorsque les axes Terre-Lune et Terre-Soleil sont orthogonaux, l'amplitude des marées est faible, on parle de marées de mortes eaux.

jour sur la côte atlantique, comme le prédit le modèle statique, ce n'est pas le cas dans l'océan Pacifique Nord. Une description plus réaliste doit prendre en compte l'existence des continents, les imperfections de la surface terrestre et une description dynamique de l'élément liquide. Elle dépasse le cadre de cet ouvrage.

## 7.6. Invariant de Runge-Lenz

Lorsqu'un mouvement s'effectue sous l'action d'une force conservative et centrale, nous avons montré que l'énergie mécanique et le vecteur moment angulaire demeurent constants au cours du temps. Ces deux lois de conservation nous ont permis de simplifier l'étude de ce mouvement en réduisant les trois équations différentielles du deuxième ordre initiales, à deux équations différentielles du premier ordre. Si la force centrale est en $\mathbf{C}/r^2$, et seulement dans ce cas, il existe une autre quantité qui demeure constante au cours du temps, c'est le vecteur de Runge-Lenz. Avant d'examiner cette nouvelle loi de conservation, nous pouvons d'ores et déjà prédire ce qu'elle va nous apporter : en abaissant encore le degré des équations différentielles, elle va nous permettre d'obtenir directement l'équation de la trajectoire.

La justification de la forme du vecteur de Runge-Lenz dépassant largement le niveau de cet ouvrage, nous en donnerons directement la définition :

$$\boxed{\vec{e} = \frac{\vec{J} \wedge \vec{p}}{m\mathbf{C}} + \hat{r}} \qquad (7.61)$$

Vérifions que ce vecteur demeure constant au cours du temps :

$$\dot{\vec{e}} = \frac{\dot{\vec{J}} \wedge \vec{p} + \vec{J} \wedge \dot{\vec{p}}}{m\mathbf{C}} + \dot{\hat{r}} \quad \text{soit} \quad \dot{\vec{e}} = \frac{\vec{J} \wedge \vec{F}}{m\mathbf{C}} + \dot{\theta}\hat{\theta} \tag{7.62}$$

puisque $\vec{J}$ est constant. Dans la base polaire $\vec{J} = mr^2\dot{\theta}\hat{z}$, $\vec{F} = -\mathbf{C}\hat{r}/r^2$ et $\hat{z} \wedge \hat{r} = \hat{\theta}$. On trouve sans difficulté que $\dot{\vec{e}} = 0$, par conséquent la quantité $\vec{e}$ est bien conservée.

En choisissant la direction de $\vec{e}$ comme référence pour définir l'angle polaire $\theta = (\vec{e},\vec{r})$, on exprime le produit scalaire $\vec{e}.\vec{r}$ :

$$\vec{e}.\vec{r} = e.r\cos\theta = \frac{\vec{r}.(\vec{J} \wedge \vec{p})}{m\mathbf{C}} + r = -\frac{\vec{J}.(\vec{r} \wedge \vec{p})}{m\mathbf{C}} + r = -\frac{\vec{J}^2}{m\mathbf{C}} + r \tag{7.63}$$

où nous avons noté $e = \|\vec{e}\|$ et $r = \|\vec{r}\|$. Comme nous l'avions prévu, cette loi de conservation supplémentaire nous permet d'obtenir directement l'équation polaire de la trajectoire :

$$r = \frac{r_0}{1 - e\cos\theta} \quad \text{en posant} \quad r_0 = \frac{J^2}{m\mathbf{C}} \tag{7.64}$$

On reconnaît l'équation d'une conique dont l'excentricité $e$ est définie par le module du vecteur de Rundge-Lenz.

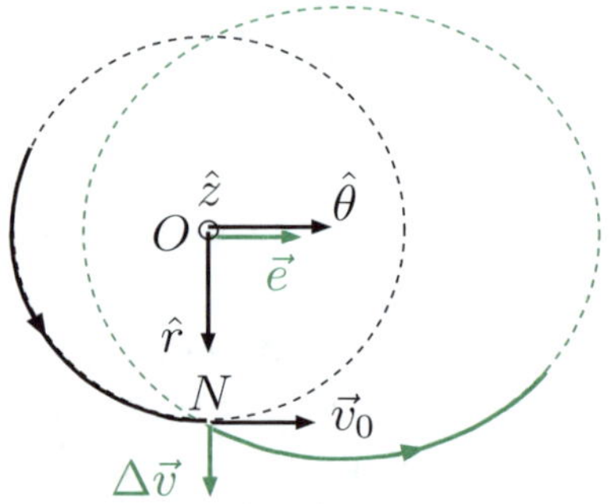


FIGURE 7.15. Un corps de masse $m$ décrit une orbite circulaire de rayon $r_0$ soumis à un centre d'attraction fixe placé en $O$. Au point $N$ on lui communique une variation de vitesse radiale. Le vecteur $\vec{e}$ définit la direction du grand axe de la nouvelle trajectoire elliptique, dont l'excentricité est égale à son module $e$.

Illustrons la construction du vecteur de Runge-Lenz sur un exemple. Un corps de masse $m$ décrit une orbite circulaire de rayon $r_0$ sous l'action d'une force gravitationnelle exercée par un centre d'attraction fixe placé en $O$. Arrivé au point $N$

(figure 7.15), on communique quasi-instantanément à ce corps une variation de vitesse radiale $\Delta\vec{v} = kv_0\hat{r}$. Quelle est sa nouvelle trajectoire ? Dans la base polaire $\vec{J} = mr_0v_0\hat{z}$ et $\vec{p} = m(v_0\hat{\theta} + kv_0\hat{r})$. Il suffit d'effectuer le produit $\vec{J} \wedge \vec{p}$ en ayant présent à l'esprit que sur la trajectoire circulaire $mv_0^2 = \mathbf{C}/r_0$. La relation (7.61) nous donne $\vec{e} = k\hat{\theta}$. Le vecteur $\vec{e}$ est représenté sur la figure 7.15 pour une valeur de $k$ inférieure à un. Dans ce cas l'excentricité $e = k$ est aussi inférieure à un, et la trajectoire (en tirets verts sur la figure 7.15) est une ellipse dont le grand axe est défini par la direction du vecteur $\vec{e}$, et dont l'excentricité est égale à $e$.

Dans les exercices 7.7 et 7.8, on traitera le cas où la variation de vitesse est orthoradiale, ainsi qu'une trajectoire hyperbolique.

## 7.7. Principales données du système solaire

Demi-grand axe de l'orbite $a$ en millions de kilomètres ($10^6$ km), période de révolution $T$, excentricité $e$ de l'orbite et masse $M$ exprimée en fonction de la masse solaire $M_S$.

| Planètes | $a$ | $T$ | $e$ | $M$ |
|---|---|---|---|---|
| Soleil | | | | $1{,}98\ 10^{30}$ kg |
| Mercure | 57,9 | 87,9 j | 0,206 | $1{,}53\ 10^{-7}M_S$ |
| Vénus | 108,2 | 224,7 j | 0,007 | $2{,}47\ 10^{-6}M_S$ |
| Terre | 149,6 | 365,25 j | 0,016 | $3{,}02\ 10^{-6}M_S$ |
| Mars | 228 | 687 j | 0,093 | $3{,}26\ 10^{-7}M_S$ |
| Jupiter | 778 | 11,9 ans | 0,048 | $9{,}6\ 10^{-4}M_S$ |
| Saturne | 1 427 | 29,5 ans | 0,056 | $2{,}88\ 10^{-4}M_S$ |
| Uranus | 2 869 | 84,0 ans | 0,047 | $4{,}4\ 10^{-5}M_S$ |
| Neptune | 4 505 | 165 ans | 0,009 | $5{,}2\ 10^{-5}M_S$ |
| Pluton | 5 913 | 248 ans | 0,246 | $1{,}4\ 10^{-8}M_S$ |
| Lune | 0,384 | 27,3 j | 0,055 | $3{,}7\ 10^{-8}M_S$ |

## 7.8. Exercices

***Exercice 7.1.*** En 1798, Henry Cavendish a réalisé une expérience lui permettant de peser la Terre. Deux sphères de plomb (en vert sur la figure 7.16a qui représente le dispositif vu de dessus) de 5 centimètres de diamètre et de masse

$m = 730$ grammes, sont fixées aux extrémités d'une tige horizontale de longueur $2l = 2$ mètres. Cette tige est suspendue par son milieu $O$ à un fil de torsion vertical. Deux grosses sphères de plomb (en gris sur la figure 7.16a) de 30 centimètres de diamètre et de masse $M = 158$ kilogrammes sont approchées des petites sphères jusqu'à ce que leurs centres soient distants de $d = 22,5$ centimètres. La tige horizontale tourne alors d'un angle $\theta = 0,051°$ que Cavendish a mesuré avec une remarquable précision par une méthode optique.
a) La constante de torsion du fil $C = 3,5.10^{-4}$N.m/radian. En déduire l'intensité de la force d'attraction gravitationnelle entre la petite et la grande sphère.
b) Quelle valeur de la constante gravitationnelle $\mathcal{G}$ peut-on déduire de cette expérience ?
c) Quelle est la masse de la Terre ? Quelle est sa densité moyenne si on l'assimile à une sphère de 6 400 km de rayon ?

***Exercice 7.2.*** L'objet de cet exercice est de calculer la force d'attraction gravitationnelle exercée par une sphère homogène de rayon $R$ et de masse $M$, sur une masse ponctuelle $m$ placée en un point $P$, à une distance $r$ du centre $O$ de cette sphère. Pour résoudre ce problème, il est commode de considérer la sphère comme un ensemble de sphères creuses emboîtées les unes dans les autres, dont un oignon vous donne une représentation concrète.

**Partie A :** $r > R$.
a) On considère une sphère creuse de masse $M'$, de rayon $R' < R$, et d'épaisseur $t \ll R'$. Déterminer l'expression de la masse surfacique $\sigma$ de cette coquille.
b) On définit une couronne sphérique comprise entre $\theta$ et $\theta + d\theta$ (figure 7.16b). Montrez que, par symétrie, la force $d\vec{F'}$ qu'elle exerce sur la masse $m$ est centrale.
c) Donner l'expression de la surface de la couronne.
d) Établir l'expression de $\|d\vec{F'}\|$ en fonction de $r$, $R'$ et de la seule variable $x$.
e) En intégrant l'expression précédente sur toute la surface de la coquille, montrer que la force $\|\vec{F'}\|$ qui s'exerce sur $m$ est la même que si toute la masse de la coquille était concentrée en son centre $O$.
f) En déduire l'expression de la force d'attraction gravitationnelle exercée par la sphère homogène de masse $M$ sur la masse $m$ placée en $P$.

**Partie B :** $r < R$.
a) Montrer qu'une masse ponctuelle $m$ placée à l'intérieur d'une sphère creuse de masse $M'$, de rayon $R' > r$, et d'épaisseur $t \ll R'$, n'est soumise à aucune force d'attraction gravitationnelle.
b) En déduire l'expression de la force gravitationnelle exercée par une sphère homogène de rayon $R$, sur une masse ponctuelle $m$ située à une distance $r < R$ de son centre.

c) On perce un tunnel $AB$ dans la Terre, comme le représente la figure 7.16c. Une masse ponctuelle $m$ dont la position est repérée par le point $P$ est abandonnée sans vitesse initiale à l'entrée $A$ de ce tunnel. Décrire son mouvement.

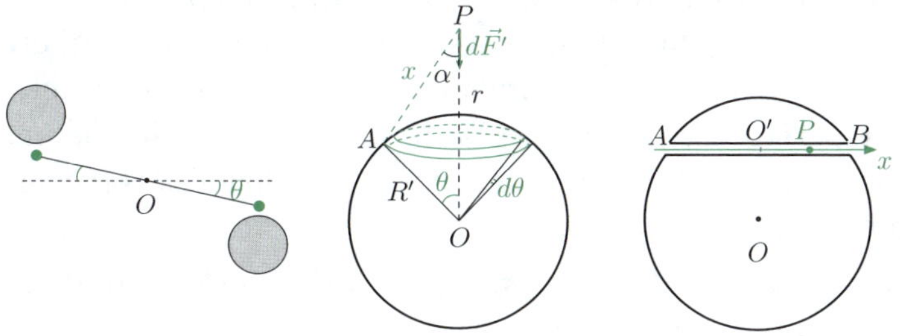


(a) (b) (c)

FIGURE 7.16.

***Exercice 7.3.*** On note respectivement $M_T$ et $R_T$ la masse et le rayon de la Terre. La masse du Soleil $M_S = 3,33.10^5 M_T$ et la masse de la Lune $M_L = 0,0123 M_T$. La distance Terre-Soleil est égale à $2{,}34.10^7 R_T$, et la distance Terre-Lune est égale à $60R_T$.
a) À quelle altitude $h$ la force d'attraction gravitationnelle lunaire est-elle égale à un centième de la force d'attraction gravitationnelle terrestre ? À la moitié ?
b) Mêmes questions pour la force d'attraction gravitationnelle solaire.

***Exercice 7.4.*** On considère un satellite de masse $m$ en orbite autour de la Terre à une altitude telle que l'on peut légitimement considérer qu'il n'est soumis qu'à la seule force d'attraction gravitationnelle terrestre.
a) Ce satellite décrit une orbite circulaire de rayon $r_0$. Trouver les expressions de son énergie $E_0$, du module $v_0$ de sa vitesse et de sa période $T_0$. Quelle est l'altitude d'un satellite géostationnaire ? Retrouver l'expression de $T_0$ en utilisant la loi des aires, et montrer que la troisième loi de Kepler est vérifiée.
b) Après avoir utilisé ses moteurs auxiliaires, ce satellite décrit maintenant une trajectoire elliptique de grand axe égal à $2a$, dont le centre $O$ de la Terre est l'un des foyers (figure 7.17a). L'extrémité $A$ de son grand axe est défini par $OA = 3a/2$. Trouver l'expression du module $v_A$ de sa vitesse en ce point, ainsi que du module $\|\vec{J}\|$ de son moment angulaire.
c) Le petit axe de l'ellipse a pour longueur $2b$. Le point $P$ situé à son extrémité est défini par $OP = a$. Trouver l'expression du module $v_P$ de la vitesse du satellite en ce point. Exprimer $\|\vec{J}\|$ en fonction de $b$. En déduire la relation entre $a$ et $b$. Établir l'expression de la période $T$ du satellite en utilisant la loi des aires (on rappelle que la surface de l'ellipse est égale à $\pi ab$), et montrer que la troisième loi de Kepler est vérifiée.

***Exercice 7.5.*** Un corps de masse $m$ décrit avec une période $T$, une orbite elliptique de grand axe $2a$ sous la seule attraction gravitationnelle d'un corps de masse $M$ supposé immobile en $O$. La distance entre $m$ et $M$ est notée $r$. On note $E$ son énergie mécanique, $v$ et $J$ les modules respectifs de sa vitesse et de son moment angulaire. On applique à sa trajectoire une homothétie de centre $O$ et de rapport $\lambda$, soit $\vec{r'} = \lambda\vec{r}$. Comment se transforment le grand axe, l'énergie mécanique, la période, et les modules de la vitesse et du moment angulaire ? Expliquer pourquoi les étoiles binaires sont soit visuelles soit spectroscopiques, mais rarement les deux à la fois.

***Exercice 7.6.*** Un satellite de masse $m$ est en orbite circulaire de rayon $r$ autour de la Terre. On note $\mathbf{C} = \mathcal{G}M_Tm$.

1) Trouver les expressions de $r$ en fonction, respectivement, de l'énergie mécanique $E$, puis du module $J$, moment angulaire.

2) Ce satellite est soumis à une force de frottement opposée au vecteur vitesse et définie par $\vec{f} = -f\hat{v}$, $f$ étant une quantité positive pouvant dépendre de la vitesse. Le problème est de déterminer l'effet de cette force sur le mouvement du satellite. On suppose que la vitesse radiale $\dot{r}$ est faible devant la vitesse orthoradiale $r\dot{\theta}$. La validité de cette hypothèse sera discutée à la question 2-c).

2-a) Déterminer le taux de variation $\dot{J}$ du module du moment angulaire.

2-b) Déterminer le taux de variation $\dot{E}$ de l'énergie mécanique.

2-c) Montrer que le rapport entre la vitesse radiale $\dot{r}$ et la vitesse orthoradiale $r\dot{\theta}$ est effectivement petit si le module de la force de frottement est faible devant l'intensité de la force gravitationnelle.

2-d) Trouver l'expression du taux de variation $d\dot{\theta}/dt$ de la vitesse angulaire. Comment justifier l'augmentation de la vitesse du satellite sous l'action d'une force de frottement ?

***Exercice 7.7.*** La comète de Halley décrit, avec une période $T = 76$ ans, une trajectoire elliptique dont le Soleil $S$ est l'un des foyers. On suppose que la comète n'est soumise qu'à la seule attraction gravitationnelle solaire.

a) Quelle est en UA la longueur du grand axe de cette ellipse ? On rappelle que le demi-grand axe de l'orbite terrestre est égal à 1UA soit $1{,}49.10^{11}$m.

b) L'excentricité de cette ellipse vaut $e = 0,967$. On note $A$ et $B$ les extrémités du grand axe ; $A$, le point le plus éloigné de $S$ est appelé aphélie, $B$ est la périhélie. Déterminer les valeurs de $SA$ et de $SB$ ainsi que le module de la vitesse de la comète en $B$ (on rappelle que la masse du Soleil est égale à $2.10^{30}$ kg).

c) Déterminer l'expression du module $J$ du moment angulaire de la comète.

d) Déterminer le paramètre $r_0$ de cette trajectoire elliptique. On note $P$ le point où (figure 7.17b) la trajectoire elliptique de la comète (en vert), coupe l'orbite terrestre (en noir). Déterminer la valeur de l'angle $\theta_P$.

e) Quelle est le module $v_P$ de la vitesse de la comète en $P$ ? Quel angle $\alpha$ font les deux trajectoires en $P$ ?

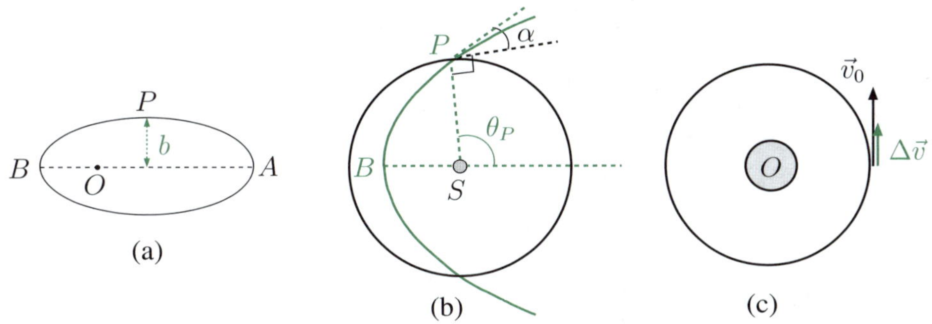


FIGURE 7.17.

***Exercice 7.8.*** Un satellite de masse $m$ décrit une orbite circulaire de rayon $r_0$ autour de la Terre dont le centre est noté $O$.

a) Trouver la relation entre $r_0$ et le module $v_0$ de la vitesse.

b) On communique au satellite une variation de vitesse orthoradiale $\Delta\vec{v} = kv_0\hat{\theta}$ (figure 7.17c). Trouver, dans la base polaire, les expressions respectives des vecteurs $\vec{J}$, $\vec{p}$ et $\vec{e}$. Discuter la nature de la conique en fonction de la valeur de $k$.

c) Écrire l'équation polaire de la conique en fonction de $r_0$, $k$ et $e$.

d) Si $k = 0,2$ déterminer la longueur des axes principaux de l'ellipse. Dessiner cette trajectoire.

***Exercice 7.9.*** Très loin dans l'Univers, une météorite $\mathcal{M}$ de masse $m$ animée de la vitesse $\vec{v}_0$ pénètre dans le champ gravitationnel terrestre avec un paramètre d'impact $b$ (figure 7.18). On note $O$ le centre de la Terre, $\hat{r}$ et $\hat{\theta}$ les vecteurs de base polaires lorsque $\mathcal{M}$ est très éloignée de la Terre. On suppose que cette météorite n'est soumise qu'à la seule influence terrestre. Attention la figure 7.18 ne respecte pas les échelles : la distance $O\mathcal{M}$ est très grande devant $b$.

a) Quelle est la nature de la trajectoire de $\mathcal{M}$ ?

b) Trouver, dans la base polaire, les expressions respectives des vecteurs $\vec{J}$, $\vec{p}$ et $\vec{e}$. Dessiner le vecteur $\vec{e}$. On notera $\phi$ l'angle entre $\vec{e}$ et le vecteur $\hat{r}$ correspondant à l'état initial.

c) Écrire l'équation polaire de la trajectoire de $\mathcal{M}$. En déduire la valeur de la distance minimale d'approche $r_m$. Pour quelles valeurs la météorite ne percutera-t-elle pas la Terre ?

d) Lorsque cette condition est satisfaite, exprimer la déviation subie par $\mathcal{M}$.

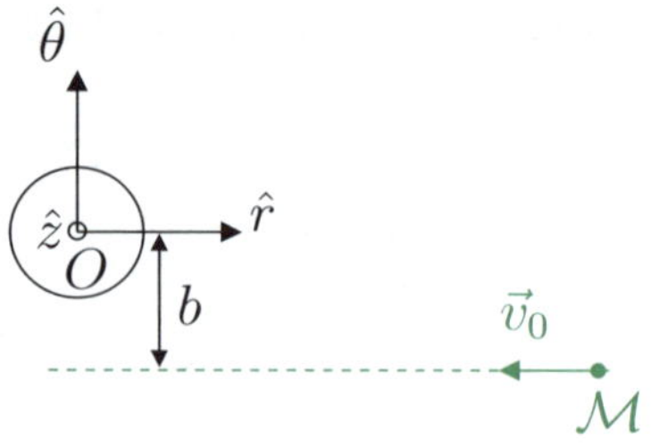


FIGURE 7.18.

## 7.9. Réponses aux exercices

**Exercice 7.1.**

*a) En exprimant l'angle $\theta$ en radian, on trouve le moment exercé par le fil de torsion : $C\theta = 3,1.10^{-7}N.m$. Ce moment équilibre la somme des moments de deux forces d'attraction gravitationnelles exercées par les sphères. Soit en notant $F$ le module de cette force : $C\theta = 2Fl\cos\theta$. D'où l'on tire $F = 1,56.10^{-7}N$.*

*b) Par définition $F = \mathcal{G}mM/d^2$ d'où $\mathcal{G} = 6,8.10^{-11}Nm^2kg^2$.*

*c) Il faut comparer l'intensité de la force gravitationnelle $F$ exercée sur $m$ par $M$, à celle exercée sur $m$ par la Terre, c'est-à-dire son poids : $mg = \mathcal{G}mM_T/R_T^2$. D'où $M_T = M(mg/F)(R_T/d)^2$ soit $M_T = 5,9.10^{24}$ kg, ce qui conduit à une densité moyenne égale à 5,4 en assimilant la Terre à une sphère de rayon $6,4.10^6$ m.*

**Exercice 7.2.**

**Partie A : $r > R$.**

*a) La masse surfacique de la coquille est définie par $\sigma = M'/4\pi R'^2$.*

*b) Deux éléments diamétralement opposés de la couronne créent deux forces de modules identiques, et de directions symétriques par rapport à $OP$. La somme vectorielle de ces deux forces est donc radiale. On peut ainsi en prenant les éléments deux à deux décrire toute le couronne.*

*c) La couronne a pour rayon $R'\sin\theta$ et comme largeur $R'd\theta$. Sa surface est donc égale à $2\pi R'^2 \sin\theta d\theta$.*

*d) Tous les points de la couronne sont à la distance $x$ du point $P$, et il faut projeter la force sur la direction radiale $OP$, donc : $\|d\vec{F}'\| = (\mathcal{G}m2\pi R'^2 \sin\theta d\theta\sigma\cos\alpha)/x^2$. Comme on le voit sur la figure 7.19a, en écrivant les formules du triangle quelconque on obtient : $\cos\alpha = (r^2 + x^2 - R'^2)/(2rx)$ et $\cos\theta = (r^2 - x^2 + R'^2)/(2rR')$. En différenciant cette dernière expression il*

*vient : $\sin\theta d\theta = xdx/rR'$. D'où l'expression :*
$\|d\vec{F}'\| = (\mathcal{G}m\pi R'\sigma/r^2)(r^2 + x^2 - R'^2)(dx/x^2)$.
*e) Lorsque l'on décrit toute la coquille, $x$ varie de $(r - R')$ à $(r + R')$. L'intégration ne pose aucune difficulté et l'on trouve $\|d\vec{F}'\| = (\mathcal{G}m4\pi R'^2\sigma)/r^2 = (\mathcal{G}mM')/r^2$. C'est la force qu'exercerait sur $m$ une masse ponctuelle $M'$ placée en $O$.*
*f) Il suffit de faire la somme des forces créées par toutes les coquilles sphériques constituant la sphère homogène. La somme de leurs masses est égale à la masse $M$ de la sphère, et l'on trouve : $\|\vec{F}\| = (\mathcal{G}mM)/r^2$ soit $\vec{F} = -\mathcal{G}mM\hat{r}/r^2$.*

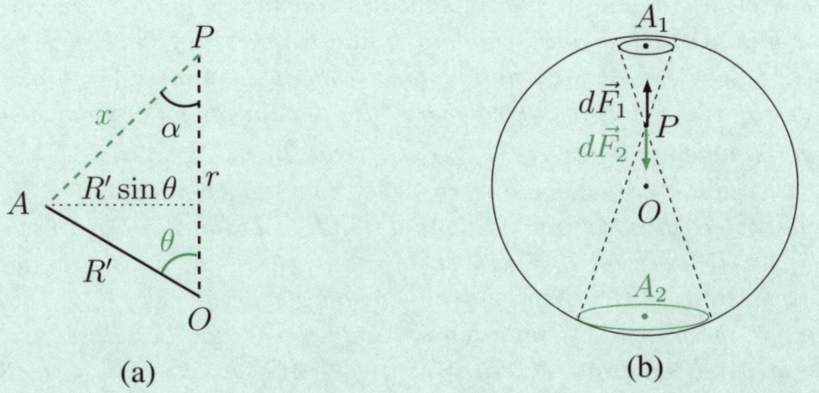


Figure 7.19.

**Partie B : $r < R$.**
*a) Considérons un point $P$ situé à l'intérieur d'une coquille portant la densité surfacique de masse $\sigma$, et dessinons un cône de sommet $P$. Ce cône (figure 7.19b) découpe sur la coquille deux surfaces $dS_1$ et $dS_2$, centrées respectivement sur $A_1$ et $A_2$. Ces surfaces attirent la masse $m$ avec les forces respectives $d\vec{F}_1$ et $d\vec{F}_2$ de sens opposés. $\|d\vec{F}_1\| = (\mathcal{G}m\sigma dS_1)/PA_1^2$ et $\|d\vec{F}_2\| = (\mathcal{G}m\sigma dS_2)/PA_2^2$. Or la similitude montre que $dS_1/dS_2 = PA_1^2/PA_2^2$. Par conséquent $\|d\vec{F}_1\| = \|d\vec{F}_2\|$. Le même raisonnement appliqué à tous les éléments de surface de la coquille permet de conclure que la force résultante s'exerçant sur la masse $m$ est nulle.*
*b) Conformément aux résultats que nous avons établis dans les questions précédentes, seule la partie de la sphère de rayon $r$ exerce une force d'attraction gravitationnelle sur la masse $m$. Cette portion de sphère a pour masse $Mr^3/R^3$, et tout se passe comme si cette masse était concentrée au centre de la sphère. Par conséquent $\|\vec{F}\| = (\mathcal{G}mMr^3)/(R^3r^2) = (\mathcal{G}mMr)/R^3$ et $\vec{F} = -\mathcal{G}mM\vec{r}/R^3$.*
*c) La masse $m$ est soumise à une force centrale dirigée vers le centre $O$ de la Terre et de module $\|\vec{F}\| = (\mathcal{G}mM_TOP)/R_T^3$. La coordonnée de cette force*

*suivant l'axe $x'x$ est $F_x = -(\mathcal{G}mM_Tx)/R_T^3 = -mgx/R_T$. Le principe fondamental de la dynamique s'écrit : $\ddot{x} + gx/R_T = 0$. La masse $m$ va donc osciller entre A et B avec la pulsation $(g/R_T)^{0,5}$ qui définit une période de 85 minutes.*

**Exercice 7.3.** *Il suffit d'appliquer la définition de la force gravitationnelle. On trouve :*
*a) $h = 27,5R_T$ et $h = 50,9R_T$.*
*b) $h = 4054R_T$ et $h = 28,7.10^3 R_T$.*

**Exercice 7.4.** *La force gravitationnelle étant conservative et centrale, l'énergie mécanique et le moment angulaire sont des constantes du mouvement.*
*a) L'énergie mécanique correspondant à une trajectoire fermée dépend de son grand axe : $E_0 = -\boldsymbol{C}/2r_0$ en notant $\boldsymbol{C} = \mathcal{G}M_Tm$. Comme $E_0 = \frac{1}{2}mv_0^2 - \boldsymbol{C}/r_0$ on en déduit $v_0^2 = \boldsymbol{C}/mr_0$. La période d'un mouvement circulaire uniforme s'exprime simplement par $T_0 = 2\pi r_0/v_0$ soit $T_0 = 2\pi r_0^{3/2}/(\mathcal{G}M_T)^{1/2}$. Cette période est égale à 24 heures si $r_0 = 42\,300$ km soit environ 6,6$R_T$. L'altitude d'un satellite géostationnaire est donc de 5,6$R_T$. La loi des aires nous dit que $S = (J_0/2m)T_0$ avec ici $S = \pi r_0^2$ et $J_0 = mr_0v_0$ ce qui nous redonne bien la même expression de $T_0$. Bien évidemment on vérifie que $T_0^2/r_0^3 = 4\pi^2/\mathcal{G}M_T$.*
*b) L'énergie mécanique est maintenant égale à $-\boldsymbol{C}/2a$. La vitesse au point A est définie par l'équation $-\boldsymbol{C}/2a = \frac{1}{2}mv_A^2 - 2\boldsymbol{C}/3a$, d'où $v_A^2 = C/3ma$. Le vecteur $\vec{v}_A$ étant orthogonal à $\overrightarrow{OA}$ le module du moment angulaire $\|\vec{J}\| = (\frac{3}{2})mav_A = \frac{1}{2}(3ma\boldsymbol{C})^{1/2}$*
*c) En écrivant l'expression de l'énergie mécanique au point P est aussi égale à $-\boldsymbol{C}/2a$, on trouve le module de la vitesse en ce point $v_P = (\boldsymbol{C}/ma)^{1/2}$. Le module du moment angulaire, $\|\vec{J}\| = mv_POP\sin(\overrightarrow{OP}, \vec{v}_P) = mv_Pb$, ce qui montre que le demi petit axe de l'ellipse est lié au moment angulaire. À partir des deux relations précédentes et en utilisant la conservation du moment angulaire, on obtient l'expression de $b = a\sqrt{3}/2$. La loi des aires nous dit que la surface de l'ellipse $\pi ab$ est égale à $\|\vec{J}\|T/2m$. On obtient ainsi l'expression $T = 2\pi a^{3/2}(m/\boldsymbol{C})^{1/2}$, soit $T^2/a^3 = 4\pi^2/\mathcal{G}M_T$, conformément à la troisième loi de Kepler.*

**Exercice 7.5.** *Le nouveau grand axe $2a' = \lambda 2a$, par conséquent la nouvelle énergie $E' = E/\lambda$. En notant $r'$ la distance entre M et m sur la nouvelle orbite, on a :*
*$E' = \frac{1}{2}mv'^2 - \boldsymbol{C}/r' = E/\lambda = (\frac{1}{2}mv^2 - \boldsymbol{C}/r)/\lambda$ d'où $v' = v/\lambda^{1/2}$ puisque $r' = \lambda r$. Exprimons le module du moment angulaire $J'$ en nous plaçant à l'extrémité $A'$ du grand axe : $J' = mOA'v'_{A'} = m\lambda OAv_A/\lambda^{1/2} = \lambda^{1/2}J$. La loi des aires nous permet d'exprimer la période en fonction de la surface de la trajectoire et*

*du module du moment angulaire :* $T' = 2mS'/J' = 2m\lambda^2 S/(\lambda^{1/2}J) = \lambda^{3/2}T$. *Si la particule fictive associée aux deux composantes de l'étoile binaire décrit une ellipse de faible grand axe, les deux composantes ne seront pas résolues visuellement. Cependant leurs vitesses seront grandes et moduleront de façon détectable la longueur d'onde des radiations qu'elles émettent. En revanche, si les deux composantes sont plus éloignées* ($\lambda > 1$)*, elles pourront être séparées visuellement mais leurs vitesses diminueront comme* $1/\lambda^{1/2}$*, et la modulation de la longueur d'onde des radiations émises sera plus difficilement détectable.*

**Exercice 7.6.**

*1) L'énergie mécanique* $E = -\boldsymbol{C}/2r$ *d'où* $r = -\boldsymbol{C}/2E$*. Le module du moment angulaire* $J = mrv$ *avec* $mv^2 = \boldsymbol{C}/r$*, soit* $J = (mr\boldsymbol{C})^{\frac{1}{2}}$*. On obtient ainsi l'expression de* $r = J^2/m\boldsymbol{C}$.

*2-a) La dérivée temporelle du moment angulaire est égale au moment résultant des forces appliquées, soit ici* $\dot{J} = -fr$.

*2-b) La variation de l'énergie mécanique est égale au travail de la force de frottement soit* $\dot{E} = -\vec{f}.(\overrightarrow{\Delta r}/\Delta t) = -\vec{f}.\dot{\vec{r}} \simeq -fr\dot{\theta}$.

*2-c) D'après les résultats établis à la question 1),* $\dot{r} = 2J\dot{J}/m\boldsymbol{C} = -2fr^3\dot{\theta}/\boldsymbol{C}$. *Par conséquent* $\dot{r}/r\dot{\theta} = -2r^2 f/\boldsymbol{C} = -2f/f_G$ *en notant* $f_G$ *l'intensité de la force gravitationnelle qui s'exerce sur le satellite. Il apparaît que* $\dot{r}$ *est négatif, le satellite perd donc de l'altitude, mais cette vitesse radiale est faible devant la vitesse orthoradiale si la force de frottement est petite comparée à l'intensité de la force gravitationnelle.*

*2-d)* $J = mr^2\dot{\theta}$ *par conséquent* $\dot{J} = mr^2 d\dot{\theta}/dt + 2mr\dot{r}\dot{\theta} = -fr$*. En remplaçant* $\dot{r}$ *par l'expression trouvée à la question précédente, et en se souvenant que dans le cas d'une trajectoire circulaire* $mr^3\dot{\theta}^2 = \boldsymbol{C}$*, on trouve* $d\dot{\theta}/dt = 3f/mr$*. Ce qui montre que la vitesse angulaire augmente... sous l'effet de la force de frottement. Il n'y a là rien de paradoxal. Lorsque le satellite perd de l'altitude, son énergie mécanique varie de* $dE = \boldsymbol{C}dr/2r^2$ *qui correspond bien à une diminution puisque* $dr$ *est négatif. Mais la diminution de l'énergie potentielle* $dE_p = \boldsymbol{C}dr/r^2$ *est deux fois plus importante, ce qui justifie l'augmentation de l'énergie cinétique :* $dE_c = dE - dE_p = -\boldsymbol{C}dr/2r^2$.

**Exercice 7.7.**

*a) Écrivons la troisième loi de Kepler pour la comète et pour la Terre, en exprimant les périodes en années et les distances en UA :* $76^2/a^3 = 1^2/1^3$*. D'où* $a = 17,94$ *UA ; la longueur du grand axe est donc égale à 35,88 UA.*

*b) Comme on l'a vu au paragraphe 7.4.2,* $SA = a(1+e)$ *et* $SB = a(1-e)$*, soit* $SA = 35,29$ *UA et* $SB = 0,59$ *UA. Il suffit d'écrire l'expression de* *l'énergie mécanique en B pour trouver* $v_B$ : $-\mathcal{G}M_SM_H/2a = \frac{1}{2}M_Hv_B^2 - \mathcal{G}M_SM_H/[a(1-e)]$, *soit* $v_B^2 = [\mathcal{G}M_S(1+e)]/[a(1-e)]$. *L'application numérique donne* $v_B = 55$ *km/s.*

*c) Aux extrémités du grand axe, le vecteur vitesse est orthogonal au vecteur position, par conséquent* $J = M_H.SB.v_B = M_H[a\mathcal{G}M_S(1-e^2)]^{1/2}$.

*d) Comme on l'a vu au paragraphe 7.4.2,* $r_0 = a(1-e^2) = 1,165$ *UA. La distance* $SP = 1$ *UA ; à partir de l'équation polaire de l'ellipse, on trouve* $\cos\theta_P = -0,17$ *soit* $\theta_P = 99,8°$.

*e) En écrivant comme précédemment l'expression de l'énergie mécanique au point P, on obtient* $v_P = 42,1$ *km/s. On note* $\alpha$ *l'angle que forment les tangentes à chacune des trajectoires au point P. L'expression du module du moment angulaire au point P donne* $J = M_H.SP.v_P\sin(\pi/2+\alpha)$. *Cette expression de J doit être égale à celle déterminée en B à la question c). D'où* $\cos\alpha = (SB/SP)(v_B/v_P) = 0,774$ *soit* $\alpha = 39,3°$.

**Exercice 7.8.**

*a) On écrit l'expression de l'énergie mécanique :* $-\boldsymbol{C}/2r_0 = \frac{1}{2}mv_0^2 - \boldsymbol{C}/r_0$ *d'où* $mr_0v_0^2 = \boldsymbol{C}$.

*b) Par définition :* $\vec{J} = mr_0v_0(1+k)\hat{z}$, $\vec{p} = mv_0(1+k)\hat{\theta}$, *et en utilisant la relation établie à la question précédente on trouve* $\vec{e} = -\hat{r}(k^2+2k)$. *Le module du vecteur de Runge-Lenz définit l'excentricité de la conique :* $e = k^2+2k$. *Si* $k < (\sqrt{2}-1)$ *la trajectoire est elliptique ; si* $k = (\sqrt{2}-1)$ *la trajectoire est parabolique et si* $k > (\sqrt{2}-1)$ *la trajectoire est hyperbolique.*

*c) La trajectoire en polaire est définie par (voir relation 7.64) :*

$$r = \frac{\frac{J^2}{mC}}{1-e\cos\theta} \quad \text{avec} \quad \frac{J^2}{m\boldsymbol{C}} = r_0(1+k)^2 \quad \text{soit} \quad r = \frac{r_0(1+k)^2}{1-(k^2+2k)\cos\theta} \tag{7.65}$$

*d) Si* $k = 0,2$ *l'équation de la trajectoire s'écrit :*

$$r = \frac{1,44r_0}{1-0,44\cos\theta} \tag{7.66}$$

*Attention, l'angle polaire* $\theta = (\vec{e},\vec{r})$. *On tire de cette équation* $OA = r_0$, $OB \simeq 2,57r_0$. *Le grand axe de cette ellipse vaut donc* $2a = 3,57r_0$, *résultat que l'on peut retrouver en écrivant l'énergie mécanique au point A :* $\frac{1}{2}mv_0^2(1+k)^2 - \boldsymbol{C}/r_0 = -\boldsymbol{C}/2a$.

*On trouve la longueur du demi petit axe à partir de l'équation polaire de l'ellipse, en écrivant que* $OP = a$, *ce qui permet de trouver* $\cos\theta_P = 0,445$, *en définissant l'angle* $\theta_P = (\vec{e},\overrightarrow{OP})$. *On voit sur la figure 7.20a) que* $b = a\sin\theta_P \simeq 1,6r_0$. *La nouvelle trajectoire elliptique est dessinée en vert sur la figure 7.20a.*

**Exercice 7.9.**
*a)* $\mathcal{M}$ *qui se déplace sous l'action de la force gravitationnelle terrestre décrit une conique. Son énergie mécanique* $E = \frac{1}{2}mv_0^2$ *car très loin de la Terre on considère que l'énergie potentielle gravitationnelle est nulle. Cette valeur positive de* $E$ *correspond à une trajectoire hyperbolique.*
*b) En utilisant les définitions, on trouve à l'état initial :* $\vec{J} = -mbv_0\hat{z}$, $\vec{p} = -mv_0\hat{r}$ *et* $\vec{e} = \hat{r} + (mbv_0^2/\boldsymbol{C})\hat{\theta}$ *avec* $\boldsymbol{C} = \mathcal{G}M_T m$. *L'angle* $\phi$ *est défini par :* $\tan\phi = mbv_0^2/\boldsymbol{C}$.
*c) Le module du vecteur* $\vec{e}$ *définit l'excentricité de l'hyperbole :* $e = \sqrt{1 + (\tan\phi)^2}$, *soit* $e = 1/\cos\phi$. *En remarquant que* $J^2/m\boldsymbol{C} = b\tan\phi$, *on peut écrire l'équation polaire de la trajectoire :*

$$r = \frac{b\tan\phi}{1 - \frac{\cos\theta}{\cos\phi}} = \frac{b\sin\phi}{\cos\phi - \cos\theta} \qquad (7.67)$$

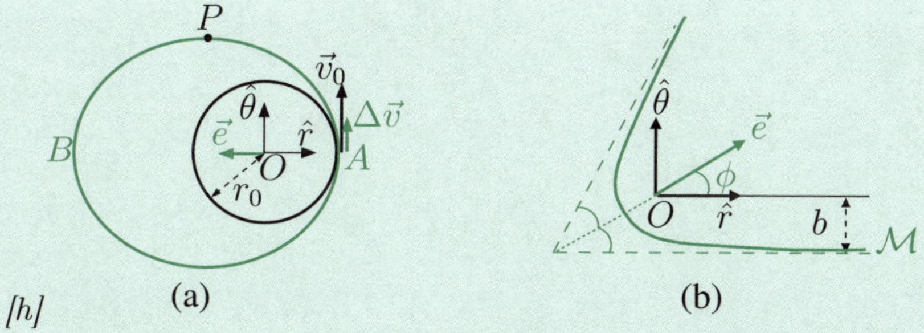


Figure 7.20.

*La direction du vecteur* $\vec{e}$ *définit l'axe de symétrie de l'hyperbole (figure 7.20b). La distance minimale d'approche correspond à* $\theta = \pi$ *soit* $r_m = b\sin\phi/(\cos\phi + 1)$ *soit encore* $r_m = b\tan(\phi/2)$. *On trouve l'expression de* $\tan(\phi/2)$ *en utilisant la relation* $\tan\phi = \frac{2\tan(\phi/2)}{1-\tan^2(\phi/2)}$. *La météorite ne percutera pas la Terre si* $r_m > R_T$ *c'est-à-dire si* $b > R_T\sqrt{1 + (2\mathcal{G}M_T/R_T v_0^2)}$.
*d) Comme le montre la figure 7.20b, la déviation subie par la météorite est égale à* $(\pi - 2\phi)$.

# 8
# ÉLÉMENTS DE MÉCANIQUE DU SOLIDE

Au début de cet ouvrage, nous avons commencé par étudier des masses ponctuelles, c'est-à-dire des mobiles dont la position est entièrement définie par les coordonnées d'un point. Puis nous avons considéré des objets de dimension finie tels que les palets, blocs, chariots, et ceci sans rencontrer plus de difficulté car nous avons continué à étudier le mouvement d'un point particulier, à savoir le centre de masse de ces objets. Cette démarche était légitime parce que ces objets n'étaient animés d'aucun mouvement autour de leur centre de masse.

Ceci n'est cependant pas toujours vrai. Dans le cas général, le mouvement d'un objet rigide indéformable est complexe. Il résulte de la composition du mouvement de son centre de masse (que nous savons décrire), et d'un mouvement de rotation autour de ce centre de masse. Faute de savoir traiter ce dernier, nous nous sommes contentés au chapitre précédent de déterminer la trajectoire que le centre de la Terre décrit autour du Soleil, mais avons ignoré les phénomènes liés à son mouvement de rotation autour de l'axe des pôles, comme par exemple la précession des équinoxes.

La description générale du mouvement de rotation d'un solide n'est pas simple. Elle repose sur des notions peu intuitives, et utilise un formalisme mathématique avec lequel il faut devenir familier. Aussi, dans la première partie de ce chapitre, qui ne traite que des solides indéformables[(1)], allons-nous commencer par le cas particulier d'un solide, en rotation autour de son axe de symétrie dont la direction reste fixe. Dans cette situation simple, mais suffisante pour traiter plusieurs exemples, nous introduirons les notions de moment d'inertie et de moment angulaire d'un solide, ainsi que la relation définissant l'évolution temporelle du moment

[(1)] Ce qui signifie que la distance entre deux points quelconques du solide reste fixe au cours du mouvement.

angulaire. Puis, une fois ces notions de base acquises, nous décrirons le phénomène de rotation d'un solide dans sa généralité.

## 8.1. Solide en rotation autour de son axe de symétrie fixe

### 8.1.1. Énergie cinétique de rotation

Considérons un cylindre homogène animé d'un mouvement de rotation avec la vitesse angulaire $\dot{\theta}$, autour de son axe de symétrie parallèle à sa génératrice (figure 8.1a). Ce cylindre, comme tout corps solide, peut être défini comme un ensemble discret de points matériels dont les distances mutuelles sont fixes. Nous décomposons donc ce cylindre en petits éléments de volume (tel celui représenté en vert sur la figure 8.1a), chacun étant assimilé à une masse ponctuelle $m_i$, et repéré par sa distance $r_i$ à l'axe de rotation. Il est important de réaliser que tous les éléments de ce cylindre sont animés de **la même vitesse angulaire** $\dot{\theta}$ : en effet, lorsque le cylindre effectue un tour, tous ses éléments effectuent un tour. En revanche le module de la vitesse linéaire de chaque élément dépend de sa distance $r_i$ à l'axe de rotation et s'écrit $v_i = r_i\dot{\theta}$. L'énergie cinétique d'un élément de volume égale à $\frac{1}{2}m_i v_i^2$ s'écrit donc $\frac{1}{2}m_i r_i^2\dot{\theta}^2$. L'énergie cinétique associée à la rotation du cylindre est définie comme la somme des énergies cinétiques de tous les éléments constituant le cylindre soit $E_c = \frac{1}{2}(\Sigma_i m_i r_i^2)\dot{\theta}^2$. Apparaît ainsi entre parenthèse une expression qui définit **le moment d'inertie** $I$ du cylindre par rapport à son axe de symétrie parallèle à sa génératrice, quantité en fonction de laquelle s'exprime l'énergie cinétique de rotation :

$$\boxed{E_c = \frac{1}{2}I\dot{\theta}^2} \quad \text{avec} \quad \boxed{I = \Sigma_i m_i r_i^2} \tag{8.1}$$

On trouve l'expression de $I$ en passant de la somme discrète à une somme continue, c'est-à-dire en remplaçant $\Sigma_i$ par une intégrale. Nous y reviendrons au paragraphe suivant. Pour l'instant, il nous suffit de savoir que pour un cylindre de masse $M$ et de rayon $R$, le moment d'inertie que nous avons défini $I = \frac{1}{2}MR^2$.

Si un tel cylindre roule sans glisser sur un plan (figure 8.1b), son énergie cinétique comprend deux contributions :

- l'énergie cinétique associée à sa **rotation** que nous venons de définir $\frac{1}{2}I\dot{\theta}^2$ ;
- l'énergie cinétique associée au mouvement de **translation** de son centre de masse $G$, égale à $\frac{1}{2}M\vec{v}_G^2 = \frac{1}{2}M(R\dot{\theta})^2$ car un roulement sans glissement implique[(2)] que $v_G = R\dot{\theta}$.

[(2)] Voir paragraphe 1.4.2.

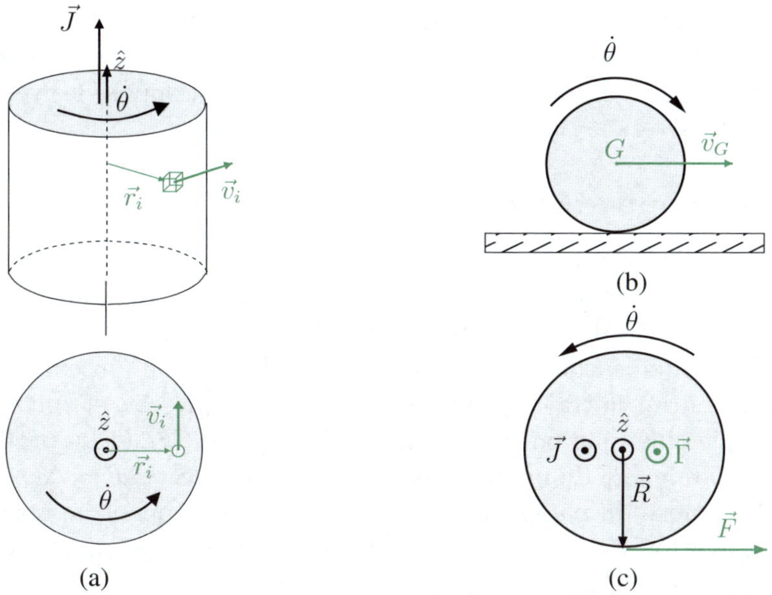


Figure 8.1. a) Cylindre homogène animé d'un mouvement de rotation autour de son axe de symétrie fixe, vu de côté et vu de dessus. b) Cylindre roulant sans glisser sur un plan : son axe se déplace mais sans changer de direction. c) Cylindre en rotation autour d'un axe fixe, soumis à une force tangentielle accélératrice.

L'énergie cinétique totale du cylindre s'écrit donc :

$$E_c = \frac{1}{2}M(R\dot{\theta})^2 + \frac{1}{2}I\dot{\theta}^2 \quad \text{soit} \quad E_c = \frac{3}{4}MR^2\dot{\theta}^2 = \frac{3}{4}Mv_G^2 \tag{8.2}$$

### 8.1.2. Moment angulaire du solide

Nous avons défini au chapitre précédent le vecteur moment angulaire associé à une masse ponctuelle en mouvement. Conformément à cette définition, chacune des masses ponctuelles $m_i$ que nous avons définies dans le cylindre (figure 8.1a) possède un vecteur moment angulaire défini par $m_i\vec{r}_i \wedge \vec{v}_i = m_i r_i^2\dot{\theta}\hat{z}$ puisque, pour un mouvement de rotation, le vecteur $\vec{v}_i$ est orthogonal au vecteur $\vec{r}_i$. Le vecteur moment angulaire du cylindre est défini comme la somme de tous les moments angulaires élémentaires que nous venons de définir : $\vec{J} = (\Sigma_i m_i r_i^2)\dot{\theta}\hat{z}$. Dans cette relation, réapparaît entre parenthèse le moment d'inertie $I$ du solide par rapport à son axe de rotation d'où :

$$\boxed{\vec{J} = I\dot{\theta}\hat{z} = I\vec{\omega}} \tag{8.3}$$

en notant $\vec{\omega} = \dot{\theta}\hat{z}$, le vecteur vitesse angulaire[3] associé au cylindre en rotation. Le sens du vecteur $\vec{J}$ est déterminé par le sens de rotation du solide comme l'illustre la figure 8.1a. Bien évidemment pour un sens de rotation opposé les vecteurs $\vec{\omega}$ et $\vec{J}$ seraient orientés vers le bas : $\vec{J} = -I\dot{\theta}\hat{z} = I\vec{\omega}$.

### 8.1.3. Évolution temporelle du vecteur $\vec{J}$

Considérons (figure 8.1c) un cylindre de rayon $R$, en rotation avec la vitesse angulaire $\dot{\theta}$ autour de son axe de symétrie **fixe**. Ce cylindre est soumis à une force accélératrice **tangentielle** constante $\vec{F}$ : imaginez par exemple que l'on tire avec cette force $\vec{F}$ sur un fil enroulé autour du cylindre. Pendant un intervalle de temps $\Delta t$, cette force fournit le travail élémentaire $\Delta W = \|\vec{F}\|R\dot{\theta}\Delta t$, et suivant le théorème de l'énergie cinétique on peut écrire : $\|\vec{F}\|R\dot{\theta}\Delta t = I\dot{\theta}\Delta\dot{\theta}$. Le produit $\|\vec{F}\|R$ représente le module $\|\vec{\Gamma}\|$ du moment exercé par la force, et $I\Delta\dot{\theta} = \Delta(I\dot{\theta}) = \Delta\|\vec{J}\|$ d'après les définitions du paragraphe précédent. Par conséquent, après simplification par $\dot{\theta}$, la relation traduisant le théorème de l'énergie cinétique s'écrit :

$$\boxed{\|\vec{\Gamma}\| = \frac{\Delta\|\vec{J}\|}{\Delta t} = I\ddot{\theta}} \quad \text{soit encore} \quad \boxed{\vec{\Gamma} = \dot{\vec{J}}} \tag{8.4}$$

puisque les vecteurs $\vec{\Gamma}$ et $\vec{J}$ sont **dans ce cas parallèles** comme le montre la figure 8.1c. Cette dernière relation vectorielle montre que c'est **le moment des forces** exercé sur un solide en rotation qui **détermine l'évolution temporelle de son moment angulaire**. Il faut souligner l'analogie formelle entre cette relation et celle ($\vec{F} = \dot{\vec{P}}$) qui régit l'évolution temporelle du vecteur quantité de mouvement. Insistons encore une fois sur le fait que les expressions de l'énergie cinétique, du vecteur moment angulaire et de son évolution temporelle, ont été établies dans le cas particulier d'un **solide en rotation autour de son axe de symétrie fixe**.

### 8.1.4. Exemples d'applications

**Poulie de masse non négligeable**

Une poulie, assimilable à un cylindre homogène de masse $M$ et de rayon $R$, peut tourner librement autour d'un axe fixe passant par son centre $O$. Sur cette poulie on enroule un fil inextensible à l'extrémité duquel est attaché un bloc de masse $m$ (figure 8.2a). L'ensemble, abandonné à lui-même sans vitesse initiale, est uniformément accéléré. Considérons d'abord le mouvement de translation du bloc de masse $m$. Soumis à son propre poids et à la force de tension du fil, son

[3] Voir paragraphe 1.6.1.

vecteur accélération $\vec{a}$ est défini par la deuxième loi de Newton : $m\vec{g} + \vec{T} = m\vec{a}$, soit après projection $mg - \|\vec{T}\| = m\|\vec{a}\|$. La dynamique de rotation de la poulie est régie par le moment de la tension $-\vec{T}$, force tangentielle dont le moment $\vec{\Gamma}$ est parallèle au vecteur vitesse angulaire $\vec{\omega}$ (figure 8.2a). Par conséquent $\|\vec{\Gamma}\| = I\ddot{\theta}$, soit $R\|\vec{T}\| = I\|\vec{a}\|/R$ dans le cas où le fil ne glisse pas sur la poulie. En combinant ces deux relations, on obtient sans difficulté l'expression de l'accélération $\|\vec{a}\| = g/(1 + I/mR^2)$, soit encore, en utilisant l'expression du moment d'inertie d'un cylindre par rapport à son grand axe, $\|\vec{a}\| = g/(1 + M/2m)$. En intégrant par rapport au temps, on trouve la vitesse linéaire du bloc $v(t) = \|\vec{a}\|t$ et la distance qu'il parcourt $x(t) = \frac{1}{2}\|\vec{a}\|t^2$, soit en éliminant le temps $v^2 = 2\|\vec{a}\|x = 2gx/(1 + M/2m)$. Ce résultat peut s'obtenir directement en écrivant le théorème de l'énergie cinétique, pour l'ensemble bloc-poulie, entre l'instant initial et l'instant $t$. Seul le poids du bloc travaille[(4)], et attention à ne pas oublier l'énergie cinétique associée à la rotation de la poulie : $\frac{1}{2}I\dot{\theta}^2 + \frac{1}{2}mv^2 = mgx$. Avec, toujours dans le cas où le fil ne glisse pas sur la poulie, $v = R\dot{\theta}$, on trouve $\frac{1}{2}v^2(m + M/2) = mgx$.

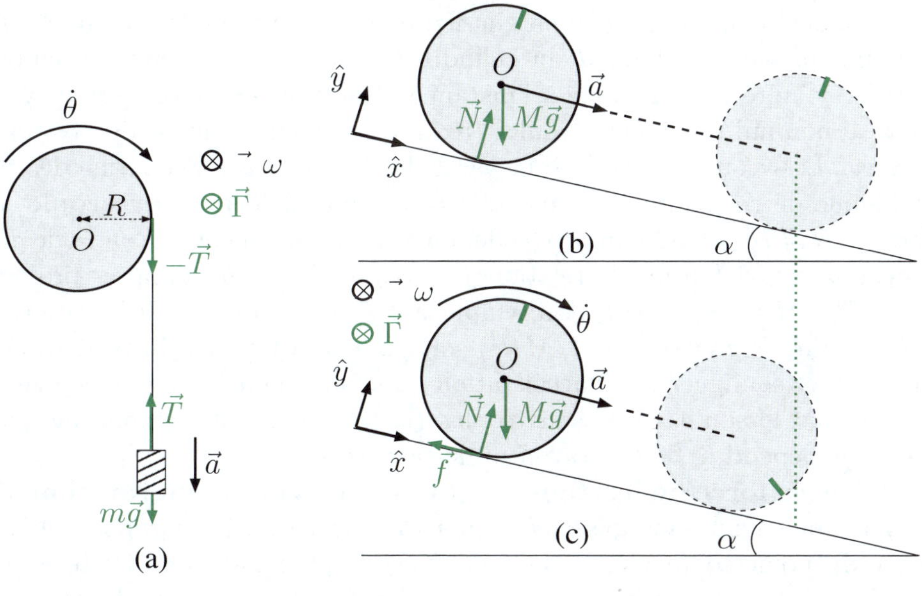


FIGURE 8.2. a) Chute d'un bloc de masse $m$ attaché à l'extrémité d'un fil enroulé sur une poulie de moment d'inertie $I$. b) En l'absence de frottement, un cylindre homogène de masse $M$ placé sur un plan incliné glisse sans rouler. c) En présence d'une force de frottement, ce cylindre roule sans glisser si $\tan\alpha \leq 3\mu_s$. L'accélération de son centre $O$ est plus faible.

(4) Parce que l'on traite l'ensemble, les travaux de $\vec{T}$ et $-\vec{T}$ s'annulent. Si l'on ne considérait que le bloc il faudrait prendre en compte le travail de $\vec{T}$.

### Cylindre homogène placé sur un plan incliné

Un cylindre homogène de masse $M$ et de rayon $R$ est placé sur un plan incliné d'un angle $\alpha$ par rapport à l'horizontale. En l'**absence de frottement** (figure 8.2c), le moment $\vec{\Gamma}$ par rapport à $O$ des forces appliquées sur ce cylindre est nul ($M\vec{g}$ s'applique en $O$ et la direction de $\vec{N}$ passe par $O$). Conformément à (8.4), le vecteur moment angulaire $\vec{J}$ du cylindre doit donc rester constant au cours du temps. Si à l'instant initial le cylindre est immobile, $\vec{J}$ doit donc rester nul et **le cylindre ne tourne pas, il glisse sans rouler** : le repère vert dessiné sur le cylindre le souligne sur la figure 8.2b. Sous l'action de la réaction normale du plan et du poids, le centre de masse $O$ du cylindre est animé d'un mouvement uniformément accéléré défini par $M\vec{g} + \vec{N} = M\vec{a}$. En projetant cette relation, on obtient $a_x = g \sin \alpha$ et $\|\vec{N}\| = Mg \cos \alpha$. Le cylindre glisse exactement de la même manière qu'un bloc parallélépipédique de masse $M$.

### En présence d'une force de frottement

$\vec{f}$ de type solide-solide entre le cylindre et le plan incliné, le moment $\vec{\Gamma}$ n'est plus nul : orienté comme le représente la figure 8.2c, son module est égal à $\|\vec{f}\|R$. Le vecteur moment angulaire $\vec{J}$ du cylindre évolue donc au cours du temps et, même si le cylindre est immobile à l'instant initial, il acquiert un vecteur vitesse angulaire $\vec{\omega}$ non nul et se met à rouler (remarquer le changement de position du repère vert). Les vecteurs $\vec{\omega}$ et $\vec{\Gamma}$ étant parallèles (figure 8.2c), l'équation décrivant la dynamique de rotation[5] s'écrit : $\|\vec{\Gamma}\| = I\ddot{\theta}$ soit, si **le cylindre roule sans glisser**, $\|\vec{f}\|R = Ia_x/R$. Comme précédemment, le mouvement du centre de masse $O$ du cylindre est défini par la relation $\vec{f} + M\vec{g} + \vec{N} = M\vec{a}$ qui après projection donne $-\|\vec{f}\| + Mg \sin \alpha = Ma_x$. En remplaçant $\|\vec{f}\|$ par son expression, on trouve l'accélération $a_x = g \sin \alpha/(1 + I/MR^2)$ soit pour un **cylindre homogène** $a_x = \frac{2}{3} g \sin \alpha$. Il faut souligner que l'accélération du centre de masse $O$ de ce cylindre, plus faible que lorsqu'il glisse sans rouler (le trait vertical en pointillé vert le souligne), ne dépend ni de son rayon ni de sa masse.

C'est donc **la force de frottement qui met le cylindre en rotation**. Dans le cas d'un roulement sans glissement, nous avons vu au paragraphe 1.4.2, que la vitesse du point contact entre le cylindre et le plan est nulle. Cette force de frottement est donc une force de frottement **statique**, ce qui implique que son module ne peut dépasser la valeur $\mu_s\|\vec{N}\|$ (voir paragraphe 2.6.2). Cette condition s'écrit $\|\vec{f}\| = Ia_x/R^2 \leq \mu_s Mg \cos \alpha$. En remplaçant $a_x$ par son expression, on trouve $\tan \alpha \leq 3\mu_s$. C'est la **condition pour que le cylindre roule sans glisser**[6].

[5] Bien que l'axe de symétrie du cylindre se déplace, il reste parallèle à lui-même et ne change pas de direction : on est bien dans la situation d'un axe de symétrie fixe.

[6] Le roulement avec glissement est abordé dans l'exercice 8.11.

La vitesse du centre de masse $O$ et la distance qu'il parcourt sont définies en fonction du temps par $v_x = a_x t$ et $x = \frac{1}{2}a_x t^2$. En éliminant $t$, on trouve $v_x^2 = 2a_x x$ soit $\frac{1}{2}v_x^2(1+I/MR^2) = gx \sin\alpha$. En multipliant par $M$ chaque membre, on obtient $\frac{1}{2}Mv_x^2 + \frac{1}{2}I\dot{\theta}^2 = Mgx \sin\alpha$. Le membre de gauche représente la variation de l'énergie cinétique **totale** du cylindre entre l'instant initial et un instant ultérieur quelconque. Le membre de droite doit par conséquent représenter le travail des forces entre ces deux mêmes instants : vous serez peut-être surpris de n'y voir figurer que le travail du poids et pas celui de la force de frottement. En fait, la vitesse du point de contact étant nulle, **la force de frottement statique ne travaille pas**. La démonstration de ce résultat est donnée dans l'exercice (8.4).

## 8.2. Calcul d'un moment d'inertie

Nous avons défini le moment d'inertie d'un solide par une somme discrète $I = \frac{1}{2}\Sigma_i m_i r_i^2$, où $r_i$ représente la distance entre la masse $m_i$ et le point ou bien l'axe par rapport auquel on veut calculer le moment d'inertie du solide. Le passage à la limite continue se fait en définissant un élément de volume infinitésimal $d\mathcal{V}$, dont la distance au point ou à l'axe considérés est notée $r$. Si l'on note $\rho(r)$ la masse volumique du solide en ce point, ce volume infinitésimal est assimilé à une masse ponctuelle $\rho(r)d\mathcal{V}$, et le moment d'inertie s'écrit sous la forme d'une intégrale de volume dans tout le solide : $I = \iiint \rho(r)\, r^2 d\mathcal{V}$. Si le solide est homogène, $\rho$ ne dépend pas de $r$, et sort de l'intégrale.

### 8.2.1. Propriétés du moment d'inertie

Lorsque l'on est amené à établir l'expression du moment d'inertie d'un solide par rapport à un point ou un axe, le plus simple est de commencer par considérer le centre de masse $G$ de ce solide, ou bien un axe passant par $G$. Dans chacune de ces situations, comme nous l'illustrerons sur plusieurs exemples, si l'on utilise un système de coordonnées bien adapté, les symétries du solide simplifient en général beaucoup le calcul intégral.

**Moment d'inertie par rapport à un axe**

Choisissons $G$ comme origine d'un système d'axes orthonormés, et plaçons-nous en coordonnées cartésiennes. Un point quelconque du solide, $N$ de coordonnées $x$, $y$ et $z$, est respectivement situé aux distances $NL$, $NK$ et $NH$ de chacun des axes (figure 8.3a).

Les moments d'inertie du solide par rapport à chacun de ces axes s'écrivent donc :

$$I_{xx} = \iiint \rho(y^2 + z^2)d\mathcal{V}; \quad I_{yy} = \iiint \rho(x^2 + z^2)d\mathcal{V}; \quad I_{zz} = \iiint \rho(x^2 + y^2)d\mathcal{V} \tag{8.5}$$

où dans le cas général d'un solide inhomogène $\rho$ est une fonction de $x$, $y$ et $z$. Comme nous allons le voir, ces intégrales se calculent en général sans trop de difficulté si les axes choisis sont des axes de symétrie du solide.

Le moment d'inertie d'un solide par rapport à un axe quelconque s'obtient simplement à partir de celui calculé par rapport à un axe qui lui est parallèle et passe par le centre de masse $G$. Considérons (figure 8.3b) un axe $(\Delta')$ parallèle à l'axe $(\Delta)$ qui passe par $G$. Soit $H$ et $H'$ les projections orthogonales d'un point $N$ du solide sur chacun des axes ; en notant $\vec{a} = \overrightarrow{HH'}$ on écrit $\vec{r'} = -\vec{a} + \vec{r}$, soit en élevant au carré $r'^2 = r^2 + a^2 - 2\vec{a}\vec{r}$. D'où l'expression du moment d'inertie du solide par rapport à l'axe $(\Delta')$ :

$$I_{\Delta'} = \iiint \rho r'^2 d\mathcal{V} = \iiint \rho r^2 d\mathcal{V} + a^2 \iiint \rho d\mathcal{V} - 2\vec{a} \iiint \rho \vec{r} d\mathcal{V} \tag{8.6}$$

et la relation très utile, connue comme le **théorème de Huygens** :

$$\boxed{I_{\Delta'} = I_\Delta + Ma^2} \tag{8.7}$$

car le dernier terme de l'équation (8.6) est nul. En effet $\vec{r} = \overrightarrow{HG} + \overrightarrow{GN}$ c'est-à-dire $\vec{r} = -\hat{z}(\overrightarrow{GN}\hat{z}) + \overrightarrow{GN}$. Or le passage à la limite continue de la relation[7] $\Sigma_i m_i \overrightarrow{GN_i} = \vec{0}$ se traduit par $\iiint \rho \overrightarrow{GN} d\mathcal{V} = \vec{0}$. Par conséquent $\iiint \rho \vec{r} d\mathcal{V} = \vec{0}$.

**Moment d'inertie par rapport à un point**

Le moment d'inertie d'un solide par rapport au point $G$ choisi comme origine (figure 8.3a) est défini par : $I_G = \iiint \rho(x^2 + y^2 + z^2)d\mathcal{V}$. Il est utile de remarquer que conformément à la relation (8.5) on peut écrire :

$$\boxed{I_G = \frac{1}{2}(I_{xx} + I_{yy} + I_{zz})} \tag{8.8}$$

Attention, dans le plan cette relation s'écrit $I_G = (I_{xx} + I_{yy})$.

Pour établir l'expression du moment d'inertie du solide par rapport à un point $O$ quelconque, il suffit de remarquer que $\overrightarrow{ON} = \overrightarrow{OG} + \overrightarrow{GN}$ soit en élevant au carré $ON^2 = GN^2 + OG^2 + 2\overrightarrow{OG}.\overrightarrow{GN}$. D'où la relation :

$$I_O = I_G + M.OG^2 \tag{8.9}$$

[7] Voir « Outils mathématiques », paragraphe 10.3.5.

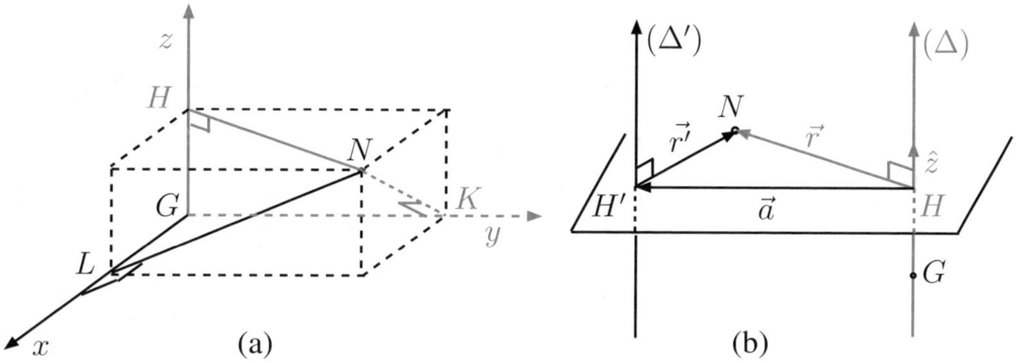


FIGURE 8.3. a) Distances respectives d'un point $N$ à trois axes orthonormés passant par le centre de masse $G$. b) Axe $(\Delta')$ parallèle à un axe $(\Delta)$ passant par $G$ ; $\|\vec{r'}\|$ et $\|\vec{r}\|$ sont les distances respectives du point $N$ à ces axes.

Comme précédemment, si l'on définit trois axes orthonormés $\Delta_1$, $\Delta_2$ et $\Delta_3$ passant par $O$, on aura : $I_O = \frac{1}{2}(I_{\Delta_1} + I_{\Delta_2} + I_{\Delta_3})$.

### 8.2.2. Moments d'inertie d'un cerceau

On considère un cerceau homogène de rayon $R$ et de centre $G$. Chacune des dimensions de sa section $s$ est supposée très petite devant $R$. Les coordonnées polaires sont mieux adaptées que les coordonnées cartésiennes pour décrire une géométrie circulaire. Une seule variable, l'angle $\theta$, suffit en effet à repérer un élément du cerceau (en vert figure 8.4a), et le calcul d'un moment d'inertie ne fait donc intervenir qu'une intégrale simple. Chaque élément de volume $d\mathcal{V} = sRd\theta$ se trouve à la distance $R$ du centre $G$, par conséquent $I_G = \int_0^{2\pi} R^2(\rho sRd\theta) = MR^2$ en notant $M = \rho 2\pi Rs$ la masse du cerceau. On trouve sans difficulté la même expression pour le moment d'inertie par rapport à l'axe vertical $I_{zz} = MR^2$. En revanche un élément du cerceau repéré par l'angle $\theta$ est à la distance $R\sin\theta$ de l'axe horizontal et $I_{xx} = \int_0^{2\pi}(R\sin\theta)^2(\rho sRd\theta) = \frac{1}{2}MR^2$. On montre facilement que $I_{yy} = I_{xx}$. Par conséquent pour un solide d'épaisseur négligeable $I_G = I_{xx} + I_{yy}$.

### 8.2.3. Moments d'inertie d'un disque mince

Un disque homogène de rayon $R$ et d'épaisseur $e$ négligeable devant $R$ est placé dans le plan $xOy$ (figure 8.4b). Toujours en coordonnées polaires, un élément de

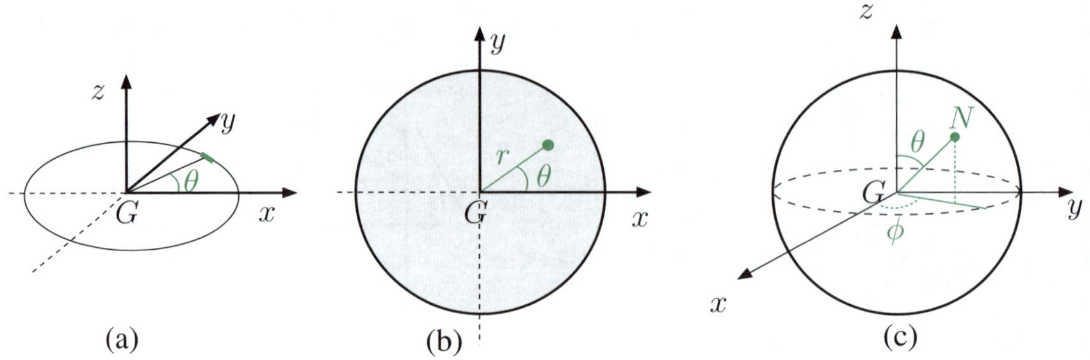


FIGURE 8.4. a) Cerceau de rayon $R$. b) Disque homogène de rayon $R$ vu de dessus. c) Sphère homogène de rayon $R$ ; $ON = r$.

ce disque, repéré par les variables $r$ et $\theta$, a un volume $d\mathcal{V} = erdrd\theta$. Le moment d'inertie du disque par rapport à son centre $G$ s'écrit : $I_G = \rho e \int_0^R r^3 dr \int_0^{2\pi} d\theta$. Le choix du « bon » système de coordonnées fait que les variables sont indépendantes[(8)], et l'intégrale double se ramène dans ce cas à une produit d'intégrales facilement calculables. On trouve sans difficulté $I_G = \frac{1}{2}MR^2$ en notant $M = \rho\pi R^2 e$ la masse du disque. Comme précédemment on trouve que le moment d'inertie $I_{zz}$ par rapport à l'axe perpendiculaire au disque et passant par $G$ est égal à $I_G$. Sans difficulté vous trouverez que $I_{xx} = I_{yy} = \frac{1}{4}MR^2$. Comme pour le cerceau on se trouve dans le plan et $I_G = I_{xx} + I_{yy}$.

### 8.2.4. Moments d'inertie d'une sphère

On considère une sphère homogène de centre $G$ et de rayon $R$. Un point quelconque $N$ de cette sphère est repéré par les coordonnées sphériques $r$, $\theta$ et $\phi$ (figure 8.4c). Un élément de volume $d\mathcal{V} = r^2 \sin\theta dr d\theta d\phi$ se trouve à la distance $r$ du point $G$. Le moment d'inertie de la sphère par rapport à $G$ s'écrit donc simplement : $I_G = \rho \int_0^R r^4 dr \int_0^{\pi} \sin\theta d\theta \int_0^{2\pi} d\phi$ puisque ici encore, un « bon » choix de coordonnées fait que les variables sont indépendantes. L'intégration ne pose pas de difficulté et $I_G = \frac{3}{5}MR^2$ en notant $M = \rho\frac{4}{3}\pi R^3$ la masse de la sphère.

Le point $N$ est à la distance $r\sin\theta$ de l'axe vertical $Oz$. On définit donc le moment d'inertie de la sphère par rapport à cet axe par : $I_{zz} = \rho \int_0^R r^4 dr \int_0^{\pi} (\sin\theta)^3 d\theta \int_0^{2\pi} d\phi$ soit $I_{zz} = \frac{2}{5}MR^2$. Du fait de la symétrie sphérique, aucune direction n'est privilégiée et $I_{xx} = I_{yy} = I_{zz}$. Vérifiez-le. On trouve bien que $I_G = \frac{1}{2}(I_{xx} + I_{yy} + I_{zz})$.

(8) Ce ne serait pas le cas en coordonnées cartésiennes.

## 8.3. Expression générale du moment angulaire

Considérons maintenant un solide animé d'un mouvement de rotation défini par le vecteur vitesse angulaire $\vec{\omega}$. Nous décrivons ce solide comme un ensemble discret de masses ponctuelles $m_i$ dont les positions par rapport à un point fixe $O$ sont repérées par les vecteurs $\vec{r}_i$. Chacune de ces masses est animée du vecteur vitesse $\vec{v}_i = \vec{\omega} \wedge \vec{r}_i$ et, en utilisant les propriétés du double produit vectoriel[9], le vecteur moment angulaire du solide par rapport à ce point $O$ s'écrit :

$$\vec{J}_o = \Sigma_i m_i \vec{r}_i \wedge (\vec{\omega} \wedge \vec{r}_i) = \Sigma_i m_i \,\vec{\omega}\, \vec{r}_i^{\,2} - \Sigma_i m_i \vec{r}_i (\vec{r}_i . \vec{\omega}) \tag{8.10}$$

Il suffit d'effectuer les produits scalaires pour obtenir la première coordonnée du vecteur $\vec{J}_o$ :

$$J_{ox} = \Sigma_i m_i (y_i^2 + z_i^2)\omega_x - (\Sigma_i m_i x_i y_i)\omega_y - (\Sigma_i m_i x_i z_i)\omega_z \tag{8.11}$$

soit encore :

$$J_{ox} = I_{xx}\omega_x + I_{xy}\omega_y + I_{xz}\omega_z \tag{8.12}$$

et des expressions tout à fait analogues pour $J_{oy}$ et $J_{oz}$, que l'on obtient par permutation circulaire des indices. La complexité de l'expression générale du vecteur moment angulaire apparaît ici : elle fait intervenir pas moins de neuf coefficients qui définissent ce que l'on appelle le **tenseur d'inertie**. Ce tenseur est symétrique, car à l'évidence, suivant la définition (8.11) de ses coefficients, $I_{xy} = I_{yx}$, $I_{xz} = I_{zx}$ et $I_{zy} = I_{yz}$.

Ce tenseur d'inertie possède une propriété essentielle : si les axes choisis sont des **axes principaux d'inertie du solide, seuls les trois coefficients, appelés moments principaux d'inertie, $I_{xx}$, $I_{yy}$ et $I_{zz}$ sont non nuls.**

Dans le cas général, on détermine ces axes principaux en ramenant le tenseur d'inertie à une forme diagonale, ce que nous ne ferons pas ici. Nous nous contenterons d'étudier des solides possédant trois axes de symétrie, or **les axes de symétrie sont des axes principaux d'inertie**. Par conséquent **en utilisant les axes de symétrie du solide**, le vecteur moment angulaire s'écrit :

$$\boxed{\vec{J}_o = I_{xx}\omega_x \hat{x} + I_{yy}\omega_y \hat{y} + I_{zz}\omega_z \hat{z}} \tag{8.13}$$

où les moments principaux d'inertie du solide sont définis par la relation (8.5). La relation (8.13) montre que **les vecteurs $\vec{J}_o$ et $\vec{\omega}$ ne sont en général pas**

[9] Voir « Outils Mathématiques », paragraphe 10.3.4.

**colinéaires**. Les vecteurs $\vec{J}_o$ et $\vec{\omega}$ sont parallèles uniquement dans deux cas particuliers : les trois moments principaux d'inertie sont égaux (toupie sphérique), ou bien la direction de $\vec{\omega}$ coïncide avec celle de l'un des axes principaux. C'était le cas au début de ce chapitre lorsque nous avons considéré la situation où $\vec{\omega} = \dot{\theta}\hat{z}$, soit $\omega_x = \omega_y = 0$ et $\omega_z = \dot{\theta}$. Dans ce cas la relation (8.13) se réduit bien à la relation (8.3).

En général on choisira le centre de masse $G$ du solide comme origine des axes principaux. Cependant si ce solide pivote autour d'un point fixe, il peut s'avérer commode de prendre ce point fixe pour origine. Mais attention : les axes principaux associés à ce point fixe ne seront parallèles aux axes principaux associés à $G$ que si ce point fixe est situé sur l'un des axes principaux passant par $G$ (exercice 8.8).

Appliquons ces résultats à un disque mince homogène de masse $M$ et de rayon $R$, fixé par son centre $G$ à un axe horizontal (figure 8.5a). Définissons les vecteurs unitaires **solidaires du disque** : $\hat{X}_1$, $\hat{Y}_1$ (dans le plan du disque) et $\hat{Z}_1$ (orthogonal au plan du disque). Leurs directions coïncident avec celles des axes de symétries du disque, qui nous l'avons vu sont des axes principaux. Le vecteur unitaire $\hat{Z}_1$ fait un angle $\alpha$ avec l'axe qui est animé d'un mouvement de rotation, défini par le vecteur vitesse angulaire $\vec{\omega}$. La relation (8.13) nous permet d'établir l'expression du vecteur moment angulaire du disque par rapport à son centre $G$, en utilisant les expressions des moments principaux d'inertie établies paragraphe 8.2.3. En projetant le vecteur $\vec{\omega}$, on trouve sans difficulté ses coordonnées : $\vec{\omega} = \omega(-\hat{Y}_1 \sin\alpha + \hat{Z}_1 \cos\alpha)$ d'où, suivant (8.13), $\vec{J}_G = (\frac{1}{4}\omega M R^2)(-\hat{Y}_1 \sin\alpha + 2\hat{Z}_1 \cos\alpha)$. Il apparaît clairement que $\vec{J}_G$ **n'est pas parallèle à** $\vec{\omega}$ (figure 8.5b). C'est le résultat attendu lorsque la direction du vecteur vitesse angulaire ne coïncide pas avec une direction principale du solide.

FIGURE 8.5. a) Disque homogène solidaire d'un axe en rotation avec le vecteur vitesse angulaire $\vec{\omega}$. Les vecteurs unitaires, solidaires du disque, définissent les directions des axes de symétrie. b) Disque vu de profil.

# 8.4. Évolution temporelle du moment angulaire

## 8.4.1. Relation fondamentale

Considérons encore un solide comme un ensemble discret de masses ponctuelles $m_i$ dont les positions par rapport à un point fixe $O$ sont repérées par les vecteurs $\vec{r}_i$, et dont les vecteurs vitesse sont notés $\vec{v}_i$. Par définition $\vec{J}_o = \Sigma_i m_i \vec{r}_i \wedge \vec{v}_i$ et $d\vec{J}_o/dt = \Sigma_i m_i \vec{r}_i \wedge d\vec{v}_i/dt$ puisque le produit vectoriel d'un vecteur par lui-même est nul. Dans **un référentiel galiléen**, $m_i d\vec{v}_i/dt$ est égal à la résultante des forces d'interaction s'exerçant sur la masse $m_i$. Celles-ci se décomposent en forces extérieures $\vec{F}_i^{ext}$ et forces intérieures $\Sigma_{j\neq i}\vec{F}_{ij}$. Or si les forces intérieures sont centrales, ce qui sera le cas des exemples que nous traiterons, on montre (exercice 8.10) que la contribution des forces intérieures $(\Sigma_i \vec{r}_i \Sigma_{j\neq i}\vec{F}_{ij})$ est nulle. Par conséquent :

$$\boxed{\frac{d\vec{J}_o}{dt} = \Sigma_i \vec{r}_i \wedge \vec{F}_i^{ext} = \vec{\Gamma}_{ext}} \qquad (8.14)$$

**L'évolution temporelle du vecteur moment angulaire est régie par le moment des forces extérieures**. Cette relation, formellement identique à $\dot{\vec{P}} = \vec{F}_{ext}$, implique que le vecteur moment angulaire d'un système isolé se conserve. C'est ainsi que, sans son rotor de queue (ou rotor anti-couple) d'axe horizontal, un hélicoptère tournerait sur lui-même dans le sens inverse du sens de rotation de son rotor principal.

Au paragraphe 8.1.4 nous avons illustré la relation (8.14) dans des situations où les vecteurs $\vec{J}_o$ et $\vec{\Gamma}_{ext}$ avaient même direction. Dans ce cas, seul le module du moment angulaire change, sa direction restant fixe. Mais en général $\vec{J}_o$ et $\vec{\Gamma}_{ext}$ ne sont pas parallèles et le moment des forces extérieures modifie aussi la direction du moment angulaire. Le mouvement de précession d'une toupie en constitue une spectaculaire illustration.

## 8.4.2. Précession d'une toupie symétrique

Tant qu'une toupie ne tourne pas, son comportement est banal. Abandonnée sans vitesse initiale dans une position inclinée par rapport à la verticale, la toupie va basculer comme le montre la figure 8.6a. En effet le moment, $\vec{\Gamma} = \overrightarrow{OG} \wedge m\vec{g}$, du poids par rapport au point $O$ va, conformément à (8.14), faire acquérir à la toupie un moment angulaire $\overrightarrow{\Delta J} = \vec{\Gamma}\Delta t$ après un intervalle de temps $\Delta t$. Ce moment angulaire $\overrightarrow{\Delta J}$, parallèle à $\vec{\Gamma}$, est associé à la trajectoire curviligne (en tirets verts) décrite par le centre de masse $G$ de la toupie.

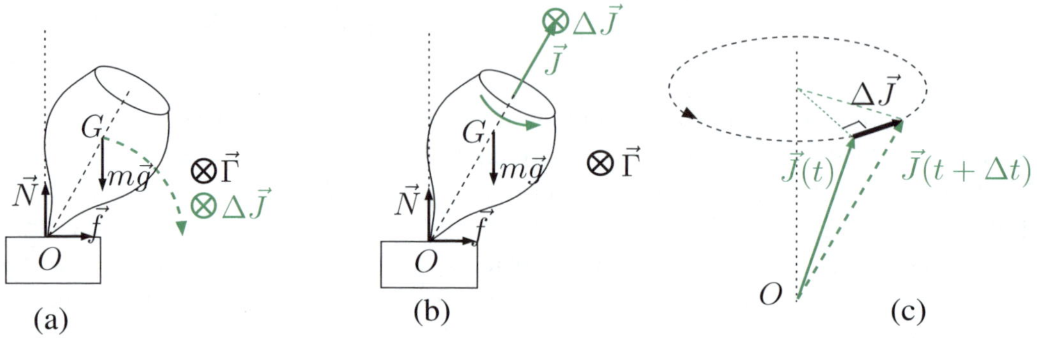


FIGURE 8.6. a) Un toupie qui ne tourne pas bascule sous l'effet de son poids (trajectoire de $G$ en tirets verts). b) Animée d'un mouvement de rotation autour de son axe, elle possède un moment angulaire $\vec{J}$ qui l'empêche de basculer. c) Le moment de son poids fait précesser la toupie autour de l'axe vertical.

Lorsque la toupie est animée d'un mouvement de rotation autour de son axe de symétrie vertical, la situation est radicalement différente. La toupie possède alors un moment angulaire $\vec{J}$ (figure 8.6b), et c'est ce moment angulaire qui l'empêche de basculer. En effet un mouvement de basculement de la toupie, et donc de $\vec{J}$, comme celui représenté en tirets verts sur la figure 8.6a, impliquerait l'existence d'un vecteur $\overrightarrow{\Delta J}$, et donc d'un vecteur $\vec{\Gamma}$, dans le plan de la figure. Or le moment $\vec{\Gamma}$ des forces extérieures étant toujours le même, c'est-à-dire perpendiculaire au plan de la figure, ce mouvement de basculement est dès lors impossible. En revanche le moment $\vec{\Gamma}$ est responsable du mouvement de précession de la toupie, dans la mesure où il produit une variation $\overrightarrow{\Delta J}$ du moment angulaire, perpendiculaire au plan de la figure 8.6b. La variation $\overrightarrow{\Delta J}$ du moment angulaire qui se produit entre $t$ et $t + \Delta t$ est en effet un vecteur perpendiculaire au plan défini par la verticale passant par $O$ et le vecteur $\vec{J}(t)$. Comme l'illustre la figure 8.6c, $\overrightarrow{\Delta J}$ modifie la direction du vecteur moment angulaire. Qualitativement nous pouvons dire que l'extrémité du vecteur $\vec{J}(t + \Delta t)$ se trouve sur le cercle horizontal, passant par l'extrémité du vecteur $\vec{J}(t)$, et centré sur l'axe vertical passant par $O$. Le vecteur moment angulaire va ainsi tourner (précesser), autour de l'axe vertical.

### 8.4.3. Vitesse angulaire de précession

La détermination de la vitesse angulaire de précession va nous donner l'occasion d'aborder une question délicate. Nous avons vu que l'expression du moment angulaire était la plus simple en utilisant les axes principaux du solide (relation 8.13). Puis nous avons montré que, **dans un référentiel galiléen**, l'évolution temporelle du moment angulaire était régie par le moment résultant des forces extérieures s'exerçant sur ce solide (relation 8.14). Or **le référentiel associé aux axes principaux n'est en général pas galiléen**. Il faut par conséquent utiliser la relation (8.14) avec précaution.

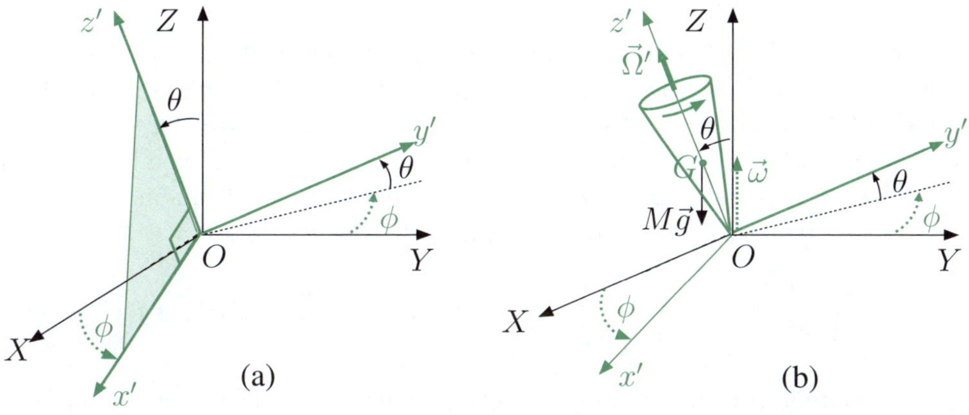


FIGURE 8.7. a) Système d'axes $OXYZ$ lié au référentiel galiléen ($\mathcal{R}$). Système d'axes principaux de la toupie $Ox'y'z'$. L'axe $Ox'$ est dans le plan $XOY$. Il est orthogonal à $Oz'$ et à $OZ$. b) La toupie animée d'un mouvement de rotation autour de son axe $Oz'$, précesse avec la vitesse angulaire $\vec{\omega}$ autour de l'axe $OZ$.

Commençons par définir les référentiels et systèmes d'axes utilisés. Le système d'axes fixes $OXYZ$ (en noir) est attaché au référentiel galiléen terrestre ($\mathcal{R}$). Pour décrire le mouvement de la toupie, nous utiliserons le système d'axes $Ox'y'z'$ (en vert). Attention : l'axe $Oz'$ coïncide avec l'axe de symétrie vertical de la toupie, mais le système d'axes $Ox'y'z'$ ne participe pas à la rotation de la toupie autour de $Oz'$ ; ce n'est donc pas un système d'axes lié au solide. Pour bien visualiser (figure 8.7a) le système d'axes $Ox'y'z'$ utilisé, imaginez une équerre dont un côté de l'angle droit ($Ox'$) repose sur le plan $XOY$, dans lequel sa position est repérée par l'angle $\phi$. On incline cette équerre par rapport à la verticale et l'on note $\theta$ l'angle entre $Oz'$ et $OZ$. Le troisième axe $Oy'$, orthogonal au plan de l'équerre, fait le même angle $\theta$ avec le plan $XOY$.

$Oz'$ est un axe principal de la toupie et l'on note $I_{z'z'}$ le moment d'inertie principal correspondant ; $Ox'$ et $Oy'$ sont parallèles aux axes de symétrie passant par le centre de masse $G$ et auxquels est associé le moment d'inertie principal $I_\perp$. Suivant (8.7) $I_{x'x'} = I_{y'y'} = I_\perp + Ma^2$ en notant $a = OG$.

La toupie est animée d'un mouvement de rotation autour de son axe principal $Oz'$ avec le vecteur vitesse angulaire $\vec{\Omega}'$. Par ailleurs, comme nous l'avons vu au paragraphe précédent, cet axe $Oz'$ tourne autour de l'axe $OZ$, et nous notons $\vec{\omega}$ (figure 8.7b) le vecteur vitesse angulaire associé à ce mouvement de précession ($\|\vec{\omega}\| = \dot{\phi}$). Conformément à la relation (8.13), le moment angulaire de la toupie par rapport au point $O$ s'écrit[10] :

$$\vec{J_o} = \hat{y}' I_{y'y'} \dot{\phi} \sin\theta + \hat{z}' I_{z'z'} (\dot{\phi}\cos\theta + \Omega') \tag{8.15}$$

en notant $\Omega' = \|\vec{\Omega}'\|$. Comme attendu, le vecteur moment angulaire s'exprime simplement dans le système d'axes principaux. **Cependant c'est dans le référentiel ($\mathcal{R}$) que son évolution temporelle est définie**. Or dans ($\mathcal{R}$), le système d'axes $Ox'y'z'$ est animé d'un mouvement de rotation avec la vitesse angulaire[11] $(\dot{\theta}\hat{x}' + \vec{\omega})$ avec $\vec{\omega} = (\dot{\phi}\sin\theta)\hat{y}' + (\dot{\phi}\cos\theta)\hat{z}'$. Conformément à ce que nous avons vu au paragraphe 1.6, la relation (8.14) s'écrit :

$$\left(\frac{d\vec{J_o}}{dt}\right)_{(\mathcal{R})} = \left(\frac{d\vec{J_o}}{dt}\right)_{(\mathcal{R}')} + (\dot{\theta}\hat{x}' + \vec{\omega}) \wedge \vec{J_o} = \overrightarrow{OG} \wedge M\vec{g} \tag{8.16}$$

Nous nous contenterons ici de résoudre cette équation dans le cas où $\Omega' \gg \dot{\phi}$, c'est-à-dire lorsque l'on peut écrire : $\vec{J_o} \simeq \hat{z}' I_{z'z'} \Omega'$. Il faut projeter la relation (8.16) suivant $\hat{x}'$, $\hat{y}'$ et $\hat{z}'$ en pensant que $M\vec{g} = -\hat{y}' M g \sin\theta - \hat{z}' M g \cos\theta$. On obtient ainsi les trois relations :

$$\dot{\phi} I_{z'z'} \Omega' \sin\theta = M g a \sin\theta \;; \quad -\dot{\theta} I_{z'z'} \Omega' = 0 \;; \quad I_{z'z'} \dot{\Omega}' = 0 \tag{8.17}$$

La troisième équation indique que le module $\Omega'$ de la vitesse angulaire de rotation de la toupie autour de son axe de symétrie reste constant au cours du temps. La seconde montre que l'angle $\theta$ ne varie pas. La première fournit l'expression de la vitesse angulaire de précession $\dot{\phi} = Mga/(I_{z'z'}\Omega')$. C'est avec cette vitesse angulaire que l'axe $Oz'$ va décrire un cône d'axe $OZ$ et de demi-angle au sommet $\theta$.

## 8.5. Expression de l'énergie cinétique de rotation

Nous continuons à utiliser la description discrète d'un solide, animé d'un mouvement de rotation caractérisé par le vecteur vitesse angulaire $\vec{\omega}$. Chacune des masses élémentaires $m_i$, repérées par le vecteur position $\vec{r_i}$, possède un vecteur vitesse $\vec{v_i} = \vec{\omega} \wedge \vec{r_i}$. L'énergie cinétique associée à la rotation du solide s'écrit donc :

$$E_c = \frac{1}{2}\Sigma_i m_i \vec{v_i}^2 = \frac{1}{2}\Sigma_i m_i (\vec{\omega} \wedge \vec{r_i})(\vec{\omega} \wedge \vec{r_i}) = \frac{1}{2}\Sigma_i m_i \vec{\omega}[\vec{r_i} \wedge (\vec{\omega} \wedge \vec{r_i})] \tag{8.18}$$

[10] Pensez que $Ox'$ appartient au plan $XOY$ ; il est donc orthogonal à $OZ$.

[11] Pensez que $Ox'$ est orthogonal au plan $ZOz'$.

La dernière expression de la relation (8.18) s'obtient en écrivant qu'un produit mixte est invariant par double permutation[12]. En comparant cette expression (8.18) de l'énergie cinétique, à l'expression (8.10) du moment angulaire, on voit apparaître la relation fondamentale :

$$\boxed{E_c = \frac{1}{2}\vec{J}\cdot\vec{\omega}} \tag{8.19}$$

Dans le cas général cette expression est complexe puisque, nous l'avons vu, l'écriture de $\vec{J}$ fait intervenir neuf coefficients. Mais si l'on choisit comme axes les axes principaux d'inertie, alors conformément à (8.13) :

$$E_c = \frac{1}{2}(I_{xx}\,\omega_x^2 + I_{yy}\,\omega_y^2 + I_{zz}\,\omega_z^2) \tag{8.20}$$

Soulignons que dans le cas particulier, abordé au début de ce chapitre, où le vecteur $\vec{\omega} = \dot{\theta}\hat{z}$ était parallèle à l'un des axes de symétrie, nous retrouvons bien l'expression (8.1).

Utilisons la relation (8.20) pour exprimer l'énergie cinétique de rotation du disque homogène représenté sur la figure 8.5. En utilisant les axes de symétrie représentés sur cette figure : $\omega_X = 0$, $\omega_Y = -\omega\sin\alpha$, $\omega_Z = \omega\cos\alpha$, $I_{YY} = \frac{1}{4}MR^2$ et $I_{ZZ} = \frac{1}{2}MR^2$, et l'on obtient $E_c = \frac{1}{8}MR^2\omega^2(\sin^2\alpha + 2\cos^2\alpha)$.

## 8.6. Mouvement général d'un solide dans l'espace

### 8.6.1. Vitesse angulaire de rotation d'un solide

Examinons maintenant le cas d'un solide animé d'un mouvement quelconque dans un référentiel inertiel $(\mathcal{R})$ auquel est lié le système d'axes fixe $OXYZ$. Notons $G$ le centre de masse du solide, et $GX_1Y_1Z_1$ un système d'axes **lié** à ce solide (figure 8.8), et donc tournant avec lui dans $(\mathcal{R})$. La position de ce solide dans $(\mathcal{R})$ est parfaitement déterminée si l'on connaît la position $\vec{R} = \overrightarrow{OG}$ de son centre de masse, et l'orientation de $GX_1Y_1Z_1$ par rapport à $OXYZ$. Ce sont donc six variables, les trois coordonnées de $\vec{R}$ et les trois angles repérant l'orientation de $GX_1Y_1Z_1$ qu'il faut connaître : tout corps solide est un système mécanique à six degrés de liberté.

Un point $M$ du solide est repéré dans $(\mathcal{R})$ par le vecteur position $\overrightarrow{OM} = \overrightarrow{OG} + \overrightarrow{GM}$. On note $\vec{\Omega^\star}$ le vecteur vitesse angulaire associé à la rotation du solide

[12] Voir « Outils mathématiques », paragraphe 10.3.4.

(et par conséquent de $GX_1Y_1Z_1$), et $\overrightarrow{r^\star} = \overrightarrow{GM}$. Dans $(\mathcal{R})$, le vecteur vitesse d'un point $M$ de ce solide est défini par :

$$\boxed{\dot{\overrightarrow{OM}} = \dot{\overrightarrow{OG}} + \dot{\overrightarrow{GM}} = \vec{V}_G + \overrightarrow{\Omega^\star} \wedge \overrightarrow{r^\star}} \tag{8.21}$$

puisque, pour un solide indéformable, $\overrightarrow{r^\star}$ est constant dans le système d'axes attaché au solide.

Le choix de $G$ comme origine du système d'axes lié au solide s'avère le plus pratique mais n'est pas obligatoire. Si nous avions choisi, comme origine du système d'axes lié au solide un point $G_1$ tel que $\overrightarrow{GG_1} = \vec{a}$, et noté $\overrightarrow{G_1M} = \vec{r}_1$, on aurait $\overrightarrow{r^\star} = \vec{a} + \vec{r}_1$ et la relation (8.21) s'écrirait :

$$\dot{\overrightarrow{OM}} = \overrightarrow{V}_G + \overrightarrow{\Omega^\star} \wedge \vec{a} + \overrightarrow{\Omega^\star} \wedge \vec{r}_1 \tag{8.22}$$

Mais par définition nous aurions aussi :

$$\dot{\overrightarrow{OM}} = \overrightarrow{V}_{G1} + \overrightarrow{\Omega'}_1 \wedge \vec{r}_1 \tag{8.23}$$

En identifiant (8.22) et (8.23), il apparaît que $\overrightarrow{\Omega'}_1 = \overrightarrow{\Omega^\star}$, c'est-à-dire que **le vecteur vitesse angulaire est indépendant du système d'axes liés au solide**. Nous pouvons donc appeler $\overrightarrow{\Omega^\star}$, **le** vecteur vitesse angulaire de rotation du solide. En revanche la vitesse de translation du solide ne possède pas ce caractère absolu puisque $\overrightarrow{V}_{G1} = \overrightarrow{V}_G + \overrightarrow{\Omega^\star} \wedge \vec{a}$ est différent de $\overrightarrow{V}_G$.

### 8.6.2. Axe de rotation instantanée

Lorsque les vecteurs $\overrightarrow{\Omega^\star}$ et $\overrightarrow{V}_G$ sont orthogonaux, le mouvement du solide peut se ramener à une **rotation pure** autour d'un axe appelé **axe de rotation instantanée** du solide. Illustrons notre propos avec l'exemple d'un cylindre homogène qui roule sans glissement sur un plan horizontal (figure 8.8b). Le mouvement d'un point $M$ du cylindre peut être considéré comme la composition du mouvement de translation du centre de masse $G$ du cylindre, et du mouvement de rotation du cylindre autour de l'axe passant par $G$ et orthogonal au plan de la figure. Le vecteur vitesse de ce point $M$ est par conséquent défini par la relation (8.21). Considérons maintenant un point particulier $A$, situé sur la ligne de contact du cylindre avec le plan. Si le cylindre roule sans glisser, la vitesse du point de contact $A$ est nulle dans $(\mathcal{R})$. Par conséquent $\dot{\overrightarrow{OA}} = \overrightarrow{V}_G + \overrightarrow{\Omega^\star} \wedge \overrightarrow{GA} = \vec{0}$. En combinant cette relation avec (8.21), on obtient :

$$\dot{\overrightarrow{OM}} = -\overrightarrow{\Omega^\star} \wedge \overrightarrow{GA} + \overrightarrow{\Omega^\star} \wedge \overrightarrow{GM} = \overrightarrow{\Omega^\star} \wedge \overrightarrow{AM} \tag{8.24}$$

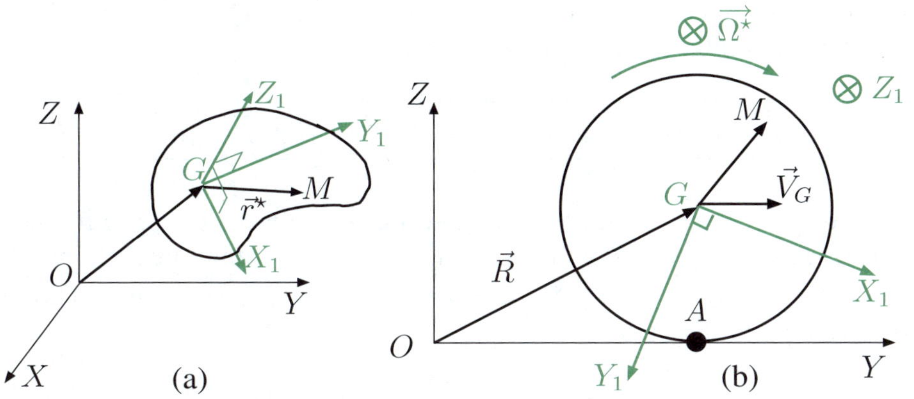


Figure 8.8. a) La position d'un solide dans l'espace est définie, dans $(\mathcal{R})$, par le vecteur position de son centre de masse $G$ et l'orientation du système d'axe $GX_1Y_1Z_1$ lié au solide. b) Cylindre homogène de rayon $r$ roulant sans glisser sur un plan horizontal. Le mouvement d'un point quelconque peut être considéré comme une rotation pure autour de l'axe de rotation instantané que constitue la ligne de contact cylindre-plan passant par A.

ce qui signifie que le mouvement de tout point du cylindre peut être considéré comme une rotation pure, avec la vitesse angulaire $\overrightarrow{\Omega^\star}$, autour de l'axe de rotation instantanée passant par $A$ et orthogonal au plan de la figure, c'est-à-dire autour de la ligne de contact cylindre-plan. Comme nous l'avons souligné au paragraphe précédent, que l'on considère la rotation du cylindre autour d'un axe passant par $G$ ou bien autour d'un axe passant par $A$, le vecteur vitesse angulaire reste le même, à savoir $\overrightarrow{\Omega^\star}$. Au paragraphe 8.7, nous déterminerons l'axe de rotation instantanée d'un cône qui roule sans glisser sur un plan.

### 8.6.3. Moment angulaire par rapport au centre de masse

Le choix du centre de masse $G$ comme origine du système d'axes lié au solide, est guidé par des raisons pratiques comme nous allons le voir. Notons $\overrightarrow{R}$ et $\overrightarrow{V}$ les vecteurs position et vitesse de $G$ dans $(\mathcal{R})$. Une masse élémentaire $m_i$ du solide est repérée par le vecteur position $\vec{r}_i = \overrightarrow{R} + \overrightarrow{r_i^\star}$ et possède le vecteur vitesse $\vec{v}_i = \overrightarrow{V} + \overrightarrow{v_i^\star}$. Le moment angulaire du solide par rapport à l'origine fixe $O$ est défini par :

$$\vec{J}_o = \Sigma_i m_i \, \vec{r}_i \wedge \vec{v}_i = \Sigma_i m_i \, (\overrightarrow{R} + \overrightarrow{r_i^\star}) \wedge (\overrightarrow{V} + \overrightarrow{v_i^\star}) \qquad (8.25)$$

Les propriétés du référentiel du centre de masse ($\Sigma_i m_i \overrightarrow{r_i^\star} = \vec{0}$ et $\Sigma_i m_i \overrightarrow{v_i^\star} = \vec{0}$) permettent de simplifier cette expression :

$$\boxed{\vec{J_o} = M\overrightarrow{R} \wedge \overrightarrow{V} + \Sigma_i m_i \overrightarrow{r_i^\star} \wedge \overrightarrow{v_i^\star} = \overrightarrow{R} \wedge \overrightarrow{P} + \overrightarrow{J^\star}} \tag{8.26}$$

où la vitesse $\overrightarrow{v_i^\star} = \overrightarrow{\Omega^\star} \wedge \overrightarrow{r_i^\star}$. En utilisant les propriétés du double produit vectoriel, comme nous l'avons fait au début du paragraphe 8.3, on obtient l'analogue de la relation (8.10) : $\Sigma_i m_i \overrightarrow{r_i^\star} \wedge \overrightarrow{v_i^\star} = \Sigma_i m_i \overrightarrow{\Omega^\star} \vec{r_i}^{\star 2} - \Sigma_i m_i \vec{r_i^\star}(\vec{r_i^\star}.\overrightarrow{\Omega^\star})$ soit en choisissant des axes principaux d'inertie :

$$\overrightarrow{J^\star} = I_{X_1}\Omega^\star_{X_1}\hat{X}_1 + I_{Y_1}\Omega^\star_{Y_1}\hat{Y}_1 + I_{Z_1}\Omega^\star_{Z_1}\hat{Z}_1 \tag{8.27}$$

Le résultat important est que **le moment angulaire du solide se décompose simplement** comme la somme du moment angulaire $\overrightarrow{R} \wedge \overrightarrow{P}$ du centre de masse (appelé aussi moment angulaire orbital), et du moment angulaire $\overrightarrow{J^\star}$ par rapport au centre de masse (aussi appelé moment angulaire intrinsèque ou spin). Pensez à la Terre orbitant autour du Soleil : le moment angulaire orbital correspond à la trajectoire que le centre $G$ de la Terre décrit autour du Soleil, et le moment angulaire intrinsèque correspond au mouvement de rotation de la Terre autour de son axe des pôles passant par $G$. Autre exemple, revenons sur le cylindre, de masse $M$ et de rayon $r$, qui roule sans glisser (figure 8.8b). Conformément à (8.26), le moment angulaire de ce cylindre par rapport à $O$ se décompose suivant $\vec{J_o} = \overrightarrow{R} \wedge \overrightarrow{P} + I_{Z_1}\overrightarrow{\Omega^\star}$ soit $\vec{J_o} = (M\|\overrightarrow{V}_G\|r + I_{Z_1}\|\overrightarrow{\Omega^\star}\|)\hat{Z}_1$, avec $\|\overrightarrow{V}_G\| = r\|\overrightarrow{\Omega^\star}\|$ et $I_{Z_1} = \frac{1}{2}Mr^2$. Par conséquent $\vec{J_o} = \frac{3}{2}Mr^2\|\overrightarrow{\Omega^\star}\|\hat{Z}_1$. Mais nous avons vu que le mouvement de ce cylindre peut aussi être considéré comme une rotation pure autour de l'axe de rotation instantané passant par $A$. Dans cette description $\vec{J_o} = I_A\overrightarrow{\Omega^\star}$ en notant $I_A$ le moment d'inertie du cylindre par rapport à l'axe passant par $A$. D'après la relation (8.7), $I_A = I_G + Mr^2 = \frac{3}{2}Mr^2$ et nous rerouvons bien le résultat précédent $\vec{J_o} = \frac{3}{2}Mr^2\|\overrightarrow{\Omega^\star}\|\hat{Z}_1$.

Il faut maintenant nous intéresser à l'évolution temporelle de $\overrightarrow{J^\star}$. En nous souvenant que le produit vectoriel d'un vecteur par lui-même est nul, nous pouvons écrire :

$$\frac{d\overrightarrow{J^\star}}{dt} = \Sigma_i m_i \overrightarrow{r_i^\star} \wedge \frac{d\overrightarrow{v_i^\star}}{dt} = \Sigma_i m_i \overrightarrow{r_i^\star} \wedge \frac{d(\overrightarrow{v_i} - \overrightarrow{V})}{dt} \tag{8.28}$$

Nous l'avons déjà rappelé, $\Sigma_i m_i \overrightarrow{r_i^\star} = \vec{0}$, et comme nous l'avons vu au paragraphe 8.4, dans un référentiel galiléen, $m_i d\vec{v_i}/dt$ est égal à la résultante des forces d'interaction s'exerçant sur la masse $m_i$. Seules les forces extérieures donnent une contribution non nulle (exercice 8.10), par conséquent :

$$\boxed{\frac{d\overrightarrow{J^\star}}{dt} = \Sigma_i \overrightarrow{r_i^\star} \wedge \vec{F}_i^{ext} = \overrightarrow{\Gamma_G}} \tag{8.29}$$

**L'évolution temporelle du moment angulaire par rapport au centre de masse est régie par le moment des forces extérieures par rapport à ce centre de masse.** Pour un solide qui n'est soumis qu'à son propre poids, par définition $\overrightarrow{\Gamma_G}$ est nul, et par conséquent $\overrightarrow{J^\star}$ est constant. On parle alors de rotation libre dont on étudiera un exemple au paragraphe 8.7.2.

### 8.6.4. Décomposition de l'énergie cinétique

Comme nous venons de le faire pour le moment angulaire, nous pouvons décomposer l'énergie cinétique du solide $E_c = \frac{1}{2}\Sigma_i m_i v_i^2$ en utilisant la relation (8.21) :

$$E_c = \frac{1}{2}\Sigma_i m_i(\overrightarrow{V_G} + \overrightarrow{\Omega^\star} \wedge \overrightarrow{r_i^\star})^2 = \frac{1}{2}MV^2 + \frac{1}{2}\Sigma_i m_i(\overrightarrow{\Omega^\star} \wedge \overrightarrow{r_i^\star})^2 \tag{8.30}$$

puisque $\Sigma_i m_i \overrightarrow{r_i^\star} = \vec{0}$. En procédant exactement comme nous l'avons fait au paragraphe 8.5, on trouve l'analogue de la relation (8.18) :

$$\frac{1}{2}\Sigma_i m_i(\overrightarrow{\Omega^\star} \wedge \overrightarrow{r_i^\star})^2 = \frac{1}{2}\Sigma_i m_i \Omega^\star[\overrightarrow{r_i^\star} \wedge (\overrightarrow{\Omega^\star} \wedge \overrightarrow{r_i^\star})] = \frac{1}{2}\overrightarrow{J^\star}.\,\overrightarrow{\Omega^\star} \tag{8.31}$$

d'où la relation :

$$\boxed{E_c = \frac{1}{2}MV_G^2 + \frac{1}{2}\overrightarrow{J^\star}.\,\overrightarrow{\Omega^\star}} \tag{8.32}$$

C'est ainsi que nous pouvons écrire l'expression de l'énergie cinétique du cylindre qui roule sans glisser (figure 8.8b) : $E_c = \frac{1}{2}Mr^2\|\overrightarrow{\Omega^\star}\|^2 + \frac{1}{4}Mr^2\|\overrightarrow{\Omega^\star}\|^2 = \frac{3}{4}Mr^2\|\overrightarrow{\Omega^\star}\|^2$. Si nous décrivons le mouvement du cylindre comme une rotation pure autour de son axe de rotation instantané, l'énergie cinétique ne comprend qu'une contribution, celle liée à la rotation, et l'on trouve $E_c = \frac{1}{2}I_A\|\overrightarrow{\Omega^\star}\|^2 = \frac{3}{4}Mr^2\|\overrightarrow{\Omega^\star}\|^2$, ce qui vérifie bien le résultat précédent.

## 8.7. Exemples d'applications

### 8.7.1. Cône roulant sans glisser sur un plan

On considère un cône homogène de masse $m$, de demi-angle au sommet $\alpha$, de hauteur $h = OC$, dont la base est un cercle de centre $C$ et de rayon $r = CA$. Ce cône, dont le sommet $O$ reste fixe, roule sans glisser sur un plan horizontal $XOY$. Dans ce plan, on repère par l'angle $\phi$ la position de l'axe $Ox'$ qui coïncide avec la ligne de contact cône-plan. La rotation de l'axe $Ox'$ dans le plan $XOY$ est définie par le vecteur vitesse angulaire $\vec{\omega} = \dot{\phi}\hat{Z}$. La rotation du cône autour de son axe de symétrie $OZ_1$ est définie par le vecteur vitesse angulaire $\vec{\Omega}_1$ (figure 8.9).

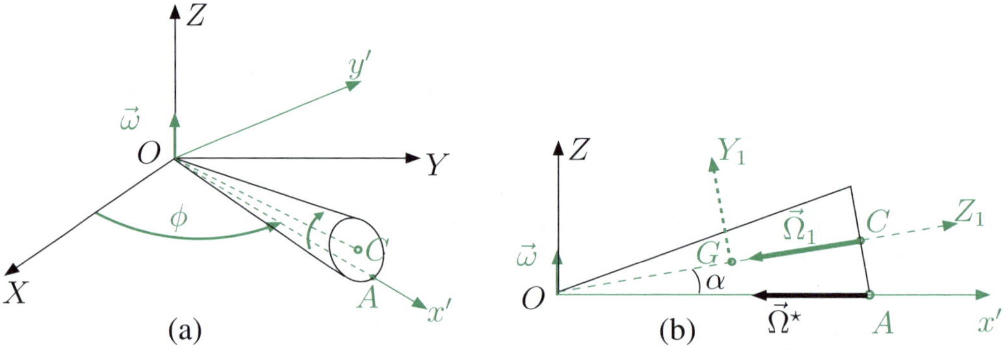


FIGURE 8.9. a) L'angle $\phi$ repère la position de la ligne de contact $(OA)$ cône-plan dans le plan $XOY$. b) Cône représenté en coupe : $\vec{\Omega}_1$ vecteur vitesse angulaire de rotation du cône autour de son axe $OZ_1$, $\vec{\omega}$ vecteur vitesse angulaire de rotation de la ligne de contact $OA$ autour de l'axe $OZ$, $\vec{\Omega}^\star$ vecteur vitesse angulaire associé à la rotation pure autour de la ligne de contact.

Dans le référentiel galiléen $(\mathcal{R})$ associé au système d'axes fixe $OXYZ$, le référentiel $(\mathcal{R}')$ associé au système d'axes mobile $Ox'y'Z$ est animé d'un mouvement de rotation défini par $\vec{\omega}$. Le vecteur vitesse d'un point $M$ du cône est défini dans $(\mathcal{R})$ par :

$$\left(\frac{d\overrightarrow{OM}}{dt}\right)_{(\mathcal{R})} = \vec{\omega} \wedge \overrightarrow{OM} + \left(\frac{d\overrightarrow{OM}}{dt}\right)_{(\mathcal{R}')} = \vec{\omega} \wedge \overrightarrow{OM} + \vec{\Omega}_1 \wedge \overrightarrow{CM} \qquad (8.33)$$

Le point $A$, comme tous les points situés sur la ligne de contact cône-plan, a une vitesse nulle dans $(\mathcal{R})$ puisque le cône roule sans glisser. Par conséquent :

$$\vec{0} = \vec{\omega} \wedge \overrightarrow{OA} + \vec{\Omega}_1 \wedge \overrightarrow{CA} \quad \text{d'où} \quad \Omega_1 = \frac{\dot{\phi}}{\sin\alpha} \qquad (8.34)$$

en notant $\Omega_1 = \|\vec{\Omega}_1\|$. On relie ainsi la vitesse angulaire de rotation du cône autour de son axe de symétrie à la vitesse angulaire de la ligne de contact cône-plan. Par ailleurs en retranchant membre à membre les relations (8.33) et (8.34), on obtient :

$$\left(\frac{d\overrightarrow{OM}}{dt}\right)_{(\mathcal{R})} = (\vec{\omega} + \vec{\Omega}_1) \wedge \overrightarrow{AM} \tag{8.35}$$

Cette relation montre que le mouvement d'un point quelconque du cône dans $(\mathcal{R})$ se ramène à une rotation pure définie par le vecteur vitesse angulaire $\vec{\Omega}^\star = (\vec{\omega}+\vec{\Omega}_1)$ soit $\vec{\Omega}^\star = -\hat{x}'\dot{\phi}/\tan\alpha$. La ligne de contact est un axe de rotation instantanée.

Pour trouver l'expression du vecteur moment angulaire du cône par rapport à son centre de masse $G$, on utilise ses axes principaux $OZ_1$ et $OY_1$ solidaires du solide. On projette le vecteur $\vec{\Omega}^\star$ sur ces axes et l'on utilise la relation (8.27) :

$$\overrightarrow{J^\star} = \frac{\dot{\phi}}{\tan\alpha}(\hat{Y}_1 I_\perp \sin\alpha - \hat{Z}_1 I_\parallel \cos\alpha) \tag{8.36}$$

en notant respectivement $I_\perp$ et $I_\parallel$ les moments d'inertie du cône par rapport à $GY_1$ et à $GZ_1$. Les expressions de $I_\perp$ et $I_\parallel$ seront établies dans l'exercice 8.6.

L'énergie cinétique du cône est définie (8.32) comme la somme de l'énergie cinétique de son centre de masse et de l'énergie cinétique associée à la rotation du cône. L'énergie cinétique du centre de masse est égale à $\frac{1}{2}mV_G^2$ avec $\vec{V}_G = \vec{\Omega}^\star \wedge \overrightarrow{OG}$. En notant $OG = a$, on obtient $V_G^2 = (\Omega^\star a \sin\alpha)^2 = (\dot{\phi} a \cos\alpha)^2$. L'énergie cinétique associée à la rotation du cône est égale à $\frac{1}{2}\overrightarrow{J^\star}\ \vec{\Omega}^\star = \frac{1}{2}\dot{\phi}^2 \cos\alpha^2 (I_\perp + I_\parallel \cot^2\alpha)$ d'où :

$$E_c = \frac{1}{2}\dot{\phi}^2 \cos\alpha^2 (ma^2 + I_\perp + I_\parallel \cot^2\alpha) \tag{8.37}$$

### 8.7.2. Stabilité de la rotation libre autour du centre de masse

Considérons un solide animé d'un mouvement de rotation autour de son centre de masse $G$, mouvement défini par le vecteur angulaire $\overrightarrow{\Omega^\star}$. Comme précédemment on note $GX_1$, $GY_1$ et $GZ_1$ les axes principaux d'inertie **solidaires** de ce solide, et $I_{X_1}$, $I_{Y_1}$, $I_{Z_1}$ les moments principaux d'inertie du solide par rapport à ces axes. Le vecteur moment angulaire $\overrightarrow{J^\star}$ de ce solide par rapport à $G$ est défini par la relation (8.27). Si l'on suppose que ce solide n'est soumis qu'à son poids, le moment résultant des forces extérieures par rapport à $G$ est nul. On est alors dans le cas d'une rotation libre et la relation (8.29) s'écrit :

$$\frac{d}{dt}(I_{X_1}\Omega^\star_{X_1}\hat{X}_1 + I_{Y_1}\Omega^\star_{Y_1}\hat{Y}_1 + I_{Z_1}\Omega^\star_{Z_1}\hat{Z}_1) = \vec{0} \tag{8.38}$$

Nous attirons encore une fois votre attention sur le fait que nous utilisons le système d'axes tournant $GX_1Y_1Z_1$ pour exprimer simplement $\overrightarrow{J^\star}$, mais que la dérivée temporelle qui apparaît dans la relation (8.38) doit être prise dans un référentiel galiléen $(\mathcal{R})$. Dans ce référentiel :

$$\frac{d\hat{X}_1}{dt} = \overrightarrow{\Omega^\star} \wedge \hat{X}_1 \quad ; \quad \frac{d\hat{Y}_1}{dt} = \overrightarrow{\Omega^\star} \wedge \hat{Y}_1 \quad \text{et} \quad \frac{d\hat{Z}_1}{dt} = \overrightarrow{\Omega^\star} \wedge \hat{Z}_1 \tag{8.39}$$

En utilisant (8.39), on obtient alors à partir de (8.38) trois équations appelées équations d'Euler :
$I_{X_1}\dot{\Omega}^\star_{X_1} + \Omega^\star_{Y_1}\Omega^\star_{Z_1}(I_{Z_1} - I_{Y_1}) = 0$ ; $I_{Y_1}\dot{\Omega}^\star_{Y_1} + \Omega^\star_{Z_1}\Omega^\star_{X_1}(I_{X_1} - I_{Z_1}) = 0$ et
$I_{Z_1}\dot{\Omega}^\star_{Z_1} + \Omega^\star_{X_1}\Omega^\star_{Y_1}(I_{Y_1} - I_{X_1}) = 0$.
Appliquons ces équations à l'étude de la stabilité du mouvement de rotation d'un bloc homogène parallélépipédique, dont les arêtes ont pour longueurs respectives $a$, $b$ et $c$, et dont les axes principaux d'inertie qui lui sont **liés** sont $GX_1$, $GY_1$ et $GZ_1$ (figure 8.10a). Les expressions des moments principaux d'inertie sont $I_{X_1} = \frac{1}{12}m(b^2 + c^2)$, $I_{Y_1} = \frac{1}{12}m(a^2 + c^2)$ et $I_{Z_1} = \frac{1}{12}m(b^2 + a^2)$. Si $a < b < c$, il est facile de vérifier que $I_{Z_1} < I_{Y_1} < I_{X_1}$ .

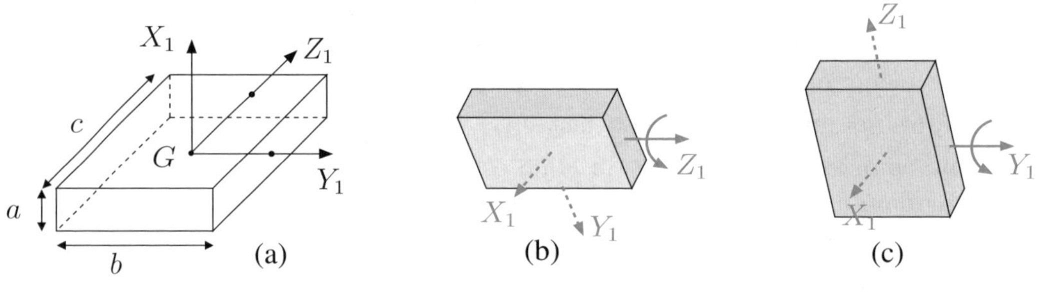


FIGURE 8.10. a) Axes principaux d'un parallélépipède homogène dont le centre de masse est $G$. b) La rotation du parallélépipède autour de son axe $GZ_1$ est stable. c) En revanche la rotation du parallélépipède autour de son axe $GY_1$ est instable.

En dérivant par rapport au temps la première équation d'Euler, et en remplaçant $\dot{\Omega}^\star_{Y_1}$ et $\dot{\Omega}^\star_{Z_1}$ par leurs expressions respectives tirées de la seconde et de la troisième, on obtient :

$$\ddot{\Omega}^\star_{X_1} = \frac{(I_{Z_1} - I_{Y_1})}{I_{X_1}}\Omega^\star_{X_1}\left[\Omega^{\star 2}_{Z_1}\frac{(I_{X_1} - I_{Z_1})}{I_{Y_1}} + \Omega^{\star 2}_{Y_1}\frac{(I_{Y_1} - I_{X_1})}{I_{Z_1}}\right] \tag{8.40}$$

La même démarche permet d'établir les expressions de $\ddot{\Omega}^\star_{Y_1}$ et de $\ddot{\Omega}^\star_{Z_1}$, qui peuvent aussi être obtenues directement par permutation circulaire des indices dans la relation (8.40).

Revenons à l'équation (8.40) et considérons une rotation autour de l'axe $GZ_1$ légèrement perturbée, soit $\Omega^\star_{Y_1} \ll \Omega^\star_{Z_1}$ et $\Omega^\star_{X_1} \ll \Omega^\star_{Z_1}$. C'est ce qui se produit lorsque vous communiquez à un livre (entouré de deux solides élastiques pour l'empêcher de s'ouvrir) un mouvement de rotation autour de son axe $GZ_1$ comme l'illustre la figure 8.10b. Même si vous vous appliquez, le vecteur vitesse angulaire que vous communiquerez à ce livre n'aura pas que la seule composante $\Omega^\star_{Z_1}\hat{Z}_1$. La dissymétrie de votre geste engendrera inévitablement une ou deux petites composantes $\Omega^\star_{X_1}\hat{X}_1$ et/ou $\Omega^\star_{Y_1}\hat{Y}_1$. La relation (8.40) s'écrit alors :

$$\ddot{\Omega}^\star_{X_1} \simeq \Omega^\star_{X_1}\frac{(I_{Z_1}-I_{Y_1})}{I_{X_1}}\left[\Omega^{\star 2}_{Z_1}\frac{(I_{X_1}-I_{Z_1})}{I_{Y_1}}\right] \tag{8.41}$$

Comme dans notre cas $(I_{Z_1} < I_{Y_1} < I_{X_1})$, le coefficient de $\Omega^\star_{X_1}$ dans le membre de droite de l'équation (8.41) est négatif[13]. Une faible valeur initiale de $\Omega^\star_{X_1}$ n'augmentera pas en fonction du temps, et vous observerez un mouvement de rotation stable de ce livre autour de $GZ_1$.

En revanche considérons une rotation autour de l'axe $GY_1$, toujours légèrement perturbée, soit $\Omega^\star_{Z_1} \ll \Omega^\star_{Y_1}$ et $\Omega^\star_{X_1} \ll \Omega^\star_{Y_1}$. C'est ce qui se produit, du fait de l'imperfection de votre geste, lorsque vous communiquez au livre un mouvement de rotation autour de son axe $GY_1$ comme l'illustre la figure 8.10c. Dans ce cas la relation (8.40) s'écrit[14] :

$$\ddot{\Omega}^\star_{X_1} \simeq \Omega^\star_{X_1}\frac{(I_{Z_1}-I_{Y_1})}{I_{X_1}}\left[\Omega^{\star 2}_{Y_1}\frac{(I_{Y_1}-I_{X_1})}{I_{Z_1}}\right] \tag{8.42}$$

Cette fois, dans le membre de droite de l'équation (8.42), le coefficient de $\Omega^\star_{X_1}$ est positif. Une faible valeur initiale de $\Omega^\star_{X_1}$ et/ou $\Omega^\star_{Z_1}$ augmentera donc rapidement en fonction du temps : la rotation autour de l'axe $GY_1$ est instable. C'est ce que vous observerez : le mouvement de rotation du livre est fortement perturbé et ne se réduit plus à une rotation autour de l'axe $GY_1$.

## 8.8. Exercices

***Exercice 8.1.*** Un bloc de masse $M_2$, placé sur un plan incliné d'un angle $\alpha$ par rapport à l'horizontale, est relié par un fil inextensible à un bloc de masse $M_1$ qui l'entraîne (figure 8.11a). Le fil passe sur la gorge d'une poulie homogène de rayon $R$, dont on note $I$ le moment d'inertie par rapport à son centre. Lors de son glissement, le bloc de masse $M_2$ est soumis à une force de frottement définie par le coefficient dynamique $\mu_d$.

[13] La même démarche conduit à un résultat identique pour $\ddot{\Omega}^\star_{Y_1}$.
[14] La même démarche conduit à un résultat identique pour $\ddot{\Omega}^\star_{Z_1}$.

a) Déterminer l'expression de l'accélération du système lorsqu'il est abandonné à lui-même.
b) Déterminer l'expression de la vitesse de l'ensemble lorsque la masse $M_1$, initialement au repos, a parcouru la distance $x$.

***Exercice 8.2.*** Un cylindre de masse $M$ et de moment d'inertie $I$ par rapport à son grand axe, est placé sur un plan horizontal. Un dispositif approprié (figure 8.11b) permet à une masse $M_1$ de l'entraîner par l'intermédiaire d'un fil inextensible qui passe sur une poulie dont on négligera le moment d'inertie.
a) On néglige tout frottement entre le cylindre et le plan horizontal. Trouver l'expression du module $a$ de l'accélération de l'ensemble abandonné sans vitesse initiale.
b) On prend maintenant en compte l'existence d'une force de frottement, caractérisée par le coefficient statique $\mu_s$, entre le cylindre et le plan horizontal. Trouver l'expression du module $a$ de l'accélération de l'ensemble abandonné sans vitesse initiale, lorsque le cylindre roule sans glisser. Pour quelles valeurs de $\mu_s$ le cylindre roule-t-il sans glisser ? (On donne $I = \frac{1}{2}MR^2$).

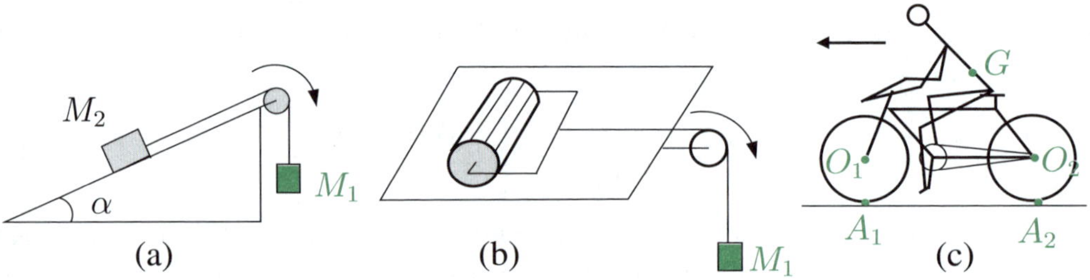


FIGURE 8.11. a) Exercice 8.1. b) Exercice 8.2. c) Exercice 8.3.

***Exercice 8.3.*** Un cycliste se déplace sur une route horizontale et, en pédalant, exerce un moment $\vec{\Gamma}$ sur la roue arrière de son vélo. On note $G$ le centre de masse de l'ensemble constitué par le cycliste et son vélo, et $M$ la masse totale. On assimile la force de frottement due à l'air à une force constante $\vec{F}$, horizontale, appliquée en $G$. On note $O_1$ et $O_2$ les centres des roues, et $A_1$ et $A_2$ leurs points de contact avec le sol (figure 8.11c).
a) Dessiner toutes les forces extérieures s'exerçant sur le cycliste et son vélo. Écrire l'équation gouvernant son mouvement de translation.
b) On considère que les roues de rayon $R$ ont le même moment d'inertie $I$ par rapport à leur centre. Dessiner les moments des forces auxquels chacune des

roues est soumise. Écrire les équations décrivant le mouvement de rotation de chacune des roues. En déduire l'expression du module $a$ de l'accélération de l'ensemble. Examiner le cas particulier d'un mouvement rectiligne uniforme.

***Exercice 8.4.*** Un cylindre homogène de masse $M$ et de rayon $R$ est placé sur un plan incliné sur lequel il roule sans glisser (figure 8.2c) Montrer que le travail de la force de frottement statique est nul.

***Exercice 8.5.***

a) Soit une tige homogène de masse $m$, de section $s$ et de longueur $l$. Les dimensions transversales de la tige sont négligeables devant sa longueur. Trouver l'expression de son moment d'inertie par rapport à son centre de masse $G$.

b) Soit un cylindre de masse $M$, de rayon $R$ et de hauteur $h$. Trouver l'expression de son moment d'inertie par rapport à son grand axe.

c) Un patineur bras écartés peut être modélisé comme l'illustre la figure 8.12a : un cylindre homogène de masse $(M - 2m)$ et de rayon $R$, et deux tiges de longueur $l = 3R$ et de masse $m = M/20$. Trouver l'expression de son moment d'inertie $I_1$ de l'ensemble par rapport à l'axe vertical du cylindre.

d) Lorsque le patineur replie ses bras, on considère que son moment d'inertie $I_2$ par rapport à l'axe vertical est celui d'un cylindre de masse $M$ et de rayon $R$. Expliquer et évaluer l'accroissement de sa vitesse de rotation autour de l'axe vertical passant par son centre de masse lorsqu'il replie les bras.

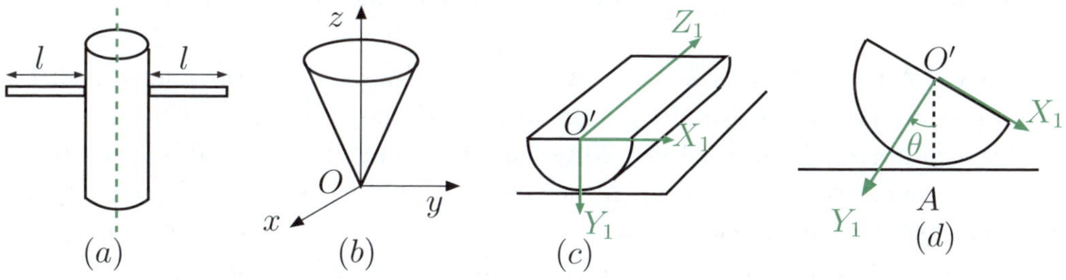


FIGURE 8.12. a) Exercice 8.5. b) Exercice 8.6. c) et d) Exercice 8.7.

***Exercice 8.6.*** On considère un cône homogène, de rayon de base $R$, de hauteur $h$ et de sommet $O$ (figure 8.12b).

a) Déterminer les expressions des moments d'inertie du cône par rapport à chacun des axes $Ox$, $Oy$ et $Oz$.

b) Déterminer les coordonnées du centre de masse $G$ du cône.

c) En déduire les expressions des moments d'inertie du cône par rapport à chacun des axes principaux $GX_1$, $GY_1$ et $GZ_1$.

***Exercice 8.7.*** Un demi-cylindre homogène de rayon $R$ et de hauteur $h$ est posé sur un plan horizontal comme le représente la figure 8.12c.
a) Déterminer le moment d'inertie de ce demi-cylindre par rapport à l'axe $O'Z_1$.
b) Déterminer la position du centre de masse $G$ du demi-cylindre.
c) Lorsque le cylindre bascule (figure 8.12d), on suppose qu'il roule sans glisser sur le plan horizontal. Montrer que le mouvement du demi-cylindre se ramène à une rotation pure autour d'un axe passant par $A$ et perpendiculaire au plan de la figure 8.12d. Déterminer l'expression du moment d'inertie $I_A$ du demi-cylindre par rapport à cet axe.
d) Trouver les expressions du moment angulaire du solide et du moment résultant des forces extérieures par rapport à l'axe passant par $A$. En déduire la période des oscillations de faible amplitude, par rapport à sa position d'équilibre stable, du demi-cylindre.

***Exercice 8.8.*** Soit $G$ le centre de masse d'un solide indéformable, et $\hat{X}_1$, $\hat{Y}_1$ et $\hat{Z}_1$ les vecteurs unitaires des trois axes principaux passant par $G$. On considère ce solide comme un ensemble de masses ponctuelles $m_i$ repérées par les vecteurs positions $\overrightarrow{GM}_i = X_i^\star \hat{X}_1 + Y_i^\star \hat{Y}_1 + Z_i^\star \hat{Z}_1$.
a) Écrire les expressions de chacun des termes du tenseur d'inertie $\mathbf{I}^\star$.
b) On considère un point $O$ repéré par le vecteur position $\overrightarrow{GO} = a\hat{X}_1 + b\hat{Y}_1 + c\hat{Z}_1$. Par ce point $O$ passent trois axes de vecteurs unitaires $\hat{X}_1$, $\hat{Y}_1$ et $\hat{Z}_1$. À quelles conditions ces trois axes sont-ils des axes principaux du solide ?

***Exercice 8.9.*** Pour illustrer le problème des machines tournantes non équilibrées, revenons sur l'exemple du disque de masse $M$ fixé obliquement à un axe en rotation uniforme (figure 8.13a). Nous l'avons vu au paragraphe 8.3, le vecteur moment angulaire de ce disque n'est pas parallèle au vecteur $\vec{\omega}$, et s'exprime dans la base liée au disque suivant : $\vec{J}_G = \frac{1}{4}\omega M R^2(-\hat{Y}_1 \sin\alpha + 2\hat{Z}_1 \cos\alpha)$.
a) Exprimer $\vec{J}_G$ dans le système d'axe $Gxyz$ lié à l'axe de rotation.
b) Donner l'expression du vecteur $M\vec{g}$ dans le système d'axes $Gxyz$. On note $\vec{R}_1$ et $\vec{R}_2$ les forces exercées au niveau des paliers $P_1$ et $P_2$ de l'axe de rotation (figure 8.13a). On néglige la masse de l'axe. Écrire la condition traduisant que le point $G$ est immobile dans le référentiel galiléen $(\mathcal{R})$.
c) Dans $(\mathcal{R})$, l'évolution du moment angulaire est définie par $\dot{\vec{J}}_G = \vec{\Gamma}_G$. On note $2l$ la longueur $P_1P_2$. Exprimer cette relation dans la base $\hat{x}, \hat{y}, \hat{z}$. En déduire les expressions de $\vec{R}_1$ et $\vec{R}_2$.

***Exercice 8.10.*** Montrer que si les forces intérieures d'un solide sont centrales, l'expression $\Sigma_i \Sigma_{j\neq i} \vec{r}_i \wedge \vec{F}_{ij}$ est nulle.

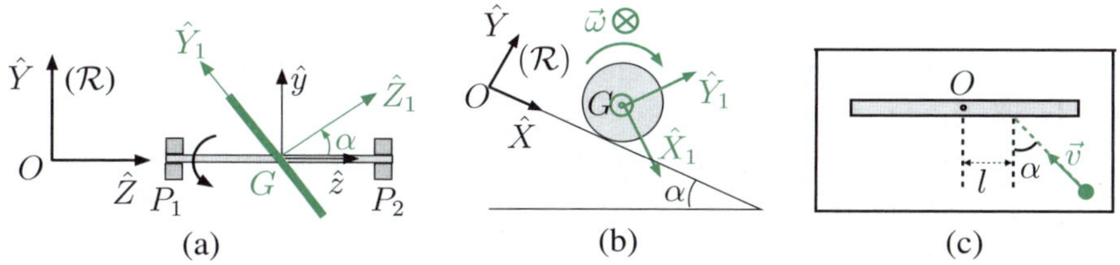


FIGURE 8.13. a) Exercice 8.9 : dispositif vu de profil à l'instant initial. Les vecteurs $\hat{X}$, $\hat{X}_1$ et $\hat{x}$, non représentés, sont perpendiculaires au plan de la figure. b) Exercice 8.11. c) Exercice 8.12 : table de mécanique vue de dessus.

***Exercice 8.11.*** Une sphère homogène de masse $M$ et de rayon $R$ est abandonnée sans vitesse initiale sur un plan incliné d'un angle $\alpha$ par rapport à l'horizontale (figure 8.13b).

a) Décrire son mouvement en l'absence de tout frottement.

b) Décrire le mouvement de la sphère en présence d'une force de frottement. À quelle condition la sphère roule-t-elle sans glisser ?

c) Que se passe-t-il lorsque la condition de roulement sans glissement n'est pas satisfaite ?

***Exercice 8.12.*** Une tige homogène de masse $M$ et de longueur $2L$ est placée sur une table de mécanique horizontale (figure 8.13c). Un palet de masse $m$, lancé avec une vitesse $\vec{v}$ oblique, vient heurter la tige, initialement immobile, en un point situé à la distance $l$ de son centre $O$.

1) On place en $O$ un axe vertical fixe autour duquel la tige peut tourner librement.

a) Le palet se colle à la tige. Déterminer la vitesse angulaire $\omega$ de cette dernière après ce choc mou.

b) $\alpha = 0$ ; le choc est élastique et le palet repart avec un vecteur vitesse $\vec{v'}$ orthogonale à la tige. Déterminer les expressions respectives, du module $v'$ de la vitesse du palet, et de la vitesse angulaire $\omega'$ de la tige.

2) On retire l'axe : la tige peut maintenant tourner et glisser sur la table. L'angle d'incidence du palet $\alpha$ est différent de 0. On considère que le palet se colle à la tige. Caractériser le mouvement de la tige après ce choc mou.

***Exercice 8.13.*** Un cycliste roulant sur une route horizontale prend un virage. Le centre de masse $G$ de l'ensemble vélo-cycliste décrit, avec une vitesse dont le module $V$ reste constant, une trajectoire circulaire de rayon $R$ (grand devant la longueur du vélo) et de centre $O$ fixe. L'ensemble, de masse $M$, est soumis à son poids et, au niveau du point de contact de chacune des roues, à la réaction normale du sol ainsi qu'à une force de frottement horizontale. Les deux roues sont supposées identiques : masse $m$, rayon $r$, moment d'inertie par rapport à

leur centre $I$. Les indices 1 et 2 se rapportent respectivement à la roue avant et à la roue arrière. On note $\theta$ l'angle dont le cycliste incline sa machine par rapport à la verticale (figure 8.14).
a) Écrire les équations régissant le mouvement de $G$. En déduire les expressions des modules des forces de contact avec le sol $N_1 = N_2$ et $f_1 = f_2$.
b) Écrire l'expression du moment résultant $\vec{\Gamma}_O$ par rapport à $O$, des forces extérieures s'exerçant sur le système.
c) Trouver l'expression du vecteur moment angulaire de l'ensemble $\vec{J}_O$ par rapport à $O$.
d) Écrire l'expression de la dérivée temporelle de $\vec{J}_O$ dans le référentiel galiléen $(\mathcal{R})$. En déduire l'expression de $\tan\theta$.

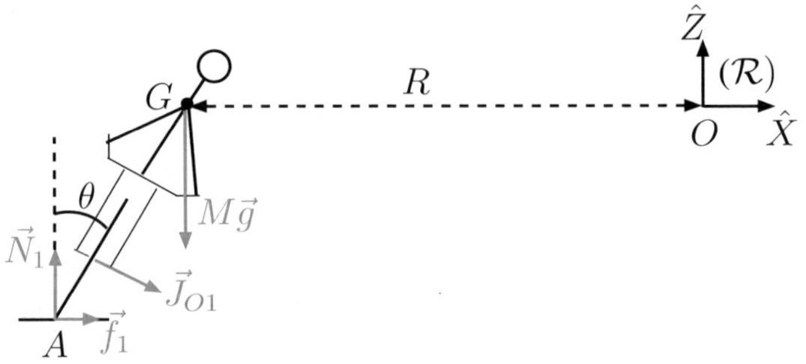


FIGURE 8.14. Exercice 8.13 : un cycliste prend un virage sur une route horizontale.

## 8.9. Réponses aux exercices

**Exercice 8.1.**
*a) Pas de difficulté pour traiter les mouvements de translation respectifs de chacun des blocs. Il suffit d'écrire la deuxième loi de Newton et de la projeter. Le fil étant inextensible, le module a de l'accélération est le même pour* $M_1$ *et* $M_2$*. On obtient :* $M_1 g - T_1 = M_1 a$ *;* $-M_2 g \sin\alpha - \mu_d N_2 + T_2 = M_2 a$ *et* $N_2 = M_2 g \cos\alpha$*. Pour décrire le mouvement de rotation de la poulie, il faut définir le moment résultant* $\vec{\Gamma}$ *(par rapport à son centre) des forces s'exerçant sur elle. Les moments de son propre poids et de la réaction de l'axe de rotation sont nuls. Les tensions de fil sont tangentielles, et le vecteur* $\vec{\Gamma}$*, représenté sur la figure 8.15a, a pour module* $\Gamma = (T_1 - T_2)R$*. Le sens de rotation de la poulie définit la direction et le sens de son vecteur moment angulaire* $\vec{J}$ *représenté sur la figure 8.15a, et dont le module* $J = I\dot{\theta}$*. Les vecteurs* $\vec{\Gamma}$ *et* $\vec{J}$ *étant parallèles, la dynamique de rotation de la poulie s'écrit* $\Gamma = I\ddot{\theta} = Ia/R$*, si l'on suppose que le fil ne glisse pas sur la gorge de la poulie, soit* $T_1 - T_2 = Ia/R^2$*. Il suffit d'additionner membre à membre les trois relations décrivant respectivement la translation des deux blocs et la rotation de la poulie pour éliminer* $T_1$ *et* $T_2$ *et trouver :*
*a)* $(M_1 + M_2 + I/R^2) = g[M_1 - M_2(\mu_d \cos\alpha + \sin\alpha)]$.
*b) Il suffit d'écrire le théorème de l'énergie cinétique en n'oubliant pas l'énergie cinétique de rotation de la poulie :*
$\frac{1}{2}(M_1 + M_2 + I/R^2)v^2 = gx[M_1 - M_2(\mu_d \cos\alpha + \sin\alpha)]$.

**Exercice 8.2.**
*a) En l'absence de toute force de frottement, le moment résultant des forces extérieures par rapport à l'axe du cylindre est nul (les directions du poids, de la réaction normale et de la tension du fil passent par son axe). Le moment angulaire du cylindre reste donc constant au cours du temps : étant nul à l'état initial, il reste nul, et le cylindre ne tourne pas. Il glisse, sans rouler, comme le ferait un bloc. On est donc amené à décrire deux mouvements de translations soit, après projection :* $T = Ma$ *et* $M_1 g - T_1 = M_1 a$*. Le moment d'inertie de la poulie étant négligeable,* $T = T_1$ *et* $M_1 g = a(M + M_1)$*.*
*b) La force de frottement exerce un moment* $\vec{\Gamma}$ *par rapport à l'axe (figure 8.15b). Le moment angulaire ne reste pas nul : le cylindre roule sans glisser, et son vecteur moment angulaire* $\vec{J}$ *est parallèle à* $\vec{\Gamma}$*. Aux deux équations précédentes, qui s'écrivent maintenant* $T - f = Ma$ *et* $M_1 g - T_1 = M_1 a$*, il faut ajouter* $\Gamma = I\ddot{\theta} = Ia/R$ *soit* $f = Ia/R^2$*. On a toujours* $T = T_1$ *d'où la relation :* $a(M + M_1 + I/R^2) = M_1 g$*. Le cylindre roule sans glisser tant que la condition*

*$f \leq \mu_s Mg$ est satisfaite. En remplaçant $I/R^2$ par $M/2$, cette condition s'écrit après simplification :*
*$M_1/(3M + 2M_1) \leq \mu_s$. On remarque que cette condition est toujours satisfaite si $\mu_s \geq \frac{1}{2}$.*

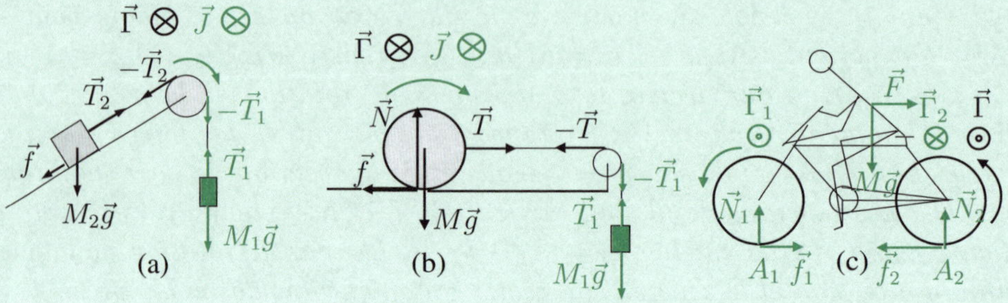


FIGURE 8.15. a) Exercice 8.1. b) Exercice 8.2. c) Exercice 8.3.

**Exercice 8.3.**
*a) En pédalant, le cycliste exerce par l'intermédiaire de la chaîne, un moment $\vec{\Gamma}$ sur la roue arrière. La direction et le sens de $\vec{\Gamma}$, en noir sur la figure 8.15c, correspondent au sens de rotation de cette roue. En l'absence de frottement, cette roue patinerait, et le point de contact $A_2$ glisserait vers la droite : la force de frottement statique $\vec{f}_2$, qui s'oppose au glissement, est par conséquent dirigée vers la gauche et son moment $\vec{\Gamma}_2$ est représenté en vert sur la figure 8.15c. C'est cette force $\vec{f}_2$ qui fait avancer le vélo. Lorsque le vélo avance, en l'absence de frottement la roue avant ne roulerait pas ; le point de contact $A_1$ glisserait vers la gauche. La force de frottement $\vec{f}_1$ qui s'oppose au glissement du point de contact $A_1$ est donc dirigée vers la droite. Son moment $\vec{\Gamma}_1$, représenté en vert sur la figure 8.15c, est responsable de la rotation de la roue avant. Le mouvement de translation est décrit en écrivant la deuxième loi de Newton : $M\vec{a} = M\vec{g} + \vec{N}_1 + \vec{N}_2 + \vec{F} + \vec{f}_1 + \vec{f}_2$, soit après projection $Mg = N_1 + N_2$ et $Ma = f_2 - f_1 - F$.*
*b) En notant $\ddot{\theta} = a/R$ l'accélération angulaire des roues, la dynamique de rotation s'écrit $Ia/R = \Gamma - \Gamma_2 = \Gamma - f_2 R$ pour la roue arrière et $Ia/R = \Gamma_1 = f_1 R$ pour la roue avant. En tirant $f_1$ et $f_2$ de ces dernières expressions et en les portant dans l'équation trouvée en a) on obtient $\Gamma/R - F = a(M + 2I/R^2)$. Dans le cas d'un mouvement uniforme, $a = 0$ et l'on trouve que $\Gamma = RF$.*

**Exercice 8.4.** *La deuxième loi de Newton s'écrit $Md\vec{v}/dt = (M\vec{g} + \vec{f} + \vec{N})$, soit en multipliant par $\vec{v}dt$ chacun des membres $M\vec{v}d\vec{v} = (M\vec{g} + \vec{f} + \vec{N})\vec{v}dt = Mgdl \sin\alpha - fdl$ en notant le déplacement élémentaire $dl = vdt$. La dynamique* *de rotation s'écrit* $Id\dot{\theta}/dt = fR$ *soit en multipliant par* $\dot{\theta}dt$ *chacun des membres :* $I\dot{\theta}d\dot{\theta} = fR\dot{\theta}dt = fdl$*, puisqu'en l'absence de glissement* $R\dot{\theta}dt = vdt = dl$*. En sommant membre à membre ces deux relations on obtient* $M\vec{v}d\vec{v} + I\dot{\theta}d\dot{\theta} = Mgdl\sin\alpha$*. En intégrant par rapport au temps, on obtient :* $\frac{1}{2}Mv^2 + \frac{1}{2}I\dot{\theta}^2 = Mgl\sin\alpha$*. La variation de l'énergie cinétique totale du cylindre ne dépend que du travail du poids.*

**Exercice 8.5.**

*a) Notons* $s$ *la section de la tige et* $\rho$ *sa masse volumique. À un élément de longueur* $dx$ *situé à la distance* $x$ *du centre de masse de la tige, on associe le moment d'inertie élémentaire* $dI = \rho s x^2 dx$*. Le moment d'inertie de la tige s'obtient en sommant ces contributions élémentaires, c'est-à-dire en intégrant depuis* $-l/2$ *jusqu'à* $+l/2$*, soit* $I = \rho s l^3/12 = ml^2/12$*.*

*b) Un point du cylindre est repéré par ses coordonnées cylindriques* $r$*,* $z$ *et* $\phi$ *comme le montre la figure 8.16a. À un élément de volume* $rdrdzd\phi$ *on associe le moment d'inertie élémentaire par rapport à l'axe vertical passant par* $G$ *:* $dI_z = \rho r^3 drdzd\phi$*. L'intégration dans le volume du cylindre ne présente pas de difficulté puisque les variables sont indépendantes, et l'on trouve* $I_z = \rho 2\pi h R^4/4 = \frac{1}{2}MR^2$*.*

*c) Le moment d'inertie du cylindre vaut maintenant* $\frac{1}{2}(M - 2m)R^2 = \frac{1}{2}0,9MR^2$*. Le moment d'inertie d'une tige par rapport à l'axe du cylindre s'obtient en appliquant le théorème de Huygens. On trouve qu'il est égal à* $ml^2/12 + m(R + l/2)^2$ *soit* $7MR^2/20$*. D'où* $I_1 = 0,45MR^2 + 0,7MR^2 = 1,15MR^2$*.*

*d) Le patineur est soumis à son propre poids et à la réaction normale de la glace, deux forces dont le moment par rapport à son centre de masse est nul. Son vecteur moment angulaire doit par conséquent rester constant au cours du temps. Si sa vitesse angulaire est* $\dot{\theta}_1$ *bras écartés, elle deviendra* $\dot{\theta}_2$ *lorsqu'il replie les bras, de sorte que* $I_1\dot{\theta}_1 = I_2\dot{\theta}_2$ *soit en fonction des résultats précédents* $\dot{\theta}_2 = (1,15/0,5)\dot{\theta}_1 = 2,3\dot{\theta}_1$*. Le fait de replier les bras diminue le moment d'inertie, ce qui explique la spectaculaire augmentation de sa vitesse de rotation.*

**Exercice 8.6.**

*a) Un point du cône est repéré par ses coordonnés cylindriques (figure 8.16a). À un élément de volume* $rdrdzd\phi$ *on associe le moment d'inertie élémentaire par rapport à l'axe vertical* $Oz$ *:* $dI_z = \rho r^3 drdzd\phi$*. L'angle* $\phi$ *varie de* $0$ *à* $2\pi$*, mais attention aux variables* $r$ *et* $z$ *qui ne sont pas indépendantes : pour une valeur de* $z$ *fixée,* $r$ *varie de* $0$ *à* $Rz/h$*. L'intégration dans le volume du cône donne* $I_z = \rho\pi R^4 h/10$ *soit* $I_z = 3MR^2/10$ *en notant* $M = \rho\pi R^2 h/3$ *la masse*

*du cône. Le moment d'inertie élémentaire par rapport à l'axe $Ox$ s'écrit (pensez que $y = r\sin\phi$) : $dI_x = \rho r dr dz d\phi(r^2\sin^2\phi + z^2)$. Après intégration dans le volume du cône, on obtient $I_x = \frac{1}{5}\rho\pi R^2 h(h^2 + R^2/4)$ soit $I_x = \frac{3}{5}M(h^2 + R^2/4)$. La symétrie de révolution autour de $Oz$ nous permet d'écrire $I_y = I_x$.*
*b) Cette même symétrie de révolution implique que le centre de masse $G$ est situé sur l'axe $Oz$. Son ordonnée $Z_G = (1/M)\iiint \rho r dr z dz d\phi = \frac{3}{4}h$.*
*c) Les axes $Oz$ et $GZ_1$ sont identiques, par conséquent $I_{Z1} = I_z$. En revanche le théorème de Huygens nous dit que $I_x = I_{X1} + M\frac{9}{16}h^2$ d'où $I_{X1} = \frac{3}{20}M(R^2 + h^2/4)$, et par symétrie $I_{Y1} = I_{X1}$.*

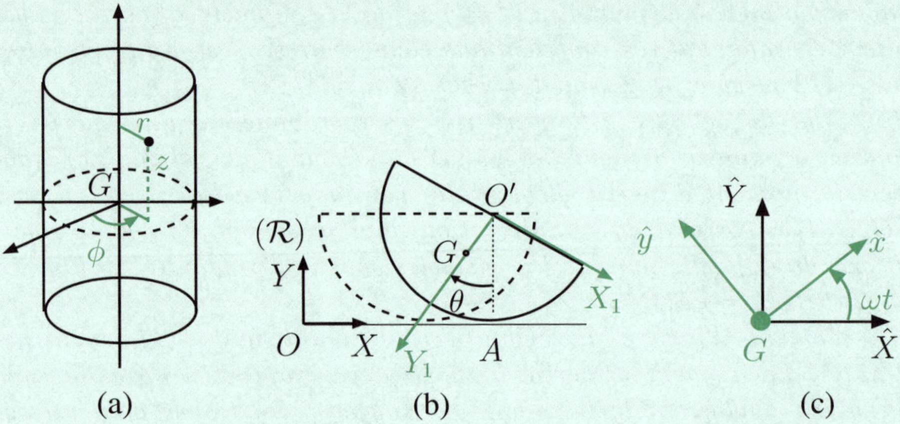


FIGURE 8.16. a) Exercice 8.5. b) Exercice 8.7. c) Exercice 8.8.

**Exercice 8.7.**
*a) On procède exactement comme on l'a fait à la question b) de l'exercice 8.5. On utilise les coordonnées cylindriques, mais en intégrant cette fois l'angle $\phi$ de $-\frac{\pi}{2}$ à $+\frac{\pi}{2}$. On trouve $I_{Z1} = \rho\pi R^4 h/4 = \frac{1}{2}MR^2$.*
*b) Par symétrie il est facile de trouver que $Z_G = h/2$ et $X_G = 0$ ; sa troisième coordonnée $Y_G = (1/M)\iiint \rho r^2 dr dz \cos\phi d\phi = \frac{4}{3\pi}R$.*
*c) Soit $OXYZ$ le système d'axes fixes associé au référentiel galiléen $(\mathcal{R})$, dans lequel le système d'axes $O'X_1Y_1Z_1$, solidaires du solide, tourne avec le vecteur vitesse angulaire $\vec{\omega}$ de module $\dot{\theta}$ (figure 8.16b). Pour tout point $M$ du demi-cylindre on peut écrire $\overrightarrow{OM} = \overrightarrow{OO'} + \overrightarrow{O'M}$. La vitesse de ce point $M$ dans $(\mathcal{R})$ est définie par $\dot{\overrightarrow{OM}} = \dot{\overrightarrow{OO'}} + \vec{\omega} \wedge \overrightarrow{O'M}$. Au point $A$ cette relation s'écrit $\overrightarrow{0} = \dot{\overrightarrow{OO'}} + \vec{\omega} \wedge \overrightarrow{O'A}$. En combinant ces deux dernières relations, on obtient $\dot{\overrightarrow{OM}} = \vec{\omega} \wedge \overrightarrow{AM}$, ce qui montre que l'axe passant par $A$ est un axe de rotation instantané. Le moment d'inertie du demi-cylindre*

*par rapport à l'axe Gz parallèle à $O'Z_1$ est donné par le théorème de Huygens : $I_{Z1} = I_{Gz} + M(O'G)^2$. Le moment d'inertie $I_A$ du demi-cylindre, par rapport à l'axe de rotation instantanée, s'écrit $I_A = I_{Gz} + M(AG)^2$ avec $(AG)^2 = (O'G\sin\theta)^2 + (R - O'G\cos\theta)^2$ et $O'G = Y_G$ déterminé à la question b). D'où en remplaçant $I_A = MR^2(\frac{3}{2} - \frac{8}{3\pi}\cos\theta)$.*

*d) Le moment angulaire du demi-cylindre par rapport à l'axe de rotation instantané $J_A = MR^2(\frac{3}{2} - \frac{8}{3\pi}\cos\theta)\dot{\theta}$. La réaction normale et la force de frottement s'exerçant en A, seul le moment du poids est à prendre en compte : $\Gamma_A = -MgO'G\sin\theta$, d'où la relation décrivant la dynamique de rotation du demi-cylindre :*

*$-MgO'G\sin\theta = MR^2[(\frac{3}{2} - \frac{8}{3\pi}\cos\theta)\ddot{\theta}$. Pour des oscillations de faible amplitude il vient : $R(\frac{3}{2} - \frac{8}{3\pi})\ddot{\theta} + \frac{4}{3\pi}g\theta = 0$. On reconnaît l'équation harmonique de pulsation $\omega^2 = \frac{g}{R}(\frac{8}{9\pi-16})$.*

**Exercice 8.8.**

*a) Par définition du centre de masse : $\Sigma m_i X_i^\star = \Sigma m_i Y_i^\star = \Sigma m_i Z_i^\star = 0$. Le tenseur d'inertie est diagonal puisque les axes passant par G sont des axes principaux. Les termes du tenseur d'inertie sont $I_{xx}^\star = \Sigma m_i(Y_i^{\star 2} + Z_i^{\star 2})$, $I_{xy}^\star = -\Sigma m_i(X_i^\star Y_i^\star) = 0$, $I_{xz}^\star = -\Sigma m_i(X_i^\star Z_i^\star) = 0$, les six autres termes s'obtenant par permutation circulaire.*

*b) La position d'une masse ponctuelle $m_i$ est maintenant repérée par $\overrightarrow{OM}_i = \overrightarrow{OG} + \overrightarrow{GM}_i$, soit $x_i = -a + X_i^\star$, $y_i = -b + Y_i^\star$ et $z_i = -c + Z_i^\star$.*

*$I_{xx} = \Sigma m_i(b^2 + Y_i^{\star 2} - 2bY_i^\star + c^2 + Z_i^{\star 2} - 2cZ_i^\star) = I_{xx}^\star + M(b^2 + c^2)$, on retrouve le théorème de Huygens. Vous le vérifierez sans difficulté pour $I_{yy}$ et $I_{zz}$.*

*$I_{xy} = -\Sigma m_i(ab + X_i^\star Y_i^\star - aY_i^\star - bX_i^\star) = I_{xy}^\star - Mab = -Mab$. De même on trouve $I_{zy} = -Mcb$ et $I_{xz} = -Mac$. Les axes passant par O sont des axes principaux si $I_{xy} = I_{zy} = I_{xz} = 0$ ce qui implique que deux des coordonnées $a, b, c$ soient nulles, c'est-à-dire que le point O appartienne à l'un des axes principaux passant par G. Si ce n'est pas le cas, les axes principaux passant par O ne sont pas parallèles aux axes principaux passant par G.*

**Exercice 8.9.** *Dans cet exercice, il est important de bien distinguer : la base $(\hat{X}_1, \hat{Y}_1, \hat{Z}_1)$ liée au disque et dans laquelle son moment angulaire s'exprime le plus simplement ; la base $(\hat{x}, \hat{y}, \hat{z})$ liée à l'axe et dans laquelle on exprime les réactions des paliers. Ces deux bases sont animées d'un mouvement de rotation avec le vecteur vitesse angulaire $\vec{\omega}$ dans la base $(\hat{X}, \hat{Y}, \hat{Z})$ fixe liée au référentiel galiléen $(\mathcal{R})$. C'est dans $(\mathcal{R})$ que $\vec{\Gamma}_G = \dot{\vec{J}}_G$.*

*a) On utilise la figure 8.13a. Il est facile d'exprimer $\hat{Y}_1$ et $\hat{Z}_1$ en fonction de $\hat{y}$ et de $\hat{z}$ et de trouver : $\vec{J}_G = \frac{1}{4}MR^2\omega[\hat{y}\sin\alpha\cos\alpha + \hat{z}(\sin^2\alpha + 2\cos^2\alpha)]$.*

*b) Le plan de la figure 8.16c est perpendiculaire à l'axe. En supposant qu'à l'instant initial $G\hat{x}$ et $G\hat{X}$ coïncident, à un instant t quelconque $(\hat{x},\ \hat{y})$ a tourné de l'angle $\omega t$. Le poids, vertical, s'écrit $-Mg\hat{Y} = -Mg(\hat{x}\sin\omega t + \hat{y}\cos\omega t)$. Le centre de masse G est immobile dans $(\mathcal{R})$, par conséquent $M\vec{g} + \vec{R}_1 + \vec{R}_2 = 0$, soit en projetant : $R_{1x} + R_{2x} = Mg\sin\omega t$, $R_{1y} + R_{2y} = Mg\cos\omega t$ et $R_{1z} + R_{2z} = 0$.*
*c) $\vec{J}_G$ est constant dans la base $(\hat{x},\ \hat{y},\ \hat{z})$ animée d'un mouvement de rotation avec le vecteur vitesse angulaire $\vec{\omega}$ dans $(\mathcal{R})$. Par conséquent $(\frac{d\vec{J}_G}{dt})_{\mathcal{R}} = \vec{\omega}\wedge\vec{J}_G$, soit avec $\vec{\omega} = \omega\hat{z}$, $(\frac{d\vec{J}_G}{dt})_{\mathcal{R}} = -\frac{1}{4}MR^2\omega^2\sin\alpha\cos\alpha\hat{x}$. Par ailleurs $\vec{\Gamma}_G = l(R_{1y} - R_{2y})\hat{x} + l(R_{2x} - R_{1x})\hat{y}$. On tire $R_{1x} = R_{2x} = \frac{1}{2}Mg\sin\omega t$, $R_{1y} = -\frac{1}{8l}MR^2\omega^2\sin\alpha\cos\alpha + \frac{1}{2}Mg\cos\omega t$, et*
*$R_{2y} = \frac{1}{8l}MR^2\omega^2\sin\alpha\cos\alpha + \frac{1}{2}Mg\cos\omega t$. Le premier terme dans les expressions respectives de $R_{1y}$ et $R_{2y}$ croît comme $\omega^2$, c'est lui qui peut endommager les paliers. Si $\alpha = 0$ (système équilibré), ce terme s'annule.*

**Exercice 8.10.** *$\vec{\Gamma}^{int} = \Sigma_{j\neq i}\vec{r}_i\wedge\vec{F}_{ij} = -\Sigma_{j\neq i}\vec{r}_i\wedge\vec{F}_{ji}$ puisque $\vec{F}_{ij} = -\vec{F}_{ji}$. Expression que l'on peut réécrire en permutant les indices $\vec{\Gamma}^{int} = -\Sigma_{i\neq j}\vec{r}_j\wedge\vec{F}_{ij}$. D'où $\vec{\Gamma}^{int} = \frac{1}{2}\Sigma_{j\neq i}(\vec{r}_i - \vec{r}_j)\wedge\vec{F}_{ij}$. Si les forces intérieures sont centrales, les vecteurs $(\vec{r}_i - \vec{r}_j)$ et $\vec{F}_{ij}$ sont parallèles, leur produit vectoriel est donc nul.*

**Exercice 8.11.**
*a) En l'absence de frottement, la sphère n'est soumise qu'à deux forces, son poids et le réaction normale du plan, dont le moment par rapport à G est nul. Le moment angulaire de la sphère reste nul : la sphère glisse sans rouler et l'accélération de son centre de masse $\vec{a} = g\sin\alpha\ \hat{X}$.*
*b) Le moment de la force de frottement $\vec{f}$ est non nul : $\vec{\Gamma}_G = -fR\hat{Z}_1$. Le moment angulaire de la sphère $\vec{J} = -I_{Z1}\dot{\theta}\hat{Z}_1$ évolue donc au cours du temps. Remarquez que $\hat{Z}_1$ est fixe : il se déplace dans $(\mathcal{R})$ mais en restant parallèle à lui-même. On écrit donc : $fR = I_{Z1}\ddot{\theta}$, avec $I_{Z1} = \frac{2}{5}MR^2$ (paragraphe 8.2.4). Par ailleurs l'accélération du centre de masse G est défini par $\vec{a} = (g\sin\alpha - f/M)\hat{X}$. Si la sphère roule sans glisser, $a = \|\vec{a}\| = R\ddot{\theta}$ et l'on trouve : $a(1 + I_{Z1}/MR^2) = g\sin\alpha$ soit $a = \frac{5}{7}g\sin\alpha$. Mais le roulement sans glissement implique que la force de frottement est statique, c'est-à-dire que $f = \frac{2}{5}Ma = \frac{2}{7}Mg\sin\alpha \leq \mu_s Mg\cos\alpha$. D'où la condition $\tan\alpha \leq \frac{7}{2}\mu_s$.*
*c) Dans ce cas, $\tan\alpha \geq \frac{7}{2}\mu_s$, il y a roulement et glissement. La force de frottement est une force de frottement dynamique : $f = \mu_d N = \mu_d Mg\cos\alpha$. L'accélération du centre de masse vaut $(g\sin\alpha - \mu_d g\cos\alpha)\hat{X}$ et sa vitesse de translation est définie par $\vec{V}_G = g(\sin\alpha - \mu_d\cos\alpha)t\hat{X}$. Par ailleurs $fR = \frac{2}{5}MR^2\ddot{\theta}$. En intégrant par rapport au temps, on obtient la vitesse angulaire de la sphère*

*$\dot{\theta} = \frac{5}{2}(\mu_d g \cos\alpha/R)t$. La vitesse de glissement du point de contact est définie par $v_g = V_G - R\dot{\theta}$ soit en remplaçant $v_g = g(\sin\alpha - \frac{7}{2}\mu_d \cos\alpha)t = g\cos\alpha(\tan\alpha - \frac{7}{2}\mu_d)t$. On sait que $\mu_d$ est inférieur à $\mu_s$, l'expression entre parenthèses est donc positive.*

**Exercice 8.12.**

*1) Le moment des forces extérieures par rapport à l'axe est nul.*
*a) Il suffit d'écrire la conservation du moment angulaire de l'ensemble par rapport à $O$, pour trouver l'expression de $\omega$ : $mlv\cos\alpha = (I + ml^2)\omega$, avec $I = \frac{1}{3}ML^2$ (voir question a) de l'exercice 8.5). Comme pour tout choc mou, il faut vérifier que l'énergie cinétique diminue : $E_{ci} = \frac{1}{2}mv^2$ et $E_{cf} = \frac{1}{2}(I + ml^2)\omega^2$ soit en remplaçant $E_{cf} = E_{ci}[ml^2\cos^2\alpha/(I + mL^2)] < E_{ci}$.*
*b) Comme précédemment, on écrit la conservation du moment angulaire par rapport à $O$ : $mlv = I\omega - mlv'$. Mais il faut ici prendre en compte la conservation de l'énergie cinétique : $\frac{1}{2}mv^2 = \frac{1}{2}mv'^2 + \frac{1}{2}I\omega^2$. On écrit ces équations $m[(v + v')] = I\omega/l$ et $m(v^2 - v'^2) = I\omega^2$. En les divisant membre à membre on obtient $[v - v'] = l\omega$. Il est alors facile de trouver les deux relations qui définissent $\omega$ et $v'$ : $2v = l\omega(1 + I/ml^2)$ d'une part, et $v(-1 + I/ml^2) = v'(1 + I/ml^2)$ d'autre part.*
*2) Le système est maintenant isolé. On a donc conservation de la quantité de mouvement et du moment angulaire, mais pas de l'énergie cinétique puisque le choc est mou. Une fois le palet collé à la tige, la position du centre de masse $G$ de l'ensemble est définie par $OG = ml/(m + M)$. La conservation de la quantité de mouvement nous permet de définir la vitesse $\vec{V}$ de $G$ après le choc : $(m + M)\vec{V} = m\vec{v}$. Écrivons la conservation du moment angulaire défini par la relation (8.26). Le plus simple est d'utiliser cette expression en choisissant le point $G$ comme origine, ainsi le terme $\vec{R} \wedge \vec{P}$ est nul.*
*La valeur de $J_G$ avant le choc est $m(v\cos\alpha)l(1 - \frac{m}{m+M}) = \mu lv\cos\alpha$ en notant $\mu$ la masse réduite du système tige-palet. Soit $\omega$ la vitesse angulaire de l'ensemble autour de $G$ après le choc. Le moment d'inertie de la tige par rapport à $G$ vaut $I + MOG^2$. Le moment angulaire de l'ensemble après le choc s'écrit donc : $\omega[I + Ml^2(\frac{m}{m+M})^2 + ml^2(\frac{M}{m+M})^2] = \omega[I + \mu l^2]$. D'où la définition de $\omega$ en écrivant la conservation du moment angulaire :$\mu lv\cos\alpha = \omega[I + \mu l^2]$.*

**Exercice 8.13.**

*a) Le centre de masse $G$ décrit un mouvement circulaire uniforme, et son accélération centripète $\vec{a}_N$ a pour module $V^2/R$. La deuxième loi de Newton s'écrit : $M\vec{g} + \vec{N}_1 + \vec{N}_2 + \vec{f}_1 + \vec{f}_2 = M\vec{a}_N$. En projetant on obtient $N_1 + N_2 = Mg$ et $f_1 + f_2 = MV^2/R$.*

*b) Le moment des forces s'écrit* $\vec{\Gamma}_O = \hat{Y}[-MgR + (N_1 + N_2)(R + AG\sin\theta) - (f_1 + f_2)AG\cos\theta] = \hat{Y}M[g\sin\theta - V^2\cos\theta/R]AG$.

*c) Suivant (8.26) le moment angulaire se décompose comme la somme du moment angulaire de G, et du moment angulaire par rapport à G :* $\vec{J}_O = \vec{R}\wedge\vec{P} + \vec{J}_G$, *soit* $\vec{J}_O = MRV\hat{Z} + \vec{J}_{O1} + \vec{J}_{O2}$.

*d) Le premier terme* $MRV\hat{Z}$ *reste constant au cours du temps dans* $(\mathcal{R})$. *En revanche les vecteurs* $\vec{J}_{O1}$ *et* $\vec{J}_{O2}$ *sont animés dans* $(\mathcal{R})$ *d'un mouvement de rotation avec le vecteur vitesse angulaire* $\hat{Z}V/R$. *Par conséquent la dérivée de* $\vec{J}_{O1}$ *dans* $(\mathcal{R})$ *s'écrit* $\frac{d\vec{J}_{O1}}{dt} = (V/R)\hat{Z}\wedge\vec{J}_{O1} = (V/R)(J_{O1}\cos\theta)\hat{Y}$ *et de même on obtient* $\frac{d\vec{J}_{O2}}{dt} = (V/R)(J_{O2}\cos\theta)\hat{Y}$. *La vitesse angulaire des roues est égale à* $V/r$, *par conséquent* $J_{O1} = J_{O2} = IV/r$. *En considérant que la masse de la roue est répartie sur sa jante,* $I = mr^2$ *et* $J_{O1} = J_{O2} = mrV$.

*La relation* $\vec{\Gamma}_O = \dot{\vec{J}}_O$ *s'écrit donc :* $M[g\sin\theta - V^2\cos\theta/R]AG = 2(V/R)(mVr)\cos\theta$ *; soit en regroupant les termes :* $\tan\theta = (V^2/Rg)[1 + 2(m/M)(r/AG)]$. *On constate que* $\tan\theta > f_1/N_1$, *la direction de la réaction oblique du sol ne passe donc pas par G.*

# 9

# ONDES MÉCANIQUES

Jusqu'ici nous n'avons considéré que des objets matériels dont les mouvements se traduisent par un transport simultané de matière et d'énergie. Lorsque vous réceptionnez une balle par exemple, vous recevez à la fois sa masse et son énergie cinétique, qui dépend de la vitesse avec laquelle elle a été lancée. Cependant il existe un autre mécanisme de transport de l'énergie, qui lui ne s'accompagne d'aucun transport de matière, c'est la propagation d'une onde. L'onde électromagnétique qui déclenche la sonnerie de votre téléphone portable en est pour vous un exemple familier.

Les ondes ont des propriétés très différentes de celles des objets matériels. Alors que la vitesse de déplacement d'un objet est directement liée à la valeur de son énergie cinétique, la vitesse de propagation d'une onde ne dépend que du milieu dans lequel elle se propage. Elle est notamment indépendante de la vitesse de sa source. Par exemple l'onde sonore émise par un avion en vol se propage dans l'air à la même vitesse que votre voix, soit environ 340 m/s. C'est pourquoi un avion peut franchir le mur du son en produisant le fameux « bang supersonique », c'est-à-dire se déplacer à une vitesse supérieure à la vitesse de propagation de l'onde sonore qu'il émet.

On peut distinguer deux types d'ondes : les ondes qui peuvent se propager dans le vide, et celles dont la propagation nécessite la présence d'un milieu matériel. Les ondes électromagnétiques peuvent à l'évidence se propager dans le vide puisque la lumière des astres et les signaux émis par les satellites de télécommunications nous parviennent à travers le vide intersidéral. Les ondes gravitationnelles[(1)], dont on vous parlera lorsque vous étudierez la relativité générale, possèdent aussi cette propriété. En revanche les ondes dites mécaniques, telles l'onde sonore, la houle, les

[(1)] Déformations de l'espace-temps que l'interféromètre VIRGO devrait permettre de détecter.

ondes sismiques, n'existent et ne se propagent que dans un milieu matériel. Ce sont ces ondes mécaniques que nous allons étudier dans le présent chapitre. Elles vont nous permettre d'illustrer les propriétés génériques des phénomènes ondulatoires, avec des exemples concrets qui vous en faciliteront la compréhension.

# 9.1. Perturbation d'un milieu matériel

## 9.1.1. Mécanisme de propagation d'une perturbation

Une onde, nous l'avons dit, permet un transport d'énergie sans transport de matière, ce qui amène immédiatement à se poser la question : à quoi est associé ce transport d'énergie ? Il est associé à la propagation de la perturbation (ou déformation) du milieu, qui constitue l'onde. Illustrons, avec un ressort, le mécanisme de propagation d'une perturbation dans un milieu matériel.

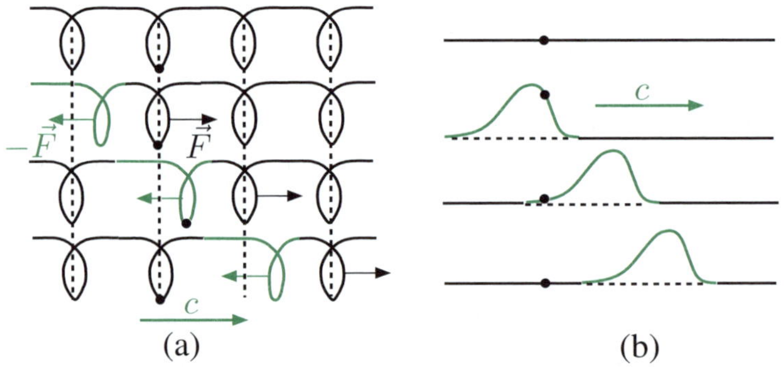


FIGURE 9.1. Représentation à différents instants successifs de la propagation : a) d'une onde longitudinale dans un ressort, b) d'une onde transversale dans une corde. Dans chaque cas, le point noir permet de visualiser le déplacement d'un élément du milieu au passage de la perturbation associée à l'onde.

Dans un milieu matériel élastique (le ressort) non perturbé, chaque élément (chaque spire) occupe une position d'équilibre stable (pointillés noirs sur la figure 9.1a). Créons une perturbation en déplaçant un élément du milieu (la spire en vert) par rapport à sa position d'équilibre stable. Ce déplacement fait apparaître des forces élastiques dans le milieu. Ces forces sont opposées, en vertu de la troisième loi de Newton, et nous les notons $-\vec{F}$ et $\vec{F}$. La force $-\vec{F}$ ramène l'élément déplacé (la spire verte) à sa position d'équilibre stable, tandis que la force $\vec{F}$ va déplacer l'élément voisin (la spire suivante). C'est ainsi que la perturbation va se propager de proche en proche dans le milieu élastique, sans qu'il y ait transport de matière. Comme on le voit l'élasticité du milieu est essentielle pour que l'onde se propage : un élément qui a été déplacé doit tendre à reprendre son état initial. Ce faisant, il transmet son énergie à l'élément voisin. Ce n'est pas le cas des milieux mous ou poreux, dans lesquels les déformations produites par l'onde sont permanentes, l'état initial n'étant pas repris. L'énergie mécanique de l'onde se transforme alors rapidement en énergie calorifique, on dit qu'il y a absorption de l'onde par ce milieu.

Dans notre exemple, comme l'illustre la figure 9.1a, la perturbation se déplace de la gauche vers la droite avec une vitesse de propagation $c$ (aussi appelée célérité de l'onde), dont nous déterminerons l'expression dans l'exercice 4. Au passage de la perturbation, le déplacement de chaque spire est parallèle à la direction de propagation de l'onde : on qualifie cette dernière d'**onde longitudinale**. L'onde sonore est aussi une onde longitudinale.

La situation est différente si l'on déplace verticalement l'extrémité libre d'une corde tendue(2). Sous l'action de forces élastiques que nous étudierons en détail au paragraphe 9.4.1, une perturbation va se propager le long de la corde. Au passage de cette perturbation, un élément de corde se déplace verticalement comme l'illustre la figure 9.1b : on a alors créé une **onde transversale**. Lorsque vous lancez un caillou dans l'eau, c'est aussi une onde transversale que vous voyez se propager à la surface du liquide en regardant les rides circulaires s'éloigner du point d'impact.

### 9.1.2. Description de la propagation

Pour décrire une onde qui se propage dans un milieu, il faut être capable de définir à tout instant le déplacement par rapport à leur position d'équilibre stable, de chacun des éléments constituant ce milieu. Limitons-nous à un milieu à une dimension, une corde tendue par exemple. Chaque élément de la corde est repéré par son abscisse $x$. Le déplacement vertical d'un élément de corde noté $y(x,t)$, est une fonction de deux variables dont la représentation, qui nécessite trois axes de coordonnées, n'est ni facile à dessiner ni aisée à interpréter. On préférera donc représenter soit $y(x_0,t)$, évolution en fonction du temps du déplacement du point d'abscisse $x_0$, soit $y(x,t_0)$ aspect (ou photo) de la corde au temps $t_0$.

L'aspect de la corde est déterminé par la perturbation que crée la source $S$ placée à son extrémité libre. Par commodité on fait coïncider $S$ avec l'origine $O$ de l'axe des abscisses. La figure 9.2a représente un exemple de déplacement de $S$ en fonction du temps $y_S(t) = y(0,t)$. C'est un signal bref, ce que l'on appelle une impulsion ou un ébranlement (*pulse* disent les Anglo-saxons). Le début $D$ de

(2) Si la corde n'est pas tendue, les forces élastiques nécessaires à la propagation de la perturbation n'existent pas.

la perturbation se produit le plus tôt, au temps $\tau_1$, la fin $F$ au temps $\tau_2$. Quel est l'aspect de la corde au temps $\tau_2$ ? En notant $c$ la vitesse de propagation de l'onde transversale dans la corde, on peut dire qu'au temps $\tau_2$ le début $D$ du signal a parcouru la distance $c(\tau_2 - \tau_1)$, tandis qu'à ce même instant $F$ se trouve en $x = 0$. L'aspect de la corde représenté sur la figure 9.2b montre que le début $D$ du signal a parcouru la plus grande distance. À un instant ultérieur $t > \tau_2$ (figure 9.2c), le début $D$ du signal aura parcouru la distance $c(t - \tau_1)$, et $F$ sera au point d'abscisse $c(t - \tau_2)$. Voilà comment à partir de $y(0, t)$ on peut dessiner l'aspect de la corde à différents instants, en supposant comme nous l'avons fait que **ce signal se propage sans se déformer**. Pour être complet, il nous reste à déterminer le déplacement en fonction du temps d'un point de la corde d'abscisse $x_0$. Le début $D$ du signal arrivera en ce point au temps $\tau_1 + x_0/c$, la fin $F$ au temps $\tau_2 + x_0/c$. Le déplacement $y(t, x_0)$ est représenté sur la figure 9.2d.

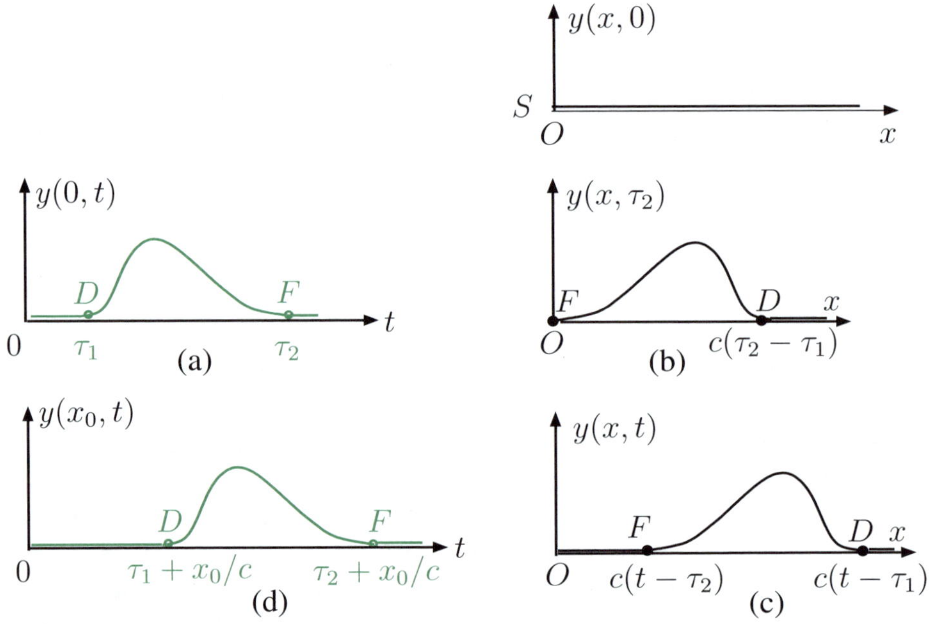


FIGURE 9.2. Corde horizontale (en noir) dont l'extrémité $S$ libre coïncide avec l'origine $O$ de l'axe. À l'instant $t = 0$, la corde est immobile. Déplacement vertical en fonction du temps (en vert) : a) de l'extrémité libre $S$ de la corde ; d) d'un point d'abscisse $x_0$. Aspect de la corde (en noir) : b) au temps $\tau_2$ ; c) à un instant $t > \tau_2$. Les point $D$ et $F$ indiquent respectivement le début et la fin du signal.

Il est essentiel de réaliser que, la vitesse de propagation de l'onde étant finie, le déplacement au temps $t$ d'un point situé à la distance $x$ de la source n'est pas égal au déplacement de la source à ce même instant. **Pour une onde se propageant sans déformation, le déplacement au temps $t$ d'un point situé à la distance $x$ de la source est égal au déplacement qui était celui de la source au temps $(t - x/c)$**, ce qui s'écrit :

$$\boxed{y(x,t) = y(0, t - x/c)} \tag{9.1}$$

À une dimension, une onde se propageant sans déformation (appelée onde progressive) n'est donc pas seulement une fonction de $x$ et de $t$, mais plus précisément une fonction de $(t - x/c)$. C'est **cette dépendance en $(t-x/c)$ qui garantit un déplacement sans déformation dans le sens positif**. En effet à l'instant $t' = t + dt$ et au point d'abscisse $x' = x + cdt$, on retrouve le déplacement qui était celui du point d'abscisse $x$ au temps $t$, puisque la quantité $(t' - x'/c)$ est bien égale à $(t - x/c)$. Si l'onde se propage sans déformation dans le sens négatif, il suffit de changer $c$ en $-c$ pour trouver que cette onde progressive est dans ce cas une fonction de $(t + x/c)$.

## 9.2. Onde sinusoïdale

C'est le cas où le dispositif d'excitation de l'onde est animé d'un mouvement sinusoïdal. Ce cas est particulièrement important, d'une part parce que l'excitation sinusoïdale est fréquemment utilisée, et d'autre part parce que tout mouvement périodique peut être considéré comme la superposition de mouvements sinusoïdaux (théorème de Fourier).

### 9.2.1. Périodicité spatiale et temporelle

Lorsque le déplacement de la source $S$ est sinusoïdal, son **élongation** est définie par $y(0,t) = a \sin \omega t$, en notant l'**amplitude** $a$, et la **pulsation** $\omega = 2\pi N = 2\pi/T$. Conformément à la relation (9.1), le déplacement d'un point d'abscisse $x$ à l'instant $t$ s'écrit :

$$y(x,t) = a \sin [\omega(t - \frac{x}{c})] = a \sin [2\pi(\frac{t}{T} - \frac{x}{\lambda})] \tag{9.2}$$

en notant $\lambda = cT$ la **longueur d'onde**. Cette dernière écriture présente l'avantage de mettre en évidence la double périodicité de l'onde. La **périodicité temporelle** $T$ qui apparaît lorsque l'on représente $y(x_0, t)$ (figure 9.3a), et la **périodicité spatiale** $\lambda$ qui apparaît lorsque l'on représente $y(x, t_0)$ (figure 9.3b).

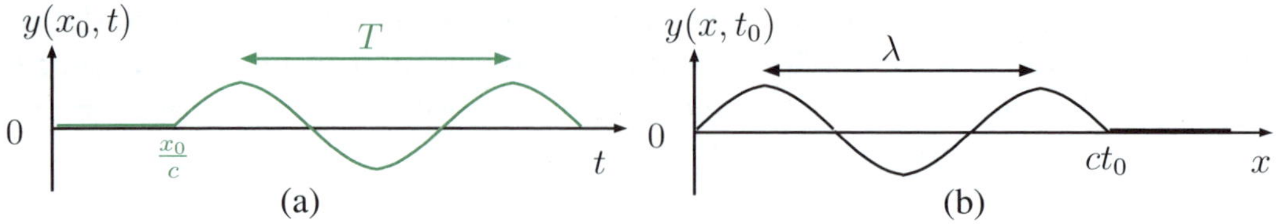


FIGURE 9.3. Illustration de la périodicité temporelle (a) et de la périodicité spatiale (b).

À un instant donné, deux points **séparés par un nombre entier de longueurs d'onde sont dans le même état vibratoire**, on dit qu'ils sont **en phase**. Si ces deux points sont séparés par un nombre impair de demi-longueurs d'onde, ils vibrent en **opposition de phase**. S'ils sont séparés par un nombre impair de quart de longueurs d'onde, ils vibrent en **quadrature**.

### 9.2.2. Fronts d'onde

Quittons, l'espace d'un paragraphe, la propagation des ondes dans un milieu à une dimension, car c'est à deux ou trois dimensions que la périodicité spatiale prend tout son sens.

À deux dimensions l'ensemble des points qui sont dans le même état vibratoire définissent des lignes. Si une plaque rectangulaire animée d'un mouvement vertical sinusoïdal vient frapper la surface d'un liquide, elle perturbe la hauteur du liquide et crée une onde transversale se propageant à sa surface. Tous les points situés sur la crête d'une vague sont dans le même état vibratoire et définissent un **front d'onde**. Dans ce cas, les fronts d'onde (traits pleins verts sur la figure 9.4a) sont des droites régulièrement espacées de $\lambda$ : on a créé une onde plane. De la même manière, on peut définir des fronts d'onde en reliant tous les points qui se trouvent au creux d'une vague : ce sont aussi des droites, en tirets verts sur la figure 9.4a. Si maintenant c'est une pointe, animée d'un mouvement vertical sinusoïdal, qui vient frapper la surface de ce liquide, une onde transversale est aussi créée. La hauteur de liquide en un point de la surface ne dépend que de sa distance à la pointe : on a créé des ondes circulaires. Vous observez en effet des rides circulaires se propageant à la surface du liquide à partir du point d'impact. Comme précédemment, tous les points situés sur la crête d'une ride circulaire sont dans le même état vibratoire et définissent un front d'onde. Ici ce sont des cercles concentriques régulièrement espacés de $\lambda$ (en trait plein vert figure 9.4b).

À trois dimensions, l'ensemble des points qui sont dans le même état vibratoire définissent des surfaces. Par exemple un diapason vibrant crée dans l'air une variation de pression qui se propage de façon isotrope : cette onde longitudinale

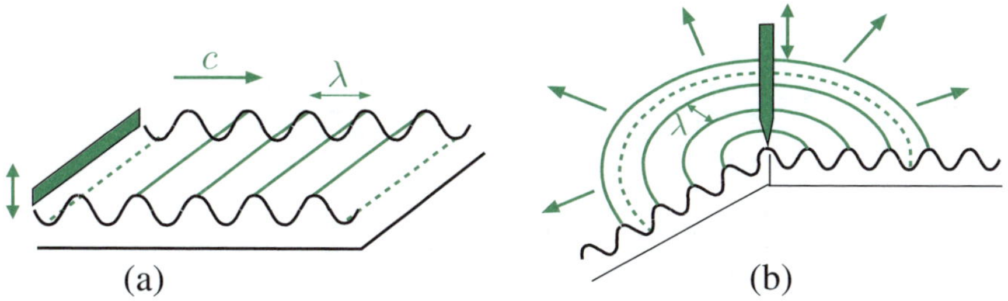


FIGURE 9.4. Onde plane (a) et onde circulaire (b) créées à la surface d'un liquide. Les lignes d'onde correspondant à une hauteur maximale du liquide sont dessinées en trait plein vert.

de pression s'appelle une onde sonore. À un instant donné, la variation de pression enregistrée par un micro en un point de l'espace ne dépend que de sa distance au diapason : nous sommes en présence d'une onde sphérique. Les surfaces d'onde sont des sphères centrées sur la source. Tous les points situés sur une de ces sphères sont dans le même état vibratoire, c'est-à-dire qu'à un instant donné ils subissent la même variation de pression.

### 9.2.3. Équation de propagation

Revenons à une onde transversale se propageant sans déformation à une dimension. L'élongation d'un point repéré par son abscisse $x$ est définie en fonction du temps $t$ par la relation (9.2). Les dérivées secondes partielles(3) de $y(x,t)$ s'écrivent :

$$\frac{\partial^2 y}{\partial t^2} = -\omega^2 y \quad \text{et} \quad \frac{\partial^2 y}{\partial x^2} = -\frac{\omega^2}{c^2} y \tag{9.3}$$

d'où la relation :

$$\boxed{\frac{\partial^2 y}{\partial t^2} = c^2 \frac{\partial^2 y}{\partial x^2}} \tag{9.4}$$

Cette équation(4), appelée équation d'onde, est l'équation que satisfait toute onde (même non sinusoïdale) qui se propage sans déformation. À une telle onde, comme nous l'avons vu au paragraphe 9.1.2, est en effet associée une fonction de $(t - x/c)$. Soit $\psi(u)$ une telle fonction avec $u = (t - x/c)$. Les dérivées partielles de cette

(3) Voir « Outils mathématiques », paragraphe 1.3.

(4) C'est l'expression à une dimension de l'équation de d'Alembert.

fonction[3] s'écrivent :

$$\frac{\partial \psi}{\partial t} = \frac{\partial \psi}{\partial u}\frac{\partial u}{\partial t} = \frac{\partial \psi}{\partial u} \quad \text{d'où} \quad \frac{\partial^2 \psi}{\partial t^2} = \frac{\partial^2 \psi}{\partial u^2} \tag{9.5}$$

et

$$\frac{\partial \psi}{\partial x} = \frac{\partial \psi}{\partial u}\frac{\partial u}{\partial x} = \frac{-1}{c}\frac{\partial \psi}{\partial u} \quad \text{d'où} \quad \frac{\partial^2 \psi}{\partial x^2} = \frac{1}{c^2}\frac{\partial^2 \psi}{\partial u^2} \tag{9.6}$$

ce qui montre que la fonction $\psi$ satisfait bien l'équation d'onde (9.4). Vous vérifierez sans difficulté que l'on obtient le même résultat avec une onde se propageant dans le sens négatif, c'est-à-dire pour $u = (t + x/c)$.

Précisons que la solution de l'équation (9.4) dépend bien sûr des conditions initiales qui définissent la position et la vitesse de chacun des points de la corde à l'instant initial. Comme nous le verrons au paragraphe 9.5.1, il faut connaître $y(x, t = 0)$ et $\dot{y}(x, t = 0)$ pour déterminer $y(x, t)$.

## 9.3. Superposition de deux ondes

### 9.3.1. Principe de superposition

Jusqu'ici nous n'avons considéré qu'une seule onde. Que se passe-t-il lorsque deux ondes se rencontrent ? Le plus simple est de faire l'expérience en générant deux impulsions transversales se propageant en sens inverse (contra-propagatives) dans une corde tendue. Comme l'illustre la figure 9.5, lorsque les deux ondes se recouvrent leurs élongations s'additionnent purement et simplement : c'est le principe de superposition[(5)]. Après s'être croisées, chacune des ondes continue à se propager, identique à ce qu'elle était initialement. En vous remémorant le choc de plein fouet de deux particules matérielles, vous apprécierez combien la rencontre de deux ondes est simple à décrire !

FIGURE 9.5. Deux impulsions se propageant en sens inverse sur une corde. Lors du croisement, les élongations s'ajoutent : c'est le principe de superposition. Après le croisement, chaque impulsion continue à se propager, identique à ce qu'elle était initalement.

(5) Ce principe reste valable quel que soit le nombre des ondes considérées. C'est ainsi que Joseph Fourier a montré que toute fonction périodique pouvait s'exprimer comme la somme de fonctions sinusoïdales.

### 9.3.2. Interférences

Le principe de superposition s'applique aussi à des ondes se propageant à deux ou trois dimensions, et se traduit dans ce cas par l'apparition de spectaculaires figures d'interférences. Illustrons-le en considérant la surface d'un liquide que deux pointes métalliques $S_1$ et $S_2$ viennent périodiquement frapper en phase. Comme l'illustre la figure 9.6a à un instant donné, les fronts d'onde correspondant aux crêtes de vagues créées par chaque pointe sont des cercles représentés en traits pleins, régulièrement espacés de $\lambda$ ; entre ces cercles s'intercalent les fronts d'onde correspondant aux creux de vagues, cercles représentés en tirets.

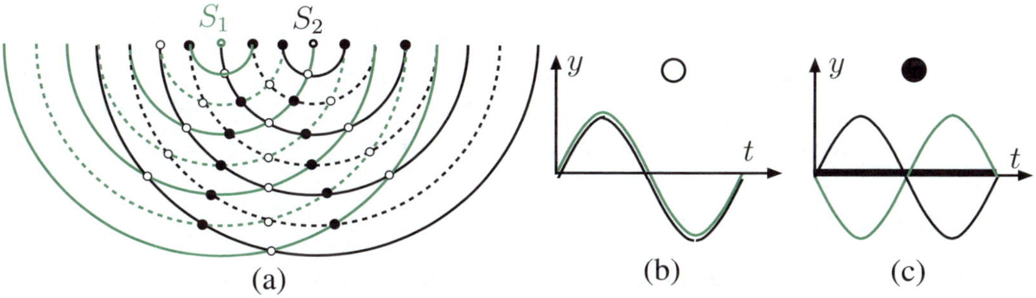


Figure 9.6. a) Fronts d'ondes créés par deux pointes $S_1$ et $S_2$ frappant périodiquement en phase la surface d'un liquide : crêtes de vagues en trait plein, creux en tirets. b) Aux points (blancs) situés à l'intersection de deux cercles en trait plein ou bien de deux cercles en pointillé, deux ondes en phase s'ajoutent. c) À l'intersection (points noirs) d'un cercle en trait plein et d'un cercle en pointillé, deux ondes en opposition de phase s'annulent.

Le principe de superposition nous dit qu'à l'intersection de deux cercles en trait plein, deux ondes en phase s'additionnent (figure 9.6b), et la hauteur de liquide est maximale. À l'intersection de deux cercles en tirets, deux ondes en phase s'additionnent aussi mais cette fois la hauteur de liquide est minimale. Les points blancs repèrent donc les positions du plan où les deux ondes arrivent en phase : l'amplitude des oscillations y est maximale. En revanche, à l'intersection d'un cercle en trait plein et d'un cercle en tirets, les points noirs repèrent les positions du plan où arrivent deux ondes en opposition de phase : leur somme est nulle (figure 9.6c), la hauteur du liquide ne varie donc pas et ces points noirs demeurent immobiles.

Formellement écrivons le déplacement vertical, supposé sinusoïdal, des pointes $S_1$ et $S_2$, par rapport à la surface du liquide non perturbé : $y_{S1} = y_{S2} = a \sin \omega t$. Un point $M$ de la surface, situé respectivement à la distance $d_1$ de $S_1$ et $d_2$ de $S_2$

recevra deux ondes définies par la relation (9.2). Conformément au principe de superposition, le déplacement vertical de ce point $M$ sera :

$$y_M(t) = a\sin\left[\omega(t - \frac{d_1}{c})\right] + a\sin\left[\omega(t - \frac{d_2}{c})\right] \tag{9.7}$$

soit

$$y_M(t) = 2a\cos\left[\pi\frac{(d_2 - d_1)}{\lambda}\right]\sin\left[\omega t - \pi\frac{(d_2 + d_1)}{\lambda}\right] \tag{9.8}$$

Cette dernière relation montre bien que l'amplitude résultante de l'oscillation en un point dépend de sa position dans le plan. L'amplitude résultante est maximale lorsque $(d_2 - d_1) = k\lambda$, $k$ étant un entier relatif. La valeur $k = 0$ correspond à la médiatrice du segment $S_1S_2$ ; les valeurs entières de $k$ différentes de 0 définissent des branches d'hyperboles dont $S_1$ et $S_2$ sont les foyers[(6)]. Vérifiez sur la figure 9.6a, que les points blancs se trouvent bien soit sur la médiatrice soit sur ces branches d'hyperbole. En revanche lorsque $(d_2 - d_1) = (2k + 1)\lambda/2$, l'amplitude résultante est nulle : les points noirs immobiles (figure 9.6a) sont aussi situés sur des branches d'hyperboles dont $S_1$ et $S_2$ sont les foyers.

### 9.3.3. Ondes stationnaires

Jusqu'ici nous n'avons parlé que de la propagation d'une onde, ce qui n'est évidemment légitime que pour un milieu infini. Dans la réalité nous savons bien que le milieu dans lequel une onde se propage est toujours fini, à l'exception de l'espace intersidéral. Arrivée à la limite de ce milieu, l'onde sera partiellement ou totalement réfléchie, situation que nous étudierons en détail au paragraphe 9.4.5. Pour l'instant il nous suffit de savoir qu'une réflexion se produit à la limite du milieu. Comme exemple de milieu de propagation de taille finie, prenons une corde de longueur $L$, tendue entre deux extrémités fixes. À tout instant, en chaque point $M$ de la corde arrivent deux ondes transversales contra-propagatives (figure 9.7a). Conformément à ce que nous avons vu au paragraphe 9.1.2, nous les notons $f(t - x/c)$ et $g(t + x/c)$, $c$ étant la vitesse de propagation de l'onde transversale dans la corde. Le principe de superposition nous dit que leurs élongations s'ajoutent. Dans la cas où l'excitation est sinusoïdale, l'élongation d'un point $M$ s'écrira par conséquent :

$$y(x, t) = a\cos\left[\omega(t - \frac{x}{c})\right] + b\cos\left[\omega(t + \frac{x}{c})\right] \tag{9.9}$$

La présence de deux extrémités fixes impose les conditions : $y(0, t) = y(L, t) = 0$. La première condition entraîne que $a + b = 0$, ce qui permet de réécrire $y(x, t)$ :

$$y(x, t) = 2a\sin(\omega\frac{x}{c})\sin\omega t \tag{9.10}$$

(6) Voir « Outils mathématiques », paragraphe 10.3.6.

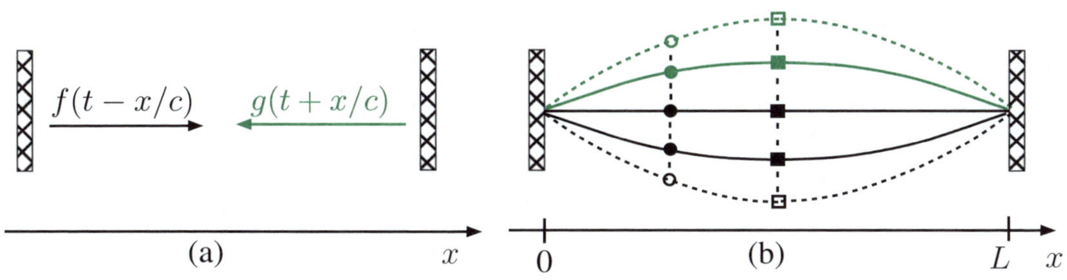


Figure 9.7. a) Dans un milieu de taille finie, en chaque point arrivent deux ondes contra-propagatives. b) Mode fondamental d'une corde fixée à ses deux extrémités : la corde vibre en un fuseau. Tous ses points oscillent en phase, chacun avec une amplitude qui dépend de sa position.

Il est important de remarquer que si $y$ est toujours une fonction de $x$ et de $t$, **ce n'est plus une fonction de $(t \pm x/c)$, donc plus une onde progressive : c'est une onde stationnaire.** Avant de la décrire, traduisons la conditions $y(L,t) = 0$, soit $\sin(\omega L/c) = 0$, relation qui définit les pulsations permises : $\omega_n = n\pi c/L$. À chaque valeur de l'entier $n$ correspond un **mode** dont la fréquence $N_n$ et la longueur d'onde $\lambda_n$ sont définies par :

$$\boxed{N_n = \frac{nc}{2L}} \quad \text{et} \quad \boxed{L = n\frac{\lambda_n}{2}} \tag{9.11}$$

Dans le n$^{ième}$ mode de vibration de la corde, l'élongation de chacun de ses points s'écrit :

$$\boxed{y_n(x,t) = 2a_n \sin\left(\frac{n\pi x}{L}\right) \sin \omega_n t} \tag{9.12}$$

La valeur $n = 1$ définit le **mode fondamental**, représenté sur la figure 9.7b. Le facteur $\sin(\pi x L)$ satisfait bien les conditions aux limites en s'annulant en $x = 0$ et $x = L$ (ces points immobiles s'appellent des nœuds de vibration), et présente un maximum en $x = L/2$ (ventre de vibration). **Dans le mode fondamental la corde vibre en un fuseau** avec une période $T_1$. Les positions respectives de la corde aux temps 0, $T_1/2$ et $T_1$ (trait horizontal noir), $T_1/12$ et $5T_1/12$ (en trait plein vert), $T_1/4$ (en tirets verts), $7T_1/12$ et $11T_1/12$ (en noir), et $3T_1/4$ (en tirets noirs), sont représentées sur la figure 9.7b. Il apparaît que chaque point de la corde oscille autour de sa position d'équilibre stable avec une amplitude qui dépend de sa position : **une onde stationnaire est une déformation sans propagation.** Par ailleurs on peut observer que tous ces points **oscillent en phase, c'est la caractéristique d'un mode**. Comme l'illustre la figure 9.7b, c'est en effet **simultanément** que deux points quelconques de la corde, repérés respectivement par un cercle et un carré, passent par leurs positions d'équilibre ou atteignent leurs élongations maximales.

Les valeurs entières suivantes $n = 2, 3... k$, définissent les deuxième, troisième ... $k^{ième}$ harmoniques, modes où la corde vibre en 2, 3...$k$ fuseaux. Lorsque l'on excite une corde fixée à ses deux extrémités, tous ses modes sont excités simultanément, mais pas avec la même amplitude[(7)]. Ce sont les amplitudes de ces différents modes qui définissent le timbre d'un instrument (figure 9.8b). Quant à la fréquence perçue, c'est la fréquence du mode fondamental.

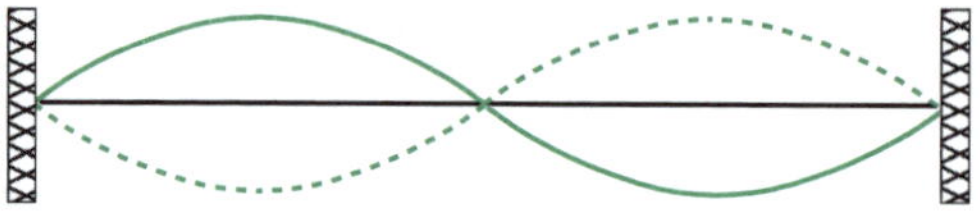

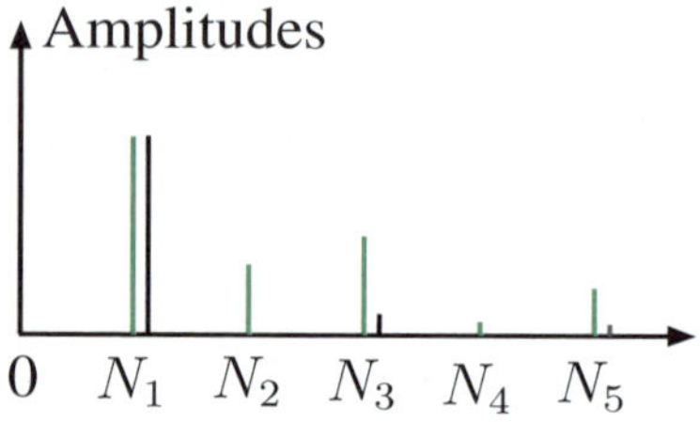


Figure 9.8. a) Corde vibrant en deux fuseaux : en trait plein position à $T/4$, et en tirets position à $3T/4$. b) Amplitudes des premiers harmoniques d'une clarinette (en vert) et d'une harpe (en noir).

## 9.4. Onde transversale progressive dans une corde

Nous considérons une corde parfaitement flexible, de masse par unité de longueur $\mu$ et soumise à une force de tension horizontale de module $F_0$. Une onde transversale est générée par une source $S$ placée à l'une de ses extrémités. À l'autre extrémité, un dispositif approprié empêche toute réflexion. L'amortissement de l'air est négligé.

### 9.4.1. Vitesse de propagation de l'onde transversale

Au passage de l'onde transversale, chaque élément de la corde va subir un déplacement vertical par rapport à sa position d'équilibre. Considérons l'élément de corde $AB$ compris entre $x$ et $x + dx$ et notons, à un instant donné, $y(x, t)$ et $y(x + dx, t)$ les déplacements verticaux respectifs de ses extrémités. Pour des raisons de clarté, la figure 9.9a ne respecte pas les échelles : dans la réalité **la courbure de la corde est faible**, et les angles $\theta_1$ et $\theta_2$ très petits. Les parties gauche et droite de la corde exercent respectivement les forces $\vec{F_1}$ et $\vec{F_2}$ sur cet

[(7)] Nous reviendrons sur les amplitudes de ces différents modes au paragraphe 9.5.

élément. En négligeant tout déplacement horizontal de $AB$, on peut écrire que la résultante horizontale des forces est nulle, soit $F_1 \cos\theta_1 = F_2 \cos\theta_2 = F_0$. En revanche, suivant la verticale, la résultante des forces s'exerçant sur $AB$ est non nulle. Si l'on néglige les forces de pesanteur, son expression est donnée par $F_y = F_2 \sin\theta_2 - F_1 \sin\theta_1$ que l'on peut réécrire $F_y = F_0(\tan\theta_2 - \tan\theta_1)$. Les forces $\vec{F_1}$ et $\vec{F_2}$ sont tangentielles à la corde, par conséquent $\tan\theta_1 = (\partial y/\partial x)_x$ et $\tan\theta_2 = (\partial y/\partial x)_{x+dx}$. D'où l'expression $F_y = F_0(\partial^2 y/\partial x^2)dx$. Appliquons la deuxième loi de Newton à l'élément de corde $AB$ : $\mu dx(\partial^2 y/\partial t^2) = F_0(\partial^2 y/\partial x^2)dx$ soit :

$$\boxed{\partial^2 y/\partial t^2 = (F_0/\mu)(\partial^2 y/\partial x^2)} \tag{9.13}$$

En identifiant cette expression avec la relation (9.4), on trouve l'expression de la vitesse de propagation de l'onde transversale :

$$\boxed{c = \sqrt{F_0/\mu}} \tag{9.14}$$

Il faut remarquer que cette **vitesse de propagation ne dépend pas de la fréquence** de l'onde : **la corde parfaitement flexible est un milieu non dispersif**.

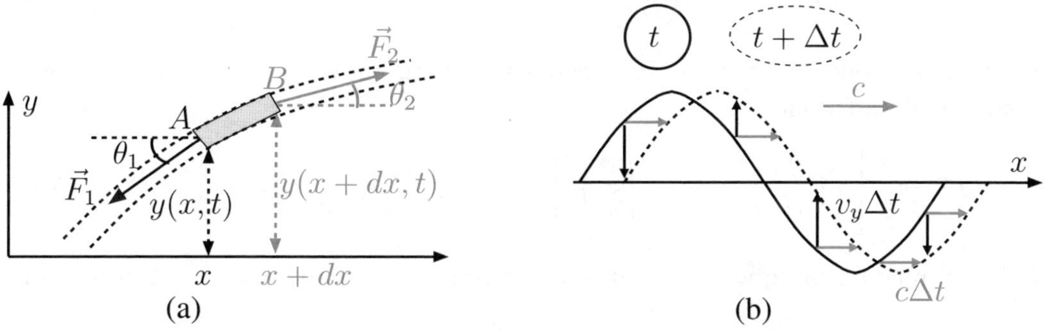


Figure 9.9. a) Forces s'exerçant sur un élément de corde $AB$ au passage d'une onde transversale. b) Onde sinusoïdale progressive représentée aux instants $t$ et $t + \Delta t$. La déformation se déplace avec la vitesse $c$ : la déformation au temps $t + \Delta t$ s'obtient par une translation $c\Delta t$ (en vert). La vitesse réelle $v_y$ de déplacement vertical (en noir) d'un élément de corde varie en fonction de son abscisse.

### 9.4.2. Énergie mécanique associée à l'onde transversale

Nous traitons le cas d'une excitation sinusoïdale, c'est-à-dire que l'élongation est définie par $y(x,t) = a \sin[\omega(t - x/c)]$. L'énergie mécanique, nous l'avons vu, est la somme de l'énergie cinétique et de l'énergie potentielle. Un élément de corde compris entre $x$ et $x + dx$ est animé d'une vitesse verticale $v_y = \partial y/\partial t$. C'est l'occasion pour nous d'insister sur la différence entre $c$, **vitesse de propagation de la déformation ou célérité de l'onde**, identique pour tous les points (en vert figure 9.9b), et $v_y$ **vitesse réelle de déplacement vertical d'un élément** de la corde (en noir figure 9.9b), vitesse dont la valeur dépend de $x$ et de $t$. L'énergie cinétique associée au mouvement de cet élément de corde est par définition :

$$dE_c = \frac{1}{2}\mu dx \left(\frac{\partial y}{\partial t}\right)^2 = \frac{1}{2}\mu\omega^2 a^2 \cos^2[\omega(t - x/c)]dx \tag{9.15}$$

Pour déterminer l'expression de l'énergie potentielle $dE_p$, évaluons l'allongement de l'élément de corde. Au passage de l'onde transversale, sa longueur est égale à $[(dx)^2 + (dy)^2]^{\frac{1}{2}} \simeq dx[1 + \frac{1}{2}(\partial y/\partial x)^2]$, puisque rappelons-le la courbure de la corde est très faible. L'élément de corde s'est donc allongé de $\frac{1}{2}dx(\partial y/\partial x)^2$. L'énergie potentielle $dE_p$ emmagasinée par l'élément de corde est égale au travail fourni pour produire cet allongement[(8)] soit :

$$dE_p = \frac{1}{2}F_0 dx \left(\frac{\partial y}{\partial x}\right)^2 = \frac{1}{2}F_0\frac{\omega^2}{c^2}a^2 \cos^2[\omega(t - x/c)]dx \tag{9.16}$$

Pour un élément de corde de longueur $dx$, l'énergie mécanique associée à l'onde transversale est donc :

$$dE = \frac{1}{2}\left[\mu\left(\frac{\partial y}{\partial t}\right)^2 + F_0\left(\frac{\partial y}{\partial x}\right)^2\right]dx = \mu\omega^2 a^2 \cos^2[\omega(t - x/c)]dx \tag{9.17}$$

La puissance mécanique instantanée correspondante est définie par l'expression :

$$\mathcal{P}(x,t) = dE/dt = (F_0\mu)^{\frac{1}{2}}\omega^2 a^2 \cos^2[\omega(t - x/c)] \tag{9.18}$$

Lorsque l'on se place en un point de la corde, la quantité importante est la puissance mécanique $\langle\mathcal{P}\rangle$, moyennée dans le temps, transportée par l'onde. Pour l'obtenir, il suffit de calculer la moyenne temporelle de l'expression (9.18). Comme $\langle\cos^2[\omega(t - x/c)]\rangle = \frac{1}{2}$ on trouve facilement :

$$\langle\mathcal{P}\rangle = \frac{1}{2}(F_0\mu)^{\frac{1}{2}}\omega^2 a^2 \tag{9.19}$$

C'est le flux moyen d'énergie mécanique associé à la propagation de l'onde transversale.

(8) Les angles $\theta_1$ et $\theta_2$ sont très petits. On peut considérer que $F_1 \simeq F_2 \simeq F_0$.

## .4.3. Puissance fournie par la source.

Bien évidemment l'énergie qui accompagne la propagation de l'onde est fournie par la source $S$. Vérifions-le. La coordonnée verticale de la force exercée par l'extrémité de la corde sur le point $S$ (figure 9.10a) est, nous l'avons vu, $F_y = F_0(\partial y/\partial x)_{x=0}$, puisque la source se trouve en $x = 0$. Or pour une excitation sinusoïdale définie par la relation (9.2), $(\partial y/\partial x) = -(1/c)(\partial y/\partial t)$, et l'on peut écrire $F_y = -(F_0/c)(\partial y/\partial t)_{x=0}$, soit aussi sous la forme $F_y = Z(\partial y/\partial t)_{x=0}$, en appelant $Z = -(F_0/c) = -(F_0\mu)^{\frac{1}{2}}$ **l'impédance mécanique de la corde**. En vertu de la troisième loi de Newton, la coordonnée verticale de la force exercée par la source $S$ sur l'extrémité de la corde est $F_{Sy} = -Z(\partial y/\partial t)_{x=0}$. Par définition, la puissance mécanique instantanée fournie par la source à la corde est $\mathcal{P}_S(t) = F_{Sy}(\partial y/\partial t)_{x=0}$ soit $\mathcal{P}_S(t) = -Z(\partial y/\partial t)^2_{x=0} = (F_0\mu)^{\frac{1}{2}}a^2\omega^2\cos^2\omega t$. La puissance moyenne fournie par $S$ s'écrit $\langle\mathcal{P}_S\rangle = \frac{1}{2}(F_0\mu)^{\frac{1}{2}}a^2\omega^2$. Elle est bien égale à $\langle\mathcal{P}\rangle$.

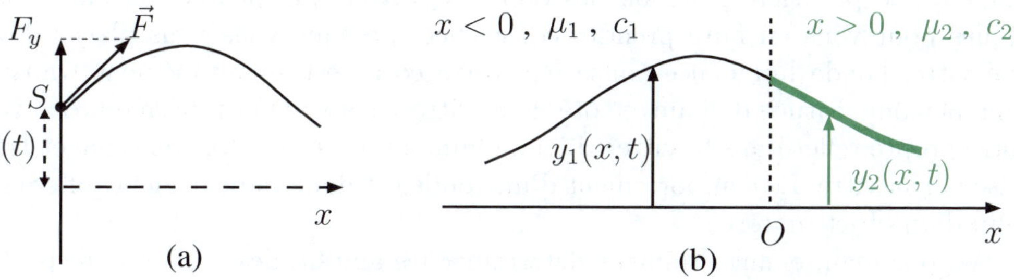


FIGURE 9.10. a) Force exercée par la corde sur la source S des ondes transversales. b) Deux cordes de masses linéiques différentes constituent deux milieux caractérisés par des vitesses de propagation $c_1$ et $c_2$.

### 9.4.4. Réflexion et transmission de l'onde à l'interface entre deux milieux

Avant d'étudier une onde, commençons par rappeler le comportement d'un objet matériel en présence de deux milieux. Au bord d'un lac, vous lancez une pierre dans l'air. Lorsque cette pierre touche la surface de l'eau, elle est le plus souvent transmise à travers l'interface air-eau. Toutefois si vous choisissez un galet plat et vous appliquez à le lancer sous une incidente rasante, vous réussirez à faire des ricochets : la pierre est alors réfléchie par l'interface air-eau. Un objet matériel peut donc être transmis OU réfléchi (figure 9.11) à l'interface entre deux milieux, mais pas les deux à la fois !

Qu'en est-il pour une onde ? Pour donner un exemple concret de deux milieux, considérons deux cordes de masses linéiques respectives $\mu_1$ et $\mu_2$, attachées bout à bout de façon parfaite. L'ensemble est soumis à une force de tension horizontale de module $F_0$. Une onde transversale se propagera donc à la vitesse $c_1 = (F_0/\mu_1)^{\frac{1}{2}}$ dans la corde de masse linéique $\mu_1$, et avec une vitesse $c_2 = (F_0/\mu_2)^{\frac{1}{2}}$ dans l'autre corde. Nous avons donc défini deux milieux de propagation, dont l'interface se trouve en $x = 0$ (figure 9.10b).

Il est important de réaliser qu'une onde incidente se propageant dans le milieu 1 **ne peut pas être totalement transmise** dans le milieu 2, comme notre intuition forgée par le comportement des objets matériels pourrait nous inciter à le penser. En effet la transmission pure et simple d'une onde violerait la conservation de l'énergie : suivant (9.19), le flux d'énergie incident dans le milieu 1, $\langle\mathcal{P}_1\rangle = \frac{1}{2}\omega^2 a^2\sqrt{F_0\mu_1}$, **est différent** du flux d'énergie transmis dans le milieu 2, $\langle\mathcal{P}_2\rangle = \frac{1}{2}\omega^2 a^2\sqrt{F_0\mu_2}$. La conservation de l'énergie impose donc qu'à l'interface entre les deux milieux, **une onde soit à la fois réfléchie ET transmise**. Il s'agit d'une propriété générale des ondes. Quittons un instant les ondes mécaniques pour vous en faire prendre conscience. Lorsque vous vous placez devant une vitre, l'onde lumineuse émise par votre corps est simultanément transmise (une personne située de l'autre côté de la vitre vous voit) et réfléchie (vous voyez votre propre reflet dans la vitre). L'onde lumineuse est à la fois réfléchie et transmise par la vitre. Le comportement d'une onde est donc radicalement différent de celui d'un objet matériel.

Voyons maintenant comment déterminer les amplitudes de l'onde respectivement réfléchie et transmise.

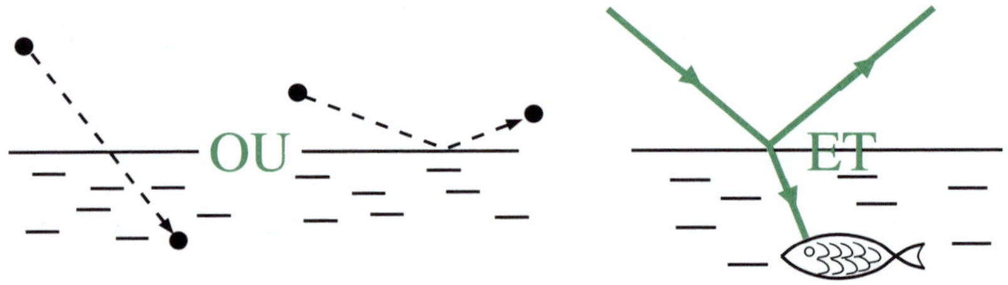


FIGURE 9.11. Un objet matériel rencontrant l'interface air-eau est transmis OU réfléchi. Une onde lumineuse est à la fois transmise ET réfléchie par l'interface.

## 9.4.5. Expressions des amplitudes réfléchie et transmise

Comme l'illustre la figure 9.10b, la déformation de la corde associée à l'onde transversale est notée $y_1(x,t)$ lorsque $x$ est négatif, et $y_2(x,t)$ lorsque $x$ est positif.

Il est clair qu'à l'interface, en $x = 0$, $y_1$ et $y_2$ doivent satisfaire les équations de continuité :

$$y_1(0,t) = y_2(0,t) \quad \text{et} \quad (\partial y_1/\partial x)_{x=0} = (\partial y_2/\partial x)_{x=0} \tag{9.20}$$

Plaçons à l'extrémité libre de la corde 1, d'abscisse $-d_S$, une source $S$ dont le déplacement vertical est défini par : $y_S = a\sin\omega t$. Un point $M$ d'abscisse $x$ négative, situé dans le milieu 1, reçoit à chaque instant (figure 9.12) :
– une onde incidente provenant directement de $S$ (en tirets), qui a parcouru la distance $(d_S + x)$, car $x$ est négatif :

$$y_i(x,t) = a\sin\left[\omega t - \omega(d_S + x)/c_1\right] \tag{9.21}$$

– une onde réfléchie par l'interface (en pointillé), d'amplitude $a_r$, qui a parcouru la distance $(d_S - x)$ :

$$y_r(x,t) = a_r\sin\left[\omega t - \omega(d_S - x)/c_1\right] \tag{9.22}$$

En vertu du principe de superposition, l'élongation de tout point du milieu 1 est définie par :

$$y_1(x,t) = y_i(x,t) + y_r(x,t) \tag{9.23}$$

Tout point $N$ du milieu 2, d'abscisse $x$ positive, reçoit seulement l'onde transmise à travers l'interface (en tirets verts). Cette onde transmise, d'amplitude $a_T$, a parcouru la distance $d_S$ avec la vitesse $c_1$, et la distance $x$ (positive) avec la vitesse $c_2$. Par conséquent :

$$y_2(x,t) = y_T(x,t) = a_T\sin\left(\omega t - \omega d_S/c_1 - \omega x/c_2\right) \tag{9.24}$$

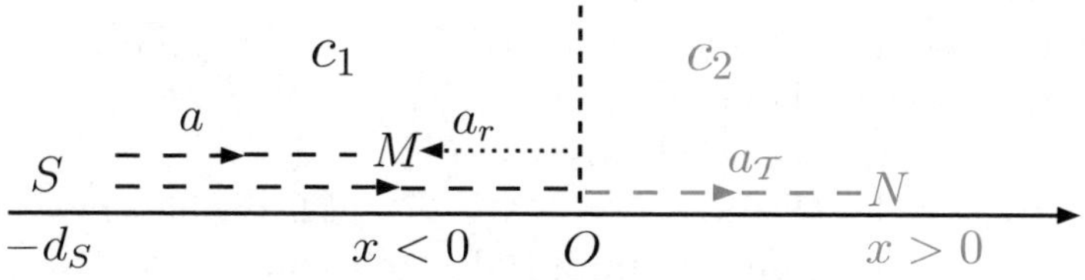


FIGURE 9.12. Un point M, d'abscisse $x < 0$, situé dans le milieu 1, reçoit à chaque instant une onde incidente (en tirets) venant directement de la source S, et une onde réfléchie (en pointillé) par l'interface. Un point N, d'abscisse $x > 0$, situé dans le milieu 2, reçoit une onde émise par S et transmise à travers l'interface (tirets verts).

En écrivant que les conditions de continuité définies par l'équation (9.20) doivent être satisfaites par $y_1(x,t)$ et $y_2(x,t)$, on obtient sans difficulté :

$$a + a_r = a_{\mathcal{T}} \quad \text{et} \quad a - a_r = \frac{c_1}{c_2} a_{\mathcal{T}} = \sqrt{\frac{\mu_2}{\mu_1}}\, a_{\mathcal{T}} \tag{9.25}$$

d'où :

$$\boxed{a_{\mathcal{T}} = \frac{2a}{1 + \sqrt{\frac{\mu_2}{\mu_1}}}} \quad \text{et} \quad \boxed{a_r = a\,\frac{1 - \sqrt{\frac{\mu_2}{\mu_1}}}{1 + \sqrt{\frac{\mu_2}{\mu_1}}}} \tag{9.26}$$

Ces expressions montrent que si $\mu_2$ est supérieure à $\mu_1$, la réflexion s'accompagne d'un changement de signe (figure 9.13b). Le cas limite $\mu_2 \gg \mu_1$ correspond à la corde de masse linéique $\mu_1$ dont une extrémité est fixe. Dans ce cas les relations (9.26) donnent $a_{\mathcal{T}} = 0$ et $a_r = -a$.

FIGURE 9.13. L'onde transversale incidente se propage de la gauche vers la droite. Ondes réfléchies et transmises : a) $\mu_2 < \mu_1$ ; b) $\mu_2 > \mu_1$.

Chacune des cordes que nous venons de considérer peut être caractérisée par son impédance mécanique, respectivement $Z_1 = -(F_0\mu_1)^{\frac{1}{2}}$ et $Z_2 = -(F_0\mu_2)^{\frac{1}{2}}$. En fonction de ces impédances, les relations (9.26) s'écrivent :

$$\boxed{a_{\mathcal{T}} = a\frac{2Z_1}{Z_1 + Z_2}} \quad \text{et} \quad \boxed{a_r = a\,\frac{Z_1 - Z_2}{Z_1 + Z_2}} \tag{9.27}$$

Il ne nous reste plus qu'à vérifier que le flux d'énergie associé à l'onde est bien conservé. Conformément à la relation (9.19) :
– le flux d'énergie associé à l'onde incidente $\langle \mathcal{P} \rangle = \frac{1}{2}\omega^2 a^2 \sqrt{F_0\mu_1} = -\frac{1}{2}\omega^2 a^2 Z_1$,
– le flux d'énergie associé à l'onde réfléchie $\langle \mathcal{P}_r \rangle = \frac{1}{2}\omega^2 a_r^2 \sqrt{F_0\mu_1} = -\frac{1}{2}\omega^2 a_r^2 Z_1$,
– le flux d'énergie associé à l'onde transmise $\langle \mathcal{P}_\tau \rangle = \frac{1}{2}\omega^2 a_{\mathcal{T}}^2 \sqrt{F_0\mu_2} = -\frac{1}{2}\omega^2 a_{\mathcal{T}}^2 Z_2$.
On définit le coefficient de réflexion $\mathcal{R} = \langle \mathcal{P}_r \rangle / \langle \mathcal{P} \rangle$, et le coefficient de transmission $\mathcal{T} = \langle \mathcal{P}_\tau \rangle / \langle \mathcal{P} \rangle$. En remplaçant les amplitudes réfléchies et transmises par leurs expressions (9.26), on obtient :

$$\boxed{\mathcal{R} = \left(\frac{1 - \sqrt{\frac{\mu_2}{\mu_1}}}{1 + \sqrt{\frac{\mu_2}{\mu_1}}}\right)^2} \quad \text{et} \quad \boxed{\mathcal{T} = 4\frac{\sqrt{\frac{\mu_2}{\mu_1}}}{\left(1 + \sqrt{\frac{\mu_2}{\mu_1}}\right)^2}} \tag{9.28}$$

soit :

$$\boxed{\mathcal{R} = \left(\frac{Z_1 - Z_2}{Z_1 + Z_2}\right)^2} \quad \text{et} \quad \boxed{\mathcal{T} = 4\frac{Z_1 Z_2}{(Z_1 + Z_2)^2}} \tag{9.29}$$

et l'on vérifie sans difficulté que $\mathcal{R} + \mathcal{T} = 1$.

### 9.4.6. Onde progressive amortie

Jusqu'ici nous avons négligé tout amortissement et écrit une onde transversale progressive $y(x,t) = a\cos[\omega(t - x/c)]$. Pour traiter ce problème, il est commode d'introduire le nombre d'ondes $k$ défini par $k = 2\pi/\lambda = \omega/c$, et d'écrire $y(x,t) = a\cos(\omega t - kx)$. En l'absence d'amortissement, le nombre d'onde $k$ est réel.

Pour simplifier les calculs, il est souvent utile, comme nous l'avons fait au paragraphe 4.5.2, d'utiliser la notation complexe :

$$y(x,t) = \Re(ae^{i\omega t}e^{-ikx}) \tag{9.30}$$

Prenons donc en compte la force de frottement que subit chaque élément de corde se déplaçant dans l'air. Cette force de frottement est proportionnelle à la vitesse de déplacement de l'élément de corde. Par conséquent, sa coordonnée s'écrit $f_y = -\alpha(\partial y/\partial t)dx$ (vérifiez que la dimension de la grandeur $\alpha$ est $[\alpha] = MLT^{-1}$). L'équation du mouvement d'un élément de corde de longueur $dx$ est donc :

$\mu dx(\partial^2 y/\partial t^2) = F_0(\partial^2 y/\partial x^2)dx - \alpha(\partial y/\partial t)dx$ soit :

$$\frac{\partial^2 y}{\partial x^2} = \frac{\mu}{F_0}\frac{\partial^2 y}{\partial t^2} + \frac{\alpha}{F_0}\frac{\partial y}{\partial t} \tag{9.31}$$

Cherchons une solution de la forme (9.30). La relation (9.31) s'écrit alors :

$$k^2 = \frac{\mu}{F_0}\omega^2 - i\frac{\alpha\omega}{F_0} = \frac{\omega^2}{c^2}(1 - i\frac{\alpha}{\mu\omega}) \tag{9.32}$$

Dans le cas d'un amortissement faible, $(\alpha/\mu\omega) \ll 1$, la relation précédente s'écrit :

$$k^2 \simeq \frac{\omega^2}{c^2}(1 - i\frac{\alpha}{2\mu\omega})^2 \quad \text{soit} \quad k \simeq \frac{\omega}{c}(1 - i\frac{\alpha}{2\mu\omega}) \tag{9.33}$$

Il s'ensuit qu'en présence d'amortissement le nombre d'onde est une quantité complexe. En reportant son expression dans la relation (9.30), on obtient :

$$y(x,t) = \Re(ae^{i\omega t}e^{-i\omega x/c}e^{-\alpha x/2\mu c}) \tag{9.34}$$

soit :

$$y(x,t) = ae^{-\alpha x/2\mu c}\cos[\omega(t - x/c)] \tag{9.35}$$

Cette dernière relation décrit une onde progressive amortie, dont l'amplitude décroît de $e^{-1}$ sur une distance égale à $2\mu c/\alpha$ (vérifiez que $[\mu c/\alpha] = L$).

### 9.4.7. Effet de la rigidité de la corde

Dans tout ce qui précède, nous avons traité le cas idéal d'une corde **parfaitement flexible**. Cette approximation, tout à fait légitime aux basses fréquences, nous a permis d'établir l'expression de la célérité $c$ d'une onde transversale. Nous avons trouvé que cette célérité $c$ est (9.14) **indépendante de la fréquence de l'onde**. On dit dans ce cas que le milieu de propagation, ici la corde parfaitement flexible, est un **milieu non dispersif**. Comme $c = \omega/k$, une autre façon d'exprimer qu'un milieu est non dispersif consiste à écrire que sa relation de dispersion $\omega(k)$ est linéaire puisque $\omega = ck$.

Cependant, aux hautes fréquences, il faut prendre en compte la rigidité de la corde qui se manifeste par une force s'opposant à sa courbure. Vous pouvez en avoir une intuition en courbant une lame métallique : pour y parvenir, vous devez vaincre la force qui tend à ramener cette lame dans sa forme rectiligne.

L'expression de la force par unité de longueur qui s'oppose à la courbure d'une corde dépend de ses propriétés élastiques, et nous ne l'établirons pas ici. Donnons simplement le résultat : $f_y = -\beta(\partial^4 y/\partial x^4)$. L'équation du mouvement d'un élément de corde de longueur $dx$ s'écrit dans ce cas :

$$\mu\frac{\partial^2 y}{\partial t^2} = F_0\frac{\partial^2 y}{\partial x^2} - \beta\frac{\partial^4 y}{\partial x^4} \tag{9.36}$$

Cherchons une solution de la forme (9.30). La relation (9.36) s'écrit alors :

$$k^2 = \frac{\omega^2}{c^2} - \frac{\beta}{F_0}k^4 \tag{9.37}$$

en notant $c = (F_0/\mu)^{\frac{1}{2}}$ la célérité des ondes transversales dans une corde parfaitement flexible. L'équation (9.37) définit la relation de dispersion $\omega(k)$ du milieu : à l'évidence elle n'est pas linéaire, **le milieu est donc dispersif**. En présence de rigidité, nous nous attendons par conséquent à ce que la vitesse de propagation de l'onde, que nous appellerons la vitesse de phase $v_\phi = \omega/k$, dépende de $\omega$. Cette vitesse $v_\phi$ est sensiblement différente de $c$. Cependant le second terme du membre de droite de la relation (9.37) étant un terme correctif, nous pouvons remplacer $k^4$ par $\omega^4/c^4$, d'où :

$$k^2 = \frac{\omega^2}{c^2}(1 - \frac{\beta}{F_0}\frac{\omega^2}{c^2}) \tag{9.38}$$

L'expression de la vitesse de phase $v_\phi = \omega/k$ est donc :

$$v_\phi = \frac{\omega}{k} \simeq c(1 + \frac{\beta\mu}{2F_0^2}\omega^2) \tag{9.39}$$

Non seulement la vitesse de phase $v_\phi$ diffère de $c$, mais elle **dépend explicitement de la pulsation** $\omega$ : une corde rigide constitue un milieu de propagation **dispersif**.

## 9.5. Amplitudes des harmoniques d'une corde

Lorsqu'une corde de longueur $L$ est fixée à ses deux extrémités, nous avons vu au paragraphe 9.3.3 que l'on observait un phénomène d'ondes stationnaires. La corde vibre alors suivant ses modes propres dont nous avons défini les pulsations $\omega_n = n\pi c/L$ et les longueurs d'onde $\lambda_n = 2L/n$. Tous les points de la corde oscillent en phase, chacun avec une amplitude qui dépend de son abscisse. Si l'on néglige tout amortissement, l'expression générale de l'élongation d'un point de la corde[9] dans le mode propre $n$ est définie par :

$$y_n(x,t) = \sin\left(\frac{n\pi x}{L}\right)[A_n \cos\omega_n t + B_n \sin\omega_n t] \tag{9.40}$$

Lorsque de l'énergie mécanique est transmise à une corde, tous ses modes propres sont excités simultanément et l'élongation, en fonction du temps $t$, d'un point repéré par son abscisse $x$ est définie par :

$$y(x,t) = \Sigma_{n=1}^{\infty} \sin\left(\frac{n\pi x}{L}\right)[A_n \cos\omega_n t + B_n \sin\omega_n t] \tag{9.41}$$

Cette équation décrit bien une corde dont les extrémités ($x = 0$ et $x = L$) restent fixes.

### 9.5.1. Amplitudes des modes propres

Les coefficients $A_n$ et $B_n$ définissent l'amplitude du mode propre $n$. Ces coefficients sont déterminés par les conditions initiales, à savoir :
– l'élongation de chaque point de la corde au temps $t = 0$, soit $y(x,0)$ ;
– la vitesse de déplacement vertical de chaque point au temps $t = 0$, soit $(\partial y/\partial t)_{t=0}$ que pour alléger la notation nous écrirons $\dot{y}(x,0)$. Suivant la relation (9.41), ces conditions initiales s'écrivent :

$$y(x,0) = \Sigma_{n=1}^{\infty} A_n \sin\left(\frac{n\pi x}{L}\right) \quad \text{et} \quad \dot{y}(x,0) = \Sigma_{n=1}^{\infty} \omega_n B_n \sin\left(\frac{n\pi x}{L}\right) \tag{9.42}$$

[9] Supposée parfaitement flexible.

Ces dernières relations permettent de trouver les expressions de $A_n$ et $B_n$. Il suffit pour cela de remarquer que[10] si $m \neq n$ :

$$\int_0^L \sin(\frac{m\pi x}{L})\sin(\frac{n\pi x}{L})dx = \frac{L}{2\pi}\left[\frac{\sin[(n-m)\pi x/L]}{n-m} - \frac{\sin[(n+m)\pi x/L]}{n+m}\right]_0^L = 0 \tag{9.43}$$

alors que :

$$\int_0^L \sin^2(\frac{n\pi x}{L})dx = \frac{L}{2} \tag{9.44}$$

Par conséquent en multipliant chacun des membres des relations (9.42) par $\sin(\frac{n\pi x}{L})$, puis en intégrant sur la longueur entière de la corde, on obtient :

$$A_n = \frac{2}{L}\int_0^L \sin(\frac{n\pi x}{L})y(x,0)dx \quad \text{et} \quad B_n = \frac{2}{\omega_n L}\int_0^L \sin(\frac{n\pi x}{L})\dot{y}(x,0)dx \tag{9.45}$$

### 9.5.2. Énergie mécanique associée à un mode propre

Comme nous l'avons vu au paragraphe 9.4.2, à un élément de corde de longueur $dx$, on associe l'énergie cinétique $dE_c = \frac{1}{2}\mu dx(\partial y/\partial t)^2$ et l'énergie potentielle $dE_p = \frac{1}{2}F dx(\partial y/\partial x)^2$, en notant $F$ le module de la force de tension de la corde. En remplaçant $y$ par $A_n \sin(n\pi x/L)\cos\omega_n t$, on trouve :

$$dE_c = \frac{1}{2}\mu dx A_n^2\omega_n^2 \sin^2(\frac{n\pi x}{L})\sin^2\omega_n t \text{ et } dE_p = \frac{1}{2}\mu dx A_n^2\omega_n^2 \cos^2(\frac{n\pi x}{L})\cos^2\omega_n t \tag{9.46}$$

En moyennant par rapport au temps[11], on définit une densité d'énergie cinétique moyenne $\langle e_c\rangle$ ainsi qu'une densité d'énergie potentielle moyenne $\langle e_p\rangle$ par :

$$\langle e_c\rangle = \frac{1}{4}\mu A_n^2\omega_n^2 \sin^2(\frac{n\pi x}{L}) \quad \text{et} \quad \langle e_p\rangle = \frac{1}{4}\mu A_n^2\omega_n^2 \cos^2(\frac{n\pi x}{L}) \tag{9.47}$$

soit une densité d'énergie mécanique égale à $\frac{1}{4}\mu A_n^2\omega_n^2$.

La même démarche appliquée à $B_n \sin(n\pi x/L)\cos\omega_n t$ conduit sans difficulté à trouver une densité d'énergie mécanique égale à $\frac{1}{4}\mu B_n^2\omega_n^2$.

La densité d'énergie mécanique $\langle e_n\rangle$ associée au mode $n$ est donc égale à la somme des deux expressions précédentes, soit : $\langle e_n\rangle = \frac{1}{4}\mu(A_n^2 + B_n^2)\omega_n^2$. L'énergie mécanique moyenne $\langle E_n\rangle$ associée au mode $n$ s'obtient en intégrant la densité

[10] Rappel : $\sin a \sin b = \frac{1}{2}[\cos(a-b) - \cos(a+b)]$.

[11] On rappelle que $\langle\cos^2\omega_n t\rangle = \langle\sin^2\omega_n t\rangle = \frac{1}{2}$.

d'énergie sur la longueur totale de la corde, ce qui revient ici à effectuer simplement le produit $L\langle e_n\rangle$ soit :

$$\langle E_n\rangle = \frac{\mu L}{4}\left(\frac{n\pi c}{L}\right)^2 (A_n^2 + B_n^2) = n^2\pi^2\frac{F}{4L}(A_n^2 + B_n^2) \tag{9.48}$$

### 9.5.3. Exemple de corde pincée : la harpe

Appliquons les résultats précédents à une corde de harpe. L'état initial de cette corde pincée est représenté sur la figure 9.14 : son milieu est déplacé d'une distance $h$ par rapport à sa position d'équilibre, et la corde est lâchée sans vitesse initiale. Les conditions initiales s'écrivent donc :

$y(x,0) = 2hx/L$ pour $0 < x < \frac{1}{2}L$ et $y(x,0) = 2h(1 - x/L)$ pour $\frac{1}{2}L < x < L$
$\dot{y}(x,0) = 0$.

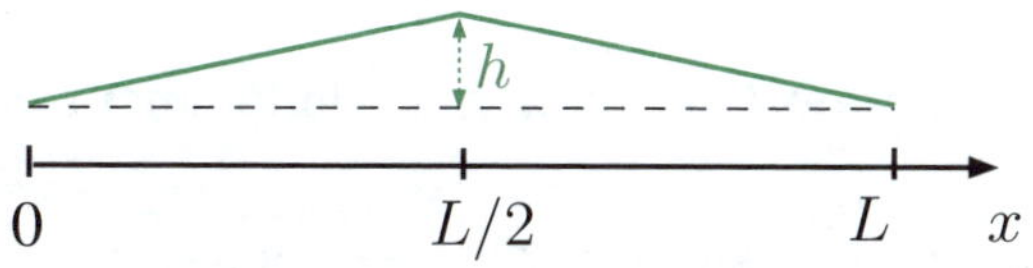


FIGURE 9.14.

Les coefficients $A_n$ et $B_n$ sont définis par les relations (9.45). On trouve : $A_n = \frac{2}{L}\int_0^{\frac{1}{2}L}\sin(\frac{n\pi x}{L})(2hx/L)dx + \frac{2}{L}\int_{\frac{1}{2}L}^{L}\sin(\frac{n\pi x}{L})2h(1 - x/L)dx$, les coeficients $B_n$ étant identiquement nuls. L'intégration par partie ne pose pas de difficulté[12] et l'on trouve :

$$A_n = \frac{8h}{n^2\pi^2}\sin(\frac{n\pi}{2}) \tag{9.49}$$

Il apparaît que, lorsque $n$ est pair, $A_n$ est nul : seuls les harmoniques impairs sont donc présents.

La relation (9.48) nous permet d'obtenir l'énergie mécanique moyenne associée à chacun d'eux :

$$\langle E_n\rangle = n^2\pi^2\frac{F}{4L}\left[\frac{8h}{n^2\pi^2}\sin(\frac{n\pi}{2})\right]^2 = \frac{16}{n^2}\frac{Fh^2}{\pi^2 L}\sin^2(\frac{n\pi}{2}) \tag{9.50}$$

Les énergies des différents modes, qui rappelons-le définissent le timbre d'un instrument, décroissent dans ce cas comme $1/n^2$ et par exemple $\langle E_{11}\rangle = \frac{1}{121}\langle E_1\rangle$. Seuls quatre harmoniques auront donc une énergie supérieure à 1% de celle du mode fondamental : le son d'un instrument à corde pincée est pauvre en harmoniques.

[12] $\int x\sin(n\pi x/L)dx = -(L/n\pi)x\cos(n\pi x/L) + (L/n\pi)^2\sin(n\pi x/L)$.

### 9.5.4. Exemple de corde frappée : le piano

Les conditions initiales sont tout à fait différentes pour une corde frappée, telle la corde d'un piano. À l'instant initial la corde de piano occupe sa position d'équilibre, donc $y(x,0) = 0$, lorsqu'un marteau de largeur $2b$ vient la frapper. Une portion de corde de longueur $2b$ est de ce fait animée d'une vitesse initiale $v_0$. Supposons que le marteau frappe le milieu de la corde, la condition initiale sur la vitesse s'écrit : $\dot{y}(x,0) = v_0$ pour $\frac{1}{2}L - b < x < \frac{1}{2}L + b$ et $\dot{y}(x,0) = 0$ pour tous les autres points de la corde.

Comme au paragraphe précédent, nous déterminons les coefficients $A_n$ et $B_n$ à partir des relations (9.45). La condition $y(x,0) = 0$ implique que les coefficients $A_n$ sont identiquement nuls. Les coefficients $B_n$ sont définis par :

$$B_n = \frac{2}{\omega_n L} \int_{\frac{1}{2}L-b}^{\frac{1}{2}L+b} v_0 \sin(n\pi x/L) dx \tag{9.51}$$

La largeur $2b$ du marteau étant très inférieure à la longueur de la corde, on trouve sans difficulté :

$$B_n = \frac{4bv_0}{\omega_n L} \sin(n\pi/2) = \frac{4bv_0}{n\pi c} \sin(n\pi/2) \tag{9.52}$$

Comme pour la corde de harpe, seuls les harmoniques impairs sont présents mais ici l'amplitude des harmoniques décroît comme $1/n$.

La relation (9.48) nous permet d'obtenir l'énergie mécanique moyenne associée à chaque mode :

$$\langle E_n \rangle = n^2\pi^2 \frac{F}{4L} \left[ \frac{4bv_0}{n\pi c} \sin(n\pi/2) \right]^2 = \frac{4b^2v_0^2}{L} \frac{F}{c^2} \sin^2(\frac{n\pi}{2}) \tag{9.53}$$

Il apparaît que l'énergie des harmoniques est indépendante de $n$, c'est ce qui fait la richesse de la sonorité d'un piano.

## 9.6. Exercices

***Exercice 9.1.*** Une corde est tendue horizontalement. Son extrémité gauche, qui coïncide avec l'origine de l'axe $Ox$, est liée à un vibreur $S$ ; à l'autre extrémité, un dispositif approprié empêche toute réflexion. Chaque point de la corde est repéré par son abscisse $x$.

a) La figure 9.15 représente (en centimètres) le déplacement vertical $y_S(t)$ du point $S$ en fonction du temps. Déterminer graphiquement les valeurs de l'amplitude $a$, de la période $T$, de la fréquence $N$ et de la pulsation $\omega$ du point $S$. Écrire l'expression de $y_S(t)$. Placer les points respectivement en phase, en opposition de phase et en quadrature avec le point $A$.

b) L'onde transversale générée par $S$ se propage sans déformation dans la corde à la vitesse $c = 4\ ms^{-1}$. Au temps $t_0$, on note $y(x, t_0)$ le déplacement vertical d'un point de la corde d'abscisse $x$. Sachant que $y(x, t_0)$ est nul pour $x > 0,8$ mètre, déterminer la valeur de $t_0$. Représenter l'aspect de la corde à l'instant $t_0$ pour $0 < x < 0,8$ mètre. Placer le point $A$ sur votre dessin. Déterminer graphiquement la longueur d'onde $\lambda$ et comparer la valeur obtenue à la valeur calculée.
c) L'enregistrement en fonction du temps du déplacement vertical $y(x_0, t)$ du point de la corde d'abscisse $x_0$, montre que ce point reste immobile jusqu'à $t = 0,15\,\text{s}$. En déduire la valeur de $x_0$. Construire la courbe représentant $y(x_0, t)$, et placer le point $A$.

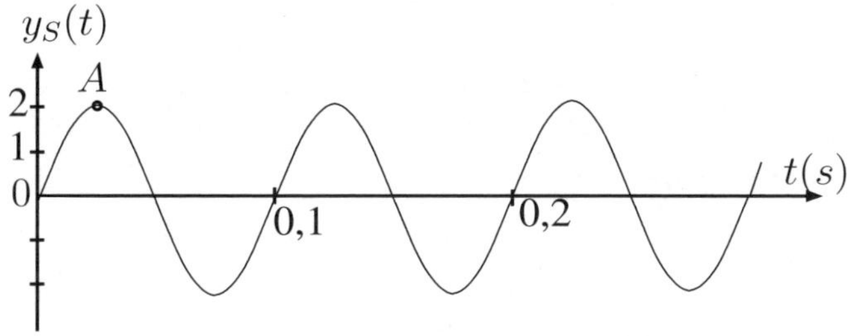


FIGURE 9.15.

***Exercice 9.2.*** Une corde tendue est parcourue par une onde transversale sinusoïdale. L'élongation (en centimètres) à l'instant $t$, d'un point de la corde repéré par son abscisse $x$, est définie par : $y(x, t) = 3 \sin (20\pi t - 4\pi x)$.
a) Déterminer les valeurs respectives, de la pulsation $\omega$, de la période $T$, de la fréquence $N$, de la célérité $c$ de l'onde et de sa longueur d'onde $\lambda$.
b) La figure 9.16 représente l'aspect de la corde aux temps $t_1 = 3,00\,s$ (en trait plein) et $t_1 + \Delta t = 3,01\,s$ (en tirets). Pour les points d'abscisses respectives 0, 0.1 m, 0.2 m et 0.3 m (marqués d'un point vert), déterminer et représenter graphiquement le déplacement de la **déformation** pendant l'intervalle de temps $\Delta t$.
c) Déterminer graphiquement le déplacement **vertical réel** de ces mêmes points, toujours pendant l'intervalle de temps $\Delta t$. Comparez ces valeurs aux valeurs calculées. Comment expliquer les écarts constatés ?

***Exercice 9.3.***
a) Une pointe métallique, animée d'un mouvement vertical sinusoïdal de fréquence 15 Hz, frappe en un point $O$ la surface d'une nappe d'eau, créant une onde transversale de surface d'amplitude $a$. On observe des rides circulaires régulièrement espacées de 4 cm. Quelle est la célérité des ondes transversales se propageant à la surface du liquide ? Un petit morceau de liège $M$ flotte à 11 cm de $O$. Déterminer l'expression de l'élongation de $M$.

b) Ce sont maintenant deux pointes métalliques solidaires animées du même mouvement vertical sinusoïdal qui frappent la surface en deux points $O_1$ et $O_2$ distants de 9 cm. Elles créent des ondes transversales de même amplitude $a$ à la surface de l'eau. Un petit morceau de liège $M$ flotte à la distance $d_1$ de $O_1$ et $d_2$ de $O_2$. Déterminer l'expression de l'élongation de $M$.
c) Que se passe-t-il si le point $M$ est sur la médiatrice de $O_1O_2$ ?
d) Quels sont les points situés sur le segment $O_1O_2$ où le morceau de liège resterait parfaitement immobile ?

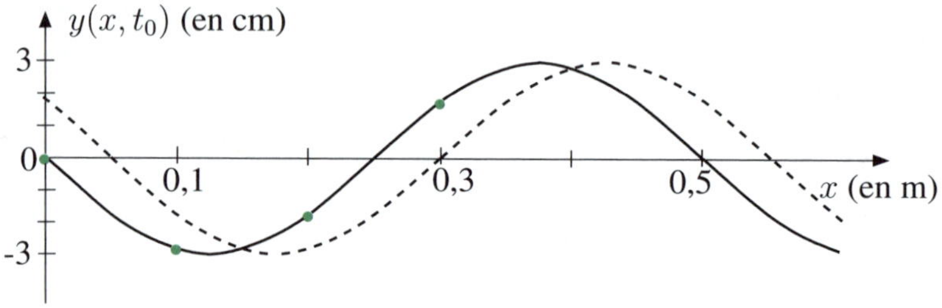


FIGURE 9.16.

***Exercice 9.4.*** On considère un ressort de longueur au repos $L_0$, de constante de raideur $k$ et de masse $\mu$ par unité de longueur. Ce ressort est maintenu horizontal par un guide exempt de tout frottement.
1) On étire ce ressort en exerçant sur son extrémité libre une force horizontale $\vec{F}$ de module $F$ constant.
a) Déterminer les expressions de la longueur $L$ du ressort étiré, ainsi que de l'énergie potentielle $E_p$ qu'il a emmagasinée.
b) Montrer que toute partie du ressort est soumise à la même force $\vec{F}$.
c) On considère une partie du ressort de longueur au repos $l_0$ (en vert sur la figure 9.17). Lorsque le ressort est soumis à la force de traction $\vec{F}$, sa longueur est $l$. Trouver l'expression de $(l - l_0)$. En déduire l'expression de la raideur de cette partie du ressort. Déterminer l'expression de l'énergie potentielle $e_p$ qu'elle a emmagasinée.
2) On génère une onde longitudinale dans ce ressort. Le passage de cette onde provoque un déplacement des spires. On note $\xi(x)$ le déplacement associé à la spire d'abscisse $x$. Comme les spires se déplacent, le module de la force n'est plus constant en tout point du ressort. Au point d'abscisse $x$, cette force est définie par $F(x) = kL_0(\partial\xi/\partial x)$.
a) Écrire l'équation du mouvement d'un élément de ressort compris entre $x$ et $x + dx$. En déduire l'expression de la célérité $c$ des ondes longitudinales dans ce ressort.

b) Déterminer l'expression de l'énergie cinétique $dE_c$ de cet élément de ressort.
c) Déterminer l'expression de l'énergie potentielle élastique $dE_p$ emmagasinée par cet élément de ressort.
d) Dans le cas d'une onde sinusoïdale $\xi(x) = \xi_0 \sin(\omega t - \omega x/c)$. Trouver l'expression de l'énergie mécanique associée à la longueur $dx$ de ressort. Quelle est l'énergie mécanique $E_\lambda$ associée à une longueur d'onde de ce ressort ?

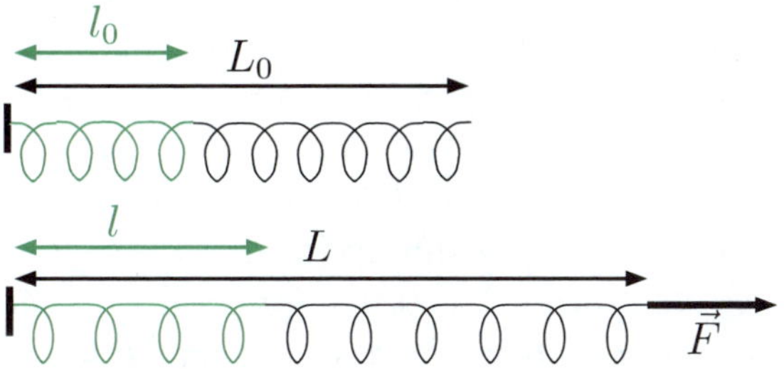


FIGURE 9.17.

***Exercice 9.5.*** On considère une corde horizontale $SA$ de longueur $L$ dans laquelle une onde transversale se propage avec la célérité $c$. L'extrémité $S$ est attachée à un vibreur dont l'élongation verticale complexe est définie par $\bar{y}_S(t) = ae^{i\omega t}$. On suppose que l'onde transversale se réfléchit aux extrémités $A$ et $S$, avec le même coefficient de réflexion complexe que l'on note $\bar{r} = -r$ (avec $r < 1$). Soit un point $M$ de la corde repéré par son abscisse $x = SM$. En ce point arrivent des ondes ayant subi des réflexions multiples aux extrémités de la corde.
a) On note $\bar{y}_+(x,t)$ l'élongation complexe en $M$ résultant des ondes se propageant dans le sens positif de l'axe $Sx$. Déterminer son expression. On posera $k = \omega/c$.
b) Déterminer l' expression $\bar{y}_-(x,t)$ de l'élongation complexe en $M$ résultant des ondes se propageant dans le sens négatif de l'axe $Sx$.
c) En déduite l'expression $\bar{y}(x,t)$ de l'élongation complexe résultante en $M$.
d) L'amplitude résultante $\mathcal{A}(x)$, en tout point de la corde d'abscisse $x$, est définie par $\mathcal{A}^2(x) = \bar{y}\,\bar{y}^\star$, en désignant par $\bar{y}^\star$ le complexe conjugué de $\bar{y}$. Établir l'expression de $\mathcal{A}^2(x)$.
e) En déduire les positions des ventres et des nœuds de vibration. À quelle condition l'amplitude des ventres est-elle maximale ?

## 9.7. Réponses aux exercices

**Exercice 9.1.**

*a) Graphiquement on détermine sans difficulté* $a = 2$ *cm*, $T = 0,1$ *s*, $N = 10$ *Hz et* $\omega = 20\pi s^{-1}$. *D'où l'élongation (en cm)* $y_S(t) = 2\sin 20\pi t$. *Les points en phases avec A correspondent aux temps (0,25 + k0,1)s ; les points en opposition de phase avec A se trouvent aux temps [0,25+(2k+1)0,05]s ; les points en quadrature avec A se trouvent aux temps [0,25+(2k + 1)0,025]s.*

*b) Au temps* $t_0$ *le début du signal, généré par S au temps* $t = 0$*, a parcouru la distance* $ct_0$. *Par conséquent* $4t_0 = 0{,}8s$ *d'où* $t_0 = 0,2$ *s. L'élongation au temps* $t_0$ *d'un point d'abscisse x est égale à l'élongation (en cm) de la source S au temps* $(t_0 - x/c)$*, soit* $y(x, t_0) = 2\sin[20\pi(t_0 - x/c)] = 2\sin(4\pi - 2\pi x/0,4)$. *Sur la figure 9.18a on détermine* $\lambda = 0,4$ *mètre, valeur égale à cT.*

*c) Au temps* $t = 0,15$ *s le début du signal a parcouru 0,6 mètre ; c'est l'instant où il arrive en* $x_0$. *On en déduit donc* $x_0 = 0,6$ *mètre. On écrit l'élongation (en cm) du point d'abscisse* $x_0$ : $y(x_0, t) = 2\sin[20\pi(t - x_0/c)] = 2\sin(20\pi t - 3\pi)$*, courbe représentée sur la figure 9.18b.*

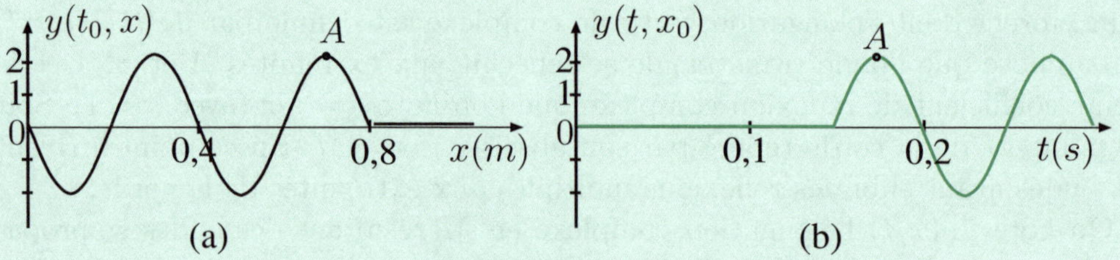


FIGURE 9.18.

**Exercice 9.2.**

*a) Par identification on trouve* $\omega = 20\ \pi s^{-1}$, $T = 0,1$ *s*, $N = 10$ *Hz*, $c = 5\ ms^{-1}$ *et* $\lambda = 0,5$ *m.*

*b) L'onde transversale est une onde progressive qui se déplace avec la célérité c. Pendant l'intervalle de temps* $\Delta t$*, la perturbation associée à l'onde s'est donc déplacée dans le sens positif de* $c\Delta t = 0,05$ *m. Tous les points subissent donc la même translation horizontale. C'est ce que vous pouvez vérifier (flèches noires) sur la figure 9.19.*

*c) Le déplacement vertical réel d'un point de la corde dépend de sa position. Graphiquement on détermine pour les points indiqués les déplacements respectifs (flèches vertes sur la figure 9.19) : +1,8 cm, +1 cm, -1 cm et -1,8 cm. Formellement ce déplacement est défini par* $(\partial y/\partial t)_{t_1}\Delta t$ *soit, en centimètres,* $0{,}6\pi\cos(4\pi x)$. *On trouve pour les points indiqués +1,9 cm, +0,6 cm, -1,5 cm* *et -1,5 cm. Comme nous l'avons vu au premier chapitre, la détermination graphique la plus précise de la vitesse à un instant $t_1$ repose sur les positions aux temps $t_1 - \Delta t$ et $t_1 + \Delta t$. Or ici notre détermination expérimentale est réalisée à partir des positions aux temps $t_1$ et $t_1 + \Delta t$ : elle est donc moins précise. Si l'on représente l'aspect de la corde au temps 2,99 s (courbe en pointillé sur la figure 9.19), et si l'on mesure les déplacements verticaux entre 2,99 s et 3,01 s on obtient des déterminations graphiques sont en bien meilleur accord avec les valeurs calculées : +1,8cm, +0,5cm, -1,4 cm et -1,4cm.*

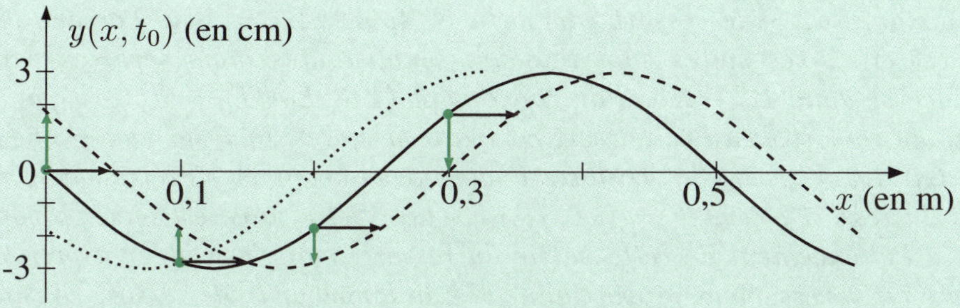


FIGURE 9.19.

**Exercice 9.3.**
*a) Les rides circulaires sont les fronts d'onde correspondant à une hauteur maximale de liquide. La longueur d'onde fixe la périodicité spatiale, par conséquent $\lambda = 4$ cm, d'où $c = \lambda N = 0,6\ ms^{-1}$. L'élongation au point M est définie par $y_M(t) = a\sin(30\pi t - 22\pi/4) = a\sin(30\pi t - 3\pi/2)$.*
*b) Suivant le principe de superposition, les deux élongations provenant de sources $O_1$ et $O_2$ s'ajoutent.*
*Par conséquent $y_M(t) = a\sin(30\pi t - 2\pi d_1/\lambda) + a\sin(30\pi t - 2\pi d_2/\lambda)$ soit $y_M(t) = 2a\cos[\pi(d_1 - d_2)/\lambda]\sin[30\pi t - \pi(d_1 + d_2)/\lambda]$.*
*c) En tout point de la médiatrice $d_1 = d_2$, par conséquent $y_M(t) = 2a\sin[30\pi t - 2\pi d_1/\lambda]$. En ces points les deux ondes arrivant en phase, l'amplitude est maximale et égale à $2a$.*
*d) Lorsque les deux ondes arrivent en opposition de phase en un point de la surface, l'amplitude résultante est nulle, et ce point est immobile. Cette condition est satisfaite si $\pi(d_1 - d_2)/\lambda = (2k+1)\pi/2$, soit $(d_1 - d_2) = (2k+1)\lambda/2$. Un point situé sur le segment $O_1O_2$ satisfait la condition $(d_1 + d_2) = 9$ cm. Il demeure immobile si $(d_1 - d_2) = (2k+1)2$ cm. D'où $d_1 = [4,5 + (2k+1)]$ cm. Les positions des points immobiles sont définies par $d_1 = 5,5$ cm ($k = 0$), $d_1 = 7,5$ cm ($k = 1$), $d_1 = 3,5$ cm ($k = -1$) et $d_1 = 1,5$ cm ($k = -2$).*

**Exercice 9.4.**

*1.a) L'allongement du ressort est défini par $F = k(L - L_0)$, et l'énergie potentielle qu'il emmagasine $E_p = \frac{1}{2}k(L - L_0)^2$.*
*b) Le ressort est à l'équilibre. La partie du ressort dessinée en noir sur la figure 9.17 est immobile et donc soumise à une force résultante nulle. La partie verte exerce donc la force $-\vec{F}$ sur la partie noire. Et en vertu de la troisième loi de Newton, la partie noire exerce la force $\vec{F}$ sur la partie verte. Le même raisonnement s'applique en tout point du ressort.*
*c) Lorsque le ressort est au repos les spires sont équidistantes et séparées par une distance $a$. Si le ressort comporte $N$ spires, $L_0 = Na$. Lorsque le ressort est étiré, ses spires sont toujours équidistantes mais séparées par une distance $b$, donc $L = Nb$. Par conséquent $(L - L_0)/L_0 = (b - a)/a$. Si la partie du ressort dessinée en vert comporte $n$ spires, $l_0 = na$ et $l = nb$. Donc $(L-L_0)/L_0 = (l-l_0)/l_0$. La force $F$ qui nous l'avons vu s'exerce sur la partie verte du ressort s'écrit $F = (kL_0/l_0)(l - l_0)$. Cette force est bien proportionnelle à l'allongement de cette partie du ressort, mais la raideur à prendre en compte est inversement proportionnelle à la longueur $l_0$ de ressort considérée. L'énergie potentielle $e_p$ emmagasinée par une partie du ressort est proportionnelle à sa longueur au repos soit :*
*$e_p = (l_0/L_0)E_p$ soit $e_p = \frac{1}{2}(kL_0/l_0)(l - l_0)^2$.*
*2.a) Considérons un élément de ressort qui avant le passage de l'onde est situé entre $x$ et $x + dx$. La force résultante (non nulle au passage de l'onde) qui s'exerce sur lui est $dF = kL_0[(\partial\xi/\partial x)_{(x+dx)} - (\partial\xi/\partial x)_x] = kL_0(\partial^2\xi/\partial x^2)dx$. La relation fondamentale de la dynamique appliquée à cet élément de ressort s'écrit : $kL_0(\partial^2\xi/\partial x^2)dx = \mu dx(\partial^2\xi/\partial t^2)dx$. On reconnaît l'équation d'onde et par identification on trouve $c^2 = kL_0/\mu$.*
*b) L'énergie cinétique d'un élément de ressort de longueur $dx$ s'écrit, par définition, $dE_c = \frac{1}{2}\mu dx(\partial\xi/\partial t)^2$.*
*c) Comme l'illustre la figure 9.20, au passage de l'onde les extrémités de l'élément de ressort se trouvent respectivement en $x+\xi(x)$ et $x+dx+\xi(x+dx)$. Sa longueur au repos est $dx$, et son allongement au passage de l'onde $d\xi = \xi(x + dx) - \xi(x)$. En utilisant le résultat établi en 1c), l'énergie potentielle élastique qui lui est associée est : $dE_p = \frac{1}{2}(kL_0/dx)(d\xi)^2 = \frac{1}{2}(kL_0/dx)[(\partial\xi/\partial x)dx]^2 = \frac{1}{2}kL_0(\partial\xi/\partial x)^2dx$.*
*d) L'énergie mécanique associée à l'élément de ressort de longueur $dx$ est donc $dE = \frac{1}{2}[\mu(\partial\xi/\partial t)^2 + kL_0(\partial\xi/\partial x)^2]dx$. Dans le cas d'une onde sinusoïdale on obtient : $dE = \{\frac{1}{2}[\mu\omega^2 + kL_0(\omega/c)^2]\xi_0^2\cos^2(\omega t - \omega x/c)\}dx$. En posant $c^2 = kL_0/\mu$ cette relation se simplifie : $dE = \{(\mu\omega^2)\xi_0^2\cos^2(\omega t - \omega x/c)\}dx$. En l'intégrant sur une longueur $\lambda$ de ressort on obtient $E_\lambda = \frac{1}{2}(\mu\omega^2)\xi_0^2\lambda$.*

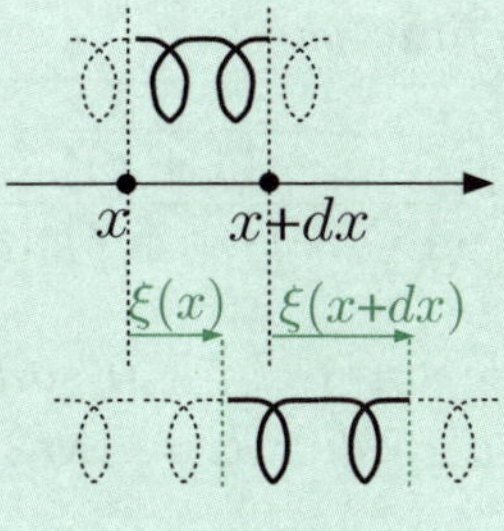


Figure 9.20.

**Exercice 9.5.**

*1.a) À l'onde qui provient directement de S on associe l'élongation complexe* $ae^{i(\omega t-kx)}$*. À celle qui a subi une réflexion en A puis une réflexion en S on associe l'élongation* $ar^2e^{i(\omega t-kx)}e^{-2ikL}$*. À celle qui a subi deux réflexions en A et deux réflexions en S on associe l'élongation* $ar^4e^{i(\omega t-kx)}e^{-4ikL}$*, etc. D'où* $\bar{y}_+(x,t) = ae^{i(\omega t-kx)}[1+r^2e^{-2ikL}+r^4e^{-4ikL}+\dots]$*. On reconnaît entre crochets la somme des termes d'une progression géométrique. Comme* $r^n$ *tend vers zéro lorsque n tend vers l'infini, on obtient :* $\bar{y}_+(x,t) = ae^{i(\omega t-kx)}/(1-r^2e^{-2ikL})$*.*

*b) La première onde qui arrive en M en se propageant dans le sens négatif a subi une réflexion en A. Son amplitude complexe s'écrit* $-are^{i(\omega t+kx)}e^{-2ikL}$*. À celle qui a subi une réflexion en S et deux réflexions en A on associe l'élongation* $-ar^3e^{i(\omega t+kx)}e^{-4ikL}$*, et ainsi de suite. Comme à la question précédente on est amené à faire la somme des termes d'une progression géométrique, et l'on obtient :* $\bar{y}_-(x,t) = -are^{i(\omega t+kx)}e^{-2ikL}/(1-r^2e^{-2ikL})$*.*

*c) L'amplitude complexe résultante en M s'écrit :*

$$\bar{y}(x,t) = ae^{i\omega t}\frac{e^{-ikx} - re^{ikx}e^{-2ikL}}{1-r^2e^{-2ikL}} = ae^{i\omega t}\frac{e^{-ikx}e^{ikL} - re^{ikx}e^{-ikL}}{e^{ikL} - r^2e^{-ikL}} \tag{9.54}$$

*d) En effectuant le produit* $\bar{y}\,\bar{y}^\star$*, on obtient :*

$$\mathcal{A}^2(x) = a^2\frac{1+r^2-2r\cos[2k(L-x)]}{1+r^4-2r^2\cos(2kL)} = a^2\frac{(1-r)^2+4r\sin^2[k(L-x)]}{(1-r^2)^2+4r^2\sin^2(kL)} \tag{9.55}$$

*e) L'amplitude* $\mathcal{A}(x)$ *est maximale lorsque* $\sin^2[k(L-x)] = 1$*, c'est-à-dire lorsque* $k(L-x) = (2n+1)\pi/2$ *avec n entier. Cette condition définit la position de ventres :* $X_v = L-(2n+1)\lambda/4$*.*

*En revanche l'amplitude* $\mathcal{A}(x)$ *sera minimale si* $\sin^2[k(L-x)] = 0$ *c'est-à-dire si* $k(L-x) = n\pi$*. La position des nœuds de vibration est donc définie par* $X_n = L - n\lambda/2$*. On retrouve donc bien la succession alternée de nœuds et de ventres qui caractérise une onde stationnaire.*

*L'amplitude des ventres est définie par :*

$$\mathcal{A}_v^2 = a^2 \frac{(1+r)^2}{(1-r^2)^2 + 4r^2 \sin^2(kL)} \tag{9.56}$$

*Elle sera la plus grande lorsque* $\sin^2(kL) = 0$ *soit* $kL = n\pi$. *On retrouve ainsi la condition de résonance de la corde :* $L = n\lambda/2$.

# 10

# OUTILS MATHÉMATIQUES

## 10.1. Dérivée

### 10.1.1. Fonction d'une seule variable

Une fonction $f$ de la variable $x$ est dérivable en $x_0$, si le quotient

$$\frac{f(x_0 + dx) - f(x_0)}{dx} \tag{10.1}$$

tend vers une limite **finie** lorsque $dx$ tend vers 0. Cette limite notée $f'(x_0)$ est appelée dérivée de la fonction $f$ en $x_0$.

**Propriété utile** : $f'(x_0)$ est égale à la pente ou coefficient directeur de la tangente en $x_0$ à la courbe représentant $f(x)$.

**Dérivées usuelles** : $(x^n)' = nx^{n-1}$ ; $(\ln x)' = \frac{1}{x}$ ; $(e^x)' = e^x$ ; $(\sin x)' = \cos x$ ; $(\cos x)' = -\sin x$ ; $(fg)' = f'g + fg'$ ; $(f/g)' = (f'g - fg')/g^2$.

### 10.1.2. Dérivée d'une fonction de fonction

C'est le problème rencontré au chapitre 4, dans l'étude des mouvements à un degré de liberté. L'énergie potentielle élastique d'un ressort par exemple est une fonction $E_p(x)$ de la variable position $x$, qui est elle-même une fonction $x(t)$ de la variable temps $t$. La dérivée temporelle $\dot{E}_p$ de $E_p[x(t)]$ s'écrit comme la limite lorsque $dt$ tend vers 0 de :

$$\frac{E_p[x(t+dt)] - E_p[x(t)]}{dt} = \frac{E_p[x(t+dt)] - E_p[x(t)]}{[x(t+dt) - x(t)]} \frac{[x(t+dt) - x(t)]}{dt} \quad (10.2)$$

soit en notant $x(t+dt) = x(t) + dx$

$$\dot{E}_p = \frac{E_p[x(t) + dx] - E_p[x(t)]}{[dx]} \frac{[dx]}{dt} = E'_p\,\dot{x} \quad (10.3)$$

Ainsi avec $E_p = \frac{1}{2}kx^2$ on obtient $\dot{E}_p = kx\dot{x}$.

On trouve de la même façon la dérivée temporelle $\dot{E}_c$ de l'énergie cinétique. $E_c[\dot{x}(t)] = \frac{1}{2}m\dot{x}^2$ est une fonction de la vitesse $\dot{x}$, elle-même fonction du temps $t$ :

$$\dot{E}_c = \frac{E_c[\dot{x}(t) + d\dot{x}] - E_c[\dot{x}]}{[d\dot{x}]} \frac{[d\dot{x}]}{dt} = m\dot{x}\,\ddot{x} \quad (10.4)$$

### 10.1.3. Dérivées partielles

Elles concernent les fonctions de plusieurs variables. Par exemple le déplacement vertical $y(x,t)$ associé à la propagation d'une onde transversale dans une corde. Dans ce cas, lorsque l'on dérive la fonction par rapport à une des variables, $x$ par exemple, on considère que l'autre(1) variable $t$ reste constante. De même lorsque l'on dérive la fonction par rapport à $t$, on considère que $x$ reste constante. On définit ainsi les dérivées partielles :

$$\left(\frac{\partial y}{\partial x}\right)_t = \frac{y(x+dx,t) - y(x,t)}{dx} \text{ et } \left(\frac{\partial y}{\partial t}\right)_x = \frac{y(x,t+dt) - y(x,t)}{dt} \quad (10.5)$$

Par la suite, pour alléger la notation, on n'écrira plus l'indice repérant la variable qui reste constante. Si par exemple $y(x,t) = e^{-x}\sin\omega t$, $(\partial y/\partial x) = -e^{-x}\sin\omega t$ et $(\partial y/\partial t) = e^{-x}\omega\cos\omega t$. Les dérivées d'ordre supérieur obéissent aux mêmes règles : $(\partial^2 y/\partial x^2) = e^{-x}\sin\omega t$, $(\partial^2 y/\partial t^2) = -e^{-x}\omega^2\sin\omega t$ et, vérifiez-le pour les dérivées croisées, $(\partial^2 y/\partial t\partial x) = (\partial^2 y/\partial x\partial t) = -e^{-x}\omega\cos\omega t$.

### 10.1.4. Gradient

Soit $f(x,y,z)$ une fonction de trois variables. Lorsque $x$, $y$ et $z$ varient respectivement de $dx$, $dy$ et $dz$, conformément à ce qui précède, nous pouvons écrire que

(1)Les autres variables pour une fonction de plus de deux variables.

la fonction $f$ varie de la quantité $df$, appelée différentielle totale de la fonction $f$, et définie par :

$$\boxed{df = \frac{\partial f}{\partial x}dx + \frac{\partial f}{\partial y}dy + \frac{\partial f}{\partial z}dz} \tag{10.6}$$

Formellement, la relation (10.6) peut être considérée comme le produit scalaire du vecteur $\overrightarrow{dl}$ de coordonnées $(dx,\ dy,\ dz)$, et d'un vecteur dont les coordonnées sont les dérivées partielles de la fonction $f$. Ce vecteur est appelé le vecteur gradient de la fonction $f$ et noté $\vec{\nabla} f$, fait intervenir le vecteur nabla $\vec{\nabla}$ qui a pour coordonnées $(\frac{\partial}{\partial x}, \frac{\partial}{\partial y}$ et $\frac{\partial}{\partial z})$. Ainsi peut-on réécrire (10.6) :

$$\boxed{df = (\vec{\nabla} f).\ \overrightarrow{dl}} \tag{10.7}$$

**Application aux forces conservatives :** considérons une énergie potentielle $E_p(x, y, z)$. Une force qui s'exprime suivant $\vec{F} = -\vec{\nabla} E_p$ est conservative. En effet son travail :

$$W = \int_i^f \vec{F}.\vec{dl} = -\int_i^f (\vec{\nabla} E_p).\vec{dl} = -\int_i^f dE_p = E_{pi} - E_{pf} \tag{10.8}$$

ne dépend que de l'état initial et de l'état final, indépendamment du chemin suivi.

Comme exemple de force conservative nous avons rencontré :
– la force de rappel exercée par un ressort : l'énergie potentielle élastique d'un ressort $E_p = \frac{1}{2}kx^2$ ; $\vec{F} = -\vec{\nabla} E_p$ définit bien la force de rappel car $F_x = -kx$ et $F_y = F_z = 0$ ;
– le poids : l'énergie potentielle de pesanteur $E_p = mgz$, et $\vec{F} = -\vec{\nabla} E_p$ définit bien le poids avec $F_x = F_y = 0$ et $F_z = -mg$ ;
– la force gravitationnelle : l'énergie potentielle gravitationnelle $E_p = -\mathcal{C}/r$, et $\vec{F} = -\vec{\nabla} E_p = (-\mathcal{C}/r^2)\vec{\nabla} r$. En écrivant $r = (x^2 + y^2 + z^2)^{\frac{1}{2}}$, vous montrerez sans difficulté que $\vec{\nabla} r = \hat{r}$.

## 10.2. Développement de Taylor

### 10.2.1. Fonctions usuelles

Une fonction continue et indéfiniment dérivable peut s'écrire comme un développement en série autour d'une valeur $a$ :

$$f(x) = \Sigma_0^\infty f^{(n)}(a)\frac{(x-a)^n}{n!} \tag{10.9}$$

En Physique, on utilise le plus souvent ces développements pour des valeurs de $x$ très voisines de la valeur $a$, ce qui permet de ne conserver que les premiers termes de ce développement. On parle alors de **développements limités**. Par exemple le développement limité de la fonction $f(x)$ à l'ordre 3 au voisinage de $a$ s'écrit :

$$f(x) = f(a) + (x-a)f'(a) + \frac{1}{2!}(x-a)^2 f"(a) + \frac{1}{3!}(x-a)^3 f^{(3)}(0) + \mathcal{O}(x-a)^4 \quad (10.10)$$

$\mathcal{O}(x-a)^4$ signifie que l'on a négligé les termes de l'ordre $(x-a)^4$. Au voisinage de la valeur 0, le développement limité de la fonction $f(x)$ s'écrit :

$$f(x) = f(0) + xf'(0) + \frac{1}{2!}x^2 f"(0) + \frac{1}{3!}x^3 f^{(3)}(0) + \mathcal{O}(x^4) \quad (10.11)$$

**Règle importante** : lorsque dans un calcul on remplace diverses fonctions par leurs développements limités respectifs, il faut rester cohérent et effectuer tous ces développements jusqu'au **même ordre**.

**En pratique jusqu'à quel ordre doit-on aller** dans l'écriture d'un développement limité ? C'est la question essentielle. La réponse dépend de la valeur de $x$ et de la précision souhaitée. Illustrons-le avec la fonction $e^x$ au voisinage de 0. Le développement au premier ordre, $e^x = 1 + x + \mathcal{O}(x^2)$ approche la valeur $e^{0,1}$ à 0,5 % près, et les valeurs de $e^{0,3}$ et $e^{0,6}$ respectivement à 4 % près et à 12 % près. Le développement au deuxième ordre, $e^x = 1 + x + \frac{1}{2!}x^2 + \mathcal{O}(x^3)$ approche la valeur $e^{0,3}$ à 0,4 % près, et la valeur $e^{0,6}$ à 2,3 % près. Le développement au troisième ordre, $e^x = 1 + x + \frac{1}{2!}x^2 + \frac{1}{3!}x^3 + \mathcal{O}(x^4)$ approche la valeur $e^{0,6}$ à 0,3 % près. Cette exemple montre que plus la valeur de $x$ s'écarte de la valeur 0 (ou de $a$), plus l'ordre du développement limité devra être élevé pour obtenir une bonne précision.

Les développements limités au voisinage de 0 des fonctions usuelles sont :

$$Ln(1+x) = x - \frac{1}{2}x^2 + \frac{1}{3}x^3 + \mathcal{O}(x^4) \ ; \ \cos x = 1 - \frac{1}{2!}x^2 + \frac{1}{4!}x^4 + \mathcal{O}(x^6) \quad (10.12)$$

$$\sin x = x - \frac{1}{3!}x^3 + \mathcal{O}(x^5) \ ; \ (1 \pm x)^n = 1 \pm nx + \frac{n(n-1)}{2}x^2 + \mathcal{O}(x^3) \quad (10.13)$$

En ce qui nous concerne, nous utilisons souvent les développements limités dans le chapitre consacré à l'oscillateur mécanique.

Le pendule simple est un oscillateur non-linéaire dans le cas général : $\ddot{\theta} + \frac{g}{l}\sin\theta = 0$. Cependant au voisinage de sa position d'équilibre stable $\theta_e = 0$, en remplaçant $\sin\theta$ par son développement limité au premier ordre, on retrouve l'équation harmonique $\ddot{\theta} + \frac{g}{l}\theta = 0$. La valeur de $\theta$ en radian approche la valeur de $\sin\theta$ à 1 % près pour $\theta = 20°$, à 4,7 % près pour $\theta = 30°$ et à 8,6 % près pour $\theta = 40°$.

Lorsque position d'équilibre stable $\theta_e$ est différente de 0, pour retrouver le régime harmonique on développe l'énergie potentielle $E_p(\theta)$ de l'oscillateur au deuxième ordre au voisinage de $\theta_e$. Par définition $E'_p(\theta_e)$ est nul, par conséquent suivant (10.10) : $E_p(\theta) = E_p(\theta_e) + \frac{1}{2}(\theta - \theta_e)^2 E"_p(\theta_e) + \mathcal{O}(\theta - \theta_e)^3$.

### 10.2.2. Vecteurs

Considérons le vecteur position d'un mobile $\vec{r}(t)$ qui est une fonction du temps. Les expressions respectives de $\vec{r}(t \pm \Delta t)$ s'obtiennent en utilisant la relation (10.10) au deuxième ordre :

$$\vec{r}(t \pm \Delta t) = \vec{r}(t) \pm (\Delta t)\dot{\vec{r}}(t) + \frac{1}{2}(\Delta t)^2 \ddot{\vec{r}}(t) + \mathcal{O}(\Delta t)^3 \qquad (10.14)$$

soit en écrivant $\dot{\vec{r}}(t) = \vec{v}(t)$ et $\ddot{\vec{r}}(t) = \vec{a}(t)$ :

$$\vec{r}(t \pm \Delta t) = \vec{r}(t) \pm (\Delta t)\vec{v}(t) + \frac{1}{2}(\Delta t)^2 \vec{a}(t) + \mathcal{O}(\Delta t)^3 \qquad (10.15)$$

C'est en utilisant ces relations que l'on détermine, à partir de l'enregistrement de sa trajectoire, les vecteurs vitesse et accélération d'un mobile (Chapitre 1).

## 10.3. Éléments de calcul vectoriel

### 10.3.1. Définition d'un vecteur

Un vecteur $\vec{V}$ est défini par sa **direction** (la droite qui le porte), son **sens** (à une direction donnée correspondent deux sens) et son **module** $\|\vec{V}\|$, toujours positif puisqu'il représente une longueur. Si l'on se donne une base, $(\hat{x}, \hat{y}, \hat{z})$ par exemple, le vecteur est défini par ses **coordonnées** algébriques $(x, y, z)$ suivant : $\vec{V} = x\hat{x} + y\hat{y} + z\hat{z}$. Dans la cas d'une base orthonormée $\|\vec{V}\| = (x^2 + y^2 + z^2)^{\frac{1}{2}}$.

### 10.3.2. Somme de deux vecteurs

Si les vecteurs $\vec{V_1}$ et $\vec{V_2}$ sont définis par leurs directions, sens et modules, la direction et le sens du vecteur somme sont définis par la diagonale du parallélogramme construit sur $\vec{V_1}$ et $\vec{V_2}$. Son module est défini par :

$$\|\vec{V_1} + \vec{V_2}\|^2 = (\vec{V_1} + \vec{V_2})^2 = \vec{V_1}^2 + \vec{V_2}^2 + 2\vec{V_1}.\vec{V_2} \qquad (10.16)$$

Si les vecteurs $\vec{V_1}$ et $\vec{V_2}$ sont définis par leurs coordonnées, le vecteur somme a pour coordonnées la somme des coordonnées :

$$\vec{V_1} + \vec{V_2} = (x_1 + x_2)\hat{x} + (y_1 + y_2)\hat{y} + (z_1 + z_2)\hat{z} \tag{10.17}$$

## 10.3.3. Produit scalaire de deux vecteurs

Le produit scalaire de deux vecteurs est un **nombre algébrique** qui peut s'exprimer sous deux formes différentes :

$$\boxed{\vec{V_1}.\vec{V_2} = x_1x_2 + y_1y_2 + z_1z_2 = \|\vec{V_1}\|.\|\vec{V_2}\| \cos(\vec{V_1}, \vec{V_2})} \tag{10.18}$$

La présence d'un cosinus dans son expression, implique que le produit scalaire est **commutatif** ($\vec{V_1}.\vec{V_2} = \vec{V_2}.\vec{V_1}$) ; soulignons que la valeur nulle du produit scalaire traduit la **condition d'orthogonalité** de deux vecteurs. Par ailleurs, supposons que l'un des deux vecteurs, $\vec{V_1}$ par exemple, soit un vecteur **unitaire** $\hat{n}$. Dans ce cas la relation précédente qui s'écrit : $\hat{n}.\vec{V_2} = \|\vec{V_2}\| \cos(\hat{n}, \vec{V_2})$. On reconnaît, dans le membre de droite de cette expression, la longueur de la **projection** du vecteur $\vec{V_2}$ sur la direction définie par $\hat{n}$. **Pour projeter un vecteur sur une direction**, il suffit de faire le produit scalaire de ce vecteur par un vecteur unitaire porté par cette direction.

## 10.3.4. Produit vectoriel de deux vecteurs

### Définition

Le produit vectoriel $\vec{W}$ de deux vecteurs $\vec{V_1}$ et $\vec{V_2}$ est un **vecteur**. Sa direction est orthogonale au plan défini par ces deux vecteurs, et son sens est tel que $\vec{V_1}$, $\vec{V_2}$ et $\vec{W}$ forment un trièdre direct (figure 10.1a). Le **produit vectoriel est donc anticommutatif.** Son module $\|\vec{W}\| = \|\vec{V_1}\|\|\vec{V_2}\| \sin(\vec{V_1}, \vec{V_2})$. Le **produit vectoriel de deux vecteurs colinéaires est donc nul**. Par ailleurs il est facile de voir (figure 10.1b) que $\|\vec{W}\|$ est égal à l'aire du parallélogramme construit sur $\vec{V_1}$ et $\vec{V_2}$.

Si les vecteurs $\vec{V_1}$ et $\vec{V_2}$ sont définis par leurs coordonnées, leur produit vectoriel s'écrit : $\vec{W} = (y_1z_2 - z_1y_2)\hat{x} + (z_1x_2 - x_1z_2)\hat{y} + (z_1x_2 - x_1z_2)\hat{z}$.

### Exemples de produit vectoriel

Le **moment d'une force** $\vec{F}$ par rapport à un point $O$ est un produit vectoriel. Si l'on note $A$ le point d'application de la force, son moment $\vec{\Gamma} = \overrightarrow{OA} \wedge \vec{F}$. Le moment mesure la capacité d'une force à faire tourner un solide comme l'illustre la figure 10.2a : la force $\vec{F_0}$, dont le moment par rapport à $O$ est nul, ne peut faire

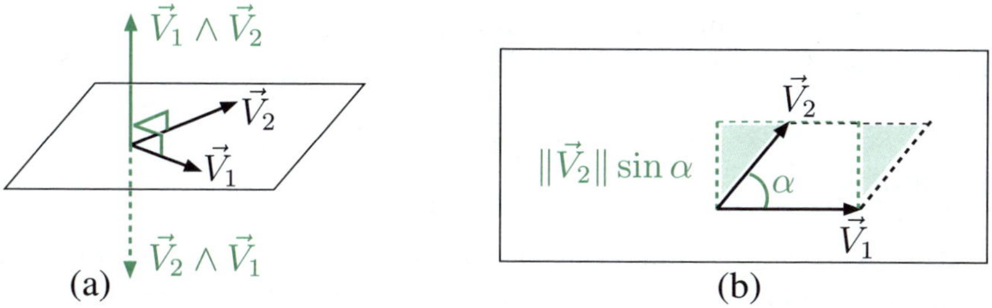


FIGURE 10.1.

tourner le boulon ; la force $\vec{F_1}$ exercera un moment plus important que la force $\vec{F_2}$.

Lorsqu'un solide est animé d'un mouvement de **rotation**, autour d'un point $O$, défini par le vecteur vitesse angulaire $\vec{\omega}$, le **vecteur vitesse** de chacun de ses points s'exprime à l'aide du produit vectoriel. Par exemple (figure 10.2b), le vecteur vitesse du point $M_i$ s'écrit $\vec{v}_i = \vec{\omega} \wedge \overrightarrow{OM}_i$. Si l'on note $m_i$ la masse ponctuelle qui se trouve en $M_i$, celle-ci possède un **moment angulaire** $\vec{J}_i = m_i\overrightarrow{OM}_i \wedge \vec{v}_i$ qui s'écrit aussi $m_i\overrightarrow{OM}_i \wedge (\vec{\omega} \wedge \overrightarrow{OM}_i)$.

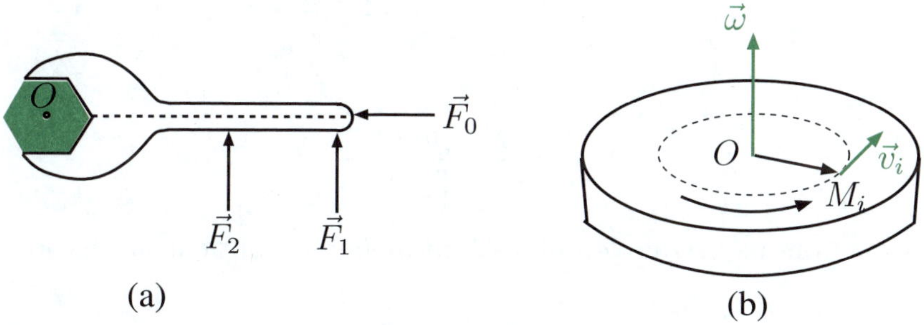


FIGURE 10.2.

**Double produit vectoriel**

Règle : $\vec{A} \wedge (\vec{B} \wedge \vec{C}) = \vec{B}(\vec{A}.\vec{C}) - \vec{C}(\vec{A}.\vec{B})$. Appliquons-la à l'expression du moment angulaire en notant $\vec{r}_i = \overrightarrow{OM}_i$ : $\vec{J}_i = m_i\vec{r}_i \wedge (\vec{\omega} \wedge \vec{r}_i) = m_i[\vec{\omega}\, r_i^2 - \vec{r}_i(\vec{\omega}.\vec{r}_i)]$.

**Produit mixte**

On appelle ainsi le produit $\vec{A}.(\vec{B} \wedge \vec{C})$. Le produit mixte est invariant par double permutation, c'est ainsi que $\vec{A}.(\vec{B} \wedge \vec{C}) = \vec{B}.(\vec{C} \wedge \vec{A}) = \vec{C}.(\vec{A} \wedge \vec{B})$. Cette relation est utile pour exprimer l'énergie cinétique de rotation d'un solide. Une masse ponctuelle $m_i$ possède le vecteur vitesse $(\vec{\omega} \wedge \vec{r}_i)$ et son énergie cinétique

s'écrit $\frac{1}{2}m_i(\vec{\omega} \wedge \vec{r}_i)^2$. En fonction de ce qui précède :
$(\vec{\omega} \wedge \vec{r}_i).(\vec{\omega} \wedge \vec{r}_i) = \vec{\omega}.[\vec{r}_i \wedge (\vec{\omega} \wedge \vec{r}_i)] = \vec{\omega}.[\vec{\omega}\,\vec{r}_i^{\,2} - \vec{r}_i(\vec{\omega}.\vec{r}_i)]$.

### 10.3.5. Barycentre

Nous utilisons cette notion pour définir le centre de masse d'un ensemble discret de masses ponctuelles $m_i$, placées en des points de l'espace notés $A_i$. Nous avons donc un ensemble de points $A_i$, chacun affecté d'un coefficient réel $m_i$. La position du barycentre $G$ de cet ensemble de points, appelé centre de masse du système, est définie par rapport à une origine $O$ par :

$$\boxed{\overrightarrow{OG} = \frac{\Sigma_{i=1}^n m_i \overrightarrow{OA_i}}{\Sigma_{i=1}^n m_i}} \tag{10.19}$$

**Propriété importante :** le barycentre est indépendant de l'origine choisie. Soit en effet un point $O'$ :

$$\overrightarrow{OG} = \overrightarrow{OO'} + \overrightarrow{O'G} = \frac{\Sigma_{i=1}^n m_i(\overrightarrow{OO'} + \overrightarrow{O'A_i})}{\Sigma_{i=1}^n m_i} \tag{10.20}$$

soit :

$$\overrightarrow{O'G} = \frac{\Sigma_{i=1}^n m_i \overrightarrow{O'A_i}}{\Sigma_{i=1}^n m_i} \tag{10.21}$$

En choisissant comme origine le point $G$ lui-même, on obtient la relation :

$$\vec{0} = \frac{\Sigma_{i=1}^n m_i \overrightarrow{GA_i}}{\Sigma_{i=1}^n m_i} \tag{10.22}$$

Pour déterminer le centre de masse d'un solide, il faut passer d'un ensemble discret de masses ponctuelles à une densité volumique de masse continue, ce qui revient à remplacer la sommation discrète par une intégration dans le volume du solide. Dans ce cas, en posant $\vec{r} = \overrightarrow{OM}$ et en notant $d^3\vec{r}$ un volume élémentaire du solide, la relation (10.19) s'écrit :

$$\boxed{\overrightarrow{OG} = \frac{\iiint \rho(\vec{r})\ \vec{r}\ d^3\vec{r}}{\iiint \rho(\vec{r})\ d^3\vec{r}}} \tag{10.23}$$

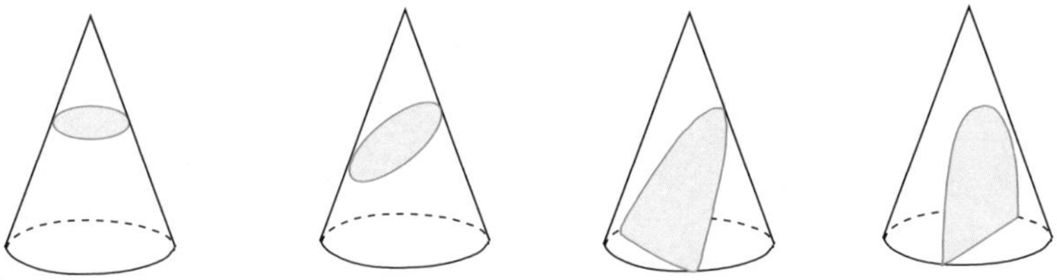


Figure 10.3.

### 0.3.6. Coniques

Sous la dénomination de conique, on regroupe une famille de courbes qui sont les intersections d'un cône avec un plan.

L'intersection d'un cône avec un plan orthogonal à son axe est un cercle (figure 10.3a), ensemble des points équidistants d'un point fixe appelé centre du cercle.

L'intersection d'un cône avec un plan, qui fait avec son axe un angle supérieur au demi-angle au sommet, est une ellipse (figure 10.3b), ensemble des points dont la somme des distances à deux points fixes (appelés foyers) est constante.

L'intersection d'un cône avec un plan qui fait avec son axe un angle égal au demi-angle au sommet est une parabole (figure 10.3c), ensemble des points équidistants d'une droite (directrice) et d'un point fixe (foyer).

L'intersection d'un cône avec un plan qui fait avec son axe un angle inférieur au demi-angle au sommet est une hyperbole (figure 10.3d), ensemble des points dont la différence des distances à deux points fixes (appelés foyers) est constante.

# INDEX

Impression & brochage sepec - France
Numéro d'impression : 04545111040 - Dépôt légal : novembre 2011

IMPRIM'VERT®